2017年4月19日，中国建筑科学研究院承担的"十三五"国家重点研发计划"既有公共建筑综合性能提升与改造关键技术"项目组2017年度第一次工作会议在长沙顺利召开

2017年4月20日～21日，由中国建筑科学院主办的"第九届全国既有建筑改造大会"在湖南长沙远大城成功召开

2017年4月20日~21日，"第九届全国既有建筑改造大会"会议合影

2017年10月24日，中国建筑科学研究院承担的"十三五"国家重点研发计划项目"既有居住建筑宜居改造及功能提升关键技术"启动会暨实施方案论证会在北京顺利召开

舒热佳®——建筑窗膜行业领导者

防 眩 光： 舒热佳®窗膜通过调整可见光透过率，降低刺眼强光。

隔热节能： 舒热佳®窗膜特定金属层反射大部分太阳辐射热，达到隔热、节能、降耗的效果。

隔紫外线： 太阳辐射中的紫外线，是造成室内家具褪色老化的主要原因，舒热佳®窗膜可阻隔99%的紫外线，为用户提供安心的呵护。

安全防爆： 事故发生时，玻璃碎片危害非常严重，舒热佳®安全膜可以将玻璃碎片粘结在一起，不脱落，为用户提供安全保护。

▲ 人民大会堂，选用舒热佳®视景安全膜，梦景装饰膜

▲ 中国上海市市政大楼，采用了舒热佳®安全隔热膜

▲ 中国首都国际机场T3航站楼，玻璃天顶施工采用了舒热佳®安全隔热膜

▲ 美国国会山，采用了舒热佳®无影卫士安全膜

舒热佳®窗膜满足以下规范或通过以下测试（部分列出）：

一、NFRC节能认证
二、LEED节能认证
三、美国建筑安全玻璃系统   1）ANSI Z 97.1　　2）CPSC 16 CFR 1201
四、防爆炸测试   1）GSA TS01-2003　2）ASTM F 1642-04
五、美国自然灾害测试   ASTM E 1996-02龙卷风中风积碎石撞击的外窗、隔墙、门以及防暴风门板性能
六、防火测试   1）美国ASTM E 84　2）法国NF P 92-501　3）欧盟EN45545　4）英国BS476
七、防入侵/盗窃测试   DIN EN 356
八、中华人民共和国国家标准   《建筑玻璃用功能膜》GB/T 29061

圣戈班舒热佳特殊镀膜有限公司是全球公认的窗膜生产技术的行业领导者，也是全球磁控溅射膜的最大生产商之一，旗下拥有全景®等著名品牌。公司总部位于美国加尼福利亚州圣地亚哥市，在全球有20多个分销中心，5000多家安装商覆盖60多个国家和地区。圣戈班舒热佳是世界窗膜协会创始会员之一。

世界工业集团**百强之一**

2016年财富**全球500强**

建材百强名列**世界首位**

1665年由路易十四的财务大臣Colbert先生创办，并于当年承建了凡尔赛宫的镜廊。

圣戈班旨在为全球客户打造舒适安全的生活环境，圣戈班集团为欧洲50%的轿车提供汽车安全玻璃，为法国卢浮宫前的金字塔和北京及上海的大剧院提供了幕墙玻璃。

SAINT-GOBAIN

cn.solargard.com

圣戈研舒热佳特殊镀膜有限公司
Saint-Gobain Solar Gard Specialty Films
电话：400-820-1108

清晰于视·技擎于芯

德宝天成科技有限公司是致力于光谱选择反射型隔热膜研发、生产、销售、服务于一体的现代化高科技企业。以自主知识产权为根基，业务板块涵盖节能"智造"窗膜产品和环保"创造"技术。公司布局深圳总部、浙江生产基地、北京研发中心和上海运营中心四大板块，立足国内、定位全球，进行深度产业运营、整合与投资，实现中国智造节能减排生态系统。

不骄傲的产品不是好产品

我们的生活正在发生着深刻的变革，德宝天成历时多年，耗资2亿元人民币，以科技重新定义"绿色"生活，以核心竞争力塑造与世界知名品牌竞争的市场格局。

技术引领，占领中国制高点

长期以来，德宝天成高度重视知识产权对企业技术创新的核心作用，通过国内乃至国际独一无二的技术壁垒，驱动企业产业升级和生产效率提升，为客户提供不一样的技术产品。

立业环保、助力节能、生态治国

德宝天成紧跟国家政策导向，积极履行企业社会责任，先国家，后小家，与员工、客户和合作伙伴共同投身中国商业生态和社会生态的改善，"以德为宝"助力中国经济环境"路广天成"。

我们一天中90%的时间在室内度过

德宝天成通过材料与服务独特而多元化的组合，不仅为建筑降低能耗，同时提高建筑在温度、听觉、视觉及健康等全方位的舒适度。我们的产品和解决方案广泛应用于各类住宅建筑和非住宅建筑中。

德宝天成生态系统观
用产业深度对接节能减排

抓住中国动力的翅膀
能源节约和环境保护（中国动力，一直是德宝天成坚持的经营哲学，制造业若是没有节能环保的双翼加持，则难以振翅高飞）

发力新材料产品
占领国内窗膜科技制高点

凭远见 · 创价值

微信公众号

公司：德宝天成科技有限公司上海分公司

地址：上海市闵行区闵虹路166弄城开中心1号楼21层

企业热线： 400-821-6007
021-64459087

手机号码：15710170290
15710170052

巧思妙想　人性科技

德宝天成以夯实企业科技基础推动产品研发，将尖端科技融入产品设计中，不断满足客户持续进步需求。

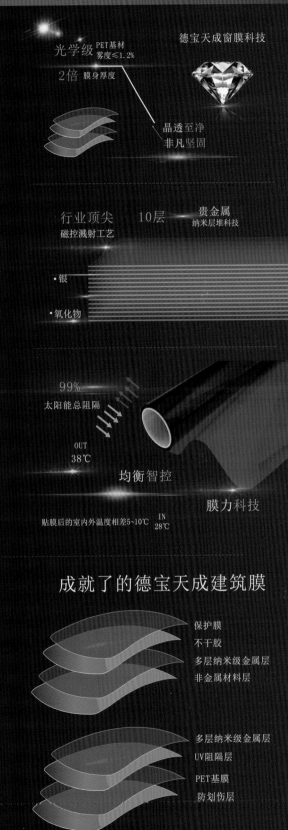

德宝天成建筑膜科技

德宝天成窗膜科技

光学级　PET基材
雾度≤1.2%
2倍　膜身厚度
晶透至净
非凡坚固

行业顶尖　10层　贵金属
磁控溅射工艺　　　纳米层堆科技

·银
·氧化物

99%
太阳能总阻隔
OUT
38℃
均衡智控
膜力科技
贴膜后的室内外温度相差5~10℃　IN
28℃

成就了的德宝天成建筑膜

保护膜
不干胶
多层纳米级金属层
非金属材料层

多层纳米级金属层
UV阻隔层
PET基膜
防划伤层

LET THE BUILDING BREATHE FREELY / 让建筑自由呼吸

McQuay MAGNETIC BEARING CENTRIFUGAL CHILLER

磁来运转 WXE

磁悬浮无油变频离心式冷水机组

磁悬浮，McQuay从开创者到领先者

AHRI权威认证
采用国际先进磁轴承技术
稀土永磁同步电机
磁轴承喘振保护和过热度保护
内螺纹外翅片高效换热管
突然断电保护
自动在线清洗（选装）

麦克维尔中国网站：www.mcquay.com.cn
全国统一服务热线：95105363

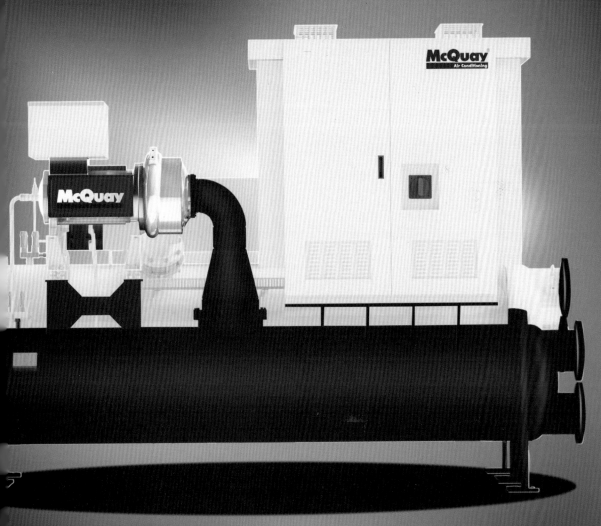

截至2017年，麦克维尔磁悬浮空调全球销量突破6000台。
超过100台机组稳定运行10年以上。

Schenker Storen

✚ SWITZERLAND'S NO.1

森科（南通）遮阳科技有限公司

　　瑞士森科遮阳集团中国管理总部、全资子公司森科（南通）遮阳科技有限公司于2016年在江苏省南通市注册成立。一期生产面积达5000m²，以户外百叶帘为主。作为集团在欧洲以外的第一个生产基地，公司将立足中国，辐射亚太。秉承森科品牌130多年的历史沉淀，坚持品质领先的经营理念，循序渐进，长期积极耕耘低碳节能领域，通过不断创新为中外客户提供全方位的建筑遮阳解决方案。

　　母公司森科遮阳系统股份有限公司（Schenker Storen AG）成立于1881年，集设计、研发、生产、销售和服务于一体，在瑞士、德国和法国均设有生产基地，是一家全球知名的户外遮阳系统专业生产企业。1994年，瑞士森科获得ISO9001质量体系认证；2007年，获得ISO14001环境体系认证；2009年，获得OHSAS18001健康体系认证。

　　森科遮阳产品涵盖百叶帘、卷闸帘、面料帘、遮阳篷和百叶窗等全系列品种，具有出色的防晒隔热、安全防盗、透光透景、节能舒适、经久耐用等特点。其抗风型产品通过德国第三方权威检测机构IFT的抗风测试与认证。

　　2017年8月7日，森科荣获"2017年度中国建筑遮阳十大领导品牌"奖项。

森科积极参与以下行业协会：

◆ 瑞士国家遮阳协会轮值会长单位
◆ 中国建筑金属结构协会建筑遮阳分会副会长单位
◆ 住建部被动式低能耗建筑产业技术创新战略联盟副理事长单位
◆ 中国建筑节能协会被动式超低能耗建筑分会副理事长单位
◆ 中国建筑装饰装修材料协会建筑遮阳材料分会常务理事单位
◆ 上海建筑科学研究院《建筑科技》理事会常务理事单位
◆ 深圳绿色建筑协会理事单位

森科参与制定的行业标准：

◆ 瑞士Minergie®-Modules的遮阳模块认证标准
◆ 《被动式低能耗建筑产品选用目录》唯一遮阳品牌
◆ 国家建筑标准设计图集《被动式低能耗建筑》16J908-8

MINERGIE® MODUL
VSR　Sonnenschutz Protection solaire

被动式低能耗建筑产业
技术创新战略联盟

▶ 工程案例

瑞士联邦卫生署

瑞士首都伯尔尼足球场

北京DHL办公楼

南通三建被动房

联系森科：0513-68016388
网　址：www.schenkerstoren.com
邮　箱：marketing@schenkerblinds.cn
地　址：江苏省南通市通州区金桥西路1号聚恒工业园3号楼

欢迎扫码关注

既有建筑改造年鉴 (2017)

《既有建筑改造年鉴》编委会 编

中国建筑工业出版社

图书在版编目（CIP）数据

既有建筑改造年鉴（2017）/《既有建筑改造年鉴》

编委会编. —北京：中国建筑工业出版社，2018.5

ISBN 978-7-112-22189-9

Ⅰ. ①既… Ⅱ. ①既… Ⅲ. ①建筑物-改造-中国-

2017-年鉴 Ⅳ. ①TU746.3-54

中国版本图书馆 CIP 数据核字（2018）第 081421 号

责任编辑：王晓迪　郑淮兵

责任校对：张　颖

既有建筑改造年鉴（2017）

《既有建筑改造年鉴》编委会　编

*

中国建筑工业出版社出版、发行（北京海淀三里河路 9 号）

各地新华书店、建筑书店经销

北京佳捷真科技发展有限公司制版

廊坊市海涛印刷有限公司印刷

*

开本：787×1092 毫米　1/16　印张：26½　插页：4　字数：542 千字

2018 年 5 月第一版　　2018 年 5 月第一次印刷

定价：**128.00** 元

ISBN 978-7-112-22189-9

（32058）

既有建筑改造年鉴（2017）

编辑委员会

编辑说明

一、《既有建筑改造年鉴（2017）》是中国建筑科学研究院有限公司以"十三五"国家重点研发计划"既有公共建筑综合性能提升与改造关键技术"（项目编号：2016YFC0700700）和"既有居住建筑宜居改造及功能提升关键技术"（项目编号：2017YFC0702900）为依托，编辑出版的行业大型工具用书。

二、本书是近年来我国既有建筑改造领域发展的缩影，全书分为政策篇、标准篇、科研篇、成果篇、论文篇、工程篇、统计篇和附录共八部分内容，可供从事既有建筑改造的工程技术人员、大专院校师生和有关管理人员参考。

三、谨向所有为《既有建筑改造年鉴（2017）》编辑付出辛勤劳动、给予热情支持的部门、单位和个人深表谢意。在此，特别感谢中国建筑科学研究院有限公司、江苏省建筑科学研究院有限公司、中国建筑技术集团有限公司、中国建筑股份有限公司、中国建筑设计院有限公司、中国中建设计集团有限公司、上海市建筑科学研究院、深圳市建筑科学研究院股份有限公司、清华大学、同济大学、重庆大学、天津大学等单位为本书的出版所付出的努力。

四、由于既有建筑综合性改造在我国发展时间较短，资料与数据记载较少，致使本书个别栏目比较薄弱。由于水平有限和时间仓促，本书难免有错讹、疏漏和不足之处，恳请广大读者批评指正。

目录

四、成果篇

一、政策篇

　　当前，我国城市发展逐步由大规模建设为主转向建设与管理并重发展阶段，从数量扩张转变为质量提升阶段，新建建筑与既有建筑改造并重推进已成为我国建筑行业发展的新常态。我国既有建筑存量巨大，既有建筑改造工作已逐步成为我国城镇化建设的一项重要工作。2017年国家发布的《建筑节能与绿色建筑发展"十三五"规划》《建筑业发展"十三五"规划》《"十三五"推进基本公共服务均等化规划》等一系列文件中，均强调既有建筑改造的重要性，涉及既有建筑改造的方方面面，在国家政策的推动下，我国既有建筑改造工作稳步前进。

建筑业发展"十三五"规划

（2017 年 4 月 26 日　建市〔2017〕98 号）

一、建筑业发展回顾

（一）发展成就

"十二五"时期，我国建筑业发展取得了巨大成绩。全国具有资质等级的施工总承包和专业承包企业完成建筑业总产值年均增长 13.48％，建筑业增加值年均增长 8.99％；全国工程勘察设计企业营业收入年均增长 23.19％；全国工程监理企业营业收入年均增长 15.66％。2015 年，全社会建筑业实现增加值 46547 亿元，占国内生产总值的 6.79％；建筑业从业人员达 5093.7 万人，占全国从业人员的 6.58％。建筑业在国民经济中的支柱产业地位继续增强，为推进我国城乡建设和新型城镇化发展，改善人民群众居住条件，吸纳农村转移劳动力，缓解社会就业压力做出重要贡献。

——设计建造能力显著提高。"十二五"期间，我国在高难度、大体量、技术复杂的超高层建筑、高速铁路、公路、水利工程、核电核能等领域具备完全自有知识产权的设计建造能力，成功建设上海中心大厦、南水北调中线工程等一大批设计理念先进、建造难度大、使用品质高的标志性工程，世界瞩目，成就辉煌。

——科技创新和信息化建设成效明显。"十二五"以来，建筑业企业普遍加大科研投入，积极采用建筑业 10 项新技术为代表的先进技术，围绕承包项目开展关键技术研究，提高创新能力，创造大批专利、工法，取得丰硕成果。加快推进信息化与建筑业的融合发展，建筑品质和建造效率进一步提高。积极推进建筑市场监管信息化，基本建成全国建筑市场监管公共服务平台，建筑市场监管方式发生根本性转变。

——建筑节能减排取得新进展。"十二五"期间，建筑节能法律法规体系初步形成，建筑节能标准进一步完善。供热计量和既有建筑节能改造力度加大，完成既有居住建筑供热计量及节能改造面积 9.9 亿平方米，大型公共建筑节能降耗提速，完成公共建筑节能改造面积 4450 万平方米，可再生能源在建筑领域应用规模不断扩大。积极推进绿色建筑，建立集中示范城（区），在政府投资公益性建筑及大型公共建筑建设中全面推进绿色建筑行动，成效初步显现。

——行业人才队伍素质不断提高。"十二五"期间，行业专业人才队伍不断壮大，执业资格人员数量逐年增加。截至 2015 年底，全国共有注册建筑师 5.5 万人，勘察设计注册工程师 12.3 万人，注册监理工程师 16.6 万人，注册造价工程师15.0万人，注册建造师200余万人。建筑业农民工技能培训力度不断加大，住房城乡建设系统培训建筑农民工700余万人，技能鉴定500余万人，建筑农民工培训覆盖面进一步扩大，技能素质水平进一步提升。

——国际市场开拓稳步增长。"十二五"期间，我国对外工程承包保持良好增长态势，对外工程承包营业额年均增长9.3%，新签合同额年均增长10.8%。2015年，对外承包工程业务完成营业额1540.7亿美元，新签合同额2100.7亿美元。企业在欧美等发达国家市场开拓取得新进展。企业海外承揽工程项目形式更加丰富，投资开发建设、工程总承包业务明显增加。企业进入国际工程承包前列的数量明显增多，国际竞争能力不断提升。

——建筑业发展环境持续优化。"十二五"期间，特别是党的十八大以来，政府部门大力推进行政审批制度改革，进一步简政放权，缩减归并企业资质种类，调整简化资质标准，行政审批效率不断提高。积极推进统一建筑市场和诚信体系建设，营造更加统一、公平的市场环境。开展工程质量治理两年行动，严格执法，严厉打击建筑施工违法发包、转包、违法分包等行为，落实工程建设五方主体项目负责人质量终身责任，保障工程质量，取得明显成效。

（二）主要问题

——行业发展方式粗放。建筑业大而不强，仍属于粗放式劳动密集型产业，企业规模化程度低，建设项目组织实施方式和生产方式落后，产业现代化程度不高，

技术创新能力不足，市场同质化竞争过度，企业负担较重，制约了建筑业企业总体竞争力提升。

——建筑工人技能素质不高。建筑工人普遍文化程度低，年龄偏大，缺乏系统的技能培训和鉴定，直接影响工程质量和安全。建筑业企业"只使用人、不培养人"的用工方式，造成建筑工人组织化程度低、流动性大，技能水平低，职业、技术素养与行业发展要求不匹配。

——监管体制机制不健全。行业监管方式带有计划经济色彩，重审批、轻监管。监管信息化水平不高，工程担保、工程保险、诚信管理等市场配套机制建设进展缓慢，市场机制在行业准入清出、优胜劣汰方面作用不足，严重影响建筑业发展活力和资源配置效率。

二、指导思想、基本原则和发展目标

"十三五"时期，我国经济发展进入新常态，增速放缓，结构优化升级，驱动力由投资驱动转向创新驱动。以发挥市场在资源配置中起决定性作用和更好发挥政府作用为核心的全面深化改革进入关键时期。新型城镇化、京津冀协调发展、长江经济带发展和"一带一路"建设，形成建筑业未来发展的重要推动力和宝贵机遇。尤为重要的是，党的十八大以来，以习近平同志为核心的党中央毫不动摇地坚持和发展中国特色社会主义，形成一系列治国理政新理念、新思想、新战略，为"十三五"时期深化建筑业改革，加快推进行业市场化、工业化、信息化、国际化提供了科学理论指导和行动指南。

综合判断，建筑业发展总体上仍处于重要战略机遇期，也面临着市场风险增多、发展速度放缓的严峻挑战。必须准确把握市场供需结构的重大变化，下决心转变依赖低成本要素驱动的粗放增长方式，增强改革意识、创新意识，不断适应新技术、新需求的建设能力调整及服务模式创新任务的需要。必须积极应对产业结构不合理、创新任务艰巨、优秀人才和优质劳动力供给不足等新挑战，着力在健全市场机制、推进建筑产业现代化、提升队伍素质、开拓国际市场上取得突破，切实转变发展方式，增强发展动力，努力实现建筑业的转型升级。

（一）指导思想

全面贯彻党的十八大和十八届三中、四中、五中、六中全会精神，以马克思列宁主义、毛泽东思想、邓小平理论、"三个代表"重要思想、科学发展观为指导，深入贯彻习近平总书记系列重要讲话精神和治国理政新理念、新思想、新战略，认真贯彻中央城镇化工作会议、中央城市工作会议精神和《意见》，牢固树立和贯彻创新、协调、绿色、开放、共享发展理念，以落实"适用、经济、绿色、美观"建筑方针为目标，以推进建筑业供给侧结构性改革为主线，以推进建筑产业现代化为抓手，以保障工程质量安全为核心，以优化建筑市场环境为保障，推动建造方式创新，深化监管方式改革，着力提升建筑业企业核心竞争力，促进建筑业持续健康发展。

（二）基本原则

——坚持科学发展。科学发展是建筑业发展的核心。必须大力推行建筑业技术创新、管理创新和业态创新，加快传统建筑业与先进制造技术、信息技术、节能技术等融合，以创新带动产业组织结构调整和转型升级。必须把握发展新特征，加快转变建筑业生产方式，推广绿色建筑和绿色建材，全面提升建筑节能减排水平，实现建筑业可持续发展。

——坚持深化改革。改革是建筑业发展的动力。必须围绕发挥市场在资源配置中的决定性作用和更好地发挥政府作用，坚持推进建筑业供给侧结构性改革。以围绕体制机制改革为重点，健全制度体系，破除制约科学发展的壁垒和障碍，全面推动建筑业改革取得新突破，为建筑业发展提供持续动力。

——坚持质量安全为本。质量安全是建筑业发展的根本要求。必须牢固树立底线思维，保障工程质量安全是一切工作的出发点和立足点。必须健全质量安全保证体系，强化质量安全监管，严格落实建设各方主体责任，构建更加科学合理的工程质量安全责任及制度体系，为建筑业发展夯实基础。

——坚持统筹国内国际两个市场。统一开放是建筑业发展的必然要求。坚持建立统一开放的建筑市场，消除市场壁垒，营造权力公开、机会均等、规则透明的建筑市场环境。以"一带一路"战略为引领，引导企业加快"走出去"步伐，积极开拓国际市场，提高建筑企业的对外工程承包能力，推进有条件的企业实现国内国际两个市场共同发展。

（三）发展目标

按照住房城乡建设事业"十三五"规划纲要的目标要求，今后五年建筑业发展的主要目标是：

——市场规模目标。以完成全社会固定资产投资建设任务为基础，全国建筑业总产值年均增长7%，建筑业增加值年均增长5.5%；全国工程勘察设计企业营业收入年均增长7%；全国工程监理、造价咨询、招标代理等工程咨询服务企业营业收入年均增长8%；全国建筑企业对外工程承包营业额年均增长6%，进一步巩固建筑业在国民经济中的支柱地位。

——产业结构调整目标。促进大型企业做优做强，形成一批以开发建设一体化、全过程工程咨询服务、工程总承包为业务主体、技术管理领先的龙头企业。大力发展专业化施工，推进以特定产品、技术、工艺、工种、设备为基础的专业承包企业快速发展。弘扬工匠精神，培育高素质建筑工人，到2020年建筑业中级工技能水平以上的建筑工人数量达到300万。加强业态创新，推动以"互联网+"为特征的新型建筑承包服务方式和企业不断产生。

——技术进步目标。巩固保持超高层房屋建筑、高速铁路、高速公路、大体量坝体、超长距离海上大桥、核电站等领域的国际技术领先地位。加大信息化推广力度，应用BIM技术的新开工项目数量增加。甲级工程勘察设计企业，一级以上施工总承包企业技术研发投入占企业营业收入比重在"十二五"期末基础上提高1个百分点。

——建筑节能及绿色建筑发展目标。城镇新建民用建筑全部达到节能标准要求，能效水平比2015年提升20%。到2020年，城镇绿色建筑占新建建筑比重达到50%，新开工全装修成品住宅面积达到30%，绿色建材应用比例达到40%。装配式建筑面积占新建建筑面积比例达到15%。

——建筑市场监管目标。加快修订建筑法等法律法规，进一步完善建筑市场法律法规体系。工程担保、保险制度以及与市场经济相适应的工程造价管理体系基本建立，建筑市场准入制度更加科学完善，统一开放、公平有序的建筑市场规则和格局基本形成。全国建筑工人培训、技能鉴定、职业身份识别、信息管理系统基本完善。市场各方主体行为基本规范，建筑市场秩序明显好转。

——质量安全监管目标。建筑工程质量安全法规制度体系进一步完善，质量安全监管机制进一步健全，工程质量水平全面提升，国家重点工程质量保持国际先进水平。建筑安全生产形势稳定好转，建筑抗灾能力稳步提高。工程建设标准化改革取得阶段性成果。

三、"十三五"时期主要任务

（一）深化建筑业体制机制改革

改革承（发）包监管方式。缩小并严格界定必须进行招标的工程建设项目范围，放宽有关规模标准。在民间投资的房屋建筑工程中，试行由建设单位自主决定发包方式。完善工程招标投标监管制度，落实招标人负责制，简化招标投标程序，推进招标投标交易全过程电子化，促进招标投标过程公开透明。对采用常规通用技术标准的政府投资工程，在原则上实行最低价中标的同时，推行提供履约担保基础上的最低价中标，制约恶意低价中标行为。

调整优化产业结构。以工程项目为核心，以先进技术应用为手段，以专业分工为纽带，构建合理工程总分包关系，建立总包管理有力、专业分包发达、组织形式扁平的项目组织实施方式，形成专业齐全、分工合理、成龙配套的新型建筑行业组织结构。发展行业的融资建设、工程总承包、施工总承包管理能力，培育一批具有先进管理技术和国际竞争力的总承包企业。鼓励以技术专长、制造装配一体化、工序工种为基础的专业分包，促进基于专业能力的小微企业发展。支持"互联网＋"模式整合资源，联通供需，降低成本。

提升工程咨询服务业发展质量。改革工程咨询服务委托方式，研究制定咨询服务技术标准和合同范本，引导有能力的企业开展项目投资咨询、工程勘察设计、施工招标咨询、施工指导监督、工程竣工验收、项目运营管理等覆盖工程全生命周期的一体化项目管理咨询服务，培育一批具有国际水平的全过程工程咨询企业。提升建筑设计水平，健全适应建筑设计特点的招标投标制度。完善注册建筑师制度，探索在民用建筑项目中推行建筑师负责制。完善工程监理制度，强化对工程监理的监管。

（二）推动建筑产业现代化

推广智能和装配式建筑。加大政策支持力度，明确重点应用领域，建立与装配式建筑相适应的工程建设管理制度。鼓励企业进行工厂化制造、装配化施工、减少建筑垃圾，促进建筑垃圾资源化利用。建设装配式建筑产业基地，推动装配式混凝土结构、钢结构和现代木结构发展。大力发展钢结构建筑，引导新建公共建筑优先采用钢结构，积极稳妥推广钢结构住宅。在具备条件的地方，倡导发展现代木结构，鼓励景区、农村建筑推广采用现代木结构。在新建建筑和既有建筑改造中推广普及智能化应用，完善智能化系统运行维护机制，逐步推广智能建筑。

强化技术标准引领保障作用。加强建筑产业现代化标准建设，构建技术创新与技术标准制定快速转化机制，鼓励和支持社会组织、企业编制团体标准、企业标准，建立装配式建筑设计、部品部件生产、施工、质量检验检测、验收、评价等工程建设标准体系，完善模数协调、建筑部品协调等技术标准，强化标准的权威性、公正性、科学性。建立以标准为依据的认证机制，约束工程和产品严格执行相关标准。

加强关键技术研发支撑。完善政产学研用协同创新机制，着力优化新技术研发和应用环境，针对不同种类建筑产品，总结推广先进建筑技术体系。组织资源投入，并支持产业现代化基础研究，开展适用技术应用试点示范。培育国家和区域性研发中心、技术人员培训中心，鼓励建设、工程勘察设计、施工、构件生产和科研等单位建立产业联盟。加快推进建筑信息模型（BIM）技术在规划、工程勘察设计、施工和运营维护全过程的集成应用，支持基于具有自主知识产权三维图形平台的国产 BIM 软件的研发和推广使用。

（三）推进建筑节能与绿色建筑发展

提高建筑节能水平。推动北方采暖地区城镇新建居住建筑普遍执行节能75%的强制性标准。政府投资办公建筑、学校、医院、文化等公益性公共建筑、保障性住房要率先执行绿色建筑标准，鼓励有条件地区全面执行绿色建筑标准。加强建筑设计方案审查和施工图审查，确保新建建筑达到建筑节能要求。夏热冬冷、夏热冬暖地区探索实行比现行标准更高节能水平的标准。积极开展超低能耗或近零能耗建筑示范。大力发展绿色建筑，从使用材料、工艺等方面促进建筑的绿色建造、品质升级。制定新建建筑全装修交付的鼓励政策，提高新建住宅全装修成品交付比例，为用户提供标准化、高品质服务。持续推进既有居住建筑节能改造，不断强化公共建筑节能管理，深入推进可再生能源建筑应用。

推广建筑节能技术。组织可再生能源、新型墙材和外墙保温、高效节能门窗的研发。加快成熟建筑节能及绿色建筑技术向标准的转化。加快推进绿色建筑、绿色建材评价标识制度。建立全国绿色建筑和绿色建材评价标识管理信息平台。开展绿色建造材料、工艺、技术、产品的独立和整合评价，加强绿色建造技术、材料等的技术整合，推荐整体评价的绿色建筑产品体系。选取典型地区和工程项目，开展绿色建材产业基地和工程应用试点示范。

推进绿色建筑规模化发展。制定完善绿色规划、绿色设计、绿色施工、绿色运营等有关标准规范和评价体系。出台绿色生态城区评价标准、生态城市规划技术准则，引导城市绿色低碳循环发展。大力发展和使用绿色建材，充分利用可再生能源，提升绿色建筑品质。加快建造工艺绿色化革新，提升建造过程管理水平，控制施工过程水、土、声、光、气污染。推动建筑废弃物的高效处理与再利用，实现工程建设全过程低碳环保、节能减排。

完善监督管理机制。切实履行建筑节能减排监管责任，构建建筑全生命期节能监管体系，加强对工程建设全过程执行节能标准的监管和稽查。建立规范的能效数据统计报告制度。严格明令淘汰建筑材料、工艺、部品部件的使用执法，保证节能减排标准执行到位。

（四）发展建筑产业工人队伍

推动工人组织化和专业化。改革建筑用工制度，鼓励建筑业企业培养和吸收一定数量自有技术工人。改革建筑劳务用工组织形式，支持劳务班组成立木工、电工、砌筑、钢筋制作等以作业为主的专业企业，鼓励现有专业企业做专做精，形成专业齐全、分工合理、成龙配套的新型建筑行业组织结构。推行建筑劳务用工实名制管理，基本建立全国建筑工人管理服务信息平台，记录建筑工人的身份信息、培训情况、职业技能、从业记录等信息，构建统一的建筑工人职业身份登记制度，逐步实现全覆盖。

健全技能培训和鉴定体系。建立政府

引导、企业主导、社会参与的建筑工人岗前培训、岗位技能培训制度。研究优惠政策，支持企业和培训机构开展工人岗前培训。发挥企业在工人培训中的主导作用，积极开展工人岗位技能培训。倡导工匠精神，加大技能培训力度，发展一批建筑工人技能鉴定机构，试点开展建筑工人技能评价工作。改革完善技能鉴定制度，将技能水平与薪酬挂钩，引导企业将工资分配向关键技术技能岗位倾斜，促进建筑业农民工向技术工人转型，努力营造重视技能、崇尚技能的行业氛围和社会环境。

完善权益保障机制。全面落实建筑工人劳动合同制度，健全工资支付保障制度，落实工资月清月结制度，加大对拖欠工资行为的打击力度，不断改善建筑工人的工作、生活环境。探索与建筑业相适应的社会保险参保缴费方式，大力推进建筑施工单位参加工伤保险。搭建劳务费纠纷争议快速调解平台，引导有关企业和工人通过司法、仲裁等法律途径保障自身合法权益。

（五）深化建筑业"放管服"改革

完善建筑市场准入制度。坚持弱化企业资质、强化个人执业资格的改革方向，逐步构建资质许可、信用约束和经济制衡相结合的建筑市场准入制度。改革建设工程企业资质管理制度，加快修订企业资质标准和管理规定，简化企业资质类别和等级设置，减少不必要的资质认定。推行"互联网＋政务服务"，全面推进电子化审批，提高行政审批效率。在部分地区开展试点，对信用良好、具有相关专业技术能力、能够提供足额履约担保的企业，在其资质类别内放宽承揽业务范围限制。完善个人执业资格制度，优化建设领域个人执业资格设置，严格落实注册执业人员权利、义务和责任，加大执业责任追究力度，严厉打击出租出借证书行为。有序发展个人执业事务所，推动建立个人执业保险制度。

改进工程造价管理体系。改革工程造价企业资质管理，完善造价工程师执业资格制度，建立健全与市场经济相适应的工程造价管理体系。统一工程计价规则，完善工程量清单计价体系，满足不同工程承包方式的计价需要。完善政府及国有投资工程估算及概算计价依据的编制，提高工程定额编制的科学性，及时准确反映工程造价构成要素的市场变化。建立工程全寿命周期的成本核算制度，积极开展推动绿色建筑、建筑产业现代化、城市地下综合管廊、海绵城市等各项新型工程计价依据的编制。逐步实现工程造价信息的共享机制，加强工程造价的监测及相关市场信息发布。

推进建筑市场的统一开放。打破区域市场准入壁垒，取消各地区、各行业在法律法规和国务院规定外对企业设置的不合理准入条件，严禁擅自设立或变相设立审批、备案事项。加大对各地区设置市场壁垒、障碍的信息公开和问责力度，为建筑企业提供公平市场环境。健全建筑市场监管和执法体系，建立跨省承揽业务企业违法违规行为的查处督办、协调机制，加强层级指导和监督，有效强化项目承建过程的事中事后监管。

加快诚信体系建设。加强履约管理，

探索通过履约担保、工程款支付担保等经济、法律手段约束建设单位和承包单位履约行为。研究制定信用信息采集和分类管理标准，完善全国建筑市场监管公共服务平台，加快实现与全国信用信息共享平台和国家企业信用信息公示系统的数据共享交换。建立建筑市场主体黑名单制度，依法依规全面公开企业和个人信用记录，接受社会监督。鼓励有条件的地区探索开展信用评价，引导建设单位等市场主体通过市场化运作综合运用信用评价结果，营造"一处失信，处处受制"的建筑市场环境。

（六）提高工程质量安全水平

严格落实工程质量安全责任。全面落实各方主体的工程质量安全责任，强化建设单位的首要责任和勘察、设计、施工、监理单位的主体责任。严格执行工程质量终身责任书面承诺制、永久性标牌制、质量信息档案等制度。严肃查处质量安全违法违规企业和人员，加大在企业资质、人员资格、限制从业等方面的处罚力度，强化责任追究。推进工程质量安全标准化管理，督促各方主体健全质量安全管控机制，提高工程质量安全管理水平。

全面提高质量监管水平。完善工程质量法律法规和管理制度，健全企业负责、政府监管、社会监督的工程质量保障体系。推进数字化审图，研究建立大型公共建筑后评估制度。强化政府对工程质量的监管，充分发挥工程质量监督机构作用，加强工程质量监督队伍建设，保障经费和人员，加大抽查抽测力度，重点加强对涉及公共安全的工程地基基础、主体结构等部位和竣工验收等环节的监督检查。探索推行政府以购买服务的方式，加强工程质量监督检查。加强工程质量检测机构管理，严厉打击出具虚假报告等行为，推动发展工程质量保险。

强化建筑施工安全监管。健全完善建筑安全生产相关法律法规、管理制度和责任体系。加强建筑施工安全监督队伍建设，推进建筑施工安全监管规范化，完善随机抽查和差别化监管机制，全面加强监督执法工作。完善对建筑施工企业和工程项目安全生产标准化考评机制，提升建筑施工安全管理水平。强化对深基坑、高支模、起重机械等危险性较大的分部分项工程的管理，以及对不良地质地区重大工程项目的风险评估或论证。建立完善轨道交通工程建设全过程风险控制体系，确保质量安全水平。加快建设建筑施工安全监管信息系统，通过信息化手段加强安全生产管理。建立健全全覆盖、多层次、经常性的安全生产培训制度，提升从业人员安全素质以及各方主体的本质安全水平。

推进工程建设标准化建设。构建层级清晰、配套衔接的新型工程建设标准体系。强化强制性标准、优化推荐性标准，加强建筑业与建筑材料标准对接。培育团体标准，搞活企业标准，为建筑业发展提供标准支撑。加强标准制定与技术创新融合，通过提升标准水平，促进工程质量安全和建筑节能水平提高。积极开展中外标准对比研究，提高中国标准与国际标准或发达国家标准的一致性。加强中国标准外文版译制，积极推广在当地适用的中国标准，提高中国标准国际认可度。建立新型城镇化标准图集体系，加快推进各项标准的信息化应用。创新标准实施监督机制，加快构建强制性标准实施监督"双随机"机制。

（七）促进建筑业企业转型升级

深化企业产权制度改革。建立以国有资产保值增值为核心的国有建筑企业监管考核机制，放开企业的自主经营权、用人权和资源调配权，理顺并稳定分配关系，建立保证国有资产保值增值的长效机制。科学稳妥推进产权制度改革步伐，健全国有资本合理流动机制，引进社会资本，允许管理、技术、资本等要素参与收益分配，探索发展混合所有制经济的有效途径，规范董事会建设，完善国有企业法人治理结构，建立市场化的选人用人机制。引导民营建筑企业继续优化产权结构，建立稳定的骨干队伍及科学有效的股权激励机制。

大力减轻企业负担。全面完成建筑业营业税改增值税改革，加强调查研究和跟踪分析，完善相关政策，保证行业税负只减不增。完善工程建设领域保留的投标、履约、工程质量、农民工工资四类保证金管理制度。广泛推行银行保函，逐步取代缴纳现金、预留工程款形式的各类保证金。逐步推行工程款支付担保、预付款担保、履约担保、维修金担保等制度。

增强企业自主创新能力。鼓励企业坚持自主创新，引导企业建立自主创新的工作机制和激励制度。鼓励企业创建技术研发中心，加大科技研究专项投入，重点开发具有自主知识产权的核心技术、专利和专有技术及产品，形成完备的科研开发和技术运用体系。引导企业与工业企业、高

等院校、科研单位进行战略合作，开展产学研联合攻关，重点解决影响行业发展的关键性技术。支持企业加大科技创新投入力度，加快科技成果的转化和应用，提高企业的技术创新水平。

（八）积极开拓国际市场

加大市场开拓力度。充分把握"一带一路"战略契机，发挥我国建筑业企业在高速铁路、公路、电力、港口、机场、油气长输管道、高层建筑等工程建设方面的比较优势，培育一批在融资、管理、人才、技术装备等方面核心竞争力强的大型骨干企业，加大市场拓展力度，提高国际市场份额，打造"中国建造"品牌。发挥融资建设优势，带动技术、设备、建筑材料出口，加快建筑业和相关产业"走出去"步伐。鼓励中央企业和地方企业合作，大型企业和中小型企业合作，共同有序开拓国际市场。引导企业有效利用当地资源拓展国际市场，实现更高程度的本土化运营。

提升风险防控能力。加强企业境外投资财务管理，防范境外投资财务风险。加强地区和国别的风险研究，定期发布重大国别风险评估报告，指导对外承包企业有效防范风险。完善国际承包工程信息发布平台，建立多部门协调的国际工程承包风险提示应急管理系统，提升企业风险防控能力。

加强政策支持。加大金融支持力度，综合发挥各类金融工具作用，重点支持对外经济合作中建筑领域的重大战略项目。完善与有关国家和地区在投资保护、税收、海关、人员往来、执业资格和标准互

认等方面的合作机制，签署双边或多边合作备忘录，为企业"走出去"提供全方位的支持和保障。加强信息披露，为企业提供金融、建设信息、投资贸易、风险提示、劳务合作等综合性的对外承包服务。

（九）发挥行业组织服务和自律作用

充分发挥行业组织在订立行业规范及从业人员行为准则、规范行业秩序、促进企业诚信经营、履行社会责任等方面的自律作用。提高行业组织在促进行业技术进步、提升行业管理水平、制定团体标准、反映企业诉求、反馈政策落实情况、提出政策建议等方面的服务能力。

（中华人民共和国住房和城乡建设部）

建筑节能与绿色建筑发展
"十三五"规划

（2017 年 3 月 1 日　建科〔2017〕53 号）

推进建筑节能和绿色建筑发展，是落实国家能源生产和消费革命战略的客观要求，是加快生态文明建设、走新型城镇化道路的重要体现，是推进节能减排和应对气候变化的有效手段，是创新驱动增强经济发展新动能的着力点，是全面建成小康社会，增加人民群众获得感的重要内容，对于建设节能低碳、绿色生态、集约高效的建筑用能体系，推动住房城乡建设领域供给侧结构性改革，实现绿色发展，具有重要的现实意义和深远的战略意义。本规划根据《国民经济和社会发展第十三个五年规划纲要》《住房城乡建设事业"十三五"规划纲要》制定，是指导"十三五"时期我国建筑节能与绿色建筑事业发展的全局性、综合性规划。

一、规划编制背景

（一）工作基础

"十二五"时期，我国建筑节能和绿色建筑事业取得重大进展，建筑节能标准不断提高，绿色建筑呈现跨越式发展态势，既有居住建筑节能改造在严寒及寒冷地区全面展开，公共建筑节能监管力度进一步加强，节能改造在重点城市及学校、

医院等领域稳步推进，可再生能源建筑应用规模进一步扩大，圆满完成了国务院确定的各项工作目标和任务。

建筑节能标准稳步提高。全国城镇新建民用建筑节能设计标准全部修订完成并颁布实施，节能性能进一步提高。城镇新建建筑执行节能强制性标准比例基本达到 100%，累计增加节能建筑面积 70 亿平方米，节能建筑占城镇民用建筑面积比重超过 40%。北京、天津、河北、山东、新疆等地开始在城镇新建居住建筑中实施节能 75% 强制性标准。

绿色建筑实现跨越式发展。全国省会以上城市保障性安居工程、政府投资公益性建筑、大型公共建筑开始全面执行绿色建筑标准，北京、天津、上海、重庆、江苏、浙江、山东、深圳等地开始在城镇新建建筑中全面执行绿色建筑标准，推广绿色建筑面积超过 10 亿平方米。截至 2015 年底，全国累计有 4071 个项目获得绿色建筑评价标识，建筑面积超过 4.7 亿平方米。

既有居住建筑节能改造全面推进。截至 2015 年底，北方采暖地区共计完成既有居住建筑供热计量及节能改造面积 9.9 亿平方米，是国务院下达任务目标的 1.4

倍，节能改造惠及超过 1500 万户居民，老旧住宅舒适度明显改善，年可节约 650 万吨标准煤。夏热冬冷地区完成既有居住建筑节能改造面积 7090 万平方米，是国务院下达任务目标的 1.42 倍。

公共建筑节能力度不断加强。"十二五"时期，在 33 个省市（含计划单列市）开展能耗动态监测平台建设，对 9000 余栋建筑进行能耗动态监测，在 233 个高等院校、44 个医院和 19 个科研院所开展建筑节能监管体系建设及节能改造试点，确定公共建筑节能改造重点城市 11 个，实施改造面积 4864 万平方米，带动全国实施改造面积 1.1 亿平方米。

可再生能源建筑应用规模持续扩大。"十二五"时期共确定 46 个可再生能源建筑应用示范市、100 个示范县和 8 个太阳能综合利用省级示范，实施 398 个太阳能光电建筑应用示范项目，装机容量 683 兆瓦。截至 2015 年底，全国城镇太阳能光热应用面积超过 30 亿平方米，浅层地能应用面积超过 5 亿平方米，可再生能源替代民用建筑常规能源消耗比重超过 4%。

农村建筑节能实现突破。截至 2015 年底，严寒及寒冷地区结合农村危房改造，对 117.6 万户农房实施节能改造。在青海、新疆等地区农村开展被动式太阳能房建设示范。

支撑保障能力持续增强。全国 15 个省级行政区域出台地方建筑节能条例，江苏、浙江率先出台绿色建筑发展条例。组织实施绿色建筑规划设计关键技术体系研究与集成示范等国家科技支撑计划重点研发项目，在部科技计划项目中安排技术研发项目及示范工程项目上百个，科技创新能力不断提高。组织实施中美超低能耗建筑技术合作研究与示范、中欧生态城市合作项目等国际科技合作项目，引进消化吸收国际先进理念和技术，促进我国相关领域取得长足发展。

"十二五"时期建筑节能和绿色建筑主要发展指标   专栏 1

指标	2010 年基数	规划目标		实现情况	
		2015 年	年均增速[累计]	2015 年	年均增速[累计]
城镇新建建筑节能标准执行率(%)	95.4	100	[4.6]	100	[4.6]
严寒、寒冷地区城镇居住建筑节能改造面积(亿平方米)	1.8	8.8	[7]	11.7	[9.9]
夏热冬冷地区城镇居住建筑节能改造面积(亿平方米)	—	0.5	[0.5]	0.7	[0.7]
公共建筑节能改造面积(亿平方米)	—	0.6	[0.6]	1.1	[1.1]
获得绿色建筑评价标识项目数量(个)	112	—		4071	[3959]
城镇浅层地能应用面积(亿平方米)	2.3	—		5	[2.7]
城镇太阳能光热应用面积(亿平方米)	14.8	—		30	[15.2]

注：①加黑的指标为节能减排综合性工作方案、国家新型城镇化发展规划(2014—2020 年)、中央城市工作会议提出的指标。②[ ]内为 5 年累计值。

同时，我国建筑节能与绿色建筑发展还面临不少困难和问题，主要是：建筑节能标准要求与同等气候条件发达国家相比仍然偏低，标准执行质量参差不齐；城镇既有建筑中仍有约 60% 的不节能建筑，能源利用效率低，居住舒适度较差；绿色建筑总量规模偏少，发展不平衡，部分绿色建筑项目实际运行效果达不到预期；可再生能源在建筑领域应用形式单一，与建筑一体化程度不高；农村地区建筑节能刚刚起步，推进步伐缓慢；绿色节能建筑材料质量不高，对工程的支撑保障能力不强；主要依靠行政力量约束及财政资金投入推动，市场配置资源的机制尚不完善。

（二）发展形势

"十三五"时期是我国全面建成小康社会的决胜阶段，经济结构转型升级进程加快，人民群众改善居住生活条件需求强烈，住房城乡建设领域能源资源利用模式亟待转型升级，推进建筑节能与绿色建筑发展面临大有可为的机遇期，潜力巨大，同时困难和挑战也比较突出。

从发展机遇看，党中央、国务院提出的推进能源生产与消费革命、走新型城镇化道路、全面建设生态文明、把绿色发展理念贯穿城乡规划建设管理全过程等发展战略，为建筑节能与绿色建筑发展指明了方向；广大人民群众节能环保意识日益增强，对建筑居住品质及舒适度、建筑能源利用效率及绿色消费等密切关注，为建筑节能与绿色建筑发展奠定了坚实群众基础。

从发展潜力看，在建筑总量持续增加以及人民群众改善居住舒适度需求、用能需求不断增长的情况下，通过提高建筑节能标准，实施既有居住建筑节能改造，加大公共建筑节能监管力度，积极推广可再生能源，使建筑能源利用效率进一步提升，能源消费结构进一步优化，可以有效遏制建筑能耗的增长趋势，实现北方地区城镇民用建筑采暖能耗强度、公共建筑能耗强度稳步下降，预计到"十三五"期末，可实现约 1 亿吨标准煤的节能能力，将对完成全社会节能目标做出重要贡献。

从发展挑战看，我国城镇化进程处于窗口期，建筑总量仍将持续增长；经济发展处于转型期，主要依托建筑提供服务场所的第三产业将快速发展；人民群众生活水平处于提升期，对居住舒适度及环境健康性能的要求不断提高，大量新型用能设备进入家庭，对做好建筑节能与绿色建筑发展工作提出了更高要求。

二、总体要求

（一）指导思想

全面贯彻党的十八大和十八届三中、四中、五中、六中全会精神，深入学习贯彻习近平总书记系列重要讲话精神，牢固树立创新、协调、绿色、开放、共享发展理念，紧紧抓住国家推进新型城镇化、生态文明建设、能源生产和消费革命的重要战略机遇期，以增强人民群众获得感为工作出发点，以提高建筑节能标准促进绿色建筑全面发展为工作主线，落实"适用、经济、绿色、美观"建筑方针，完善法规、政策、标准、技术、市场、产业支撑体系，全面提升建筑能源利用效率，优化建筑用能结构，改善建筑居住环境品质，为住房城乡建设领域绿色发展提供支撑。

（二）基本原则

坚持全面推进。从城镇扩展到农村，从单体建筑扩展到城市街区（社区）等区域单元，从规划、设计、建造扩展到运行管理，从节能绿色建筑扩展到装配式建筑、绿色建材，把节能及绿色发展理念延伸至建筑全领域、全过程及全产业链。

坚持统筹协调。与国家能源生产与消费革命、生态文明建设、新型城镇化、应对气候变化、大气污染防治等战略目标相协调、相衔接，统筹建筑节能、绿色建筑、可再生能源应用、装配式建筑、绿色建材推广、建筑文化发展、城市风貌塑造等工作要求，把握机遇，主动作为，凝聚政策合力，提高发展效率。

坚持突出重点。针对建筑节能与绿色建筑发展薄弱环节和滞后领域，采取有力措施持续推进，务求在建筑整体及门窗等关键部位节能标准提升、高性能绿色建筑发展、既有建筑节能及舒适度改善、可再生能源建筑应用等重点领域实现突破。

坚持以人为本。促进人民群众从被动到积极主动参与的角色转变，以能源资源应用效率的持续提升，满足人民群众对建筑舒适性、健康性不断提高的要求，使广大人民群众切实体验到发展成果，逐步形成全民共建的建筑节能与绿色建筑发展的良性社会环境。

坚持创新驱动。加强科技创新，推动建筑节能与绿色建筑技术及产品从被动跟随到自主创新。加强标准创新，强化标准体系研究，充分发挥新形势下各类标准的综合约束与引导作用。加强政策创新，进一步发挥好政府的行政约束与引导作用。加强市场体制创新，充分调动市场主体积极性、自主性，鼓励创新市场化推进模式，全面激发市场活力。

（三）主要目标

"十三五"时期，建筑节能与绿色建筑发展的总体目标是：建筑节能标准加快提升，城镇新建建筑中绿色建筑推广比例大幅提高，既有建筑节能改造有序推进，可再生能源建筑应用规模逐步扩大，农村建筑节能实现新突破，使我国建筑总体能耗强度持续下降，建筑能源消费结构逐步改善，建筑领域绿色发展水平明显提高。

具体目标是：到 2020 年，城镇新建建筑能效水平比 2015 年提升 20%，部分地区及建筑门窗等关键部位建筑节能标准达到或接近国际现阶段先进水平。城镇新建建筑中绿色建筑面积比重超过 50%，绿色建材应用比重超过 40%。完成既有居住建筑节能改造面积 5 亿平方米以上，公共建筑节能改造 1 亿平方米，全国城镇既有居住建筑中节能建筑所占比例超过 60%。城镇可再生能源替代民用建筑常规能源消耗比重超过 6%。经济发达地区及重点发展区域农村建筑节能取得突破，采用节能措施比例超过 10%。

"十三五"时期建筑节能和绿色建筑主要发展指标　　　　专栏 2

指标	2015 年	2020 年	年均增速[累计]	性质
城镇新建建筑能效提升(%)	—	—	[20]	约束性
城镇绿色建筑占新建建筑比重(%)	20	50	[30]	约束性
城镇新建建筑中绿色建材应用比例(%)	—	—	[40]	预期性
实施既有居住建筑节能改造(亿平方米)	—	—	[5]	约束性
公共建筑节能改造面积(亿平方米)	—	—	[1]	约束性
北方城镇居住建筑单位面积平均采暖能耗强度下降比例(%)	—	—	[-15]	预期性
城镇既有公共建筑能耗强度下降比例(%)	—	—	[-5]	预期性
城镇建筑中可再生能源替代率(%)	4	6▲	[2]	预期性
城镇既有居住建筑中节能建筑所占比例(%)	40	60▲	[20]	预期值
经济发达地区及重点发展区域农村居住建筑采用节能措施比例(%)	—	10▲	[10]	预期值

注:①加黑的指标为国务院节能减排综合工作方案,《国家新型城镇化规划(2014—2020 年)》、中央城市工作会议提出的指标。②加注▲号的为预测值。③[　]内为 5 年累计值。

三、主要任务

(一)加快提高建筑节能标准及执行质量

加快提高建筑节能标准。修订城镇新建建筑相关节能设计标准。推动严寒及寒冷地区城镇新建居住建筑加快实施更高水平节能强制性标准,提高建筑门窗等关键部位节能性能要求,引导京津冀、长三角、珠三角等重点区域城市率先实施高于国家标准要求的地方标准,在不同气候区树立引领标杆。积极开展超低能耗建筑、近零能耗建筑建设示范,提炼规划、设计、施工、运行维护等环节共性关键技术,引领节能标准提升进程,在具备条件的园区、街区推动超低能耗建筑集中连片建设。鼓励开展零能耗建筑建设试点。

严格控制建筑节能标准执行质量。进一步发挥工程建设中建筑节能管理体系作用,完善新建建筑在规划、设计、施工、竣工验收等环节的节能监管,强化工程各方主体建筑节能质量责任,确保节能标准执行到位。探索建立企业为主体、金融保险机构参与的建筑节能工程施工质量保险制度。对超高超限公共建筑项目,实行节能专项论证制度。加强建筑节能材料、部品、产品的质量管理。

新建建筑建筑节能标准提升重点工程
专栏 3

重点城市节能标准领跑计划。严寒及寒冷地区,引导有条件地区及城市率先提高新建居住建筑节能地方标准要求,节能标准接近或达到现阶段国际先进水平。夏热冬冷及夏热冬暖地区,引导上海、深圳等重点城市和省会城市率先实施更高要求的节能标准。

标杆项目(区域)标准领跑计划。在全国不同气候区积极开展超低能耗建筑建设示范。结合气候条件和资源禀赋情况,探索实现超低能耗建筑的不同技术路径。总结形成符合我国国情的超低能耗建筑设计、施工及材料、产品支撑体系。开展超低能耗小区(园区)、近零能耗建筑示范工程试点,到 2020 年,建设超低能耗、近零能耗建筑示范项目 1000 万平方米以上。

（二）全面推动绿色建筑发展量质齐升

实施建筑全领域绿色倍增行动。进一步加大城镇新建建筑中绿色建筑标准强制执行力度，逐步实现东部地区省级行政区域城镇新建建筑全面执行绿色建筑标准，中部地区省会城市及重点城市、西部地区省会城市新建建筑强制执行绿色建筑标准。继续推动政府投资保障性住房、公益性建筑以及大型公共建筑等重点建筑全面执行绿色建筑标准。积极推进绿色建筑评价标识，推动有条件的城市新区、功能园区开展绿色生态城区（街区、住区）建设示范，实现绿色建筑集中连片推广。

实施绿色建筑全过程质量提升行动。逐步将民用建筑执行绿色建筑标准纳入工程建设管理程序。加强和改进城市控制性详细规划编制工作，完善绿色建筑发展要求，引导各开发地块落实绿色控制指标，建筑工程按绿色建筑标准进行规划设计。完善和提高绿色建筑标准，完善绿色建筑施工图审查技术要点，制定绿色建筑施工质量验收规范。有条件地区适当提高政府投资公益性建筑、大型公共建筑、绿色生态城区及重点功能区内新建建筑中高性能绿色建筑建设比例。加强绿色建筑运营管理，确保各项绿色建筑技术措施发挥实际效果，激发绿色建筑的需求。加强绿色建筑评价标识项目质量事中事后监管。

实施建筑全产业链绿色供给行动。倡导绿色建筑精细化设计，提高绿色建筑设计水平，促进绿色建筑新技术、新产品应用。完善绿色建材评价体系建设，有步骤、有计划推进绿色建材评价标识工作。

建立绿色建材产品质量追溯系统，动态发布绿色建材产品目录，营造良好市场环境。开展绿色建材产业化示范，在政府投资建设的项目中优先使用绿色建材。大力发展装配式建筑，加快建设装配式建筑生产基地，培育设计、生产、施工一体化龙头企业；完善装配式建筑相关政策、标准及技术体系。积极发展钢结构、现代木结构等建筑结构体系。积极引导绿色施工，推广绿色物业管理模式。以建筑垃圾处理和再利用为重点，加强再生建材生产技术、工艺和装备的研发及推广应用，提高建筑垃圾资源化利用比例。

绿色建筑发展重点工程　专栏 4

绿色建筑倍增计划。推动重点地区、重点城市及重点建筑类型全面执行绿色建筑标准，积极引导绿色建筑评价标识项目建设，力争使绿色建筑发展规模实现倍增，到 2020 年，全国城镇绿色建筑占新建建筑比例超过 50%，新增绿色建筑面积 20 亿平方米以上。

绿色建筑质量提升行动。强化绿色建筑工程质量管理，逐步强化绿色建筑相关标准在设计、施工图审查、施工、竣工验收等环节的约束作用。加强对绿色建筑标识项目建设跟踪管理，加强对高星级绿色建筑和绿色建筑运行标识的引导，获得绿色建筑评价标识的项目中，二星级及以上等级项目比例超过 80%，获得运行标识项目比例超过 30%。

绿色建筑全产业链发展计划。到 2020 年，城镇新建建筑中绿色建材应用比例超过 40%；城镇装配式建筑占新建建筑比例超过 15%。

（三）稳步提升既有建筑节能水平

持续推进既有居住建筑节能改造。严寒及寒冷地区省市应结合北方地区清洁取暖要求，继续推进既有居住建筑节能改造、供热管网智能调控改造。完善适合夏热冬冷和夏热冬暖地区既有居住建筑节能改造的技术路线，并积极开展试点。积极探索以老旧小区建筑节能改造为重点，多层建筑加装电梯等适老设施改造、环境综合整治等同步实施的综合改造模式。研究推广城市社区规划，制定老旧小区节能宜居综合改造技术导则。创新改造投融资机制，研究探索建筑加层、扩展面积、委托物业服务及公共设施租赁等吸引社会资本投入改造的利益分配机制。

不断强化公共建筑节能管理。深入推进公共建筑能耗统计、能源审计工作，建立健全能耗信息公示机制。加强公共建筑能耗动态监测平台建设管理，逐步加大城市级平台建设力度。强化监测数据的分析与应用，发挥数据对用能限额标准制定、电力需求侧管理等方面的支撑作用。引导各地制定公共建筑用能限额标准，并实施基于限额的重点用能建筑管理及用能价格差别化政策。开展公共建筑节能重点城市建设，推广合同能源管理、政府和社会资本合作模式（PPP）等市场化改造模式。推动建立公共建筑运行调适制度。会同有关部门持续推动节约型学校、医院、科研院所建设，积极开展绿色校园、绿色医院评价及建设试点。鼓励有条件地区开展学校、医院节能及绿色化改造试点。

既有建筑节能重点工程　专栏 5

既有居住建筑节能改造。在严寒及寒冷地区，落实北方清洁取暖要求，持续推进既有居住建筑节能改造。在夏热冬冷及夏热冬暖地区开展既有居住建筑节能改造示范，积极探索适合气候条件、居民生活习惯的改造技术路线。实施既有居住建筑节能改造面积 5 亿平方米以上，2020 年前基本完成北方采暖地区有改造价值城镇居住建筑的节能改造。

续表

老旧小区节能宜居综合改造试点。从尊重居民改造意愿和需求出发，开展以围护结构、供热系统等节能改造为重点，多层老旧住宅加装电梯等适老化改造，给水、排水、电力和燃气等基础设施和建筑使用功能提升改造，绿化、甬路、停车设施等环境综合整治等为补充的节能宜居综合改造试点。

公共建筑能效提升行动。开展公共建筑节能改造重点城市建设，引导能源服务公司等市场主体寻找有改造潜力和改造意愿的建筑业主，采取合同能源管理、能源托管等方式投资公共建筑节能改造，实现运行管理专业化、节能改造市场化、能效提升最大化，带动全国完成公共建筑节能改造面积 1 亿平方米以上。

节约型学校（医院）。建设节约型学校（医院）300 个以上，推动智慧能源体系建设试点 100 个以上，实施单位水耗、电耗强度分别下降 10%以上。组织实施绿色校园、医院建设示范 100 个以上。完成中小学、社区医院节能及绿色化改造试点 50 万平方米。

（四）深入推进可再生能源建筑应用

扩大可再生能源建筑应用规模。引导各地做好可再生能源资源条件勘察和建筑利用条件调查，编制可再生能源建筑应用规划。研究建立新建建筑工程可再生能源应用专项论证制度。加大太阳能光热系统在城市中低层住宅及酒店、学校等有稳定热水需求的公共建筑中的推广力度。实施可再生能源清洁供暖工程，利用太阳能、空气热能、地热能等解决建筑供暖需求。在末端用能负荷满足要求的情况下，因地制宜建设区域可再生能源站。鼓励在具备条件的建筑工程中应用太阳能光伏系统。做好"余热暖民"工程。积极拓展可再生能源在建筑领域的应用形式，推广高效空气源热泵技术及产品。在城市燃气未覆盖和污水厂周边地区，推广采用污水厂污泥制备沼气技术。

提升可再生能源建筑应用质量。做好

可再生能源建筑应用示范实践总结及后评估，对典型示范案例实施运行效果评价，总结项目实施经验，指导可再生能源建筑应用实践。强化可再生能源建筑应用运行管理，积极利用特许经营、能源托管等市场化模式，对项目实施专业化运行，确保项目稳定、高效。加强可再生能源建筑应用关键设备、产品质量管理。加强基础能力建设，建立健全可再生能源建筑应用标准体系，加快设计、施工、运行和维护阶段的技术标准制定和修订，加大从业人员的培训力度。

可再生能源建筑应用重点工程

专栏6

太阳能光热建筑应用。结合太阳能资源禀赋情况，在学校、医院、幼儿园、养老院以及其他有公共热水需求的场所和条件适宜的居住建筑中，加快推广太阳能热水系统。积极探索太阳能光热采暖应用。全国城镇新增太阳能光热建筑应用面积20亿平方米以上。

太阳能光伏建筑应用。在建筑屋面和条件适宜的建筑外墙，建设太阳能光伏设施，鼓励小区级、街区级统筹布置，"共同产出、共同使用"。鼓励专业建设和运营公司，投资和运行太阳能光伏建筑系统，提高运行管理，建立共赢模式，确保装置长期有效运行。全国城镇新增太阳能光电建筑应用装机容量1000万千瓦以上。

浅层地热能建筑应用。因地制宜推广使用各类热泵系统，满足建筑采暖制冷及生活热水需求。提高浅层地能设计和运营水平，充分考虑应用资源条件和浅层地能应用的冬夏平衡，合理匹配机组。鼓励以能源托管或合同能源管理等方式管理运营能源站，提高运行效率。全国城镇新增浅层地热能建筑应用面积2亿平方米以上。

空气热能建筑应用。在条件适宜地区积极推广空气热能建筑应用。建立空气源热泵系统评价机制，引导空气源热泵企业加强研发，解决设备产品噪声、结霜除霜、低温运行低效等问题。

（五）积极推进农村建筑节能

积极引导节能绿色农房建设。鼓励农村新建、改建和扩建的居住建筑按《农村居住建筑节能设计标准》GB/T 50824、《绿色农房建设导则（试行）》等进行设计和建造。鼓励政府投资的农村公共建筑、各类示范村镇农房建设项目率先执行节能及绿色建设标准、导则。紧密结合农村实际，总结出符合地域及气候特点、经济发展水平、保持传统文化特色的乡土绿色节能技术，编制技术导则、设计图集及工法等，积极开展试点示范。在有条件的农村地区推广轻型钢结构、现代木结构、现代夯土结构等新型房屋。结合农村危房改造稳步推进农房节能改造。加强农村建筑工匠技能培训，提高农房节能设计和建造能力。

积极推进农村建筑用能结构调整。积极研究适应农村资源条件、建筑特点的用能体系，引导农村建筑用能清洁化、无煤化进程。积极采用太阳能、生物质能、空气热能等可再生能源解决农房采暖、炊事、生活热水等用能需求。在经济发达地区、大气污染防治任务较重地区农村，结合"煤改电"工作，大力推广可再生能源采暖。

四、重点举措

（一）健全法律法规体系

结合《建筑法》《节约能源法》修订，将实践证明切实有效的制度、措施上升为法律制度。加强立法前瞻性研究，评估《民用建筑节能条例》实施效果，适时启动条例修订工作，推动绿色建筑发展相关立法工作。引导地方根据本地实际，出台建筑节能及绿色建筑地方法规。不断完善覆盖建筑工程全过程的建筑节能与绿色建筑配套制度，落实法律法规确定的各项规定和要求。强化依法行政，提高违法违规行为的惩戒力度。

（二）加强标准体系建设

根据建筑节能与绿色建筑发展需求，适时制修订相关设计、施工、验收、检测、评价、改造等工程建设标准。积极适应工程建设标准化改革要求，编制好建筑节能全文强制标准，优化完善推荐性标准，鼓励各地编制更严格的地方节能标准，积极培育发展团体标准，引导企业制定更高要求的企业标准，增加标准供给，形成新时期建筑节能与绿色建筑标准体系。加强标准国际合作，积极与国际先进标准对标，并加快转化为适合我国国情的国内标准。

建筑节能与绿色建筑部分标准编制计划
专栏7

建筑节能标准。研究编制建筑节能与可再生能源利用全文强制性技术规范；逐步修订现行建筑节能设计、节能改造系列标准；制（修）订《建筑节能工程施工质量验收规范》《温和地区居住建筑节能设计标准》《近零能耗建筑技术标准》。

绿色建筑标准。逐步修订现行绿色建筑评价系列标准；制（修）订《绿色校园评价标准》《绿色生态城区评价标准》《绿色建筑运行维护技术规范》《既有社区绿色化改造技术规程》《民用建筑绿色性能计算规程》。

可再生能源及分布式能源建筑应用标准。逐步修订现行太阳能、地源热泵系统工程相关技术规范；制（修）订《民用建筑太阳能热水系统应用技术规范》《太阳能供热采暖工程技术规范》《民用建筑太阳能光伏系统应用技术规范》。

（三）提高科技创新水平

认真落实国家中长期科学和技术发展规划纲要，依托"绿色建筑与建筑工业化"等重点专项，集中攻关一批建筑节能与绿色建筑关键技术产品，重点在超低能耗、近零能耗和分布式能源领域取得突破。积极推进建筑节能和绿色建筑重点实验室、工程技术中心建设。引导建筑节能与绿色建筑领域的"大众创业、万众创新"，实施建筑节能与绿色建筑技术引领工程。健全建筑节能和绿色建筑重点节能技术推广制度，发布技术公告，组织实施科技示范工程，加快成熟技术和集成技术的工程化推广应用。加强国际合作，积极引进、消化、吸收国际先进理念、技术和管理经验，增强自主创新能力。

建筑节能与绿色建筑技术方向
专栏8

建筑节能与绿色建筑重点技术方向。超低能耗及近零能耗建筑技术体系及关键技术研究；既有建筑综合性能检测、诊断与评价，既有建筑节能宜居及绿色化改造、调适、运行维护等综合技术体系研究；绿色建筑精细化设计、绿色施工与装备、调适、运营优化、建筑室内健康环境控制与保障、绿色建筑后评估等关键技术研究；城市、城区、社区、住区、街区等区域节能绿色发展技术路线、绿色生态城区（街区）规划、设计理论方法与优化、城区（街区）功能提升与绿色化改造、可再生能源建筑应用、分布式能源高效应用、区域能源供需耦合等关键技术研究、太阳能光伏直驱空调技术研究；农村建筑、传统民居绿色建筑建设及改造、被动式节能应用技术体系、农村建筑能源综合利用模式、可再生能源利用方式等适宜技术研究。

（四）增强产业支撑能力

强化建筑节能与绿色建筑材料产品产业支撑能力，推进建筑门窗、保温体系等关键产品的质量升级工程。开展绿色建筑产业集聚示范区建设，推进产业链整体发展，促进新技术、新产品的标准化、工程化、产业化。促进建筑节能和绿色建筑相关咨询、科研、规划、设计、施工、检测、评价、运行维护企业和机构的发展。增强建筑节能关键部品、产品、材料的检测能力。进一步加强建筑能效测评机构能力建设。

建筑节能与绿色建筑产业发展

专栏 9

新型建筑节能与绿色建筑材料及产品。积极开发保温、隔热及防火性能良好、施工便利、使用寿命长的外墙保温材料和保温体系、适应超低能耗、近零能耗建筑发展需求的新型保温材料及结构体系，开发高效节能门窗、高性能功能性装饰装修功能一体化技术及产品；高性能混凝土、高强钢等建材推广；高效建筑用空调制冷、采暖、通风、可再生能源应用等领域设备开发及推广。

（五）构建数据服务体系

健全建筑节能与绿色建筑统计体系，不断增强统计数据的准确性、适用性和可靠性。强化统计数据的分析应用，提升建筑节能和绿色建筑宏观决策和行业管理水平。建立并完善建筑能耗数据信息发布制度。加快推进建筑节能与绿色建筑数据资源服务，利用大数据、物联网、云计算等信息技术，整合政府数据、社会数据、互联网数据资源，实现数据信息的搜集、处理、传输、存储和数据库的现代化，深化大数据关联分析、融合利用，逐步建立并完善信息公开和共享机制，提高全社会节能意识，最大限度激发微观活力。

五、规划实施

（一）完善政策保障机制

会同有关部门积极开展财政、税收、金融、土地、规划、产业等方面的支持政策创新。研究建立事权对等、分级负责的财政资金激励政策体系。各地应因地制宜创新财政资金使用方式，放大资金使用效益，充分调动社会资金参与的积极性。研究对超低能耗建筑、高性能绿色建筑项目在土地转让、开工许可等审批环节设置绿色通道。

（二）强化市场机制创新

充分发挥市场配置资源的决定性作用，积极创新节能与绿色建筑市场运作机制，积极探索节能绿色市场化服务模式，鼓励咨询服务公司为建筑用户提供规划、设计、能耗模拟、用能系统调适、节能及绿色性能诊断、融资、建设、运营等"一站式"服务，提高服务水平。引导采用政府和社会资本合作（PPP）模式、特许经营等方式投资、运营建筑节能与绿色建筑项目。积极搭建市场服务平台，实现建筑领域节能和绿色建筑与金融机构、第三方服务机构的融资及技术能力的有效连接。会同相关部门推进绿色信贷在建筑节能与绿色建筑领域的应用，鼓励和引导政策性银行、商业银行加大信贷支持，将满足条件的建筑节能与绿色建筑项目纳入绿色信贷支持范围。

（三）深入开展宣传培训

结合"节俭养德全民节约行动""全民节能行动""全民节水行动""节能宣传周"等活动，开展建筑节能与绿色建筑宣传，引导绿色生活方式及消费。加大对相关技术及管理人员培训力度，提高执行有关政策法规及技术标准能力。强化技术工人专业技能培训。鼓励行业协会等对建筑节能设计施工、质量管理、节能量及绿色建筑效果评估、用能系统管理等相关从业人员进行职业资格认定。引导高等院校根据市场需求设置建筑节能及绿色建筑相关专业学科，做好专业人才培养。

（四）加强目标责任考核

各省级住房城乡建设主管部门应加强本规划目标任务的协调落实，重点加强约束性目标的衔接，制定推进工作计划，完善由地方政府牵头，住房城乡建设、发展改革、财政、教育、卫生计生等有关部门参与的议事协调机制，落实相关部门责任、分工和进度要求，形成合力，协同推进，确保实现规划目标和任务。组织开展规划实施进度年度检查及中期评估，以适当方式向社会公布结果，并把规划目标完成情况作为国家节能减排综合考核评价、大气污染防治计划考核评价的重要内容，纳入政府综合考核和绩效评价体系。对目标责任不落实、实施进度落后的地区，进行通报批评，对超额完成、提前完成目标的地区予以表扬奖励。

（中华人民共和国住房和城乡建设部）

住房城乡建设部关于加强农村危房改造质量安全管理工作的通知

（2017 年 2 月 24 日　建村〔2017〕47 号）

各省、自治区住房城乡建设厅，直辖市建委（农委），新疆生产建设兵团建设局：

为落实党中央、国务院打赢脱贫攻坚战总体目标中稳定实现农村贫困人口住房安全有保障的目标任务，进一步加强农村危房改造质量安全管理工作，现通知如下。

一、总体要求

聚焦建档立卡贫困户等重点对象，把保障贫困户住房安全作为当前农村危房改造工作的首要任务，加强危房改造质量安全管理，全面实行"五个基本"，即基本的质量标准、基本的结构设计、基本的建筑工匠管理、基本的质量检查、基本的管理能力，切实提高农村危房改造工作水平，全力实现危房改造户住房安全户户有保障。

二、全面实行基本的质量标准

农村危房改造后的房屋必须满足基本的质量标准，即选址安全，地基坚实；基础牢靠，结构稳定，强度满足要求；抗震构造措施齐全、符合规定；围护结构和非结构构件与主体结构连接牢固；建筑材料质量合格；施工操作规范。同时，应具备卫生厕所等基本设施。

各省级住房城乡建设部门要根据上述基本的质量标准，以及《农村危房改造抗震安全基本要求（试行）》（建村〔2011〕115 号）的规定，结合本地区实际，细化并提出主要类型农房改造基本质量要求。

三、全面实行基本的结构设计

农村危房改造必须要有基本的结构设计，没有基本的结构设计不得开工。要依据基本的质量标准或当地农房建设质量要求进行结构设计。基本的结构设计内容应包括地基基础、承重结构、抗震构造措施、围护结构等分项工程的建设要点，可使用住房城乡建设部门推荐的通用图集，或委托设计单位、专业人员进行专业设计，也可采用承建建筑工匠提供的设计图或施工要点。

四、全面实行基本的建筑工匠管理

农村危房改造必须实行建筑工匠管理。各地要指导危房改造户按照基本的结构设计，与承建的建筑工匠或施工单位签订施工协议。要切实做好建筑工匠培训，未经培训的建筑工匠不得承揽农村危房改造施工。有能力自行施工的危房改造户，也应签署依据基本结构设计施工的承诺书。施工人员信息、建筑工匠培训合格证明材料、施工协议或承诺书等要纳入危房改造农户档案，将上述材料拍成照片作为图文资料录入农村危房改造农户档案管理信息系统（以下简称信息系统）。

各地要加强建筑工匠管理和服务。县级以上地方住房城乡建设部门要通过政府购买服务或纳入相关培训计划等方式，免费开展建筑工匠培训，提高工匠技术水平。各县（市）要建立建筑工匠质量安全责任追究和公示制度，发生质量安全事故要依法追查施工方责任，要公布有质量安全不良记录的工匠"黑名单"。

五、全面实行基本的质量检查

农村危房改造基本的质量检查必须覆盖全部危房改造户。县级住房城乡建设部门要按照基本的质量标准，组织当地管理和技术人员开展现场质量检查，并做好现场检查记录。检查项目包括地基基础、承重结构、抗震构造措施、围护结构等，重要施工环节必须实行现场检查。经检查满足基本质量标准的要求后，进行现场记录并与危房改造户、施工方签字确认，存在问题的要当场提出措施进行整改。现场检查记录要纳入农村危房改造农户档案，检查记录的照片要上传到信息系统。统一建设的农村危房改造项目，由省级住房城乡建设部门制定现场质量检查办法。

六、全面保障基本的管理能力

省级住房城乡建设部门对本地区农村危房改造质量安全管理工作负总责。负责组织提出主要类型农房改造基本质量要求并指导实施。指导和督促县（市）加强农村危房改造质量安全管理。组织专家开展现场技术指导。

县级住房城乡建设部门是农村危房改造质量安全管理工作的责任主体。负责具体落实农村危房改造基本质量要求和基本结构设计，组织开展现场质量安全检查，并负责农村建筑工匠管理和服务工作。组织开展宣传培训，确保危房改造户知晓基本的质量标准。

督促指导各地按照中共中央办公厅、国务院办公厅印发的《关于加强乡镇政府服务能力建设的意见》的精神，强化乡镇政府服务功能，扩大规划建设管理权限，加强乡镇建设管理机构，充实管理人员。每个乡镇都要落实农房建设质量安全管理职责。有条件的地方可以配备村级农房建设协管员。

住房城乡建设部将对各地农村危房改造质量安全管理工作开展监督检查，表扬和推广好的经验，通报质量安全问题并督促整改。组织实施危房加固改造示范。指导各地加强建筑工匠管理、培训和行业自律。农村危房改造质量安全管理工作情况将作为农村危房改造绩效评价的重点。

（中华人民共和国住房和城乡建设部）

住房城乡建设部、财政部、国务院扶贫办关于加强和完善建档立卡贫困户等重点对象农村危房改造若干问题的通知

（2017年8月28日　建村〔2017〕192号）

各省、自治区、直辖市住房城乡建设厅（建委）、财政厅、扶贫办（局），新疆生产建设兵团建设局、财务局、扶贫局：

做好建档立卡贫困户等重点对象农村危房改造是实现中央脱贫攻坚"两不愁、三保障"总体目标中住房安全有保障的重点工作，必须提高政治站位，高度重视，加大投入，全力以赴按时保质完成。目前各地推进农村危房改造工作取得明显进展，但实施过程中也存在危房改造对象认定不准确、深度贫困户无力建房、补助资金拨付和使用不规范等问题。为进一步加强和完善建档立卡贫困户等重点对象农村危房改造工作，现就有关要求通知如下。

一、危房改造对象认定标准和程序

（一）危房改造对象认定。中央支持的农村危房改造对象应在建档立卡贫困户、低保户、农村分散供养特困人员和贫困残疾人家庭等四类重点对象（以下简称四类重点对象）中根据住房危险程度确定。建档立卡贫困户身份识别以扶贫部门认定为准，低保户和农村分散供养特困人

员身份识别以民政部门认定为准，贫困残疾人家庭身份识别应由残联商扶贫或民政部门联合认定为准。县级住房城乡建设部门要依据上述部门提供的四类重点对象名单组织开展房屋危险性评定，根据《农村危险房屋鉴定技术导则（试行）》（建村函〔2009〕69号）制定简明易行的评定办法，少数确实难以评定的可通过购买服务方式请专业机构鉴定。经评定为C级和D级危房的四类重点对象列为危房改造对象。已纳入易地扶贫搬迁计划的四类重点对象不得列为农村危房改造对象。

（二）危房信息的录入、确定和动态调整。县级住房城乡建设部门要逐户填写危房改造对象认定表，相关信息录入住房城乡建设部农村危房改造信息系统（以下简称信息系统）。完成录入工作后信息系统将自动生成四类重点对象农村危房改造台账（以下简称危房改造台账）。县级住房城乡建设部门将危房改造台账送扶贫、民政、残联部门复核确认后，报省级住房城乡建设部门联合扶贫、民政、残联部门审核确定。省级住房城乡建设部门汇总本

地区危房改造台账后报住房城乡建设部备案，信息数据与相关部门共享。农户身份及危房信息发生变化的，每年年底按照上述程序进行调整。

二、贫困户"住房安全有保障"的认定标准和程序

建档立卡贫困户退出时住房应满足以下基本质量要求：选址安全，地基坚实；基础牢靠，结构稳定，强度满足要求；抗震构造措施齐全、符合规定；围护结构和非结构构件与主体结构连接牢固；建筑材料质量合格。省级住房城乡建设部门要按照上述要求，明确"住房安全有保障"的具体要求或标准，配合扶贫部门确定贫困户退出的实施办法和工作程序。县级住房城乡建设部门负责认定住房安全性并出具房屋安全性评定结果。

三、减轻深度贫困户负担

（一）加大资金投入力度。省、市、县要落实危房改造责任，加大资金投入力度，根据农户贫困程度、房屋危险程度和改造方式等制定分类补助标准，切实加大对深度贫困户的倾斜支持。要引导社会力量资助，鼓励志愿者帮扶和村民互助，对纳入贫困县涉农资金整合试点范围的，可统筹整合财政涉农资金予以支持，构建多渠道的农村危房改造资金投入机制。

（二）推广低成本改造方式。加固改造是低成本解决农民住房安全问题最为有效的措施之一，可有效避免因建房而致贫返贫。各地务必高度重视，制定鼓励政策，加大推广力度，引导农户优先选择加

固方式改造危房。要按照消除直接危险，同步提高房屋整体强度的要求科学实施，确保质量安全。原则上 C 级危房必须加固改造，鼓励具备条件的 D 级危房除险加固。鼓励通过统建农村集体公租房及幸福大院、修缮加固现有闲置公房、置换或长期租赁村内闲置农房等方式，兜底解决自筹资金和投工投料能力极弱深度贫困户住房安全问题。要充分调动农户积极性，通过投工投劳和互助等方式降低改造成本。鼓励运用当地建材，建设造价低、功能好的农房。

（三）为贫困户建房提供便利。县级住房城乡建设部门要主动协调组织主要建材的采购与运输，降低贫困户危房改造成本。要向农户推荐培训合格的建筑工匠或施工队伍并指导双方签订协议。要积极协调施工方，采取垫资建设等方式帮助无启动资金的特困户改造危房。要发挥组织协调作用，帮助自建确有困难且有统建意愿的农户选择有资质的施工队伍统建。对于政府组织实施加固改造，以及统建集体公租房等兜底解决特困户住房的，可在明确改造标准、征得农户同意并签订协议的基础上，将补助资金直接支付给施工单位。

四、加强工作管理

（一）防止补助资金拨付不及时、挤占挪用和滞留。县级住房城乡建设部门要及时组织竣工验收并将验收合格达到补助资金拨付条件的农户名单提供财政部门。县级财政部门要严格执行《中央财政农村危房改造补助资金管理办法》（财社〔2016〕216 号）有关规定，支付给农户的补助资

金要在竣工验收后 30 日内足额拨付到户，不得以任何形式挤占挪用和滞留。补助资金拨付情况纳入绩效评价考核内容。

（二）防止套取骗取、重复申领补助资金及基层工作人员吃拿卡要、索要好处费。中央下达的四类重点对象农村危房改造任务必须在危房改造台账范围内进行分配。要落实信息公开制度，县级住房城乡建设部门要及时公开危房改造任务分配结果和改造任务完成情况。省级住房城乡建设部门要建立畅通的反映问题渠道，公布举报电话并对群众反映问题及时调查处理。各级住房城乡建设部门要积极会同、配合财政、审计、纪检、监察等部门开展专项检查，查实问题处理到人。要加大警示教育宣传力度，定期通报有关问题及处理结果。

（三）防止虚报改造任务。要严格执行"一户一档"的农村危房改造农户档案管理制度，改造信息包括改造前、改造中及改造后照片必须全部录入信息系统。要加强对信息系统中已录入信息的管理和检查，及时整改错误及重复信息，设定抽查比例下限实地检查工程实施情况，严肃处理弄虚作假、虚报改造任务的行为。

（四）防止做表面文章。农村危房改造解决的是住房安全问题，改造后房屋必须满足农村危房改造抗震安全基本要求，禁止单纯将补助资金用于房屋粉刷、装饰等与提升住房安全性无关的用途。对于往年已享受过农村危房改造补助但住房安全性未达到要求的，各地要自筹资金解决其住房安全问题，并对违反农村危房改造竣工验收有关规定的行为追究责任。

五、提高农户满意度

（一）提升改造效果。改造后的农房应具备卫生厕所，满足人畜分离等基本居住卫生条件，这是农村危房改造的底线要求。北方地区要结合农村危房改造积极推动建筑节能改造和清洁供暖。要根据村庄规划实施风貌管控，开展院落整治，整体改善村庄人居环境。

（二）实施到户技术指导、简化申请审批程序。各地要编制农村危房改造通用设计图集等基本的结构设计及建设施工要点简明手册并免费发放到户。县级住房城乡建设部门要在施工关键环节派员到场进行技术指导与检查，发现问题督促整改。要发动社会专业人员及机构为农户免费提供技术咨询与帮扶。要优化审批程序，加强上门服务，最大限度地降低农户提交申请材料的难度，不得向补助对象收取任何管理费用。

（三）加强政策宣传。各地要制作农村危房改造政策明白卡并免费发放到每一户危房改造对象，利用多种渠道加大政策宣传力度。要及时向有关部门提供农村危房改造工作进展，利用媒体广泛宣传工作成效，营造积极的舆论氛围。

四类重点对象农村危房改造力争到 2019 年基本完成，2020 年做好扫尾工作。各地要在确保房屋质量和改造效果的前提下，结合本地实际科学安排四类重点对象农村危房改造进度计划并报住房城乡建设部、财政部备案。要在任务资金安排上向深度贫困地区倾斜，确保这些地区同步完成四类重点对象危房改造任务。住房城乡建设部会同财政部，对于中央下达年度任务未完成的，将在安排下一年度农村危房改造中央任务和补助资金时对相应省份予以扣减（纳入贫困县涉农资金整合试点的，按整合试点有关要求执行）；对于中央下达年度任务之外垫付资金先行实施四类重点对象危房改造的，将在以后年度农村危房改造中央任务和补助资金安排中给予考虑。

（中华人民共和国住房和城乡建设部、中华人民共和国财政部国务院扶贫开发领导小组办公室）

关于提前下达2018年中央财政农村危房改造补助预算指标的通知

（2017年10月31日　财社〔2017〕206号）

各省（自治区、直辖市）财政厅（局）、住房城乡建设厅（农委、建委）：

为做好农村危房改造工作，提高预算完整性，加快支出进度，经研究，现提前下达你省（自治区、直辖市）2018年农村危房改造补助预算指标（项目名称：农村危房改造补助资金，项目代码：Z135080000029，指标金额详见附表）。现将有关事宜通知如下：

一、此次下达的中央财政补助资金用于你省（自治区、直辖市）低保户、农村分散供养特困人员、贫困残疾人家庭和建档立卡贫困户的危房改造，请列入2018年政府收支分类科目第221类"住房保障支出"科目，待2018年预算年度开始后，按程序拨付使用。

二、请你省（自治区、直辖市）按照《财政部关于印发〈中央对地方专项转移支付管理办法〉的通知》（财预〔2015〕230号）、《财政部关于提前通知转移支付指标有关问题的通知》（财预〔2010〕409号）等文件要求，做好预算编制、指标安排等相关工作。

三、你省（自治区、直辖市）要及时将资金分解下达到县，其中用于贫困县的资金增幅不低于该项资金平均增幅。分配给贫困县的资金一律采取"切块下达"，资金项目审批权限完全下放到县，不得指定具体项目或提出与脱贫攻坚无关的任务要求。

四、请你省（自治区、直辖市）尽快盘活存量资金，加大消化结余力度，加快预算执行，进一步提高资金使用效益。

（财政部、住房城乡建设部）

附表

资金分配表　　　　单位：万元

省份	预算指标
合计	1859162
河北省	50238
山西省	50441
内蒙古自治区	67738
辽宁省	25715
吉林省	27224
黑龙江省	68849
江苏省	13448
安徽省	60317
福建省	8002
江西省	73385

续表

省份	预算指标
山东省	12543
河南省	52101
湖北省	64889
湖南省	123456
广东省	21962
广西壮族自治区	79037
海南省	9802
重庆市	22695
四川省	205311

续表

省份	预算指标
贵州省	107891
云南省	345472
西藏自治区	3879
陕西省	39927
甘肃省	52563
青海省	30709
宁夏回族自治区	12609
新疆维吾尔自治区	228959

相关政策法规简介

《吉林省住房和城乡建设厅、吉林省财政厅关于下达 2017 年全省城市棚户区改造任务计划的通知》

发文机构：吉林省住房和城乡建设厅、吉林省财政厅

发文日期：2017 年 2 月 6 日

文件编号：吉建联发〔2017〕5 号

2017 年，经各地政府申报，并报省政府和住房城乡建设部同意，确定全省改造城市棚户区 11.2 万套。有关要求如下：一、加快推进项目开工建设。各地要坚持早启动、早开工、早见效，加快推进棚户区改造进度。按照已经上报的棚户区改造项目，加快办理项目审批手续，全力推进项目落地、资金筹集、房屋征收征地、货币化安置等工作，加快开工建设进度，严格掌握开工统计口径，确保实现"6 月底开工率达 60% 以上，9 月底开工率达 100%"的目标任务。二、进一步提高货币化安置比例。各地要深入调查摸底，掌握居民货币化安置需求，多渠道筹集房源，进一步提高货币化安置比例，具备条件的市县力争货币化安置比例达到 100%。要认真履行政府购买服务、政府采购招标等程序，严格执行国家和省制定的货币化安置统计口径，依法依规组织实施。三、加快推进棚改贷款工作。各地要认真落实省政府《研究棚户区改造项目贷款有关问题》的专题会议纪要精神，依据 2017 年棚户区改造计划，加快办理项目相关审批手续，积极协调国开行、农发行及其他商业银行，加快贷款授信审批和发放进度，为棚户区改造提供资金保证。

《北京市人民政府办公厅关于印发〈北京市 2017 年棚户区改造和环境整治任务〉的通知》

发文机构：北京市人民政府办公厅

发文日期：2017 年 4 月 7 日

文件编号：京政办发〔2017〕19 号

通知有关事项如下：一、高度重视，加强领导。各区政府、市政府有关部门要以习近平总书记视察北京重要讲话精神为根本遵循，进一步提高对棚户区改造和环境整治工作重要性的认识，切实加强组织领导，强化责任担当，撸起袖子加油干，扎实推进各项工作，确保如期完成年度任务。市政府将棚户区改造和环境整治任务列为 2017 年绩效考核项目。二、聚焦疏解，促进提升。棚户区改造是本市"疏解整治促提升"专项行动的重要内容，各区政府、市政府有关部门要聚焦非首都功能疏解，把棚户区改造和环境整治与专项行动其他任务统筹结合，努力通过棚户区改

造和环境整治促进城市"留白建绿"，完善公共设施，改善人居环境，提升城市品质，增强群众获得感。三、密切配合，狠抓落实。各区政府、市政府有关部门要密切协作配合，加强联动对接，落实好资金保障、建设用地供应、征收补偿、拆迁安置等各项支持政策。要层层压实责任，明确完成时限，加大督查力度，推动各项任务落到实处。四、严格监督，确保安全。各区政府、市政府有关部门要始终把安全质量放在第一位，认真履行监管职责，对棚户区改造和环境整治项目实施全过程质量管理，严把规划设计关、工程建设关、竣工验收关，确保群众住得放心、生活舒心。五、各区政府要于 2017 年底前将棚户区改造和环境整治任务完成情况报市政府。

《福建省住房和城乡建设厅关于印发〈2018—2020 年棚户区改造计划〉的通知》

发文机构：福建省住房和城乡建设厅

发文日期：2017 年 6 月 12 日

文件编号：闽建住〔2017〕13 号

各地上报的棚改三年计划都经各设区市政府批准，其中国有工矿、林区、垦区棚改计划都经省直相关部门确认。经汇总，截至 2017 年底全省剩余改造各类棚户区（危旧房）130795 户（个），其中 2018～2020 年计划改造 123554 户（个），2020 年后待改造 7241 户（个）。一是从改造类别看，城镇棚户区 127032 户（城市危房 34351 户、城中村 83172 户、旧住宅小区改建 8829 户、中央企业棚户区 680

户）、国有工矿棚户区 1088 户、国有林区危旧房 373 个（面积 112560 平方米）、国有垦区危房 2302 户；二是分年度看，2018 年改造 42153 户（个）、2019 年改造 37830 户（个）、2020 年改造 43571 户（个）、2020 年以后改造 7241 户（个）；三是分地区看，改造户数较多的有莆田 31874 户（个）、泉州 24899 户（个）、福州 22921 户（个）；四是从项目情况看，棚改三年计划均已落实到具体项目，全省累计项目 420 个。各地对列入计划的棚改项目，要明确责任单位和责任人，明确时间节点，做好前期工作，抓紧组织实施，加快建设进度。

《北京市人民政府办公厅关于印发〈加快推进自备井置换和老旧小区内部供水管网改造工作方案〉的通知》

发文机构：北京市人民政府办公厅

发文日期：2017 年 6 月 19 日

文件编号：京政办发〔2017〕31 号

为加快推进自备井置换和老旧小区内部供水管网改造工作，进一步提升城市供水精细化管理水平，特制定本方案。工作目标为到 2020 年底前，在中心城区及其周边公共供水管网覆盖范围内和城市副中心，基本实现生活用自备井供水全部置换为市政供水，基本完成老旧小区内部供水管网改造并实行专业化管理。

相关政策支持为：1. 对自备井置换的资金支持政策。配套市政供水管线建设、住宅小区内部供水管网改造所需资金，由市政府固定资产投资安排 50%，市自来水集团自筹 50％；社会单位内部供水管网改造资金由产权单位自筹。2. 对老旧小区内部供水管网改造的资金支持政策。老旧小区内部供水管网改造所需资金，由市政府固定资产投资安排 50％，市自来水集团自筹 50％。3. 运行费用支持政策。对于完成自备井置换的住宅小区和完成内部供水管网改造的老旧小区，市自来水集团对其内部供水管网实行专业化管理，所增加的运行费用计入供水成本；社会单位内部供水管网运行费用由产权单位承担。4. 优化项目审批流程。自备井置换配套市政供水管线建设的前期手续办理流程参照《北京市公共服务类建设项目投资审批改革试点实施方案》有关规定执行，各有关部门要加快相关手续办理。

《四川省人民政府关于印发〈四川省节能减排综合工作方案（2017—2020 年）〉的通知》

发文机构：四川省人民政府
发文日期：2017 年 8 月 6 日
文件编号：川府发〔2017〕44 号
方案的总体要求：全面贯彻党的十八大和十八届三中、四中、五中、六中全会精神及省第十一次党代会精神，牢固树立绿色发展理念，坚持节约资源和保护环境的基本国策，以优化调整产业和能源结构、提高能源资源利用效率、改善生态环境质量为核心，以转变经济发展方式为主线，以推进供给侧结构性改革和全面创新驱动发展为动力，以重点工程实施为抓手，充分发挥市场机制作用，完善政府主

导、企业主体、市场驱动、全社会共同参与的节能减排推进机制，有效控制能源消费总量和强度，确保完成"十三五"节能减排约束性目标，为加快建设天更蓝、地更绿、水更清、环境更优美的美丽四川提供有力支撑。主要目标是：到 2020 年，全省能源消费总量控制在 2.29 亿吨标准煤以内；单位地区生产总值（GDP）能耗较 2015 年累计下降 16％，全面完成国家下达的"双控"目标任务。全省年用水总量控制在 321.64 亿立方米以内；单位 GDP 用水量、单位工业增加值用水量比 2015 年降低 23％，农田灌溉水有效利用系数提高到 0.48 以上。全省化学需氧量、氨氮、二氧化硫、氮氧化物排放总量比 2015 年分别下降 12.8％、13.9％、16％、16％；全省挥发性有机物排放总量比 2015 年下降 5％。

《省人民政府办公厅关于印发〈贵州省农村危房改造和住房保障三年行动计划（2017—2019 年）〉的通知》

发文机构：贵州省人民政府办公厅
发文日期：2017 年 8 月 11 日
文件编号：黔府办发〔2017〕33 号
为加快推进全省农村危房改造和住房保障，决胜脱贫攻坚，同步全面小康，特制定本行动计划。深入贯彻落实习近平总书记系列重要讲话精神和扶贫开发战略思想，紧紧围绕决胜脱贫攻坚、同步全面小康的总体目标和贫困农户"住房安全有保障"的具体要求，对全省现有农村危房全面实施"危改"，保障质量安全，并同步

实施改厨、改厕、改圈（以下简称"三改"），保障基本居住功能和卫生健康条件，确保除易地搬迁外的就地脱贫农户实现住房基本保障，切实增强广大农民群众的获得感和幸福感，奋力开创百姓富、生态美的多彩贵州新未来。

计划的总体目标为：到 2019 年底，完成全省现有 51.38 万户农危房（建档立卡贫困户 19.74 万户、低保户 5.16 万户，其他危改户 26.48 万户）"危改"和"三改"任务，消除安全隐患，补齐基本居住功能，保障基本卫生健康条件。其中，在 2018 年底前完成全部建档立卡贫困户、低保户和深度贫困地区危房改造任务。2017 年，完成 20 万户改造任务。其中，建档立卡贫困户、低保户 15 万户，其他危改户 5 万户。2018 年，完成 20.64 万户改造任务。其中，建档立卡贫困户、低保户 9.9 万户，其他危改户 10.74 万户。2019 年，完成剩余的其他 10.74 万危改户改造任务。

《关于印发〈2017 年大连市农村危房改造实施方案〉的通知》

发文机构：大连市城乡建设委员会、大连市发展和改革委员会、大连市财政局、大连市民政局

发文日期：2017 年 8 月 29 日

文件编号：大建委发〔2017〕308 号

通知规定了补助范围、对象和标准。2017 年我市农村危房改造补助范围是全市涉农区、市、县（先导区）内，建档立卡贫困户、低保户、农村分散供养特困人员、贫困残疾人家庭（以下简称四类重点对象），优先支持已录入农村危房改造系统中的四类重点对象。2017 年我市农村危房改造要向大连 128 个低收入村倾斜。2017 年我市农村危房改造在补助范围内的 D 级危房户改造补助标准为 6.5 万元/户（其中，中央补助 2.5 万元，市财力补助 3 万元/户，区、市、县（先导区）配套 1 万元/户）；C 级危房户改造补助标准为 0.5 万元/户（中央财力补助）。危房鉴定费用标准为 500 元/户，鉴定户数按照辽宁省下达危房改造指标数量的 1.1 倍确定（市财力补助）。

通知还规定了改造方式和标准。原则上，拟改造房屋属于整体危险（D 级）的，应拆除重建；属局部危险（C 级）的，应修缮加固。危房改造以农户自建为主，农户自建确有困难且有统建意愿的，区、市、县（先导区）政府要发挥组织、协调作用，帮助农户选择有资质的施工队伍统建，要加强农民自建房屋的技术服务和指导，解决好农民自建房屋中存在的结构设计安全隐患等问题，确保危房改造工作顺利进行。在农户自愿、条件具备的情况下，农村危房改造卫生厕所入户。建设标准要严格按照《住房城乡建设部 财政部 国务院扶贫办关于加强建档立卡贫困户等重点对象危房改造工作的指导意见》要求，改造房屋的建筑面积原则上 1～3 人户控制在 40～60 平方米内，且 1 人户不低于 20 平方米，2 人户不低于 30 平方米，3 人户不低于 40 平方米；3 人以上户人均建筑面积不超过 18 平方米，不低于 13 平方米。房屋建设要依据《农村危房改造抗震

安全基本要求（试行）》（建村〔2011〕115号）的标准实施。

《湖南省住房和城乡建设厅、湖南省财政厅关于印发〈2017年12个脱贫摘帽县农村危房加固改造实施方案〉的通知》

发文机构：湖南省住房和城乡建设厅、湖南省财政厅

发文日期：2017年9月11日

文件编号：湘建村函〔2017〕277号

方案的目标任务是：2017年10月底前，全面完成12个脱贫摘帽县建档立卡贫困户、低保户、农村分散供养特困人员、贫困残疾人家庭等四类重点对象（以下简称四类重点对象）的C级危房加固改造任务。鼓励具备条件的D级危房除险加固。工作要求为：（一）精准核定改造对象。根据国家危房鉴定相关技术规范，省住房城乡建设厅编制《湖南省农村住房危险性鉴定表》。各地应制定简明易行的评定办法，对四类重点对象组织开展房屋危险性评定。严禁过度评估，将C级危房鉴定为D级危房。对鉴定为C、D级危房的四类重点对象，完善危房信息，录入全国农村住房信息系统。（二）尽快制定改造方案。各地应参照本方案，综合考虑本地区存量危房、危房类型、结构形式、群众意愿等因素，编制符合本地实际、具有可操作性的加固改造工作方案，并于8月25日前报我厅备案。（三）合理确定改造方式。加固改造采取农户自行加固改造和统一加固改造相结合的方式实施。鉴于脱贫摘帽工作时间紧迫，危房加固改造政策性和技术性强，鼓励各地采取统一加固改造方式加快改造进度。（四）加强质量安全监管。危房加固改造后应达到基本的质量安全要求：地基坚实，基础牢靠，结构稳定，强度满足要求；抗震构造措施齐全、符合规定；围护结构和非结构构件与主体结构连接牢固；建筑材料质量合格，屋面不漏水。（五）重视农房风貌管控。各县市区要将农房风貌纳入竣工验收内容，加强风貌管控和现场指导，确保改造后的农房体现地域特征、时代风貌，彰显湖湘民居特色。（六）规范档案管理。按照国家有关部委和省里的要求，完善农村危房改造农户纸质档案，实行一户一档，批准一户、建档一户，做到专人管理、资料齐全、制度规范。在此基础上，要提高农户纸质档案表信息化录入水平，确保农户档案及时、真实、完整、准确录入信息系统。

《关于印发〈江西省2017年农村危房改造实施方案〉的通知》

发文机构：省住房和城乡建设厅、省财政厅、省民政厅、省扶贫和移民办公室、省残疾人联合会

发文日期：2017年10月26日

文件编号：赣建村〔2017〕55号

通知规定了主要任务。2017年，中央下达我省8.02万户农村危房改造任务。任务安排在各地申报计划任务要求的基础上，向脱贫攻坚重点县、国定贫困县、全国农村危房维修加固改造试点县及受洪涝灾害影响严重地区等倾斜。重点解决符合条件的农村建档立卡贫困户、分散供养五

保户、低保户、贫困残疾人家庭的安居问题。同时，按照省政府的部署，结合各地申报情况，今年我省自主确定实施一般困难户农村危房改造5.2万户。各地要强化措施、科学组织，确保按时保质保量完成任务，帮助困难群众解决安居问题。

农村危房改造范围为全省农村地区。各地的中心城区（城市及县城关镇）、工业园区规划建成区范围内原则上不得安排实施农村危房改造项目；风景名胜区要按照村镇规划建设管理职能及风景名胜区总体规划实施农村危房改造任务。补助对象必须为户口为农村地区、家庭经济困难、住房困难的居民。

《四川省人民政府关于印发〈四川省"农村土坯房改造行动"实施方案〉的通知》

发文机构：四川省人民政府

发文日期：2017年11月6日

文件编号：川府函〔2017〕205号

四川省委、省政府把农村住房建设作为民生工程的重中之重，持续推进彝家新寨、藏区新居、巴山新居、乌蒙新村建设和农村危房改造以及易地扶贫搬迁，农村居住条件得到极大改善。但目前各地仍存在较大数量的以土坯墙或夯土墙为主要承重构件的土坯房，其中有部分还是危旧土坯房，既不能满足抗震设防要求，又不能保障农户基本生活需要，存在安全隐患。为确保农村住房安全，进一步改善居住条件，省委、省政府决定实施"农村土坯房改造行动"，计划用5年时间基本完成农

村土坯房特别是危旧土坯房改造。

通过"拆、保、改、建"相结合的方式，力争用5年时间，到2022年基本完成全省269.6万户农村土坯房的分类改造整治工作。其中，拆除按相关规定应拆未拆土坯房84.6万户，指导改造有现行政策补助的唯一常住土坯房68.6万户，支持改造无现行政策补助的唯一常住土坯房85.7万户，鼓励拆除全家常年在外定居而长期未居住的土坯房30.7万户。

2017年，完成前期研究、政策准备和改造规划，启动改造行动；2018年，完成总目标任务的20%；2019年，累计完成总目标任务的40%；2020年，累计完成总目标任务的70%；2021年，累计完成总目标任务的90%；2022年，基本完成。在时间进度安排上，优先改造危旧土坯房特别是建档立卡贫困户、低保户、分散供养特困人员、贫困残疾人家庭土坯房。

《广东省住房和城乡建设厅等部门关于印发〈广东省2017年农村危房改造实施方案〉的通知》

发文机构：广东省住房和城乡建设厅等部门

发文日期：2017年11月7日

文件编号：粤建村〔2017〕227号

为贯彻落实省委、省政府关于我省农村危房改造的工作部署，以及住房城乡建设部、财政部关于做好农村危房改造工作有关要求，切实做好我省2017年农村危房改造工作，确保按期优质完成全省农村危房改造年度任务，切实推动全省农村人

居生态环境综合整治和社会主义新农村建设，特制定本方案。

方案的指导思想：全面贯彻落实党的十八大和十八届三中、四中、五中、六中全会及习近平总书记系列重要讲话精神，按照"四个坚持、三个支撑、两个走在前列"要求，坚持以人为本，加大政府支持力度，发挥广大农民的主体作用，全力推进我省农村危房改造工作，切实改善农村困难群众居住条件，保障人民群众生命财产安全，为我省率先全面建成小康社会作出积极贡献。方案还规定了目标任务：全省 2017 年农村危房改造任务为 79607 户。国家下达我省 2017 年农村危房改造任务 21800 户，已包含在我省 2017 年农村危房改造任务 79607 户之中。

《上海市人民政府印发关于〈坚持留改拆并举深化城市有机更新进一步改善市民群众居住条件的若干意见〉的通知》

发文机构：上海市人民政府
发文日期：2017 年 11 月 9 日

文件编号：沪府发〔2017〕86 号

工作范围为：将房屋使用功能不完善、配套设施不健全、安全存在隐患、群众要求迫切的各类旧住房，纳入"留改拆"工作范围。主要包括：二级旧里为主的旧式里弄及以下房屋，优秀历史建筑、文物建筑、历史文化风貌区内以及规划列入保留保护范围的各类里弄房屋，各类不成套旧住房等。

工作目标为：推进优秀历史建筑、文物建筑、历史文化风貌区内以及规划明确需保留保护的各类里弄房屋修缮改造。"十三五"期间实施修缮改造 250 万平方米，其中优秀历史建筑修缮 50 万平方米。推进各类旧住房修缮改造，重点实施纳入保障性安居工程的成套改造、屋面及相关设施改造、厨卫改造等三类旧住房综合改造工程。"十三五"期间，实施各类旧住房修缮改造 5000 万平方米，其中三类旧住房综合改造 1500 万平方米。推进中心城区旧区改造工作，积极开展郊区城镇旧区改造。"十三五"期间，完成中心城区二级旧里为主的房屋改造 240 万平方米。

二、标准篇

　　工程建设标准对于确保既有建筑改造领域的工程质量和安全、促进既有建筑改造事业的健康发展具有重要的基础性保障作用。本篇选取了国家标准《钢结构加固技术规范》，行业标准《民用建筑修缮工程查勘与设计规程》、《民用房屋修缮工程施工规程》等进行介绍。

国家标准《钢结构加固设计规范》编制简介

一、制定的目的及意义

我国历来虽是钢结构建筑物较少的国家，但随着全面改革的不断深化，经济形势的持续向好，以及钢产量跃居世界首位，当前钢结构的应用与发展已进入鼎盛时期：不仅在工业建筑、大型公共建筑以及各类重要土木工程中得到了广泛的应用，而且钢结构的住宅建设也与日俱增。过去钢结构行业因钢材长期匮乏所制定的限制使用钢结构的措施已转变为推动钢结构快速发展的战略。据有关部门粗略统计，现存的钢结构建筑物已不下 3.5 亿 m^2；钢结构的诸多优势不仅得到了全社会的广泛重视和认同，而且也越来越使这类结构体系在工程建设领域中占据日益重要的地位。在这种形势下，很快就伴生了对既有钢结构建筑物的修缮、加固与改造的需求，并产生了对制定相关国家标准规范的迫切感。因为至少有 3500 万 m^2 以上的钢结构需要通过加固、改造或改扩建，才能满足正常使用的要求。为此，住房城乡建设部及时下达了制定国家标准《钢结构加固设计规范》的任务，以应当前工程实践的急需。

二、主要制定工作

规范编制组在认真整理近 20 年来管理中国工程建设标准化协会标准《钢结构加固技术规范》CECS 77：96 过程中所收到的反馈信息，以及组织编制组成员学习掌握编制国家标准的基本要求与编写方法的基础上，主要进行了以下工作。

（一）各加固方法重要参数的试验验证

编制组中，高等院校和科研单位成员利用它们实验室的良好条件，开展钢结构加固设计重要参数的验证性试验，解决了负荷状态下焊接加固、外包钢筋混凝土加固、钢管构件内填混凝土加固等的承载力评估问题，为加固设计的应用提供了基本依据。

（二）梁柱节点和栓焊并用连接的承载性能及其设计方法

组织有关单位成立重点课题组，通过调查和验证性试验，研究了梁柱节点和栓焊并用连接的承载性能及其设计计算方法。

（三）钢结构加固用胶

与全国建筑物鉴定与加固标准技术委员会合作，对新纳入规范的钢结构加固用胶进行了系统的安全性检测与鉴定，并在此基础上起草了钢结构加固用胶安全性合格评定标准草案。

（四）抗震锚栓

我国是地震多发国家之一，为此，编

制组组织研究了抗震设防区锚栓技术的应用问题。在此基础上筛选了4种较为安全、可靠的锚栓纳入规范，并参照美国ACI318等有关标准，验证了锚栓承载力的主要参数，并给出了构造要求，为锚栓用于钢结构加固的验算提供了可靠的依据。

此外，通过大量调查分析，总结了不同加固工程的实践经验和工程的事故教训。

三、制定过程中的主要问题

（一）关于钢结构粘结加固后设计使用年限的确定

本规范征求意见稿从既有钢结构建筑粘结加固的使用情况出发，参照欧美有关标准的相关规定，作出了以30年为宜的规定，而反馈意见认为，这样处理不符合现实的国情。因为国内有不少新建工程也存在必须立即加固的问题；并且从业主的角度出发，也要求加固后的结构仍能拥有至少50年的设计使用年限。这对使用室温固化的普通结构胶或其他聚合物的加固工程而言，有较大的难度。因为按国际共识，只要能通过90d的耐湿热老化检验，便可认为能满足30年使用期的要求；而既有结构的加固以30年为设计使用期也是合理的，但我国当前对新建工程的加固，却要求有50年的使用期；在这种情况下，就必须采用耐久性更好的结构胶。按照国际惯例，如果要求结构胶或其他聚合物能在正常的加固环境中安全工作50年，就必须以著名的Findley理论为依据，进行不少于5000h的耐长期应力作用的检验。经鉴定评估通过后，才允许用于设计

使用期为50年的结构加固工程。

（二）关于钢结构加固用胶的性能要求

钢结构加固用胶对韧性和耐久性的要求很高，但现场常温固化的结构胶都很难做到既粘结抗剪强度高，而又高韧性、低蠕变。因此，国内外有关专家一致认为，只能在满足结构胶抗剪和蠕变性能安全性要求的情况下，使其韧性或抗剥离性尽可能高。根据这一原则，在高分子化学领域编委的努力研发下，提出了钢结构用胶的安全性能合格指标，以供钢构件粘结钢板和粘结碳纤维复合材使用。

（三）关于钢构件焊接加固的使用条件

负荷状态下，钢构件的焊接加固，应根据原构件的使用条件，控制其最大名义应力与屈服强度（或屈服点）的比值不超过相应规范的规定值。现行协会标准《钢结构加固技术规范》CECS 77：96和《钢结构检测评定及加固技术规程》YB 9257-96均分别给出了该限制。近20年执行所反馈的信息表明《钢结构加固技术规范》CECS 77：96对承受静载和间接动载的使用情况偏严；而《钢结构检测评定及加固技术规程》YB 9257-96对间接承受动载的使用情况偏松，但对承受静载的Ⅳ类使用情况较为合理。据此，编制组根据验证性试验分析结果，认为可将《钢结构加固技术规范》CECS 77：96中Ⅲ类结构的应力比限值从0.55调为0.65；并根据冶金系统的使用经验，将Ⅳ类结构的应力比限值调为0.80。

（四）关于焊接加固高强螺栓连接的问题

《钢结构加固技术规范》CECS 77：96

中规定：当采用焊接加固原高强螺栓连接时，不考虑焊缝与原高强螺栓的共同工作。此次制定国家标准《钢结构加固设计规范》（以下简称《规范》）时，编制组根据清华大学等单位所作的验证性试验成果，给出了可共同工作的范围和条件。在这一前提下，进一步给出了栓焊并用连接受剪承载力的分配比例。

（五）关于型钢构件外包钢筋混凝土加固法对二次受力影响的考量

为了使需要大幅度提高承载能力的型钢构件加固有可靠的方法，《规范》纳入了外包钢筋混凝土的加固法。这从传统的劲性混凝土结构来看，确是一种可靠的结构形式，但对加固工程而言，则存在着二次受力和二次施工影响等问题。《规范》一方面引入了新增钢筋混凝土的强度折减系数；同时在型钢与混凝土界面的传力构造上，引入了栓钉作为抗剪连接件；在此基础上，参照现行行业标准《钢骨混凝土结构技术规程》YB 9082 的规定，给出了压弯和偏压构件的正截面承载力验算公式，并按现行国家标准《混凝土结构设计规范》GB 50010 的规定，给出了考虑二阶弯矩对轴向压力偏心距影响的偏心距增大系数。经算例试算表明，《规范》规定的计算方法及其参数的取值均较为稳健，兼之《规范》所采用的是叠加原理，并未要求钢构件与混凝土共同作用，而实际存在的共同作用效应，则仅作为安全储备。

（六）关于钢管构件内填混凝土加固法对二次受力影响的考量

《规范》编制组在制订钢管构件内填混凝土加固法时，考虑到钢管混凝土结构在实际工程应用中，为了加快其施工速度，一般均是先架设空钢管而后内浇混凝土，故在钢管与混凝土共同受力前，钢管便已存在内应力。这与既有钢管构件内填混凝土加固的受力情况有相似之处，只是内应力的大小及作用的时间不同而已。因此设想：只要通过试验研究给出考虑二次受力和二次施工影响的承载力折减系数，便可按《钢管混凝土结构技术规范》GB 50936 的规定进行加固设计计算。基于这一概念，采用武汉大学、福州大学和哈尔滨工业大学等单位通过试验研究所取得的轴压承载力折减系数 0.75，建立了本规范的设计计算方法，从而收到了简单而实用的效果。

（七）关于胶粘钢板加固法的若干技术措施

《规范》为了充实非焊接的加固方法，新增了胶粘钢板加固钢构件的方法。该方法在钢结构加固领域中已有过不少试用的实例。因此，在总结这些试用经验的基础上，提出了下列 4 项技术措施以保证安全：

（1）对大尺寸钢构件的现场表面糙化处理，采用现场喷砂处理，而且宜采用可回收磨料的真空或吸入式磨料喷射处理；若无需回收磨料，可采用离心磨料喷射处理。

（2）对钢结构加固用胶，给出了应具有低蠕变性能和抗剥离性能的要求；同时规定结构胶进场时，必须通过见证取样复检后方可使用。

（3）粘钢的端部采用可靠的机械锚固措施和缓解应力集中的措施。

（4）采取有效的防锈蚀措施，以防止钢材粘合面发生锈蚀而导致粘钢失效。

四、结语

《规范》的制订总结了国内外既有钢结构加固工程的实践经验，吸取了国内外钢结构加固工程事故的深刻教训，明确了钢结构加固工程中存在的若干重要问题，丰富了推荐使用的加固技术及加固材料，在安全范围内修正了若干关键技术参数，从而使钢结构的加固设计做到技术可靠、安全适用、经济合理，并确保质量。

（四川建筑科学研究院供稿，黎红兵、梁爽、刘汉昆执笔）

行业标准《民用房屋修缮工程施工规程》修订工作介绍

一、标准编制背景

目前，现行的《民用房屋修缮工程施工规程》CJJ/T 53 于 1993 年发布实施，迄今已 20 余年。随着社会经济的发展和人民居住标准要求的提高，修缮设计、材料及工艺技术快速发展，对该标准需进行及时修订和补充完善。因此，根据《关于印发〈2014 年工程建设标准规范制订、修订计划〉的通知》（建标［2013］169 号）的要求，由上海市房地产科学研究院和成龙建设集团有限公司会同有关单位共同修订《民用房屋修缮工程施工规程》，以便确保修缮改造项目的顺利实施，降低安全隐患，提高建筑绿色化水平。

二、编制过程

2014 年 5 月，《民用房屋修缮工程施工规程》编制组召开了编制组成立及第一次工作会议，标准修订工作正式启动。经过 1 年的研究讨论，编制组于 2015 年 10 月完成了《民用房屋修缮工程施工规程》（征求意见稿）的起草工作，并于 2015 年 11 月 30 日挂网征求意见，并向全国房屋修缮领域的研究、设计、施工、管理等相关单位和专家定向征求意见，目前已收集并处理意见百余条。

三、主要内容

行业标准《民用房屋修缮工程施工规程》（征求意见稿）目前共包括 13 个章节：1 总则；2 术语；3 地基与基础工程；4 砖石砌体工程；5 混凝土结构工程；6 钢结构工程；7 木结构工程；8 防水工程；9 装饰装修工程；10 门窗工程；11 楼面及地面工程；12 水、卫、暖通工程；13 电气工程。

本标准结合修缮改造领域新政策、标准规范的相关要求以及行业发展情况，重点对以下内容进行修订。

（1）高层建筑的修缮施工

考虑到城市中高层建筑逐渐占据越来越大的比例，本次标准修订纳入高层建筑的修缮施工内容。

（2）外墙外保温系统的修缮施工

本次修订增加外墙外保温系统的修缮施工内容。

（3）新技术、新材料、新工艺

结合结构加固料、聚合物砂浆、环氧树脂结构胶、碳纤维布、聚氨酯、泡沫混凝土等新材料，以及混凝土或聚合物砂浆喷射施工法、防潮层注射修补法等新工艺出现的情况，对该标准相关内容进行了修订。

（4）砌体工程

目前的修缮工程中，砌体结构的修缮多采用结构加固技术，随着新的工艺和材料应用的不断增加，对原标准中砖石结构的拆砌、剔砌、掏砌等方法的应用逐渐减少。因此，对砖砌体补强加固的内容进行重点修订。

（5）屋面与防水工程

针对当前主要使用的屋面保温隔热材料及做法，按不同屋面类型，提出相应的保温屋面修缮施工方法；从局部修缮和整体翻修的角度，提出相适宜的修缮施工方法，并确定增设保温层的情况下宜采取的修缮方案。

（6）门窗工程

新增塑钢门窗、断热铝合金门窗的修缮方法；补充门窗节能改造施工内容，增加单玻改双玻施工方法及要求，窗扇改造、加窗改造和整窗改造施工方法。

（7）水、卫、暖通工程

增加当前常用的给水排水管材及连接方式，并根据当前主要使用的材料和修缮施工方法，新增镀锌钢管、复合管、塑料管等采暖管道和金属辐射板、低温热水地板辐射采暖系统的修缮方法。

修订后的《民用房屋修缮工程施工规程》覆盖面广、专业齐全，涵盖建筑、结构和设备等多个专业；能够满足当前既有房屋修缮改造工程的实际需要，可作为相关设计与施工人员工作依据的基本技术法规。

（上海房地产科学研究院供稿，
赵为民、刘伟斌、王金强、古小英、
史广喜、周云执笔）

行业标准《民用建筑修缮工程查勘与设计规程》修订工作介绍

一、标准编制背景

改革开放以来，随着我国经济快速发展，建筑总量持续增长。目前，我国既有建筑存量面积已超过 600 亿 m²，其中一半以上的房屋建筑使用已经超过 10 年，接近 1/3 的房屋使用已经超过 20 年。大量的房屋建筑进入了需要定期修缮、维护的阶段，部分房屋需要进行系统的修复、加固和改造，才能安全、正常使用。另外，部分既有建筑由于建造年代久远，受当时设计标准的限制，材料性能要求不同，施工技术、工艺水平存在一定的局限，经过多年的使用，房屋的结构安全存在隐患，使用功能不能满足当时设计的要求，也无法适应目前生活水平的需要，这些房屋亟须修缮、加固、改造。

《民用建筑修缮工程查勘与设计规程》JGJ 117—1998 是针对城市中原有的低层和多层民用建筑修缮工程查勘和设计的一部行业技术标准，自 1999 年 3 月 1 日发布后，对指导全国既有建筑的修缮查勘和设计工作起到了极大的推进作用。然而，随着原标准中引用的规范不断更新、技术工艺不断改进，以及修缮改造内涵、外延发生变化和环保节能新要求提出，都决定了既有公共建筑修缮改造的标准需要更新和调整。因此，根据《关于印发〈2014 年工程建设标准规范制订、修订计划〉的通知》（建标［2013］169 号）的要求，由上海市房地产科学研究院和成都市第四建筑工程公司会同有关单位共同修订《民用建筑修缮工程查勘与设计规程》JGJ 117，以便更好地为既有房屋建筑的修缮改造提供技术支撑，最大限度地保证和提升建筑的使用舒适度，改善室内外环境。

二、编制过程

2014 年 5 月，《民用建筑修缮工程查勘与设计规程》编制组召开了编制组成立及第一次工作会议，标准修订工作正式启动。经过 1 年的研究讨论，编制组于 2015 年 10 月完成了《民用建筑修缮工程查勘与设计规程》（征求意见稿）的起草工作，于 2015 年 11 月 30 日挂网征求意见，并向全国房屋修缮领域的研究、设计、施工、管理等相关单位和专家定向征求意见，目前已收集并处理意见百余条。

三、主要内容

行业标准《民用建筑修缮工程查勘与设计规程》（征求意见稿）共包括 13 个章节，主要技术内容为：1 总则；2 术语和符号；3 基本规定；4 地基与基础；5 砌体结构；6 木结构；7 混凝土结构；8 钢结构；9 房屋修漏；10 房屋室内装饰；11 屋面和外立面；12 电气；13 给水排水和暖通。

本标准结合修缮改造领域新政策、标准规范的相关要求以及行业发展情况，重点对以下内容进行修订。

（1）修缮查勘

增加房屋附加设施的完损情况检查，包括房屋安装各类附加设施的完好情况和连接节点的牢固程度，对定期检查中损坏的项目进行重点抽查复核，房屋在荷载和使用条件上的变化、渗漏情况以及主体结构上易坠构件的情况检查。

（2）地基与基础

补充完善锚杆静压桩及掏土纠偏的相关设计要求。

（3）砌体结构、木结构、混凝土结构、钢结构

对增设圈梁加固、增设构造柱加固等方法进行研究，增加相关规定条文；针对混凝土墙体以及裂缝修补技术进行补充和扩展，包括常用的混凝土墙体加固方法；

研究在钢结构保养方面关于防火涂料涂装的相关内容。

（4）房屋渗漏

对屋面、外墙及地下室渗漏修缮的内容进行补充；对外墙饰面缺陷检测技术及方法进行补充；对近年来出现的常用建筑渗漏修缮方法进行补充，包括新型防水材料、新型防水构造等。

（5）围护结构节能改造

本次标准修订增加针对建筑外墙外保温系统修缮的内容。

（6）给水排水及暖通空调系统改造

对给水排水、采暖管道的修缮、更新措施等提出具体规定。

修订后的《民用建筑修缮工程查勘与设计规程》淘汰了落后技术，增加了成熟的绿色、节能环保新技术，推动了既有房屋修缮改造的可持续发展，恢复和改善了原有房屋的使用功能，延长了房屋的使用年限。

（上海房地产科学研究院供稿，
王金强、谢惠庆、赵为民、欧定文、
刘群星、古小英执笔）

行业标准《建筑外墙外保温系统修缮标准》编制简介

一、标准编制背景

近年来，建筑保温节能要求日益提高，采用外墙外保温体系的建筑数量增长迅速。然而，随着建筑使用时间的推移，建筑性能不断衰减，加上气候条件、材料、设计和施工等影响因素，外墙外保温系统在实际使用过程中会出现种种缺陷问题，如裂缝、渗水、空鼓和脱落等。缺陷问题的产生不仅会影响建筑美观、降低外墙保温隔热效果、缩短建筑使用寿命，还会对居民的日常生活造成影响，空鼓、脱落等缺陷问题甚至存在安全隐患。

要对建筑外墙外保温系统的缺陷问题进行有效治理，应解决下列问题：如何检测和评估外墙外保温系统的质量，如何界定其损坏程度，对所采用的修缮技术和修缮材料有何规定和要求，修缮完成后外墙外保温系统的性能应该满足何种条件等。然而，目前相关研究有待进一步开展、相关标准缺失，给外保温系统的检测、评估和修缮等工作的推进和规范带来了困难，因此，制定既有建筑外墙外保温系统的修缮标准具有极为重要的意义。

住房和城乡建设部《关于印发〈2012年工程建设标准规范制订、修订计划〉的通知》（建标〔2012〕5号），把《建筑外墙外保温系统修缮标准》编制列入计划，编制组于2012年8月成立，经过了前期调研、初稿编制、征求意见以及送审等几个阶段后，目前已完成《建筑外墙外保温系统修缮标准》（报批稿）。

二、标准编制的关键技术要点

（一）总体思路

根据《工程建设国家标准管理办法》《工程建设标准编写规定》等相关文件的要求，在遵循科学性、先进性和一致性的原则下，《建筑外墙外保温系统修缮标准》的编制应明确其适用范围，修缮对象包括我国外墙外保温系统常见的缺陷类型，修缮技术、修缮材料应和缺陷类型相互对应，相关技术要求应与其他国家、行业标准保持协调，且具有可操作性。

（二）关键技术要点

标准包括总则、术语、基本规定、评估、材料与系统要求、设计、施工、验收8个章节，主要的技术要点如下。

1. 明确标准适用范围

随着外墙外保温技术的迅速发展，涌现了多种不同材料、不同做法的外墙外保温系统，根据编制组的调研结果，目前形成了以膨胀聚苯板、挤塑聚苯板、岩棉板等为代表的板材类外保温系统，以无机保温砂浆、胶粉聚苯颗粒等为代表的砂浆类外保温系统，以及以喷涂硬泡聚氨酯为代表的现场喷涂类外保温系统，不同外保温系统的修缮工艺有所不同；此外，外墙外保温系统饰面材料不同，修缮工艺也有所区别。鉴于此，标准的适用范围为建筑外墙饰面材料为涂料、面砖等的保温板材类、保温砂浆类和现场喷涂类的外墙外保温系统的修缮工程。

2. 定义局部修缮和单元墙体修缮

根据修缮范围，标准将外墙外保温系统修缮分为局部修缮、单元墙体修缮，并在术语章节对其进行了定义，局部修缮是指对单元墙体局部区域的外保温系统进行检查、评估和修复的活动，单元墙体修缮是指依据外保温系统检查、评估结果，将单元墙体的外保温系统全部清除，并重新铺设外保温系统的活动，其中单元墙体是指未被装饰线条、变形缝等分割的连续外保温墙体。

3. 明确外墙外保温系统评估内容及方法

建筑外墙外保温系统缺陷对建筑物的外观、保温、安全性和耐久性均造成一定的影响，要对外墙外保温系统的缺陷进行修复，需了解缺陷产生部位、缺陷程度、缺陷面积以及缺陷产生的原因。因此，标准设定评估章节，明确初步调查、现场检查与现场检测、现场检查与现场检测结果评估的内容与方法。

初步调查包括资料收集和现场察勘，通过初步调查，明确外墙外保温系统的设计、施工、使用等基本情况；现场检查与检测方法包括系统构造检查、系统损坏情况检查、系统热工缺陷检测和系统粘结性能检测，根据《居住建筑节能检测标准》JGJ/T 132、《建筑工程饰面砖粘结强度检验标准》JGJ 110 等国家现行相关标准对检查与检测结果进行评估，并编制评估报告，明确系统缺陷情况，提出处理意见。

标准提出，当保温砂浆类外墙外保温系统的空鼓面积比不大于15%或保温板材类、现场喷涂类外墙外保温系统的粘结强度不低于原设计值的70%时，宜进行局部修缮；当保温砂浆类外墙外保温系统的空鼓面积比大于15%或保温板材类、现场喷涂类外墙外保温系统的粘结强度低于原设计值的70%，或出现明显的空鼓、脱落情况时，应进行单元墙体修缮。

4. 提出外墙外保温系统修缮材料要求

修缮材料的选择是否合适，将直接影响外墙外保温系统的修缮效果，而外墙保温材料种类繁多，各地对同种保温材料的性能要求也略有不同，不同保温系统对于配套材料的性能指标要求亦各不相同。编制组通过对国家、地方外墙外保温系统相关标准、政策等进行调研，确立修缮材料的性能要求。

根据国家有关规定，新建、扩建、改建建设工程使用外保温材料一律不得使用易燃材料，严格限制使用可燃材料。为消除建筑外墙外保温系统修缮工程中的火灾隐患，确保人民生命财产安全，标准规定单元墙体外墙外保温系统修缮宜采用 B_1 级及以上的保温材料。此外，根据调研结果，标准提出界面砂浆、界面处理剂、网格布、热镀锌电焊网、锚栓等外墙外保温系统常用配套材料的性能要求以及相应的试验方法。

5.明确外墙外保温系统修缮技术要点

根据工程实践，当外墙外保温系统局部产生缺陷时，并不一定仅对缺陷部位进行局部修缮，还需要根据工程的实际情况对具体的缺陷类型、缺陷程度、缺陷原因等进行深入分析，若发现该外墙保温系统的缺陷分布较广，且大多缺陷已渗透、蔓延至保温层或保温材料层与基层之间，局部修缮无法彻底解决外墙保温系统的问题，此时建议将保温层全部铲除，并重新敷设保温层。

外墙外保温系统的局部修复方案应根据饰面类型和缺陷情况等确定，标准针对裂缝、空鼓、渗水等不同的缺陷问题，提出相应的修缮技术要求，明确外墙外保温系统的修复部位需注意与原保温系统保持协调，修复部位饰面层颜色、纹理宜与未修复部位一致，局部修缮时保温层厚度应与原保温层厚度一致。

外墙外保温系统单元墙体修缮与新建建筑外墙外保温系统，最大的区别在于基层处理以及相邻墙面网格布的搭接。单元墙体修缮时应将基层墙面上的落灰、杂质等清理干净，填补好墙面缺损、孔洞、非结构性裂缝，进行界面处理后，再按照《外墙外保温工程技术规程》JGJ 144等国家现行相关标准重新铺设外保温系统各构造层，修复墙面与相邻墙面网格布之间应搭接或包转，搭接距离不应小于200mm。

三、结语

目前，我国外墙外保温系统应用范围广泛，然而由于材料、设计和施工等因素，外墙外保温系统普遍存在裂缝、渗水、空鼓和脱落等缺陷问题，《建筑外墙外保温系统修缮标准》JGJ 376的编制顺时应势，填补了国家层面上外墙外保温系统修缮技术标准的空白，标准编制完成后，可指导我国建筑外墙外保温系统修缮工程的实施，对房屋的安全、可持续利用和节能环保能起到积极的作用。

（上海房地产科学研究院供稿，
古小英、张蕊、赵为民执笔）

协会标准《既有建筑绿色改造技术规程》编制简介

一、标准编制背景

在我国，绿色建筑的发展多集中于新建建筑，数量和发展速度远远不能满足我国现阶段社会发展的需求。目前，我国既有建筑面积超过了 600 亿 m^2，城镇化率已经超过 54%，大拆大建的发展模式已经过去，新建建筑的增长速度将逐步放缓，将从简单的数量扩张转变为质量提升。为此，需要解决非绿色既有建筑的资源消耗水平偏高、环境负面影响偏大、工作生活环境亟待改善、使用功能有待提升等方面的问题。"十一五""十二五"期间，科技部组织实施了一批既有建筑综合、绿色改造方面的科技项目和课题，研究表明，对既有建筑进行绿色改造将是解决其问题的有效途径之一。

2016 年 8 月 1 日，国家标准《既有建筑绿色改造评价标准》GB/T 51141—2015（以下简称 GB/T 51141—2015）发布实施，结束了我国既有建筑改造领域长期缺乏指导的局面。但是对于量大面广的既有建筑来说，GB/T 51141—2015 侧重于评价，对于改造具体技术的支持还有待加强。为了进一步规范绿色改造技术，促进我国既有建筑绿色改造工作，中国建筑科学研究院会同有关单位编制了协会标准

《既有建筑绿色改造技术规程》T/CECS 465：2017（以下简称《规程》）。

二、编制过程

（1）《规程》编制组于 2016 年 1 月在北京召开了成立暨第一次工作会议，《规程》编制工作正式启动。会议讨论并确定了《规程》的定位、适用范围、编制重点和难点、编制框架、任务分工、进度计划等。形成了《规程》草稿。

（2）《规程》编制组第二次工作会议于 2016 年 3 月在海口召开。会议讨论了第一次会议后的工作进展、《规程》与 GB/T 51141—2015 的关系，进一步讨论了《规程》各章节的总体情况、重点考虑的技术内容以及《规程》的具体条文等，强调绿色改造技术的广泛适用性。形成了《规程》初稿。

（3）《规程》编制组第三次工作会议于 2016 年 5 月在广州召开。会议对《规程》初稿条文进行逐条交流与讨论，认为应合理设置条文数量和安排条文顺序，合并相似条文；要求规范标准用词和条文说明写法；再次明确提出《规程》的条文设置宜与 GB/T 51141—2015 的相关要求对应，且处理好相互之间的关系。形成了

《规程》征求意见稿初稿。

（4）《规程》编制组第四次工作会议于2016年8月在北京召开。会议对《规程》稿件的共性问题进行了讨论，提出：《规程》条文应涵盖GB/T 51141—2015的所有技术内容，且不能与之矛盾；第4至第9章应对改造技术进行规定，避免重复出现第3章中评估与诊断的内容。形成了《规程》征求意见稿。

（5）《规程》征求意见。在征求意见稿定稿之后，编制组于2016年10月14日向全国建筑设计、施工、科研、检测、高校等相关的单位和专家发出了征求意见。本次意见征求受到业界广泛关注，共收到来自47家单位、51位不同专业专家的315条意见。在主编单位的组织下，编制组对返回的这些珍贵意见逐条进行审议，各章节负责人组织该章专家通过电子邮件、电话等多种方式对《规程》征求意见稿进行研讨，多次修改后由主编单位汇总形成《规程》送审稿。

（6）《规程》审查会议于2016年12月19日在北京召开。会议由中国工程建设标准化协会绿色建筑与生态城区专业委员会主持，审查委员会认真听取了编制组对《规程》编制过程和内容的介绍，对《规程》内容进行逐条讨论。最后，审查委员会一致同意通过《规程》审查。建议《规程》编制组根据审查意见，对送审稿修改和完善后，尽快形成报批稿上报主管部门审批。

（7）其他工作。除了编制工作会议外，主编单位还组织召开了多次小型会议，针对标准中的专项问题进行研讨。此外，还通过信函、电子邮件、传真、电话等方式与相关专家探讨既有建筑绿色改造中的相关问题，力求使《规程》内容更加科学、合理。

三、主要内容

《规程》统筹考虑既有建筑绿色改造的技术先进性和地域适用性，选择适用于我国既有建筑特点的绿色改造技术，引导既有建筑绿色改造的健康发展。《规程》共包括9章，前2章是总则和术语；第3章为评估与策划；第4～9章为既有建筑绿色改造所涉及的各个主要专业改造技术，分别是规划与建筑、结构与材料、暖通空调、给水排水、电气、施工与调试。

（一）各章节内容

1.第1～2章

第1章为总则，由4条条文组成，对《规程》的编制目的、适用范围、技术选用原则等内容进行了规定。在适用范围中指出，本规程适用于引导改造后为民用建筑的绿色改造。在选用改造技术时，应综合考虑、统筹兼顾、总体平衡。《规程》选用了涵盖了不同气候区、不同建筑类型绿色改造所涉及的评估、规划、建筑、结构、材料、暖通空调、给水排水、电气、施工等各个专业的改造技术。

第2章是术语，定义了与既有建筑绿色改造密切相关的5个术语，具体为绿色改造、改造前评估、改造策划、改造后评估、综合效能调适。

2.第3章

第3章为评估与策划，共包括四部

分：一般规定、改造前评估、改造策划、改造后评估。一般规定由 6 条条文组成，分别对评估与策划的必要性、内容、方法和报告形式等方面进行了约束。改造前评估由 18 条条文组成，要求在改造前对既有建筑的基本性能进行全面了解，确定既有建筑绿色改造的潜力和可行性，为改造规划、技术设计及改造目标的确定提供主要依据。改造策划由 4 条条文组成，在策划阶段，通过对评估结果的分析，结合项目实际情况，综合考虑项目定位与分项改造目标，确定多种技术方案，并通过社会经济及环境效益分析、实施策略分析、风险分析等，完善策划方案，出具可行性研究报告或改造方案。改造后评估由 3 条条文组成，主要对改造后评估的必要性、内容、方法进行了规定。

3. 第 4～9 章

第 4～9 章分别是规划与建筑、结构与材料、暖通空调、给水排水、电气、施工与调试，是《规程》的重点内容，每章都由一般规定和技术内容两部分组成。一般规定对该章专业实施绿色改造的基础性内容或编写原则进行了规定和说明，保证既有建筑绿色改造后的基本性能；根据专业不同，各章技术内容分别设置了 2～4 个小节，对相应的改造技术进行了归纳，便于人们使用。例如，第 4 章规划与建筑下，设置了一般规定、场地设计、建筑设计、围护结构、建筑环境 5 个小节，其中场地设计、建筑设计、围护结构、建筑环境属于技术内容。第 4～9 章共包括 137 条条文，其中一般规定 19 条，技术内容 118 条。

（二）关键技术及创新

1. 定位和适用范围

编制前期，编制组对我国既有建筑现状和适用技术进行了充分调研，《规程》涵盖了成熟的既有建筑绿色改造技术，体现了我国既有建筑绿色改造的特点，符合国家政策和市场需求。

2. 绿色改造评估与策划

为了全面了解既有建筑的现状、保证改造方案的合理性和经济性，《规程》要求改造前应对既有建筑进行评估与策划。在评估与策划过程中，应注意各方面的相互影响，并出具可行性研究报告或改造方案。通过评估与策划可以充分了解既有建筑的基本性能，为后续开展绿色改造的具体工作提供了保障。

3. 绿色改造的"开源"问题

对《规程》在节材、节能和节水等方面均提出了相应要求，例如选用可再利用、可再循环材料，可再生能源，余热回收，非传统水源；并提出具体的做法和技术指标要求，具有良好的经济、社会和环境效益。

4. 施工管理问题

既有建筑绿色改造施工一般具有施工环境复杂、现场空间受限、工期相对紧张等特点。《规程》要求根据预先设定的绿色施工总目标分解、实施和考核活动，实行过程控制，确保绿色施工目标实现。为保证绿色改造设计的落实和效果，《规程》规定施工单位要编制既有建筑绿色改造施工专项方案。

5. 其他

（1）条文设置避免性价比低、效果

差、适用范围窄的技术，尽可能适用于不同建筑类型、不同气候区，最大限度地提高适用性和实际效果。

（2）既有建筑绿色改造应充分挖掘现有设备或系统的应用潜力，避免过度改造。

（3）为保证既有建筑绿色改造后的高效、安全运行，《规程》提出对暖通空调、给水排水、电气对应的冷热负荷、用水负荷及用电负荷进行重新计算。

（4）提出了加装电梯、海绵城市改造等 GB/T 51141—2015 中未体现的内容，扩大了《规程》的应用范围。

四、结语

为配合《规程》的实施，主编单位还组织编写了《既有建筑绿色改造指南》（已报批）等相关技术文件，《既有建筑绿色改造评价标准实施指南》《国外既有建筑绿色改造标准和案例》《既有办公建筑绿色改造案例》《办公建筑绿色改造技术指南》等既有建筑绿色改造，《既有建筑改造年鉴》（2010—2016 年）系列丛书；开发了既有建筑性能诊断软件（软件著作权登记号 2014SR169019）和既有建筑绿色改造潜力评估系统（软件著作权登记号 2015SR228139）等配套软件；建设了既有建筑绿色改造支撑与推广网络信息平台。下一步，还将结合"十三五"国家重点研发计划"既有公共建筑综合性能提升与改造关键技术"和"既有居住建筑宜居改造及功能提升关键技术"等，共同推动我国既有建筑绿色改造工作健康发展。

（中国建筑科学研究院有限公司供稿，王清勤、赵力、朱荣鑫、李国柱执笔）

地方标准《既有建筑节能改造技术规程》修订工作介绍

一、引言

上海市既有建筑存量大，截至 2013 年，上海既有建筑面积约为 11 亿 m²。根据调研，既有民用建筑普遍存在围护结构热工性能差、用能效率低等问题，因此，充分利用现有存量建筑，实施节能改造，是推动既有建筑可持续发展的重要途径之一。根据《上海市绿色建筑发展三年行动计划（2014—2016）》，力争至 2016 年底，3 年累计完成 700 万 m² 既有公共建筑节能改造，结合旧住房综合改造，因地制宜改善既有居住建筑能耗水平。

《既有建筑节能改造技术规程》DG/TJ 08—2010—2006 于 2007 年 5 月 1 日实施，为本市既有建筑节能改造工程的设计、施工、验收提供了重要技术规范和指导。近年来，既有建筑改造工作发生了新的变化，相关的技术内容已不再适用；此外，根据项目实践经验，公共建筑和居住建筑节能改造工作的侧重点有所不同。因此，有必要对标准进行修订，以适应当前既有建筑节能改造工作的发展形势，为本市既有建筑节能改造工作的推进提供技术支撑。

为适应当前既有建筑节能改造工作的发展形势，标准修订过程中，将《既有建筑节能改造技术规程》DG/TJ 08—2010—2006 分为《既有公共建筑节能改造技术规程》和《既有居住建筑节能改造技术规程》两本标准，结合当前节能改造工作实施情况，确定标准框架，增加了节能诊断、监测与控制系统等章节；同时，注重与现行相关标准的协调处理，对标准的相关内容进行补充、调整。

二、标准修订的总体思路

（一）居住建筑与公共建筑分开撰写

目前，既有居住建筑节能改造的重点主要是门窗改造、加装遮阳设施等节能改造措施，而公共建筑节能改造更倾向于设备改造，两者的侧重点有所不同。节能改造的实施方法、流程、采用的节能改造技术、融资模式都存在较大区别。因此，《既有公共建筑节能改造技术规程》与《既有居住建筑节能改造技术规程》分开撰写。

（二）提出单项节能改造和综合节能改造

既有建筑节能改造可分步实施单项改造，根据预评估或诊断结果优先采用易于实施、对业主影响小、效果显著、性价比高的节能改造技术，也可以选择综合改造。单项改造指为降低建筑运行能耗，对建筑围护结构、用能设备或系统中的一项，采取节能技术措施的活动。综合改造指为降低建筑运行能耗并达到既定的节能目标，对建筑围护结构、用能设备和系统中的两项或两项以上，采取节能技术措施的活动。

以居住建筑为例，单项节能改造一般为针对外窗、遮阳、屋面、外墙等围护结构进行单项节能改造。在宿舍、招待所、托幼建筑、疗养院和养老院的客房楼中，也可包括采暖、空调和通风、照明等设备单项改造。综合节能改造一般为针对外窗、遮阳、屋面、外墙等围护结构进行两项或两项以上的节能改造。在宿舍、招待所、托幼建筑、疗养院和养老院的客房楼中，可将用能设备的改造纳入综合节能改造。对围护结构或用能设备和系统中的任意两项或两项以上实施改造，均可为既有居住建筑综合节能改造。

（三）增加节能诊断及评估内容，强调评估重要性

根据节能改造的科研成果和实践经验，《既有公共建筑节能改造技术规程》增加了节能诊断、节能改造后评估章节，《既有居住建筑节能改造技术规程》增加了节能改造预评估、节能改造后评估章节。

既有建筑节能改造前首先应进行节能诊断或预评估，实地调查围护结构的热工性能、设备系统的技术参数及运行情况等，如果调查还不能达到这个目的，应该辅之以一些测试，然后通过计算分析，对拟改造建筑的能耗状况及节能潜力做出分析，作为制定节能改造方案的重要依据。

由于是技术规程，同时考虑到既有建筑节能改造的情况远比新建建筑复杂，所以该项目没有像新建建筑的节能设计标准一样设定节能改造的节能目标，而是明确了后评估内容与要求，对于实施节能改造的项目，提出应对改造部位或改造措施进行单项评估，判定改造部位或改造措施是否符合设计要求；对于实施综合节能改造的项目，提出应对改造后建筑综合能耗、节能量进行综合评估，判定改造后建筑综合能耗、节能量是否达到既定的节能目标。

三、标准修订的主要内容

（一）细化居住建筑围护结构热工性能判定指标

1.外窗

目前，既有居住建筑节能改造的对象主要为上海地区1980、1990年代建造的职工住宅。既有居住建筑的实际情况复杂，节能改造工程实施需要综合考虑各方面的因素，因此，节能改造判定原则的制定，主要根据实施对象的自身条件，在原有基础上提高节能标准，而不是直接套用新建居住建筑的节能设计标准。

调研发现，上海地区1980、1990年代建造的职工住宅，东西向窗墙比一般小于0.1，南向窗墙比一般在0.2～0.4，北向窗墙比一般在0.2～0.3。针对该情况，本规程参照《夏热冬冷地区居住建筑节能设计标准》JGJ 134—2010的要求设置了外窗传热系数、遮阳系数的指标限值，符合节能标准，也有利于外窗节能改造的实施。

2.屋面

屋面多为120mm厚混凝土，以目前

应用较多的泡沫玻璃保温板为例，采用 50～60mm 厚泡沫玻璃保温板，可以将屋顶传热系数提高到 $0.9～1.0W/(m^2 \cdot K)$。因此，节能改造判定时，将居住建筑屋面的传热系数指标设定为 $1.0W/(m^2 \cdot K)$，符合目前屋面外保温改造的实际情况。

3. 外墙

屋面和外墙也是影响热环境和能耗的重要因素，本规程综合投资成本、工程难易程度和节能贡献率，制定外墙和屋面节能判定指标。

根据调研，上海地区 1980、1990 年代建造的职工住宅中，多层住宅的外墙多为 240mm 厚黏土砖，高层住宅外墙多为 200mm 厚混凝土。以目前应用较多的无机保温砂浆为例，采用 30～40mm 厚的无机保温砂浆外墙外保温系统，可以将外墙传热系数提高到 $1.2～1.5W/(m^2 \cdot K)$。因此，节能改造判定时，将居住建筑外墙的传热系数指标设定为 $1.5W/(m^2 \cdot K)$，符合目前外墙外保温改造的实际情况。

（二）明确围护结构节能改造以外窗、透明幕墙和遮阳改造为重点

综合节能改造项目投资、收益情况，结合相关政策文件要求，明确围护结构节能改造中以外窗、透明幕墙和遮阳改造为重点。

1. 外窗、透明幕墙

该项目根据节能改造工作经验，针对外窗改造，提出整窗拆换、加窗及窗扇改造等多种节能改造措施，明确各项节能改造技术的设计、施工要点，并结合当前建筑节能发展情况，明确材料选择要求，提出公共建筑外窗节能改造应优先选择塑料、断热铝合金、铝塑复合、木塑复合框料等窗框型材和有热反射功能的中空玻璃。针对公共建筑透明幕墙改造，提出宜增加中空玻璃的中空层数，在保证安全的前提下，可增加透明幕墙的可开启窗扇。

2. 遮阳

该项目针对遮阳改造，从安全性、可操作性等角度，明确遮阳改造的实施要点，同时，注重与相关标准的协调处理，提出既有公共建筑遮阳装置的改造应当符合《建筑遮阳工程技术规范》JGJ 237 的要求，居住建筑若采用活动外遮阳，抗风性能应达到《建筑遮阳通用要求》JG/T 274 规定的 5 级及以上要求。

（三）明确外墙、屋面节能改造，以无机保温材料为主

为消除既有建筑节能改造工程中的火灾隐患，确保人民生命财产安全，该项目明确外墙、屋面保温材料以无机材料为主，并结合节能改造前的外墙或屋面状况，提出适宜的节能改造方法及具体的设计、施工实施要点。居住建筑屋面、外墙节能改造方案如表1所示。

居住建筑屋面、外墙节能改造方案　　　　　　　　　　　　表1

屋面保温节能改造方案	平屋面加保温系统	现浇泡沫混凝土屋面保温系统
		泡沫玻璃板、发泡水泥板、XPS 板屋面保温系统
	平屋面改坡屋面	

	无机保温砂浆外墙外保温系统
	膨胀聚苯板薄抹灰外墙外保温系统
外墙节能	挤塑聚苯板薄抹灰外墙外保温系统
改造方案	岩棉板薄抹灰外墙外保温系统
	泡沫玻璃板外墙外保温系统
	发泡水泥板外墙外保温系统

（四）强化供暖、通风和空调系统及生活热水供应系统节能改造后能效指标要求，增加地源热泵空调系统、太阳能热水系统等可再生能源改造技术

为确保供暖、通风和空调等设备系统的节能改造效果，在与现行相关标准保持协调的基础上，明确了节能改造后的能效限定值，针对公共建筑，明确了冷热源系统、输配系统、末端系统的改造方法与改造要求。同时，结合当前可再生能源广泛应用的现状，增加了地源热泵空调系统、太阳能热水系统等可再生能源的改造技术。

（五）电力与照明系统节能改造单独成章，《既有公共建筑节能改造技术规程》增加监测与控制系统节能改造章节及相关要求

在公共建筑中，照明用电量一般占建筑总用电量的20%～30%，如果能够采取相应措施降低照明设备的用电量，对建筑总体节能贡献很大。本项目将电力与照明系统节能改造单独成章，明确电力系统、照明系统节能改造的实施要点。

根据《公共建筑用能监测系统工程技术规范》，新建国家机关办公建筑和大型公共建筑或者既有国家机关办公建筑和大型公共建筑进行节能改造的，必须设置用能监测系统，因此，《既有公共建筑节能改造技术规程》增加了监测与控制系统节能改造章节及相关要求，以满足当前节能改造的工作需求。

四、结语

《既有建筑节能改造技术规程》DG/TJ 08—2010—2006 的颁布实施，填补了我国既有建筑节能改造技术规程的空白，本次修订将《既有居住建筑节能改造技术规程》《既有公共建筑节能改造技术规程》分开撰写，建立了包括围护结构和各类用能设备在内的节能改造技术体系，相关节能改造技术具有较强的实用性、可操作性。为上海市既有建筑的节能改造工作提供了技术依据和支撑，也为全国其他省份和地区相关工作的开展起到了有益的借鉴作用。

（上海房地产科学研究院供稿，
杨霞、赵为民执笔）

三、科研篇

为全面落实《国家中长期科学和技术发展规划纲要（2006—2020年）》的相关任务和《国务院关于深化中央财政科技计划（专项、基金等）管理改革的方案》，科技部会同教育部、工业和信息化部、住房城乡建设部、交通运输部、中国科学院等，组织专家编制了"绿色建筑及建筑工业化"重点专项实施方案，列为国家重点研发计划首批启动的重点专项之一。

"绿色建筑及建筑工业化"专项围绕"十三五"期间绿色建筑及建筑工业化领域重大科技需求，聚焦基础数据系统和理论方法、规划设计方法与模式、建筑节能与室内环境保障、绿色建材、绿色高性能生态结构体系、建筑工业化、建筑信息化等七个重点方向，设置了相关重点任务。

此部分内容将"绿色建筑及建筑工业化"专项中由中国建筑科学研究院有限公司负责牵头承担的两项项目，即"既有公共建筑综合性能提升与改造关键技术""既有居住建筑宜居改造及功能提升关键技术"各自下设九个课题内容进行了汇总，分别从研究背景、目标、内容、预期效益等方面进行简要介绍，以期读者对项目有概括性了解。

既有公共建筑改造实施路线、标准体系与重点标准研究

一、研究背景

目前，我国既有建筑总面积已超过600亿 m^2，其中既有公共建筑总量约113亿 m^2。受建筑建设时期技术水平与经济条件等因素制约，同时面临城市发展提档升级的需要，一定数量的既有公共建筑已进入功能或形象退化期，由此引发了一系列受社会高度关注的既有公共建筑不合理拆除问题，造成社会资源的极大浪费。同时，现存的既有公共建筑也普遍呈现能耗高、室内环境较差、综合防灾性能较低等现状特点，这也对既有建筑改造提出了更高的要求——从节能改造、绿色改造逐步上升至基于更高目标的"能效、环境、防灾"综合性能提升为导向的综合改造。

目前，欧美、日本等发达国家既有公共建筑节能改造与性能提升等方面的研究与发展呈现以下三方面的特点：一是既有建筑改造技术由单项改造逐渐走向集成化、综合化改造，除注重既有建筑本体改造外，同时注重对建筑物室内外及周边环境甚至道路、绿化、公共活动场所等基础设施的综合化、集成化改造，打造高品质的"百年建筑"；二是既有公共建筑绿色改造评价体系逐步完善，比较有代表性的有英国的 BREEAM Domestic Refurbish-ment、日本的 CASBEE-EB 和 CASBEE-RN 等；三是既有建筑改造的法规、政策及推广机制不断完善，立法约束、税收改革、财政补贴、优惠贷款等多项激励政策推动既有建筑改造发展。

相比国外，我国既有公共建筑改造研究起步较晚，但发展速度较快，尤其从"十一五"以来，国家持续加大对既有建筑改造领域的科研投入，取得了如下进展：一是既有公共建筑改造的研究方向逐步从单项技术改造走向绿色化改造；二是研发了不同类型的既有公共建筑改造关键技术，如针对办公建筑、医院建筑、商业建筑以及工业建筑的民用化改造研发了相应的改造关键技术，并出台了相关的技术标准、指南或导则；三是编制了既有公共建筑改造相关的各类技术标准，如已完成的《既有建筑绿色改造评价标准》《建筑抗震鉴定标准》《公共建筑节能改造技术规范》等多部国家和行业相关标准；四是相关技术成果逐步应用于工程实践并实现推广应用，如近年来在全国开展了数百项改造工程的示范，连续主办了八届"既有改造技术交流研讨会"，建立了与既有建筑改造相关的技术服务平台。

尽管我国既有公共建筑改造领域取得

了一定的进展，但与发达国家相比，仍然存在一些差距：一是既有公共建筑改造偏重技术研究，而宏观层面的战略目标和路线等顶层设计缺乏；二是尽管已经完成了与改造相关的各类标准规范，但是尚未建立涵盖全文强制性和推荐性相结合的既有公共建筑综合改造标准体系；三是目前的改造技术研究多注重技术普适性，与国外以目标为导向的改造效果相比，既有公共建筑改造需要进一步提升，应达到更高的节能效果、环境满意度以及防灾性能，争取达到我国现行新建建筑水平。

二、研究内容

针对我国既有公共建筑存量大、性能提升空间大、集约发展潜力大的现实改造需求，综合考虑地域、功能和技术适宜性等因素，建立既有公共建筑综合性能提升评价体系；基于多维情景分析，构建具有地区差别性、类型差异性、技术针对性的既有公共建筑改造中长期发展目标、实施路线、分阶段重点任务及推广模式；在中外标准体系对比研究的基础上，构建结构优、层次清、分类明的既有公共建筑改造标准体系，并编制重点标准。从顶层路线设计和标准体系引领两个角度，全面、科学推动既有公共建筑改造，实现我国既有公共建筑综合性能提升改造目标。

三、预期成果

（1）形成专著 1 项：《既有公共建筑综合性能改造路线研究》；

（2）形成评价导则 1 项：《既有公共建筑综合性能评价导则》；

（3）形成公共建筑改造标准体系建议表；

（4）形成重点标准 4 项，其中国家/行业标准 2 项；

（5）形成科技报告 3 项：《既有公共建筑综合性能现状普查调研及分析研究报告》《既有公共建筑改造中长期发展目标及路线图研究报告》《既有公共建筑改造市场化推广模式研究报告》；

（6）发表论文 10 篇，其中中文核心及以上 2 篇。

四、研究展望

当前，既有公共建筑改造已成为主流，改造内容也逐步从最初的节能等专项改造逐步向绿色化以及基于更高目标的综合性能提升改造方面转变，既有公共建筑的未来发展趋势将基于"顶层设计、能耗约束、性能提升"的改造原则及更高能效、环境和防灾目标的改造需要，从以下几个方面进行展开：一是基于更高性能的既有公共建筑改造政策机制建立；二是基于更高性能的既有公共建筑改造标准体系建设；三是基于更高性能的既有公共建筑改造技术体系研发；四是既有建筑改造产业链培育。通过政策机制建立、标准体系建设、技术体系研发、改造产业培育以及分步骤路线图落实，全面提升我国既有公共建筑综合性能。

（中国建筑科学研究院有限公司供稿，
王俊、尹波、李晓萍、杨彩霞、
魏兴执笔）

既有公共建筑围护结构综合性能
提升关键技术研究与示范

一、研究背景

既有公共建筑中，建设时间自民国以来各个年代都有。由于使用时间较长，外加一些先天的缺陷，大量的既有公共建筑开始面临各种问题，包括建筑使用功能退化、结构及消防安全性能下降、建筑耗能高、运行维护不合理等，表现为设备老化、能耗大、室内热舒适性差、空气质量差、声环境差、光环境差等，功能难以满足现代建筑的要求，甚至影响正常使用。

围护结构是指围合建筑空间四周的墙体、门、窗等，构成建筑空间，抵御环境不利影响的构件。围护结构一般应具有保温、隔热、采光、通风、隔声、防水、防潮等功能。2005年前设计的既有公共建筑大部分是不节能建筑。调查研究表明，既有公共建筑大量存在围护结构热工性能差、热舒适度和空气质量较差、设备老化、采暖空调能耗较高的现象。

既有公共建筑往往布局不尽合理、结构逐渐老化，面临加固、改造等问题，且部分建筑缺乏保温隔热措施，冬夏两季舒适性较差，严重依赖暖通设备，能耗较高。既有公共建筑中很大一部分是临街建筑，面临各种噪声的困扰，交通噪声居首，污染严重，常常达到70dB以上，影响室内正常的使用。既有公共建筑外窗大部分仍为单层玻璃窗，隔声效果差。部分公共建筑对采光的要求较高，但现今大部分公共建筑室内很多区域照度低于70lx，在使用空调的时候，为了减少太阳辐射，采用内窗帘，挡住太阳光的直射与漫射，照度更加降低，不得不采用人工照明，光环境不理想且耗能较多。由于各种原因，既有公共建筑在生命周期内经常要进行装修，每次装修都会产生大量的垃圾，没有有效利用可再利用材料，对环境造成较大的负担，并严重干扰建筑内或周边的工作、生活人员；另外，装修后的室内环境往往也不容乐观，室内污染不同程度影响人的健康。

现今围护结构的性能指标主要是针对新建建筑，对既有公共建筑围护结构服役情况和性能现状鲜有研究，缺乏相关的评价指标和方法体系，对既有围护结构服役的安全、耐久、功能方面的性能难以综合评判，这导致改造目标与性能现状常常脱节，针对性不强，难以确定最佳改造途径。因此，在对既有建筑进行改造时，首先应在对既有公共建筑围护结构服役情况和性能现状进行系统研究的基础上，创新性提出典型围护结构的现状基准指标。针对不同改造目标的既有公共建筑，基于性能和资源优化配置原则，创新性地提出围护结构的性能提升目标指标。在此基础上，研发多功能及高效适用的围护结构，提升改造新产品，开展既有公共建筑围护结构综合性能提升改造工程示范。重点针对围护结构性能综合评价体系、外墙和外窗及幕墙的性能提升、外窗及外墙性能提升改造新产品开发等方向展开技术攻关，取得既有公共建筑外墙、外窗和玻璃幕墙综合性能提升技术突破，并将研究成果应用于改造示范工程，实现既有公共建筑综合性能的提升与人居环境品质的改善。

二、研究内容

（一）既有公共建筑围护结构性能指标数据库构建与综合评价体系研究

研究表征与围护结构安全、耐久及使用功能的各项性能指标，针对不同气候区几类典型既有公共建筑，调查研究其长期服役特征及性能变化趋势，提出与之相适应的现状基准性能指标及针对不同改造目标下的性能提升目标指标。建立包含组成材料、典型构造、各项性能指标、设计参数等信息在内的数据库及综合评价体系。

（二）既有公共建筑围护结构综合性能提升关键技术研究

研究不同气候区、不同采暖/空调运行模式下典型既有公共建筑保温墙体性能提升改造方式、外保温系统在建筑中应用后性能的变化特性；研究外保温系统质量通病测试、诊断方法、质量问题修复处理技术和综合性能提升技术，解决其长期安全及耐久问题。研究不同气候区、典型既有公共建筑外窗、玻璃幕墙保温、隔热、隔声、防水、密封、耐久等综合性能提升的关键技术；研究不同目标需求下的既有公共建筑屋面综合性能提升关键技术，有效解决其隔热、保温、防水等多重问题。

（三）多功能、高效适用围护结构改造产品研发

开发2种集保温、遮阳、新风等功能于一体的新型外窗，进行小试、中试、规模生产并推广应用；研究采用一体化窗的改造技术及模式，编制改造应用技术指南。开发研制集保温、隔声整体性能提升于一体的模块化保温墙产品，进行小试、中试并试点应用。

（四）既有公共建筑围护结构综合性能提升改造工程示范

遴选2项示范工程，在对其既有围护结构服役情况和性能现状全面评估的基础上，结合机电设备等方面实施性能提升改造，改造后建筑能耗水平达到国家建筑能耗标准中相应建筑类型的目标值要求；在跟踪测试和应用总结的基础上，检验、修正及完善技术成果，为规模化推广应用提供示范。

三、预期成果

本课题的实施将研究开发出3项既有围护结构性能提升改造新技术，开发出2个高效适用性能提升改造产品，主要产品通过技术成果鉴定与投入批量使用并进行工程示范，申报专利5项，软件著作权登记1项，初步具有知识产权体系，发表高水平学术论文10篇，其中3篇中文核心期刊，培养博士和硕士研究生6名，技术骨

干 5 名。在完成技术攻关和创新研究的同时，也开展工程示范，完成 2 项不同类型建筑工程示范，改造后建筑能耗水平达到国家建筑能耗标准中相应建筑类型的目标值要求。

四、研究展望

本课题研究具有重要的理论和实践意义。项目实施完成后将为既有公共建筑性能提升改造提供基础数据、服务平台和评价方法，指导和服务今后的工程实践；研究开发出一系列高效适用的性能提升改造

新技术、新产品，促进科技成果转化和技术产业化，创造良好的经济和社会效益，并将提升建筑产业技术水平，推进产业转型升级。适宜技术的推广应用可改善居民的室内环境，减少 PM2.5 等的危害，降低建筑能耗，减少排放，缓解能源和环保方面压力，推动社会可持续发展。

（江苏省建筑科学研究院有限公司供稿，
刘永刚、吴志敏、魏燕丽、
陈智执笔）

既有公共建筑机电系统能效提升关键技术研究与示范

一、研究背景

我国既有公共建筑普遍存在建造年代较久、能效水平偏低的特征，其中 2/3 以上的样本建筑于《公共建筑节能设计标准》GB 50189—2005 实施以前建造，而仅 0.8％的样本建筑于国家现行标准《公共建筑节能设计标准》GB 50189—2015 实施后建造。总体来看，大部分样本建筑属于非节能建筑。《关于深化公共建筑能效提升重点城市建设有关工作的通知》指出："十三五"期间，将规模化实施公共建筑节能改造，各省（区、市）建设不少于一个公共建筑能效提升重点城市。既有公共建筑存量日益增加，能效水平低，与现行节能标准之间的差距日益突出，随着节能改造技术的日趋成熟，基于更高节能目标的既有公共建筑能效提升的迫切性日益突出。

目前，国内外已有成果均局限在单机设备（电机、水泵、风机、空调器、制冷机组、锅炉等）的能效等级分类以及不同功能建筑类型能耗限值的研究与制定上，尚未延伸至机电系统能效分级及高能效阈值的研究层面，进而使得"单机设备节能高效—机电系统能效提升—建筑终端能耗目标限额"的改造实施模式出现了中间关键过程的脱节和滞后。其次，常规的公共建筑机电控制系统都是通过某种特定的、单一设定的逻辑来对机电系统内单个设备进行控制，至于这种控制是不是能够达到最优的结果，效率是不是最高，完全依赖于事先设定逻辑的合理性。而且，每种设备的调节措施所对应的能效变化也都不尽相同。

综上，"十三五"期间，既有公共建筑机电系统能效提升改造，应依据低成本、集约化、可持续改造原则，快速形成适用于既有公共建筑低成本能效提升的成套技术产品体系，全面应用于我国既有公共建筑能效提升的推广和市场化。

二、研究内容

课题紧密围绕既有公共建筑机电系统能效提升改造过程中的共性及关键技术问题进行研究，重点拟针对机电系统能效提升综合评价与决策、能效偏离识别及实时纠控、系统高效供能与综合改造技术集成体系构建等研究方向展开攻关，并最终将课题研究成果成功应用于工程示范。

具体研究内容设置如下。

（一）基于建筑用能数据的分项能耗拆分技术及能效提升决策支持系统研发

综合考虑既有公共建筑所处的地域特

点、功能特征及运维模式，针对我国既有公共建筑分项计量现状，结合多变量解耦控制及参数变异回归分析等方法，研究基于能源历史账单等单一用能数据的建筑能耗拆分解耦技术及计算方法，提炼分项能耗。

分析基于大样本的典型既有公共建筑分项能耗网络分布水平，在此基础上，研究典型机电系统的能效等级特征及分级方法；研发既有公共建筑机电系统能耗综合评价指标体系及专家决策支持系统，实现改造初期能够快速化、便捷化、低成本针对既有机电系统能耗水平的综合评价及改造决策。

（二）既有公共建筑机电系统能效偏离识别及纠偏技术研究

甄别和提炼既有公共建筑耗能环节的关键影响因素，研究其对能耗的敏感性及贡献率，研究典型既有机电系统高能效运行区间，提出典型机电系统高能效阈值，作为能效评估和节能管理的依据。针对运行过程中偏离高能效阈值工况，研究基于前馈预测的低成本既有机电系统能效偏离自识别技术。

研究典型公共建筑不同时段、不同人流密度下的综合能耗优化控制模式，制定典型既有公共建筑能效差异化控制方案。在此基础上，研究偏离高能效阈值运行工况的实时纠偏控制技术，并开发适用于既有公共建筑机电系统高效运行的自动纠控寻优系统，保证既有机电系统持续高效、稳定运行。

（三）既有公共建筑机电系统高效供能与能效提升改造关键技术体系研究

研究不同气候条件下的既有公共建筑的高效节能冷/热源匹配方案，重点研究大型公共建筑的冷热源系统协同优化升级改造设计关键技术；分析可再生能源在既有公共建筑节能改造中的典型应用模式及适应性，提出复合能源系统耦合高效供能升级改造关键技术。

研究既有公共建筑配电系统低成本电能质量改进技术及用电系统综合用电效率提升改造技术；针对典型既有公共建筑用水特点，研究低成本高效节水及水资源综合利用改善关键技术；在上述研究基础上，综合形成既有公共建筑机电系统高效供能与能效提升改造技术体系。

（四）既有公共建筑机电系统能效提升专项示范工程建设

结合前期调研测试，遴选示范项目，在对其既有性能及现状全面评估的基础上，着重分析既有公共建筑机电系统能效提升改造技术在示范工程中的适用性、经济性、节能性；在此基础上，最终确定示范项目及改造实施方案，制定成套技术路线，因地制宜地应用上述研究成果。

建设完成2项既有公共建筑机电系统能效提升专项示范工程，改造后的建筑能耗水平应达到国家建筑能耗标准中相应建筑类型的目标值要求；在对示范工程进行跟踪测试和应用总结的基础上，检验、修正及完善既有公共建筑机电系统能效提升关键技术成果体系，为下一步规模化推广应用提供典型模式。

三、预期成果

本课题针对目前我国既有公共建筑机电系统运维水平整体较为低下，现有成果无法有效评估机电系统的运行能效等级等典型问题，开展既有公共建筑机电系统能效提升关键技术研究与示范，预期形成一批适用于既有公共建筑机电系统能效提升的成套关键技术2项，编制标准/导则/指南1项，开发软件/平台/数据库3项，申请/获得专利5项以上，其中发明专利不少于1项，发表论文10篇以上，完成示范工程2项。课题研究成果将全面应用于我国既有公共建筑机电系统能效提升的推广和市场化，使既有公共建筑机电系统节能改造工作真正落到实处并收到预期效果。

四、研究展望

课题将依据低成本、集约化、可持续改造原则，快速形成适用于既有公共建筑低成本能效提升的成套技术产品体系，集成涵盖既有机电系统的综合能耗评价指标体系及专家决策支持系统研发、建筑用能数据的分项能耗拆分技术，全面应用于我国既有公共建筑能效提升的推广和市场化。与此同时，提出既有公共建筑典型机电系统能效分级方法，并给出既有机电系统的高能效阈值和高效运行区间，编制公共建筑能效分级评价标准，为既有公共建筑能效提升和节能管理提供依据。以此为工作基础，提出以能效作为控制目标参数的一种新型控制模式，将重点放在"能效设定—阈值偏离—实时纠控—自动寻优"的若干关键环节，在此基础上，全面提出基于前馈预测的能效偏离自识别及实时纠偏技术，以实现既有公共建筑机电系统的长期高效、稳定运行，以进一步扩充我国建筑机电系统的设备组成及能耗分类，并拓展新的建筑能效评价与控制方法，实现基础理论创新和技术应用创新。

（中国建筑技术集团有限公司供稿，
狄彦强、李颜颐、张振国执笔）

降低既有大型公共交通场站运行
能耗关键技术研究与示范

一、研究背景

机场航站楼、铁路客站和地铁车站等公共交通场站建筑作为重要的城市基础设施，在日益飞速发展的同时，相应的运行能耗也快速增长。目前，机场航站楼、铁路客站等高大空间建筑多采用统一喷口送风的环控系统方式，单位面积运行能耗较高、冬夏环控效果不理想、风机等输配能耗占比显著。国外学者 Bjarne 教授将辐射地板供冷系统运用于泰国曼谷机场，比预测的全空气系统运行获得显著节能效果。国内学者刘晓华等将辐射地板与置换送风结合的新型分层空调系统运用于西安咸阳国际机场，与该机场另一航站楼采用的喷口送风方式相比，系统能耗显著降低，热舒适性大大提高。相对于办公建筑、宾馆、商场等建筑类型，公共交通场站建筑的运行能耗数据匮乏，缺乏其能耗评价指标体系。公共交通场站建筑的单位建筑面积运行能耗显著高于普通公共建筑，研究其用能特点，发展新型的交通场站建筑环控系统方案，改善环控效果、大幅降低风机输配及整个环控系统能耗，最终实现其显著的节能效果，是今后研究的热点和难点。

二、研究内容

课题研究内容包含四个子课题。

（一）大型公共交通场站建筑能耗指标及评价准则研究

在我国主要气候区遴选包括地铁站、机场航站楼和铁路客站在内的 50 个不同规模的交通场站，全面调研此类建筑的运行能耗，建立包括围护结构、空调形式、用能情况等的详细数据库。理清交通场站建筑运行能耗的关键影响因素，提出不同类型公共交通场站建筑的能耗指标及评价准则。

（二）基于能耗目标约束的大型公共交通场站节能运行策略及调控技术研究

研究现有交通场站的能源消耗数据和室内环境控制效果，合理评估各类公共交通场站建筑的运行特点。分析客流量、室外气候变化等因素对系统运行性能的影响，对包括空调、通风等在内的环境控制系统提出适宜的节能运行策略，形成基于能耗目标约束的调控技术。对地铁站厅内的热压通风、活塞风、机械送回风等进行实测和模拟研究，确定其对能耗的关键影响因素，形成各季节、各气候区各典型地铁车站的通风运行调控策略。

（三）大型公共交通场站性能提升关键技术研究与配套设备研发

研究应用于机场航站楼等高大空间建

筑中控制 2m 高度范围内的热湿环境营造技术，研制基于地面辐射的"除湿系统用地台式空气分布装置"。研制应用于地铁站厅层的"大风量高效直接蒸发式组合空调机组"，利用氟利昂直接对空气冷却减少传热环节，提高系统能效。

（四）大型公共交通场站技术体系集成与专项示范工程建设

结合前期调研，遴选大型公共交通场站建筑，因地制宜地应用上述研究成果，开展 2 项公共交通场站建筑的节能改造工程示范。对改造后的示范工程进行室内环控效果、运行性能及能源消耗的全面测试，形成相应的节能运行策略，并为新建建筑设计提供指导。

三、预期成果

提出公共交通场站建筑的能耗指标，建立相应的能耗指标体系；建立公共交通场站建筑能耗数据库 1 个；开发出适用于公共交通场站建筑空调系统的关键设备 2 项，即高大空间用地台式空气分布系统装置和地铁站厅用大风量直接蒸发式组合空调系统；完成公共交通场站类建筑节能运行及改造示范工程 2 项，实现运行能耗降低 10%～20% 的目标；出版相应技术指南或专著 1 部；发表论文 10 篇。

四、研究展望

目前，机场航站楼、铁路客站、地铁车站等交通场站处于飞速建设时期，全国规划和正在兴建的大型机场、高铁等项目数量巨大，地铁总里程将由目前的约 4000km 发展至未来的 13000 多公里，成为我国基础设施建设的重要内容，与城市、城际轨道交通事业飞速发展相伴而来的是其运营能耗的飞速增长。目前，此类建筑仍多采用统一喷口送风的环控系统方式，单位面积运行能耗高、冬夏环控效果并不理想、风机等能耗占比显著。针对该类高大空间、人员密集程度随时变化的交通枢纽建筑的上述问题，课题研究建立交通场站建筑能耗指标及评价准则，形成适应其建筑和人员流动特点的节能运行策略及调控技术，开发此类建筑环控系统性能提升关键技术与配套装备，并形成技术体系集成及工程示范应用，改善环控效果、大幅降低风机输配及整个环控系统能耗。课题研究成果在大型公共交通场站进行示范应用，验证其节能效果，未来可形成一批适用于大型公共交通场站的改造方案与工程实践，并为我国新建大型公共交通场站的环控系统提供创新性的环控系统解决方案。此外，通过上述大型公共交通场站环控系统的创新技术，亦将助力拉动相关环控系统的产业升级、供给侧转型与升级。

（清华大学供稿，刘晓华、刘效辰执笔）

既有公共建筑室内物理环境改善关键技术研究与示范

一、研究背景

近年来，随着社会经济、建筑科学的发展，由于建筑室内环境质量所产生的问题例如"建筑病态综合征"已经引起了广泛关注。目前，我国既有建筑面积已超过600亿 m^2，其中有大量建筑的室内环境质量无法达到要求，既有建筑室内环境改造工作存在一定空白。老旧建筑的使用成为了难题，甚至一些建造不久的建筑也因为室内环境不达标而面临改造重建的境况，大量的拆除重建不仅导致了资源、经济的浪费，也不符合国家可持续发展的长远目标。

许多国家、行业、协会、学会标准例如《绿色建筑评价标准》GB/T 50378、《既有建筑绿色改造评价标准》GB/T 51141、《健康建筑评价标准》T/ASC 02等都在其中包含了大量关于室内环境质量的要求。但目前来说，关于既有建筑室内环境改造的技术导则、规程很少。此外，目前的许多评价标准、技术规程都是针对新建建筑，既有建筑由于其本身建筑条件的限制，在改造要求与措施上都有区别于新建建筑的特性。

我国于"十一五"期间，开展了既有建筑改造的研究工作，结合既有建筑改造的特点，建设了一套既有建筑改造效果评价技术指标体系与评价方法，该指标体系涵盖建筑、结构、给水排水、供暖、通风与空气调节、电气及智能化等方面，但缺少声、光、空气品质等环境质量方面的内容。"十二五"在"十一五"的研究基础之上，提出了绿色化改造的理念，将室内环境改造纳入研究范围，但并未形成完善、独立的室内环境改造研究，仅作为绿色化改造的部分内容开展。

我国既有建筑室内环境的研究目前正处于快速发展阶段，但仍缺少成熟、成套的评价与提升技术体系，不足以支撑开展广泛的既有建筑室内环境改造工程。在未来急需加大室内环境领域的研究工作投入，研发应用于既有建筑室内环境品质改造的设备装备，形成室内环境品质提升综合改造策略，建设室内环境改造示范工程，推动既有建筑室内环境水平的综合提升。

二、研究内容

本课题以既有公共建筑的室内物理环境性能提升关键技术和改造评价方法为研究对象，重点结合功能需求、建筑结构、环境特征等特性，开展既有公共建筑室内物理环境改造等级评定与提升关键技术研究；确定既有公共建筑室内物理环境改造等级的评定指标，形成既有建筑隔声性能改善、降噪措施提升、自然采光控制改良、眩光控制优化、照明质量健康保障、热舒适调节适宜、空气品质调控得当的集成技术与装备。集结在既有建筑改造研究、室内环境性能改善、工程应用等方面具有深厚研究基础和实力的团队，在"十一五"、"十二五"国家科技支撑计划课题、国际联合研究课题、国家应用示范项目的基础之上，研发具有领先水平的既有公共建筑室内物理环境提升与改造关键技术，开发高适应性的室内物理环境综合改善模块化设备，开展应用示范，产生系列自主知识产权，推动既有公共建筑改造向品质提升发展。

三、预期成果

（一）建立既有公共建筑室内物理环境改造质量等级划分与评价准则

开展多种既有公共建筑室内物理环境包括声、光、热湿、空气品质等参数测试，建立既有公共建筑室内物理环境状态特征分析数据库。提出既有公共建筑室内物理环境改造质量等级评价指标、评价准则，开发具有自主知识产权的室内物理环境状态分析与分级评价应用软件工具。

（二）研发既有公共建筑室内物理环境性能提升关键技术

研发阻抗复合构造降噪关键技术、自然采光提升优化技术、眩光控制与改善技术、通风系统附加多元通风、混合通风技术、空调系统冷热负荷波动情况下的设备

精准调节关键技术、既有空调系统增设净化装置的关键技术、室内空气品质动态调控与空气净化策略。

（三）研发既有公共建筑室内物理环境改善技术集成与配套设备

针对典型既有公共建筑的环境性能提升需求，研发建筑遮阳、采光、通风与光热环境调控的最优化改造策略，研发包括室内光环境动态自调适、动态热舒适调控、空气品质联动等高适应性的室内物理环境综合改善集成技术。形成不同空调热环境动态自适宜调控策略与控制模块设备；研发适用于既有公共建筑通风换气与净化集成的一体化装备。

（四）建设既有公共建筑室内物理环境改善专项示范工程

建设完成两项既有公共建筑室内物理环境改善技术体系专项应用示范建设，示范项目专项室内物理环境性能达到性能要求；开展改造效果的主客观测评，确定示范项目室内物理环境改造后质量较改造前至少提升一个等级。

四、研究展望

随着社会经济的发展，人民生活水平的提高，我国社会的主要矛盾已经转化为人民日益增长的美好生活需要和不平衡不充分的发展之间的矛盾。相应地，对建筑性能的要求也不仅仅在于安全性、节能性，而是进一步向舒适性、健康性发展。我国既有建筑存量巨大，从既有建筑的改造入手，将有效地、全面地提升我国建筑综合性能水平。

作为国家"十三五"重点研发计划课

题，课题研究成果一方面可以有效地改善既有建筑室内物理环境质量，显著地提高建筑使用者的舒适性与工作效率，创造直接经济效益；另一方面，室内环境质量的改善将有效缓解目前广泛存在的病态建筑综合征难题，改善民生、提高福祉，实现人居安全的重要目标。

（重庆大学供稿，丁勇、唐浩执笔）

既有公共建筑防灾性能与寿命提升
关键技术研究与示范

一、研究背景

我国处于环太平洋、欧亚两大最活跃的地震板块，是个地震多发国家，也是世界上遭受地震灾害损失最为严重的国家。目前，我国城市有一大批办公建筑由于建成年代久，已接近原设计使用年限或正在超期服役。这些建筑建设之初未考虑抗震设防或未达到应有的设防水平，抗震性能差；由于使用年代久，加之后期维护不足，材料性能劣化，安全性水准降低；内部设施老旧，火灾隐患多，达不到消防规范的要求。随着我国经济的高速增长，新建工程的数量逐渐下降，而老旧房屋的防灾性能与寿命提升已提到日程，一旦遭遇强烈经济损失与人员伤亡，不可估量。

2016 年 10 月 11 日，习近平总书记主持召开中央全面深化改革领导小组第二十八次会议，并发表重要讲话，明确指出"推进防灾减灾救灾体制机制改革，必须牢固树立灾害风险管理和综合减灾理念，坚持以防为主、防抗救相结合，坚持常态减灾和非常态救灾相统一，努力实现从注重灾后救助向注重灾前预防转变，从减少灾害损失向减轻灾害风险转变，从应对单一灾种向综合减灾转变。要强化灾害风险防范措施，加强灾害风险隐患排查和治理，健全统筹协调体制，落实责任、完善体系、整合资源、统筹力量，全面提高国家综合防灾减灾救灾能力"。

在党的十九大报告上，习总书记又一次提出保障和改善民生水平，加强和创新社会治理，并再次强调"健全公共安全体系，完善安全生产责任制，坚决遏制重特大安全事故，提升防灾减灾救灾能力"。

二、研究内容

针对既有公共建筑防灾性能与寿命提升中存在的问题，本课题将解决以下关键技术问题：结构抗震可靠性评估理论，性能化抗震鉴定方法及适宜性加固技术，既有公共建筑火灾荷载与发展速率、火灾持续时间关系，既有大跨空间结构抗风关键技术，结构受腐蚀影响的耐久性修复技术。

主要研究内容如下。

（一）基于使用年限与性能的抗震鉴定加固技术研究

从结构抗震可靠性角度进行基于不同后续使用年限和性能目标的地震作用取值与抗震构造措施研究，提出既有公共建筑在结构层次上的抗震可靠性评估与性能化抗震鉴定方法。

开展既有公共建筑填充抗震墙巨型支

撑、外贴附加钢支撑子结构、双向自复位摇摆墙三种适宜性抗震加固新技术研究，达到抗震加固施工尽可能不影响建筑正常使用的要求，且部分构配件实现工厂预制、现场组装工艺。

（二）性能化防火安全评估与改造技术策略研究

对火灾危险源识别方法、火灾风险定性定量评价进行研究，建立火灾风险评估指标体系，提出控制火灾风险的技术措施。

性能化防火改造设计方法研究，制定安全目标和性能指标，防火改造设计的火灾场景设定和设计火灾确定，并验证技术手段的适用性。

提升既有建筑防火安全性能技术策略，研究提升建筑耐火性能、防止火灾蔓延扩大性能、人员疏散安全及灭火救援安全性能的技术与策略。

（三）大跨空间结构抗风雪技术研究

开展既有大跨空间结构风雪灾场模拟技术、屋盖风致效应研究，提出考虑不同性能水准的既有大跨度空间结构抗风防灾评估方法。

开展针对既有大跨空间开展结构灾变机理及全过程数值模拟分析研究，提出既有大跨度空间结构提高抗风防灾性能的阻尼减振技术。

（四）既有公共建筑耐久性修复及寿命提升关键技术研究

开展 FRP 片材修复腐蚀钢结构构件与钢筋混凝土构件、高强度灌浆套管修复腐蚀钢结构构件的技术研究。

基于承载能力时变可靠度理论，建立既有公共建筑加固结构使用寿命提升方法，并结合结构健康监测理论开展既有公共建筑耐久性修复研发技术的验证。

（五）既有公共建筑防灾性能与寿命提升专项示范工程建设

遴选示范项目，在对其既有性能及现状评估的基础上，确定示范项目及改造实施方案，制定成套技术路线，因地制宜地应用研究成果。

建设完成三项既有公共建筑防灾性能与寿命提升专项示范工程，在对示范工程进行跟踪测试和应用总结的基础上，检验、完善既有公共建筑防灾性能与寿命提升关键技术。

三、预期成果

（1）从地震作用概率的极值Ⅱ型分布出发，给出基于不同后续使用年限具有相同超越概率的三水准设防目标的地震作用合理取值。

（2）对我国不同历史时期的抗震设计规范进行纵横向对比分析，在此基础上提出基于结构整体抗震可靠性的既有公共建筑性能化抗震鉴定技术。

（3）针对既有公共建筑的特点，研发框架填充抗震墙巨型支撑、外加钢支撑及双向自复位（预应力、碟形弹簧、形状记忆合金）三种抗震加固新技术设计方法。

（4）提出以人员安全、结构安全、减少经济损失为基本导向的既有公共建筑性能化防火性能评估与改造策略。

（5）提出一种预测闭式洒水喷头或感温探测器的响应时间的预测模型，为防火设计和火灾危险性评估工作开展疏散开始时间预测以及火灾规模预测提供技术手段。

（6）研究大跨空间强风作用下的灾变机理，提出消能减震与隔震技术相结合的大跨空间结构抗风灾能力提升技术。

（7）研究沿海地区干湿、氯盐环境下混凝土结构、钢结构构件腐蚀程度影响，提出套筒灌浆、碳纤维板材等耐久性修复的加固补强新技术。

（8）基于蒙特卡洛和韦布尔模型，从可靠度理论出发，提出钢结构构件耐久性的预测模型。

四、研究展望

我国 2016 年的国民生产总值已达 11.7 万亿美元，居世界第二位，人均年收入也将近 10000 美元，且人均居住面积由改革开放初期的 $8m^2/$人发展到现在的 $40m^2/$人，我国建筑业今后的发展方向已从新建与改造并重开始向改造方向转变。

此外，我国正处于城镇化进程加速阶段、城市由大规模建设向大都市功能缓解转型，大型办公建筑的功能改造与性能提升势必随之增多，既有公共建筑的抗震加固改造也逐渐由单纯的抗震防灾转向建筑全生命周期内的综合防灾。

（中国建筑科学研究院有限公司供稿，
程绍革、史铁花执笔）

既有大型公共建筑低成本调适及运营管理关键技术研究

一、研究背景

近年来，我国经济社会持续保持快速发展，新型城镇化趋势日益增强，每年新增建筑总面积超过 20 亿 m²，而既有建筑面积已超过 600 亿 m²，其中既有大型公共建筑的总面积约为 6 亿 m²，占城镇建筑总面积比例不到 4%，但年耗电量已超过全国城镇总耗电量的 22%，其能耗已占全国总能耗的 30% 左右，是典型的耗能大户。我国既有大型公共建筑具有体量大、能源效率低、建筑能耗普遍偏大的特点，发展既有大型公共建筑调适技术是解决现存问题的途径之一。

建筑调适技术是贯穿于建筑全生命周期过程的监督和管理，以保障建筑高效、安全运行和控制的技术。建筑调适及后续的运营管理作为一种质量保证工具，包括调试和优化两重内涵，是保证建筑能够实现节能和优化运行的重要环节。建筑调适起源于欧美发达国家，已经发展了几十年，建筑调适技术的重要性在美国等发达国家已经得到充分的重视，属于北美建筑行业成熟的管理和技术体系，并且相关机构已经制定了相对完善的标准与方法、调适工具与模板。在我国虽然相关概念已引进，也已经引起国内建筑行业专家的重视，但多年来在工程实际应用方面并没有较为明显的发展，缺乏相应的系列化规范标准进行指导，也未建立相应的技术规范，更缺乏适用于我国建筑的相关技术研究，因此亟须在此方面开展研究与实践应用，尤其是对于既有大型公共建筑这一能耗偏高又极具示范效应的建筑类型。

中国建筑科学研究院自 2008 年开始，结合建筑调适国内外建筑领域的发展情况，对暖通空调系统的调适进行了一系列研究，并在实际测试效果的基础上，论证了建筑调适技术在国内建筑领域应用的必要性和可行性；于 2010 年分别建设完成国内首个变风量系统和机电系统调试项目：国家开发银行和杭州西子湖四季酒店项目。2011 年，中国科技部、国家能源局和美国能源部共同成立的中美清洁能源联合研究中心启动了先进建筑设备系统技术的适应性研究和示范课题，对暖通空调系统的调适过程中的建筑节能潜力进行研究。

我国虽有建筑调适案例项目，但无相关指南。此外，国内外学者对建筑调适运营全过程高效管理技术和运行管理风险的研究并不多见。BIM 技术应用在建筑节能设计中日渐成熟，然而与 BIM 技术相结合的智慧控制系统及设备研究还处于空白状态。

二、研究内容

课题针对于我国现阶段开展建筑节能工作对全面考量、减少施工、提高信息化程度以及降低成本的要求，研究国内相对缺失的既有大型公共建筑低成本调适及运营管理技术，本课题将在研究创建多目标系统快速诊断方法、开发全过程低成本调适方法、全过程高效运营管理技术、研发基于BIM的图形可视化智慧控制系统以及建立示范工程等方面力求有所突破。本课题的实施将为既有大型公共建筑低成本调适及运营管理技术在我国的发展提供理论、技术、应用及指导性文件上的支撑，为低成本建筑节能技术的进一步研究推广提供思路。

课题紧密围绕既有大型公共建筑低成本调适及运营管理关键技术进行研究，在综合效能诊断及低成本调适技术、全过程高效运营管理关键技术、基于BIM技术的智慧控制系统及设备等方向展开攻关，最终将研究成果应用于工程示范。

拟解决的重大科学问题和关键技术问题包括：①研究多目标系统快速诊断方法。拓展诊断对象到整个建筑暖通空调系统，将现有各单独系统诊断方法进行整合、优化，创建综合性的多目标系统诊断方法。②研究全过程低成本调适方法。研究各环节的低成本调适方法，对全过程的调适工作进行分析，并在此基础上开发具有可嵌入现有建筑监测系统的能力的调适模块。③研究不同负荷工况下的空调采暖系统高效运营控制策略。研究建立不同负荷工况下的空调采暖系统高效运营控制策略，并在此基础上开发运营管理的专家系统工具。④开发基于BIM技术的智慧控制系统及设备研究。利用BIM三维可视化技术界面，研发图形可视化的空调采暖智慧控制系统，挖掘BIM技术在运营控制领域的应用潜力。

三、预期成果

拟完成既有公共建筑低成本调适及运营管理相关新技术2项，研制多参数调节控制设备新产品1项，开发应用软件工具2项，建设2项专项示范工程，完成相关技术导则/指南2项，申请/获得专利5项以上，发表相关学术论文10篇以上。

四、研究展望

既有公共建筑综合性能提升与改造新技术的研究，旨在解决公共建筑运营能耗浪费的现象，提高建筑综合能效，减少运营开支，降低CO_2的排放量，实现绿色化发展的目标。既有大型公共建筑调适技术目的性强，从寻找建筑高能耗产生根源出发，优化建筑能源系统结构，从而减小环境的压力，并不依赖大规模的施工改造过程，不影响建筑的正常使用，有利于研究成果的快速推广。既有大型公共建筑调适运营全过程高效管理技术，从人、设备、材料、方法和环境的角度出发，为建筑调适工作提供全过程、全方位的运营管理服务，是建筑调适可持续发展的关键所在，而基于BIM技术的智慧化控制系统同时保证建筑调适和运营管理高效进行。

本研究工作通过改进既有公共建筑能源利用效率这一关键问题，提供了一条实现建筑行业节能减排的有效途径。通过着力研究低成本调适及运营管理技术，形成技术适宜、成本低廉、效果显著的既有公共建筑调适技术体系，以此达到并体现出经济效益、环境效益及社会示范效益。

（天津大学供稿，朱能、丁研执笔）

基于性能导向的既有公共建筑监测技术研究及管理平台建设

一、研究背景

我国现有的既有公共建筑的监测技术与管理平台种类较多，成熟度不一，缺乏统一协调。现有较为成熟的三类公建监测平台与规范，分别是：能源监管平台、室内环境监控规范、土建工程安全健康监控。

从2007年起，为推动高能耗公共建筑实施节能改造，我国开展了公共建筑能耗监测工作，出台了相关公共建筑节能监管体系建设导则。根据导则要求，公共建筑按其消耗资源的不同，需进行计量监测内容包括用电量、用水量、用热量和可再生能源利用量。用电量监测指标，按照功能类别划分为照明及插座用电、空调用电、动力用电以及特殊用电等。用水量监测指标，按照功能类别将用水能耗划分为生活用水、消防用水及空调补水。用热量监测指标，包括热力或是燃气消耗。此外，建筑内的供暖用热及生活热水均应计量。可再生能源利用量监测指标，包括中水、雨水回收，太阳能热水，太阳能光伏发电等。我国的能耗监测平台和国外能源管理平台有诸多区别，首先建设目标不一样，能耗监测平台以为政府获取实时、可靠的建筑能耗统计数据，进行能耗总量分析为目的，长期目标是获得各类公共建筑的用能基准，优化建筑用能的宏观管理，为政府决策提供可靠依据。而能源管理平台更重要的是为了节能，它的目标是单一建筑，平台采集的数据直接服务于物业管理部门，通过对用能设备系统的能耗计量、分析、诊断和决策，达到降低能耗和优化控制管理的目的。因此，它数据的类型更多，包括很多设备的状态数据和参数，采集的频率比较快，一分钟或五分钟。

对于室内环境监控，我国从20世纪80年代起，出台了针对不同类型公共建筑的分类卫生标准、规范，明确了各类公共建筑需要监测的室内环境质量监测内容、监测方法、监测技术等。依托无线传感器、无线传输技术等，空气质量在线监测系统实现了公共场所空气质量的实时监测。空气质量在线监测系统由前端在线监测仪表、数据采集仪、GPRS数据采集传输终端等硬件组成，可以完成对空气监测因子含量的监测与汇总、转换、传输等工作。

建筑安全健康监控，一般利用现场的无损传感与结构系统特性分析（包括结构反应），探测结构的性态变化，揭示结构损伤与结构性能劣化。一般针对如桥梁、超高层建筑、大跨空间结构、海洋钻井平台等大型土木结构，或处于特殊地质区域、长期动荷载等特殊情况下的建筑。通过连续监控，控制建筑重要参数的演变，对结构耐久性作出判断。

二、研究内容

课题基于既有建筑综合性能提升的改造目标，系统梳理公共建筑"能效、环境、安全"三方面的核心性能指标，兼顾指标的可靠性、易理解性以及可获得性等，形成综合监测指标体系；研究综合性能监测技术体系及综合性能指标监测改造的技术路线，研发综合监测指标智能采集器，开发适用于综合性能监测平台的低成本、高性能的异步消息中间件；研究数据动态采集、多数据源数据集成、数据存储和数据应用分析等数据框架，开发综合性能监测、预警一体化管理平台及配套移动终端；遴选示范工程进行平台应用示范，进一步修正、完善监测指标和监测系统架构，形成可规模化推广的平台建设模式。

三、预期成果

（1）既有公共建筑综合性能监测相关技术导则/指南

课题预计将修编《既有公共建筑综合监测数据采集指南》、《既有公共建筑综合监测传输技术指南》、《既有公共建筑综合监测建设实施指南》和《既有公共建筑综合监测运行管理指南》，编制《房屋结构安全动态监测技术规程》，围绕既有公共建筑综合提升目标的实现，为综合监测平

台的系统设计、建设实施和运行管理提供全过程技术指导。

（2）综合性能监测关键设备开发

本课题研发智能数据采集器采用 32 位高速 ARM 微处理器，具有现场采集、远程传送、可集成多种外围设备等功能。它由微处理器主控模块、电源模块、数据量输入输出接口、远程通信接口构成。提供 RS232/485 串行接口、TTL 电平输出接口、CAN 总线接口、SPI 接口、I2C 接口、以太网接口。课题开发异步消息中间件使用 Visual Studio 2015 开发环境，采用 C♯ 语言编程开发，可以实现异步消息中间件与各传感器及仪表的实时通信。采集器根据异步消息中间件发送的指令采集通道上的数据，通过 TCP/IP 上传给异步消息中间件。如果需要数据备份，可以向备用的服务器发送数据。

（3）既有公共建筑综合性能监测平台研发

基于我国现有建筑相关监测系统建设情况和前期既有建筑综合性能监测平台架构体系研究、功能需求捕捉，结合平台研发相关新技术，研发完成包含建筑能效、环境和防灾等综合性能指标的监测、预警一体化管理平台及配套移动终端，新技术通过科技成果鉴定并发表论文、申请软件著作权。该成果解决了既有公共建筑单方面性能监测数据分析能力存在的不足，提升了既有建筑综合性能可靠、经济适用的管理方式和我国既有公共建筑的综合管理水平。由于将智慧建筑、三维建筑模型 BIM、二维码扫描、设备远程智能控制等理念和先进技术融入，预期会有良好的推

广和实际应用前景，预期产生社会、经济和生态效益。

四、研究展望

自 2007 年，节能监管系统的建设工作已近十年，全国已建成大量节能监管平台，发挥着能耗计量、能耗分析、能耗数据上传的重要作用。公共建筑节能监管系统的工作成效显然，但在建设、运行过程中仍然存在技术和管理方面的问题。

本课题研究基于性能导向的既有公共建筑监测技术体系及管理平台，是以既有公共建筑的分项能源资源消耗、室内外环境质量参数、安全防护参数作为监测内容，确立能源、室内外环境、安全防护指标体系；针对公共建筑能源资源、室内外环境质量、安全防护多指标、大数据传输存储的问题，对综合监测系统中所需的设备、软、硬件进行设计和开发，并付诸实践。为完善我国既有建筑监管体系，服务建筑业主达到降低能耗和优化控制管理的目的，提供了较好的技术支撑。

（住房和城乡建设部科技发展促进中心供稿，殷帅、丁洪涛、李振全、马思聪、李晓萍、吴春玲执笔）

既有公共建筑综合性能提升及改造技术集成与示范

一、研究背景

既有公共建筑改造受建筑既有结构框架限制，在技术的选择和应用上与新建建筑存在较大差别，且以功能性改造为主，对改造技术的研究和分析不足，造成既有建筑改造成本过高、改造后性能难以满足预期目标的问题，继而造成既有公共建筑改造难的错误认识。

本课题在"既有公共建筑综合性能提升与改造关键技术"项目前四项任务围护结构综合性能提升、机电系统能效提升、室内物理环境改善、防灾性能与寿命提升的关键技术研究的基础上，通过对既有公共建筑综合性能提升与改造各专项关键技术研究成果构建技术体系框架，建立既有公共建筑综合性能提升与改造集成技术体系。提出示范工程改造集成技术体系应用的性能指标，并进行既有公共建筑综合性能改造示范工程建设。对示范工程应用效果进行技术实施效果评价分析，形成目标导向的既有建筑改造后综合性能合理化评估体系。针对既有公共建筑综合性能提升与改造信息共享需求，开发既有公共建筑综合性能提升与改造服务平台。

二、研究内容

本课题遴选可覆盖我国气候分区以及不同类型的既有公共建筑综合性能提升与改造的示范工程，依托上述示范项目，研究基于气候条件及建筑功能的多种组合技术/产品对建筑综合性能的提升潜力，构建适用于不同气候区、不同建筑功能的既有公建改造技术集成体系，对专项技术/产品及集成技术体系的应用效果进行分析评估，最终形成适用于不同地区、不同功能类型的既有公共建筑综合性能提升及改造技术应用指南与产品推广目录。构建既有公共建筑综合性能提升与改造服务平台，包含政策信息发布，相关标准规范宣贯，新技术、新材料、新产品推广，综合性能诊断、检测、监测、评定及改造设计、施工、调适、运营维护等全过程技术选择建议和工程案例介绍。

三、预期成果

（一）既有公共建筑综合性能提升与改造技术集成体系

研究基于气候条件及建筑功能的多种组合技术/产品对建筑综合性能的提升潜力，构建适用于不同气候区、不同建筑功能的既有公建改造技术集成体系，形成既有公共建筑综合性能提升及改造技术应用指南与产品推广目录。目前已初步构建技术集成体系，《既有公共建筑综合性能提升及改造技术指南》初稿已初步编制完成。指南分为安全性、适用性、节能性、环境性、智慧性五部分内容。同时加入产品推广目录，更好地服务于既有公共建筑综合性能提升。

获得《空调中可冬夏切换的重力热管换热器》实用新型专利授权，专利号ZL2016 2 1432691.3。该装置为解决热管换热器冬夏季进、排风管切换的问题，设计了一种热管换热器的风管切换方式，免去热管换热器进排风冬夏季切换，实现全年热回收，为热管换热器在既有公共建筑改造中使用提供了有利条件。

申请《基于3D扫描技术与MR混合现实技术的建筑结构拆除方法》发明专利，申请号为201710453459.0。该方法提供了基于3D扫描技术与MR混合现实技术的建筑结构拆除方法，通过模拟分析，优化拆除方案，并利用混合现实技术可视化交底，保证施工安全，控制施工周期，节约施工成本。

申请《一种加层钢柱柱脚节点》实用新型专利，申请号为201721436661.4。该装置为一种便于施工且能够保证柱脚在复杂应力下的工作能力和加层结构整体性的柱脚结构，有效解决柱脚节点处理难题。

（二）既有公共建筑综合性能提升与改造集成技术实施效果评价

已完成《既有公共建筑改造综合性能评价导则》，导则属于既有公共建筑综合性能提升与改造集成技术实施效果评价的成果。本导则从规划、设计、施工、适用等方面，将既有公共建筑改造后的性能评价分为五个方面，即安全性能、耐久性能、节能性能、环境性能和经济性能。通过五个方面的综合评价，体现既有公共建筑改造后的综合性能的提升。导则中将改造后的性能等级分为A、B级，目的是引导既有公共建筑向更高的性能发展，提高既有公共建筑的寿命和再利用率。

（三）服务平台建设

既有公共建筑综合性能提升与改造服务平台，依托于中国建筑科学研究院，形式为中国建筑改造网（www.chinabrn.cn）。网站目前包含国家政策信息发布，相关标准规范宣贯信息，新技术、新材料、新产品推广及工程案例介绍，将进一步拓宽对既有公共建筑综合性能诊断、检测、监测、评定及改造设计、施工、调试运行等方面的技术选择建议板块，实现既有公共建筑综合性能提升与改造技术集成体系的可视化、智慧化。

（四）示范工程

遴选了严寒区、寒冷区、夏热冬暖区、夏热冬冷区的8项示范工程，其中7项示范工程通过实施方案的专家论证。示范技术内容主要包括：加固改造实现结构寿命提升与防灾性能提升，外围护结构改造、建筑节能改造、给水排水系统改造、空调通风系统改造、电气照明系统改造、智能化系统改造、室内空气品质提升。

1.深圳市建设工程质量监督和检测实验业务楼安全整治项目

工程概况：位于广东省深圳市福田区振兴路 1 号，总建筑面积 8376m²，分为南、北两栋楼。北楼为砖混结构，主楼 6 层，副楼 2 层，1984 年竣工；南楼为框架结构，共 7 层，1991 年竣工。原建筑建设年代久远，难以满足安全使用要求。为提高性能，对此进行改造。预计 2018 年年底竣工。

改造内容：

（1）采用托换法、挂钢筋网喷射混凝土、粘贴碳纤维等方式加固改造，建筑延长 30 年的使用寿命，抗震设防烈度提高为 7 度。

（2）基于被动式超低能耗气候生物学分析既有建筑气候环境和人体舒适度，采用被动式、主动式策略及评价指标体系进行全面节能改造。

（3）进行防水改造，更换水、电、气管设备，满足功能性需求且达到绿色建筑标准要求，增设消防报警、联动、广播、疏散系统，增加分项计量、能耗采集系统。

（4）增设永磁无机房节能电梯，采用访客人脸识别、无纸会议、食堂空位显示、智能化物业安防等系统。

（5）采用 5D-BIM 信息化管理，制定安全管理、质量品控、成品保护等制度。

（6）建立利用合同能源管理模式的智慧能源运维管控系统。

2.航华科贸中心 A1、A2 楼改造工程

工程概况：位于北京市朝阳区建国路乙 108 号。公共建筑改造工程部位功能为会所，建成于 2001 年，建筑面积为 2454m²。会所地上 3 层，地下 2 层，首层高 4.5m，三层为游泳池，会所总建筑高度 20.3m。

改造内容：围护结构综合性能提升、机电系统能效提升、室内物理环境改善、防灾与寿命提升等关键技术。外围护结构南立面调整为铜网中空钢化夹胶双银 Low-E 玻璃幕墙，北立面为石材幕墙，外保温体系，屋面增设采光顶；采用碳纤维和粘钢板加固技术，提高结构构件的承载能力，进行加固补强；电气系统改造主要为供配电系统、照明系统等；暖通空调主要是改造制冷机组、供热系统、空调风系统、风管系统等。

改造效果：会所冷水机组采用螺杆式电制冷机组，COP 测定值大于额定值，会所内室内热湿环境达到 I 级，评价为热中性、舒适。

3.华为杭州生产基地改扩建—1 号楼软件生产交付中心

工程概况：浙江省杭州市滨江区六和路 310 号。地上三层结构，原有面积为 57175m²，改扩建后建筑面积为 68021m²。由原有二层框架结构（预应力结构）经拆除、加固、扩建为三层框架结构。

改造内容：围护结构综合性能提升、机电系统能效提升、室内物理环境改善、防灾与寿命提升等关键技术。外围护结构调整为外保温体系，并增设外遮阳系统，

增设采光顶；电气系统改造主要增设通信接入系统、电话交换系统、计算机网络系统、安全技术防范系统、建设设备管理系统、信息与智能化引导与发布系统等智能化系统；暖通空调针对改扩建后的新功能，设计采暖、通风和空调系统。

4.奉化市城市文化中心项目

工程概况：位于浙江省宁波市奉化市锦屏街道。示范工程为奉化城市文化中心项目的1号、9号楼进行改扩建的改造。1号楼为框架结构，地上五层建筑高度23.95m，建筑面积10532m²，9号楼为砖混结构，地上四层建筑高度14.4m，建筑面积1697m²。

改造内容：通过结构加固，提升楼宇的安全性；节能改造方面主要包括围护结构的保温改造、配套设施改善、变制冷剂流量空调系统和排风热回收技术的应用。这些措施可以减少负荷，提高能效并且提供舒适的热湿环境。电气改造涉及高效的照明设施及照明控制，楼宇自控系统的安装以及能耗监测管理系统的设置，保证了室内舒适的视觉环境，减少能耗，提高管理效率。

5.展览路街道国投养老照料中心

工程概况：位于北京市西城区阜成门外大街7号，该建筑1997年投入使用，主体结构为混凝土框架—剪力墙结构，用途为写字楼。建筑总高度56.65m，包含地下3层，地上16层。项目总建筑面积为33900m²，现将该建筑地下一层至地上十六层改为养老院，改造面积约为29416m²。

改造内容：对外墙和屋顶进行围护结构改造。结构寿命提升与防灾性能提升；

对原有建筑进行加固，加固改造后后续可使用30年。机电系统改造：机电系统增设了暖通空调系统、给水排水系统及电气智能化系统。运维管理改造：设置能耗及设备设施集成管理平台，将楼宇自控系统、VRV系统、电力监控系统、智能照明系统集成至统一平台进行管理。

6.西宁城市职业技术学院

工程概况：位于西宁市城北区二十里铺镇。总建筑面积12.2万m²，19个单体工程。主要建设实训中心、教学楼、行政办公楼（含教学办公楼）、学生宿舍、教职工宿舍、食堂、图书馆、风雨操场、锅炉房、浴室、医务室、配电室等各类用房。

改造内容：节约型校园节能监管平台的建设，包含建立一个节能数据中心，一个节能监管总体平台，水、暖、电、气、新能源等各项能源子系统；宿舍LED照明节能改造；供暖系统分时分温控制系统；新能源系统改造。

7.中国中医科学院中药研究所实验楼改造

工程概况：位于北京市东城区东直门内南小街16号。1995年6月竣工。主体部分为地上12层，地下2层，总建筑面积10866m²，总建筑高度45m。地下2层分别为五级人防和设备层兼作一般库房。地上十二层主要为实验室，局部为办公室。

改造内容：建筑外立面及屋面改造，室内空间优化改造，机电系统改造，实验室通风系统改造及增设洁净区域等。

8.北京市怀柔区中医医院迁建工程

工程概况：位于北京市怀柔新城03街区。本项目2号楼（西病房楼）、3号楼

（北病房楼）为既有建筑改造项目，其中 2 号楼建造于 2000 年，3 号楼建造于 1984 年，均一直作为怀柔区第一医院病房楼，改建后成为怀柔区中医医院病房楼。改造示范面积 16862m²。

改造内容：改造方案阶段对建筑的风、光、声及热环境等进行了综合模拟分析，根据模拟结果对建筑改造方案进行优化设计，同时采取外墙、屋顶增设外保温，结构抗震加固，新风系统设置热回收装置，生活热水部分热源采用太阳能，设置雨水回用系统，增设智能弱电系统，搭建能源监管平台，利用 BIM 技术对机电系统进行深化设计等一系列绿色生态技术及措施。配置建筑能耗管理系统。

四、研究展望

本课题通过整合梳理不同气候区既有公共建筑现状及适用技术，建立既有公共建筑综合性能提升与改造技术体系，指导不同气候区、不同建筑类型的既有公共建筑改造，从安全性、适用性、节能性、环境性及智慧性五大方面，全面提升既有公共建筑性能，最终实现建筑节能，具有十分显著的推广价值和广阔的应用前景。

（中国建筑股份有限公司供稿，
朱燕、王博雅执笔）

既有居住建筑改造实施路线、标准体系与重点标准研究

一、研究背景

随着生活水平的提高和建设标准的提升，大部分既有居住建筑的安全性、宜居性、节能性、适老性等与现行国家标准的要求存在较大差距，功能提升的宜居改造需求迫切。但现阶段既有居住建筑宜居改造的实施路线不明确、政策机制不健全、标准体系不完善、改造标准缺失；并与新建建筑相比，既有居住建筑的改造呈现多难点的特征，亟需明确实施路线、加强政策研究、建立标准体系、编制重点标准。

目前，我国在既有建筑改造方面出台了一系列相关政策和措施：《国家新型城镇化规划（2014—2020年）》（国发〔2014〕9号）和中央城市工作会议中提到，"有序推进老旧住宅小区综合整治、危旧住房和非成套住房改造，全面改善人居环境"、"提高城市发展的宜居性"；《中共中央 国务院关于进一步加强城市规划建设管理的若干意见》中指出，要"稳步实施城中村改造，有序推进老旧住宅小区综合整治、危房和非成套住房改造，到2020年，基本完成现有的城镇棚户区、城中村和危房改造"；《深化标准化工作改革方案》中提到，"稳妥推进向新型标准体系过渡"。

本课题针对我国既有居住建筑安全与寿命提升、绿色节能与环境改善、适老改造与品质优化的综合改造需求，研究契合我国经济社会发展进程的既有居住建筑改造中长期实施路线及推进机制，构建层次清、分类明的既有居住建筑改造标准体系并编制重点标准。从顶层路线设计和标准规范两个层面，全面、科学引领既有居住建筑改造，实现我国既有居住建筑宜居改造及功能提升目标。

二、研究任务

课题从五个方面对既有居住建筑改造实施路线、标准体系与重点标准开展研究。

（一）既有居住建筑综合性能评价体系与分级方法研究

主要内容包括：广泛开展既有居住建筑现状调研，并围绕建筑安全性能、室内外环境品质、适老化现状、公共设施功能等方面进行指标分解，结合定性与定量化评价方法对我国大样本容量的既有居住建筑现状进行分析，掌握反映既有居住建筑实际性能与品质的一手数据；研究符合我国社会、经济、技术实际的既有居住建筑宜居改造及功能提升的分项指标约束值，研究可全面表征我国既有居住建筑性能评

定标准的分级方法，并构建评价体系。

（二）既有居住建筑宜居改造与功能提升实施路线研究

主要内容包括：研究制定我国既有居住建筑宜居改造与功能提升中长期（2020～2030年）发展目标；构建具有地区差别性、技术针对性的既有居住建筑改造实施路线图，并明确其发展路径及分阶段重点任务。

（三）既有居住建筑宜居改造与功能提升政策和推进机制研究

主要内容包括：梳理中央及地方层面围绕既有居住建筑改造实施的专项改造政策及其落实情况，有针对性地分析各项改造政策实施过程中取得的成绩和存在的问题，明确影响既有居住建筑改造政策实施的关键环节；研究制定符合既有居住建筑改造进程的政策建议，并从激励措施、监管模式、市场化运作等方面研究既有居住建筑改造推进机制，有序推动既有居住建筑改造。

（四）既有居住建筑宜居改造和功能提升标准体系构建研究

主要内容包括：构建我国分类别、分层次的既有居住建筑改造标准体系；研究既有居住建筑改造强制性条文的系统完整性及其在标准中的落实情况，构建强制性与推荐性标准内容相结合的既有居住建筑改造标准体系架构。

（五）既有居住建筑宜居改造和功能提升重点标准研究和编制

主要内容包括：梳理既有居住建筑改造各环节的关键要素，提出既有居住建筑改造诊断、设计、施工、检测及评价等方面的关键指标；编制行业相关重点标准，突出安全、宜居、适老、低能耗、功能提升等改造性能提升。

三、预期成果

基于以上研究内容，本课题预期形成的成果有：既有居住建筑综合性能评价体系、推进机制、实施路线图、标准体系及标准体系建议表等研究报告5项；编制3本既有建筑鉴定与加固技术、既有居住建筑维护与改造、既有居住建筑改造或功能提升相关国家/行业级规范；完成既有居住建筑低能耗改造相关技术规程1项；出版国内外既有居住建筑改造标准规范、典型案例等相关著作2项；发表相关学术论文7篇，其中核心及以上论文不少于4篇。

四、研究展望

既有居住建筑性能及使用功能与居民生活需求存在较大差异，与现行国家标准的要求存在不满足、不匹配、不适宜的状况，本课题从顶层设计的角度建立改造实施路线及标准体系，为我国既有居住建筑改造提供政策引领与标准支撑。预期将提出符合我国经济、社会发展的既有居住建筑改造政策机制，构建具有地区差别性、技术针对性的既有居住建筑改造实施路线；从安全、宜居、适老、低能耗、功能提升等多角度，分类别、分层次构建我国既有居住建筑改造标准体系，并研编相关重点标准。

既有居住建筑改造实施路线、政策机制、标准体系对于我国既有居住建筑改造目标、改造路线提供了重要参考，通过本项目的研究与应用，从国家战略层面提出既有居住建筑宜居改造及功能提升目标及实施路线，并构建了具有地区差别性、技术针对性的既有居住建筑改造的分阶段重点任务，大力推动既有居住建筑改造行业发展，促进建筑产业升级。

（中国建筑科学研究院有限公司供稿，
曾捷、王清勤、仇丽娉执笔）

既有居住建筑综合防灾改造与寿命提升关键技术研究

一、研究背景

城市更新和既有建筑改造是最近一段时期以来城市建设乃至很长时间城市建设的重要发展方向之一。2017 年 3 月，住房和城乡建设部出台了《关于加强生态修复城市修补工作的指导意见》，提出了以改善生态环境质量、补足城市基础设施短板、提高公共服务水平为重点，打造和谐宜居、富有活力、各具特色的现代化城市。该意见也为既有建筑改造工作指明了方向和基本原则，并对老旧小区改造、基础设施承载能力建设（如应急避难场所）等提出了具体工作意见。

我国既有建筑面积已超过 600 亿 m^2，居住建筑占有很大比例。大量的既有居住建筑由于安全性能不足、使用功能不完善、居住条件不适宜、能源消耗大等，改造任务异常艰巨、改造需求十分旺盛。我国既有居住建筑改造经历了几个不同的阶段，"十五"期间强调安全改造，注重单体建筑的单项防灾能力提升。"十一五"期间，强调功能改造，注重建筑内部使用功能完善；实施完成了国家科技支撑计划课题"典型住宅及居住区综合改造技术集成与工程示范"，编制了《既有住宅性能评定指标》、《既有居住建筑综合改造技术

集成》等。"十二五"期间，强调绿色化改造，注重建筑能耗降低与能效提升；实施完成了国家科技支撑计划课题"典型气候地区既有居住建筑绿色化改造技术研究与示范工程"，提出了适合于我国不同典型气候区的既有居住建筑绿色改造关键技术体系，完成了《既有建筑绿色改造评价标准》GB/T 51141—2015、《既有居住建筑绿色改造技术指南》等。从安全改造、综合改造到绿色化改造，已经取得了丰硕的成果，但是随着城市更新的进一步开展，进入"十三五"期间，居建改造更加注重有机更新、宜居、适老以及可持续利用，更全面、综合地体现了技术需求和社会更新改造的进步。

建筑结构的安全是各项改造技术应用的基础和先决条件，且既有居住建筑的防灾减灾是一个复杂的系统工程，必须协调现状基础差与功能要求不断提高的矛盾，并解决好单体建筑与住区防灾减灾能力相互影响、技术措施与管理措施相互结合的关系。目前，在既有居住建筑的综合防灾性能与寿命提升方面还存在如下问题有待开展深入研究：

（1）风险评价主要用于宏观管理需求，尚未考虑以因灾损失评定既有居住建

筑的受灾风险水平，从而确定最优的风险控制水平和结构防灾减灾改造目标；

（2）为提高既有居住建筑空间利用率、改善使用功能、增强既有建筑综合防灾能力，亟需研究基于性能的综合防灾减灾改造技术及一体化改造技术；

（3）可恢复抗震加固体系震后元件可更换、体系可恢复，优越的抗震性能越来越受到国内外学者重视，但技术体系尚未建立并缺乏自主知识产权的元件产品；

（4）混凝土结构单一环境下耐久性研究较多，砌体结构及复杂环境侵蚀与荷载耦合作用下混凝土结构的耐久性评估及修复技术有待进一步研究；

（5）住区是最基层的地方尺度承灾体，国内目前研究很少，有待提出兼顾防灾、疏散、避难应灾资源等多因素的住区整体防灾优化策略和改造关键技术；

（6）既有居住建筑灾害预测缺乏非结构构件损失评估方法，灾害模拟缺乏灾害链与建筑群体效应的考虑，住区防灾减灾亟需专项仿真技术与效果评估手段。

二、研究内容

课题针对既有居住建筑改造在防灾和耐久性方面存在的突出问题，开展既有居住建筑灾害风险诊断评估、性能化综合防灾改造、耐久性评估及寿命提升等关键技术研究，研发既有居住区防灾能力评估及避难应灾资源优化技术，建立综合防灾减灾改造可视化评估系统，形成既有居住建筑综合防灾改造与寿命提升技术体系。课题研究内容既有基本理论延伸、关键技术创新，又有新型设备研发、转化应用和工

程示范，研究成果具有针对性和适用性；对促进既有居住建筑宜居改造的技术水平，显著提升其综合防灾能力与使用寿命起到重要作用。

三、预期成果

形成既有居住建筑性能化综合防灾减灾改造技术、既有居住建筑灾害风险诊断评估技术、既有住区避难应灾资源优化和改造关键技术、既有建筑及住区多尺度灾害链模拟方法及基于韧性的防灾改造策略等关键技术4项；申请或授权国家专利5项，其中发明专利不少于3项；获得既有居住建筑防灾减灾改造评估系统、耐久性或修复效果评估等相关软件著作权2项；研发防灾减灾改造元件、应急疏散逃生设备等相关新产品2项；完成既有居住建筑综合防灾改造与寿命提升示范工程2项；相关学术论文20篇，其中核心及以上论文不少于4篇；培养研究生3名。

四、研究展望

《国家中长期科学和技术发展规划纲要（2006—2020年）》确立了"城镇化与城市发展"为我国科学和技术发展中的两个重点发展领域；《国家新型城镇化规划（2014—2020年）》提出了改造提升中心城区功能，健全旧城改造机制，优化提升旧城功能，全面改善人居环境。而建筑的结构安全是基础，所以结构安全性的提升是重要方面之一。我国既有居住建筑数量大、分布范围广，其抵抗各类灾害风险的能力参差不齐、使用功能不能满足日益增长的社会需求、部分结构耐久性劣化严

重，防灾减灾改造及寿命提升需求旺盛。

　　课题通过风险诊断评估明确改造目标；以性能化为导向，强调综合防灾与功能改造的一体化；在耐久性评估基础上，通过耐久性防护和修复技术提升结构使用寿命；在住区尺度强调避难应灾资源的优化配置和应急疏散改造；通过构建基于多尺度多灾种的防灾减灾改造评估系统，评估既有居住建筑及住区的防灾改造效果。从单体建筑到住区，主体结构防灾到灾后避难应急，改造目标、改造手段到改造效果，研究系统全面。经济效益和生态效益显著，市场应用前景广阔。

　　　　　　（上海市建筑科学研究院供稿，
　　　　　　　　李向民、王卓琳执笔）

既有居住建筑室内外环境宜居改善关键技术研究

一、研究背景

居住建筑室内外环境与居民健康状况和居住品质息息相关，目前既有居住建筑普遍存在室内外环境品质差的问题，亟需开展针对既有居住建筑的室内外环境综合改善技术与方法研究，提升室内外环境品质。

本课题面对我国既有居住建筑室内外环境宜居改善需求，紧密围绕既有居住建筑室内外环境宜居改善的共性及关键技术问题进行研究，拟在室内外环境宜居性诊断与改造关键技术上取得突破，预期形成一批适用于既有居住建筑室内外环境品质宜居改善的技术、方法、工具及产品，并开展示范工程应用，研究成果的普遍应用将显著提升我国既有居住建筑的室内外环境品质。

二、研究内容

（一）既有居住建筑室内外环境综合性能诊断方法与工具

现有室内外环境诊断方法与工具以光环境、声环境、风环境等单项性能诊断为主，且主要用于新建建筑设计用途，缺乏针对既有居住建筑室内外环境综合性能的诊断方法与工具。

本课题基于居民需求调查与现状特性资料，对重要影响因素进行指标值量化，搭建评估框架与工具平台，提出既有居住建筑与居住区尺度下的室内外环境宜居性评估指标体系，并开发满足居住者室内外环境宜居需求的诊断技术工具，协调居住者需求多样性与改造空间有限性之间的矛盾。

（二）既有居住建筑室内 PM2.5 污染控制与改善关键技术

针对大规模室外环境高污染常态化的现状，既有居住建筑室内 PM2.5 总体呈现出与建筑密闭性及人员生活习惯高度关联的特性，室外高污染天气常伴随着室内的高污染指数，形成一套面向既有居住建筑改造用的室内 PM2.5 污染控制技术与方法已迫在眉睫。

本课题基于大样本容量调研、测试，研究多变量条件下室内 PM2.5 分布特性及发展趋势，构建基于外部环境参数及建筑性能的室内 PM2.5 污染控制多样性解决方案，形成针对不同 PM2.5 治理需求的高效、适用、低成本改造技术清单，有效解决 PM2.5 治理技术/产品选择的盲目性。

（三）既有居住建筑室内环境品质提升技术研究

针对不同地域、建筑位置、建筑结构、朝向等因素，对影响室内热舒适、噪声、自然采光的因素进行研究，提出解决室内热舒适改善、噪声控制、采光优化等关键技术；针对现有空间功能布局不合理的问题，研究使用需求提高与现有空间功能的适应关系，提出与使用需求相适应的室内空间宜居改造技术。

（四）既有居住建筑室外环境综合改造技术研究

针对既有居住建筑室外温度、噪声、风场等特征，研究室外微气候、声环境、风环境等改善技术，提出既有居住建筑室外微气候、声环境、风环境等性能提升的低成本改造策略；针对既有居住建筑室外下垫面特性，研究不同反射比下垫面和景观生态对室外热环境的影响，提出既有居住建筑室外热环境改造策略。

（五）既有居住建筑小区海绵化改造关键技术

我国既有居住建筑雨水利用系统普遍不完善，海绵改造适宜性技术体系缺乏，宏观海绵城市专项规划控制指标难以落实、工程化和系统性不足，改造效果不理想。课题拟针对不同地域既有居住建筑的雨水利用系统现状调研，研究确定海绵化改造的关键影响因素，提出改造潜力诊断方案，研究适宜性集成技术，形成改造技术指南。

三、预期成果

（1）研究报告 4 部：既有居住建筑宜居性诊断方法研究报告、室内外环境宜居性诊断指标体系研究报告、室内环境优化与性能提升关键技术研究报告、室外环境优化与性能提升关键技术研究报告。

（2）新方法 1 项：居住建筑室内

PM2.5 污染控制多样性解决方案研究报告。

（3）技术指南 1 项：既有居住建筑小区海绵化改造技术指南。

（4）自主研发的新产品原型 1 项：既有居住建筑空气过滤设备研发。

（5）软件著作权 2 项：既有居住建筑、小区尺度宜居性诊断软件工具开发；既有居住小区室外物理环境评价软件工具开发。

（6）发明专利 1 项、论文 9 篇。

（7）示范工程建设 2 项：完成既有居住建筑室内外环境改造、小区海绵化改造等示范工程不少于 2 项。

四、研究展望

既有居住区室外环境是城市环境的重要组成部分，既有居住区室外环境的宜居改善还要结合周边城市环境，不应局限于居住建筑/小区内部，应将其与周围城市环境互动起来。因此，建议后续研究可将既有居住建筑/小区放在城市大环境中考虑，研究在结构层次、城市通风、低影响开发、绿化景观等方面的宜居改善技术设计与城市环境品质提升的相互影响。

既有居住建筑/小区室内外环境的宜居改善是一个持续过程，既有建筑/小区室内外环境宜居改善应注重改造后评估和运营管理。应针对各气候区、各典型建筑/小区开展宜居环境改善后评估研究和示范应用，室内外环境提升运营管理建议研究通过社区自治、社区参与等方式来补充完善的可行性。

（深圳市建筑科学研究院股份有限公司供稿，朱红涛执笔）

既有居住建筑低能耗改造关键技术研究与示范

一、研究背景

我国既有建筑面积已超过 600 亿 m²，其中城镇居住建筑面积约 250 亿 m²。在既有建筑中，居住建筑是使用最多、分布最广、存量最大的建筑类型，与人们的生活质量联系最为紧密。目前，大部分的既有居住建筑存在资源消耗水平偏高、环境负面影响偏大、使用功能有待提升、生活环境亟需改善等方面的缺陷，人们对住房的要求逐渐提高，由对数量的追求逐步转向对改善居住条件、提高生活质量等更高层次的追求，而已有低能耗技术应用于既有建筑改造时存在技术适用性差、改造难度高，亟需开展适用于量大面广的既有居住建筑低能耗改造关键技术研究。

为了引导和促进既有建筑改造工作的科学发展，国家在既有建筑改造、绿色建筑与建筑节能方面出台了一系列政策和措施。《国家新型城镇化规划（2014—2020年)》（国发〔2014〕9 号）要求有序推进老旧住宅小区综合整治，全面改善人居环境。《中共中央国务院关于进一步加强城市规划建设管理的若干意见》中指出，要稳步实施城中村改造，有序推进老旧住宅小区综合整治、危房和非成套住房改造，到 2020 年，基本完成现有的城镇棚户区、城中村和危房改造。《"十三五"节能减排综合工作方案》（国发〔2016〕74 号）中指出，2020 年城镇既有居住建筑节能改造面积由 2015 年的 12.5 亿 m² 增加到 17.5 亿 m²。

在此背景下，本课题针对既有居住建筑低能耗改造中的围护结构热工性能差、气密性不足，新风（渗透风）耗能高、可再生能源利用程度低四个典型问题展开技术攻关，研发适宜既有居住建筑改造用的高性能产品，构建具有气候适应性和地区适用性的既有居住建筑低能耗改造技术集成体系，并进行工程示范，推动既有居住建筑改造向低能耗方向快速发展。

二、研究任务

课题从 4 个方面对既有居住建筑低能耗改造关键技术开展研究并进行工程示范。

（一）既有居住建筑围护结构低能耗改造适应性技术研究

主要内容包括：研究与气候特点以及民众生活习惯相适应的既有居住建筑围护结构改造关键要素；研究围护结构热工性能差异化指标设计值要求；研究外保温、

门窗、穿墙设备管道等与隔热层、气密层的断热桥设计优化技术，提出既有居住建筑围护结构低能耗改造用构造做法；优化适用于既有居住建筑低能耗建筑适用的外保温产品。开发轻型、环保、模块化、快捷施工的屋面模块化绿化产品及适用于不同气候区既有居住建筑低能耗改造的低成本保温气密一体化遮阳窗。

（二）既有居住建筑低能耗通风换气关键技术与多功能通风换气产品研发

主要内容包括：研究不同布局形式、室内功能区布置方式、户内门形式及位置下室内通风气流分布及换气效果，提出以提升自然通风性能为主的南方地区既有居住建筑低能耗改造模式。研发集灵活、高效、节能、保证空气品质功能于一体的居住建筑用通风换气装置，形成相应调节技术，制定优化运行策略。

（三）既有居住建筑可再生能源高效应用关键技术研究

主要内容包括：分析可再生能源供应与居住建筑用能的耦合关系，形成适应地区气候特点、符合建筑使用特性的既有居住建筑改造用可再生能源系统策略；研究新增或改造可再生能源利用系统的建筑、结构技术要求及改造方法；搭建户式用太阳能空气源复合热泵实验平台，研究其应用模式；针对不同建筑能源利用特性，分类形成规模适用、性能高效的可再生能源利用系统设计策略，并形成典型系统用设计方案。

（四）基于多节点的既有居住建筑超低能耗改造技术集成体系与专项示范

主要内容包括：对改造方案的节能效果进行技术方案评估及节能效果识别、排序，形成改造技术集成体系；建设完成低能耗改造专项示范工程，改造后建筑能耗比国家建筑能耗标准目标值低30%以上并建立经济评价指标和社会效益评价指标。

三、预期成果

针对气候适用的既有居住建筑低能耗改造技术集成体系展开研究，分析集成改造技术方案在改造项目中的适用性、节能性，形成从技术、经济和社会效益三方面评价的既有居住建筑低能耗改造评价指标，构建区域适用、全节点覆盖的既有居住建筑改造技术集成体系，完成既有居住建筑低能耗改造技术指南1部、低能耗改造技术研究报告1项；在此基础上，搭建适合于既有居住建筑超低能耗节能改造的可再生能源热泵实验台，完成既有居住建筑可再生能源热泵系统运行特性实验测试报告1项；研发新产品1套；申请国家专利3项，其中发明专利1项；发表国内外学术论文7篇；完成超低能耗改造示范工程不少于2项，改造后建筑能耗比国家建筑能耗标准目标值低30%以上，并获得绿色改造认证。

四、研究展望

通过本课题的实施可以进一步推动我国既有居住建筑改造与功能提升的实施与推广，提高既有建筑市场在整个建筑市场中的比重。该课题研究成果可提高既有居住建筑围护结构性能，并通过可再生能源利用技术降低一次性能源消耗，大大提升既有居住建筑能效水平，降低建筑运行成本。同时，既有居住建筑低能耗改造对拉动内需、解决传统产业产能过剩与劳动就业问题也具有十分重要的作用。

（中国建筑科学研究院有限公司供稿，
王清勤、赵力、范东叶、
吴伟伟执笔）

既有居住建筑适老化宜居改造关键技术研究与示范

一、研究背景

自 1999 年我国步入老龄化社会以来,人口老龄化加速发展。《2016 年社会服务发展统计公报》显示,截至 2016 年年底,我国 60 周岁及以上人口约 23086 万人,占总人口的 16.7％。其中,65 周岁及以上人口 15003 万人,占总人口的 10.8％。目前,我国人口老龄化现象十分严重。

随着老龄人口的增多,室内外居住环境的适老化程度成为社会关注的问题。根据走访调查发现,老旧住宅中的老龄化率要远高于新建小区,而我国城镇既有住宅建筑存量可观。目前,现有住房在设计建造标准上很少考虑老年人的特点和需求,住宅适老化程度不足,养老服务设备设施不完善,造成老年人生活不便且多种安全隐患。依据"十二五"期间对全国老年人居家养老的生活实态调查结果,滑倒、摔倒、烫伤、跌倒等多种危害在老年人居家生活中常发生。面对快速增长的老年人口,亟需改善居住环境与居住性能,以满足老年人安全、舒适的生活需求。

目前,我国在既有建筑适老化改造方面已出台一系列相关政策及措施,为相关技术研发和工程实践的开展提供了有力支撑。2013 年 9 月 6 日,国务院办公厅以国发〔2013〕35 号发布《关于加快发展养老服务产业的若干意见》。该意见发展目标中明确提出,到 2020 年全面建成以居家为基础、社区为依托、机构为支撑的,覆盖城乡的养老服务体系。2016 年 3 月 18 日,国家"十三五"规划纲要中提出:"建立以居家为基础、社区为依托、机构为补充的多层次养老服务体系。"并强调:"统筹规划建设公益性养老服务设施,支持面向失能老年人的老年养护院、社区日间照料中心等设施建设。"将居家养老和社区养老确定为未来的发展重点,社区养老服务设施建设进入高潮。

目前,国内住区建设,即便是专门的养老社区或养老机构,其室外环境设计基本与普通居住区无异,并未形成基于健康管理的适老室外环境设计理论与方法。同时,国内的既有住区适老化改造,也多关注老年服务设施的整体规划布局,建筑物套内,或者套外公关活动空间改造,对室外物理环境舒适度、景观环境改造,尤其是基于循证设计的康复景观设计等关注较少。

二、研究内容

（一）住区居住空间与服务设施适老化改造评价指标研究

基于住区老年人的生活实态，开展对既有居住建筑、生活辅助服务和环境设施物理环境满意度的调研，分析住区服务设施、室外环境以及建筑本体的适老化改造需求，形成技术数据；通过数据分析，研究居住空间和各类设施既有现状与适老性改造需求的差异性，构建既有住区适老化改造评价关键指标，形成指标体系。

（二）城市既有社区养老服务设施规划设计方法及改造关键技术研究

针对我国典型既有社区环境特点，研究城市既有社区养老服务设施建设基础数据，研究基于典型建设环境的社区养老服务设施选址原则、功能分布、流线组织、适老化设计等方面的规划设计方法，编制图集并示范；基于现有社区养老服务要求和设施建设特点，研究社区养老服务设施建设以及既有服务设施优化改造的关键技术要素，研究基于典型养老服务设施建设的既有社区消防、设备、节能和无障碍改造等方面的关键技术，形成导则。

（三）基于健康管理的适老住区环境改善关键技术研究

针对既有住区室外环境植物配置、景观设计、照明及交通系统适老性不足问题，研究适用于不同健康状态老人使用的室外环境通用性改造设计技术，研究庭园降噪、声景设计、微气候改善及适老照明系统等住区室外物理环境舒适度改善技术与策略，形成关键技术并示范；针对目前国内住区室外环境功能性差、难以满足老年人日常生活需求问题，结合康复医学等领域成果，研究基于健康管理的适老化康复景观设计关键技术，形成导则。

（四）既有居住建筑公共空间与套内功能空间适老化宜居改造关键技术与部品研究

针对既有居住建筑公共空间与套内功能空间在老年人使用方面所存在的护理空间不足、照明死角以及由于地面材质高差引发的安全事故等问题，研究居住建筑适老化改造关键要素，围绕不同护理要求的老年人卧室空间、不同助行方式的室内及公共交通空间以及适老化室内照明环境改造等方面展开技术研究，提出关键技术并示范；针对既有居住建筑适老化改造中建筑部品缺乏的问题，开发适用于老旧住宅适老化改造的建筑部品。

（五）家庭用适老和宜居的智能监测及控制集成应用系统研究

针对目前居家养老中老年人安全保障系统缺失的问题，研究基于室内用能和舒适度参数的适老化监测指标要求，开发家庭用适老和宜居的智能化监测系统；针对老年人对室内空气质量、温湿度以及照明的特殊化要求，开发适老和宜居的智能控制集成应用系统，形成家庭在宅安全性保障解决方案并示范。

适老性居住建筑交通空间优化技术体验现场

适老性居住建筑交通空间优化技术试验现场

既有居住建筑调研——建筑外观

既有居住建筑调研——室内

三、预期成果

适老性居住建筑交通空间优化技术是本年度完成的适老性空间试验研究中的一项。针对目前既有居住建筑内面积狭小，不足以提供老年人轮椅活动和看护人员照料空间的问题，该技术通过在中国院适老建筑实验室实际再现轮椅回转和看护人员照料过程，获取老年人生活所需的卧室、卫生间、厨房等功能空间的最小面积和最佳布局，结合已有既有居住建筑实际调研和分析研究结果，为套内空间的家具布局提供解决方案，为既有居住建筑适老化改造技术提供有效的技术依据。

此外，本年度针对既有居住建筑现状与老年人的生活实态开展了摸底调研，获得了老年人的现有生活困难点和针对居住空间的需求等内容，预计从高差、扶手、交通空间、门窗、室内光环境、墙地面材料以及家具辅具部品等环境要素方面提出针对既有居住建筑的适老化改造建议。

四、研究展望

随着社会老龄化加剧，既有建筑存量增多，老年人居住环境问题日益突出。通过本次国家重点研发计划的实施，形成一系列针对既有居住建筑适老化宜居改造方向的关键技术、导则、专利、产品、应用解决方案等成果，为推进我国既有居住建筑适老化宜居改造提供较好的技术支撑，同时也为开展下一步工作打下坚实的研究基础。

（中国建筑设计院有限公司供稿，娄霓、王羽、余漾、刘浏执笔）

既有居住建筑电梯增设与更新改造关键技术研究与示范

一、研究背景

本课题面向既有居住建筑面向电梯增设与更新改造的研究目标，研究按四个层次展开：既有居住建筑电梯增设的技术制约因子类型化数据库研究；增设分类定型的设计规程、对策、技术集成解决方案研究；电梯与井道一体化（简称"梯—井一体化"）产品研究及电梯更新改造智能化技术研究。在研究基础上开展既有居住建筑电梯增设与更新改造示范工程。

既有电梯产品尺寸过大，集成度低，增设对已有居住环境造成极大扰动，加剧各类矛盾，存在困难。既有居住建筑制约因子复杂，已有增设方式缺乏基于制约因子的类型化技术设计，陷于个体应对，推广困难。既有居住建筑现有电梯增设方式施工时间长，扰民严重，实施困难。

针对以上问题，本研究重点攻克若干电梯增设关键技术难题，研发梯—井一体化的产品，在此基础上进行产品与既有建筑连接的适应性建筑设计，并提出电梯装配化施工方案。

二、研究内容

（一）梯—井一体化产品研发

本研究在对既有多层住宅调研分析的

数据库基础上，形成梯—井一体化产品的制约性数据，以建筑、结构、机械、电气多专业技术集成的方式，综合解决精密适用的电梯门系统、精密的导轨导靴系统、轻量低速的精密曳引系统、轻量化井道系统中的技术问题，研发梯—井一体化产品。

（二）梯—井一体化产品与既有建筑连接的适应性设计方法

本研究在对既有多层住宅建筑、结构形式调研、评估检测和分析的数据库基础上，研究电梯增设对交通流线、消防疏散流线的影响，研究产品在既有建筑环境中的布局，研究产品与既有建筑结构连接及构造连接做法，研究产品井道基础基坑与建筑基础与管线避让技术，研究产品井道与居住单元门厅组合的形式与外观，形成梯—井一体化产品与既有建筑连接的适应性设计方法。

（三）产品模块化装配施工综合解决方案

本研究在典型既有居住建筑电梯增设条件下，研究梯—井一体化产品模块化现场装配技术，研究梯—井一体化产品与既有建筑连接的结构鉴定方法，研究既有建筑局部改造加固施工技术，研究产品井道基础、底坑避让既有建筑管线的施工技术，形成产品模块化装配施工综合解决方案。

三、预期成果

编制地标/团体标准1项，并形成送审稿；完成既有居住建筑增设电梯通用图集1部；完成既有居住建筑增设电梯设计导则1项；完成既有多层居住建筑电梯增设电梯与井道一体化模块设计及施工技术；申请/获得国家发明专利1项；开发电梯与井道一体化产品1项；完成电梯增设电梯与井道一体化技术产品线1项；完成既有建筑结构电梯更新安全性鉴定技术1项；开发智能维保系统1项；完成电梯增设及更新改造示范工程不少于2项，建筑面积不少于2万 m²。

四、研究展望

在我国步入小康社会和老龄化社会之际，既有多层住宅增设电梯成为民众关注和期盼的热点。据国家行政学院的一份研究报告："我国1980～1990年代建设的城市住宅总量约80亿 m²，涉及住户约7000万～1亿户，人口约2亿～3亿。"多层住宅加装电梯是巨大的刚性需求。但多年来，加装电梯工作在一线城市和二、三线城市都举步维艰，成功数极小。加梯的困难因素复杂多样，本课题从技术角度进行研究。

如果研发推广成功，预计超过百万台次计的适用电梯将带动巨大的市场。供给与需求对接以后，巨大的制造建设产能将转化为有效供给。经济效益数值难以估计。对城镇住房存量资产的增值盘活，也将对经济有很大的、正面的贡献。

这是重大的民生工程，能为百姓解忧。增设电梯可有效避免大拆大建资源浪费，实现建筑节能环保与宜居适老改建的有机结合，具有社会、生态、文化等多方面的意义。

（清华大学建筑学院、中国建筑科学研究院有限公司、广州广日电梯工业有限公司供稿，王丽方、张弘、程晓喜、朱宁、衣红建、恩旺、尹政、张研执笔）

既有居住建筑公共设施功能提升关键技术研究

一、研究背景

随着我国城市的飞速发展，老旧住区的改造与更新在城市建设中扮演着越来越重要的角色。我国既有居住小区以封闭式为主，且存在公共设施配套服务不足、公共空间设施差、老旧管网管道改造困难、落后等问题，便利性不足，智能化服务落后，既不能满足居民日常生活需求，也不能适应城市的快速发展。

2016年2月6日中央发布了《中共中央国务院关于进一步加强城市规划建设管理工作的若干意见》，在《意见》中明确提出"加强街区的规划和建设"，"原则上不再建设封闭住宅小区"，"已建成的住宅小区和单位大院要逐步打开"。在为城市更新提出政策指导的同时，为居住小区改造提出新要求。提出城市建设需要以宜居为目标的旧住宅区公共活动空间更新，全面提升城市居民的生活品质，适应当今城市经济、社会、文化、生态发展要求。

二、既有现状分析

现有居住小区存在公共设施缺乏监管、维护，公共设施遭到损坏、得不到修缮，无障碍公共设施不完善，缺少人性化、先进的公共设施，居住区公共设施的数量严重不足等问题。

（1）配套公共服务设施：缺乏系统性统筹规划、导致配置不全或用地浪费；既有住区的公共设施功能配置，对于以活动空间为基础的生活圈体系，尚未有成熟、完善的配套设施功能配置标准。

（2）小型便民服务设施：大多缺少社区服务中心，或功能单一未能集约利用；针对部分公共配套服务设施功能和场所严重缺失的现状，应考虑采用可替代性的设施、器具和装置。

（3）公共空间公用设施：功能不健全，缺乏整体科学性规划；导向设施、交通标志等缺乏整体的、系统的规划。普遍存在交通主道有路障、分道线、盲道等，也存在规划分布不完整的问题；次要道路及小径如路灯、垃圾筒、公共厕所等设施不健全；部分小区内对于停车需求估计不足，导致停车占地。

（4）公共空间景观环境：质量差，缺少无障碍设施、节水设施；大多缺少人文关怀，无障碍设施匮乏；未考虑雨水收集利用设施。

三、研究内容

（一）住区公共设施开放性改造功能提升关键技术研究

以整体科学性规划统筹，划分层次等级、远近结合，以配套健全居住区公共设施功能为目标，客观探讨公共设施的服务容量、供给数量等方面，如在垄断和竞争市场下、有限辐射范围内，则考虑外部损失的公共设施供给数量优化，并从经济学的角度进行福利分析，以此为基础确定公共设施服务容量，从而建立合理的分级制度。

以提升不同层级间的开放性为目标，研究既有居住区内建筑与场地环境的公共设施，分级提升配置标准并进行设施匹配，从而改善住区环境、提高小区居民生活的便利性。

（二）住区公共设施通用性改造功能提升关键技术研究

以提升住区公共设施的人性化、精细化的通用性为目标，研究既有居住建筑场地环境内公共设施性能升级的通用性改造技术措施，提高小区居民生活的便利性。

针对当前既有住区公共服务设施功能落后、便利性差等问题，研究住区公共服务设施性能升级的通用性改造技术措施和可替代性便民服务器具和设施的配置标准。

（三）小区公用设施集成模块化改造功能提升关键技术研究

针对当前既有住区公用设施设备老旧、整体改造耗时、耗力、施工难度大等问题，研究既有住区供热、给水排水、电气等公用设施和管网性能评估方法，对公共设施和管网性能进行综合评价。

针对既有住区公用设施中设备分散杂乱，无法集成改造快速施工的问题，研究住区供热、给水排水、电气等公用设施中设备及居住建筑公共管线集成模块，形成既有住区老旧公用设施和管道快速拆除、安装的集成模块化技术。

（四）小区配套服务设施智慧化改造功能提升关键技术研究

针对既有住区中配套服务设施场所严重缺失、配套服务设施难以增设的问题，研究基于智慧化改造的既有住区配套服务设施可替代性网络服务配置标准和智能服务辅具配置方法。提出基于数据集成分析和发布功能的公共设施智慧化改造、设施、设备和管道智慧监测的技术措施和配置标准。

以提升小区环境质量为目标，针对声环境、光环境、风环境和垃圾清洁等环境质量，研究既有住区室外公共空间环境质量感知网络建设技术措施，提出适合我国国情的既有住区环境质量感知网络配置标准。

四、预期成果

完成既有住区改造公共设施智慧服务配置标准1项；完成有关既有住区建筑公用设施和公共管线更新技术导则，既有住区公共设施开放性改造技术导则共2项；完成公共设施开放性改造功能提升解决方案、公共设施通用性改造功能提升解决方案关键技术2项；申请/获得公用设施集成模块化快速装配施工、公共设施智慧化改造感知和监测等方向的专利6项；完成社区配套服务设施绿色智慧化改造示范工程不少于 1 项；完成既有居住建筑公共设施通用性改造示范工程不少于 1 项；发表相关学术论文 8 篇。

五、研究展望

随着我国经济社会发展水平和人民生活水平的不断提高，居民生活品质提升的需求日益显著，既有居住小区改造将成为城市发展建设中的重点工作。既有居住建筑改造也逐渐由单纯的技术改造转向公共设施功能的系统性提升。"十三五"规划中，党中央把改善民生作为首要目标，必将在切实解决与人民生活息息相关的问题上着力，将老旧小区改造作为城市更新的重点工作之一，推进我国既有居住建筑公共设施功能提升的研究与实践。

（中国中建设计集团有限公司供稿，
薛峰、李婷执笔）

既有居住建筑改造用工业化部品与装备研发

一、研究背景

国内外的建筑工业化历经了漫长而曲折的发展道路。二战后，西方各国房屋紧缺，开始认识到工业化、标准化在大量建设中的重要意义。经历了采用工业化方式大量单一化建造的阶段，到石油危机后工业化向多样化和开放性转型的阶段，再到如今注重以工业化方式实现建筑的可持续发展的阶段，西方各国的建筑工业化水平已形成了较为清晰的脉络。我国的建筑工业化开始于1950年代，伴随着解决建筑短缺的紧迫问题而展开，经过半个多世纪的发展，进行了一系列的理论研究和项目实践，形成了若干发展方向。对中外建筑工业化的概念和理论脉络进行深入研究可为建筑工业化的发展和转型升级提供有益的参考。

可持续发展是我国长期坚持的基本原则，工业化建筑采用工厂制造、现场装配的方式，有利于实现全过程的控制，降低全过程能耗，实现可持续发展。由于建造业产生的能耗不仅在于其建造过程，还在于其拆除和改造过程，而可持续发展的理念需要综合衡量建筑全生命周期的能耗，所以应建立可持续、长寿命和易于改造的建筑体系，积极研发和选用适宜的技术，选用可以循环利用的部品和建材，并将必要组成部分按照科学、合理的方式组织起来，进行合理的集成与优化，以满足可持续发展的需要。

建筑工业化生产是世界发达国家建筑产业现代化发展的标志之一，英国、法国、德国、丹麦、瑞典、美国、日本等各国根据本国特点发展了不同类型的建筑体系，研发了相关的技术，并进行了大量的项目实践。对国外建筑工业化理论体系、技术体系和发展趋势进行研究，同时明确其背景、形成依据和使用条件，不仅可以为我国提供方向性参考和技术性指导，也可以为制定符合我国国情的建筑工业化体系提供参考。

二、研究内容

当前，我国既有居住建筑改造用工业化部品及装备存在严重不足，影响了建筑的改造实施及未来品质和灵活性。特别是标准化构件少、选型难、一体化集成和构件连接技术欠缺等亟需重点考虑。本课题针对以上存在的现状问题，研究加层改造技术体系及构件，围护结构防火、保温、装饰一体化部品与连接技术，新型智能立体车库产品及关键技术，标准化、集成化、装配式内装部品及工艺，并开展相关产品和技术应用示范，形成既有居住建筑改造用工业化部品与装备的关键技术体系，提升既有居住建筑改造的可行性、简易性和高品质。

课题研究将紧密围绕既有居住建筑改造用工业化部品与装备缺乏的现实问题，对相关部品、装备、关键技术体系等进行研究，重点针对加层改造标准化结构体系、一体化围护构件和部品、社区新型立体停车产品与装备、改造用装配式内装部品应用等方向展开攻关，并将相关研究成果应用于工程示范。

本课题共有 5 个单位参与研究，其中，同济大学为课题牵头单位，并与中国建筑设计院有限公司负责既有居住建筑改造用装配式内装部品理论及实践研究；中国建筑技术集团有限公司负责既有居住建筑加层轻型结构体系及标准化构件研发的具体研究工作；华东建筑设计研究院有限公司负责建筑围护结构改造用防火保温、装饰一体化部品研究；江苏中泰停车产业有限公司负责社区停车设施升级改造。

具体内容如下。

（一）既有居住建筑加层轻型结构体系及标准化构件研发

研究并提出受力机理清晰、生产/运输/安装便利、适用于结构加层的标准化轻型结构构件形式；研究轻型结构构件与既有建筑结构的连接构造及方式，并通过节点的加载试验，分析其承载受力机理及抗震性能，保证节点构造满足抗震需求；研究既有建筑结构与加层轻型结构的协同工作性能。

（二）既有居住建筑改造用围护结构防火、保温、装饰一体化部品研发

研究适用于一体化的防火保温基层材料；研发耦合保温、防火与装饰功能为一体、可复合不同饰面的一体化部品；研究一体化部品模块化、系列化生产要素，解决生产流程的标准化问题；开发多种针对条件的加强构造及连接节点形式，研究高效连接节点的施工可行性和施工方案，实现一体化部品在既有居住建筑中的施工装配化、标准化和全过程环保化。

（三）社区停车设施升级改造重点产品与装备研发

分析国内外先进停车产品性能及适用性条件，围绕集约土地、安全可靠、操作管理方便等升级改造要求，研究适合不同社区类型的机械停车关键技术，研发占地面积少、结构合理、自动化程度高、操作方便、高效节能的高可靠性立体停车装备；研发高可靠性、高舒适度、高密度、高效率（四高）的智能立体车库重点产品及装备，建立示范生产线，搭建信息技术与停车设备融合的智能停车管理平台，开展停车设施升级改造工程示范。

（四）既有居住建筑改造用工业化内装部品研发

研究工业化内装部品安装适用条件及分类，研究内装部品安装及改造的连接形式，提出特殊部位处理的集成化装配式关键技术，在不影响原建筑状态的前提下，研发便捷组装的厨房装配式集成部品及其生产安装工艺，减少对居住建筑墙体的影响；研发易于操作使用的适老化室内门产品及其生产加工工艺，提高室内门通过

性，满足无障碍通行要求；通过改造样板间应用，评估新型内装部品的使用体验。

三、预期成果

通过调研总结既有居住建筑加层改造存在的问题，并在明确改造难点及关键技术要点的基础上，结合对轻钢、轻混凝土等轻质材料及相关结构体系的研究成果，研发满足需求的轻型结构体系及标准化构件，提出并构建既有居住建筑加层改造技术体系。

针对居住建筑围护结构改造需要，兼顾防火、保温、装饰等多种功能需求，以及施工工艺复杂、工程质量不稳定等问题，研发围护结构防火、保温装饰一体化部品，从基材性能、与饰面的复合、标准化生产等方面实现围护结构一体化产品的性能提升，并对改造施工中的连接技术进行研究，以提升居住建筑围护结构改造工程质量和技术应用水平。

针对大部分立体停车库都存在着的结构复杂、安全性差、存取时间过长、使用不方便、性能不稳定等问题，本课题拟在新一代智能立体车库关键技术研发上取得突破，研发生产符合中国国情、满足社区安全、绿色、宜居要求的先进适用的停车产品与装备，开展技术集成与应用示范。

针对既有建筑改造用部品匮乏，部品标准化、集成化与施工装配化程度不高的现状，研发既有建筑改造用标准化装配式集成部品及其生产安装工艺，为既有居住建筑的工业化改造提供技术支撑，提升生产效益与效率，提高我国既有建筑改造质量与品质。

四、研究展望

如今大量的城市建筑面临老化的问题，如果将其推倒重建，不仅造成浪费，也会危害环境。采用工业化的技术手段，对老建筑进行内装、建筑体、外环境的改造和更新，可以使老建筑重新满足时代发展的需要。

建筑工业化的实施，离不开技术体系的构建，只有构建科学的技术体系，将单项技术合理地组织起来，才能实现建筑工业化的转型升级，如既要确保其坚固性，同时考虑适应未来改建的可变性等；还需要解决部品设备集成化的要求（成套、组合）、可持续的要求（选材、节能、环保）、接口标准化的要求（模数协调、标示）等。

部品系统化是建筑工业化中的重要一环，对于提高居民生活的舒适度与品质、加快建筑建设向集约型转型以及实现可持续发展的工业化建设发挥着重要作用。目前，我国对部品系统化的关注尤为不足，还未上升到理论层面，行业产业链也不够健全，影响了建筑工业化的贯彻和实施，亟需对部品系统化进行研究，通过上层体系的完善和合理化，自上而下地规范和引导内装部品产业链。

（同济大学供稿，周静敏执笔）

既有居住建筑宜居改造及功能提升技术体系与集成示范

一、研究背景

截至 2016 年年底，我国既有建筑面积已超过 600 亿 m^2，其中城镇居住建筑面积约 250 亿 m^2。随着生活水平的提高和建设标准的提升，大部分既有居住建筑的安全性、宜居性、节能性、适老性等与现行国家标准的要求存在较大差距，功能提升的改造需求迫切。

"十一五"和"十二五"期间，我国先后实施完成了国家科技支撑计划重大项目"既有建筑综合改造关键技术研究与示范"和"既有建筑绿色化改造关键技术研究与示范"取得了丰硕的成果，但是针对居住建筑宜居改造和功能提升的内容不多，相关研究成果不足。目前，我国既有居住建筑改造仍以节能改造、结构加固、环境综合整治为主，面对安全、宜居、适老、低能耗改造与功能提升需求，技术体系尚未形成，还需要更深入的技术研究作支撑，对改造过程中的共性和个性技术进行研究，并通过建设不同气候区的示范项目，推动居住建筑的宜居改造和功能提升实践。

本课题基于气候适应、技术适用、经济高效的原则，研究既有居住建筑宜居改造及功能提升技术集成体系，构建宜居改造及功能提升实施效果评价指标体系，研究实施效果评估方法，搭建既有居住建筑宜居改造及功能提升服务平台，开展技术集成与应用示范，拟在技术集成和效果评估方面实现创新，研究成果将用于既有居住建筑改造领域，提升既有居住建筑宜居性、使用功能和人居环境品质。

二、研究内容

（一）既有居住建筑宜居改造及功能提升技术体系研究

基于既有居住建筑宜居改造及功能提升的综合防灾与寿命提升、室内外环境改善、低能耗改造、适老化宜居改造、工业化部品等各专项关键技术研究成果，评估关键技术和产品对既有居住建筑综合性能的提升潜力，通过广泛调研，并梳理现有居住建筑常规改造技术，统筹构建既有居住建筑宜居改造和功能提升技术体系框架。

研究基于典型气候条件的多组合技术/产品对建筑综合性能的提升潜力，构建气候适应、技术适用、经济高效的既有居住建筑改造技术集成体系，编制既有居住建筑宜居改造及功能提升技术指南。

（二）既有居住建筑宜居改造与功能提升集成技术工程示范

遴选覆盖典型气候区的既有居住建筑6项，分析既有建筑特点，研究制定宜居改造和功能提升目标，提出示范工程改造集成技术体系应用的性能指标，确定改造技术初步方案。

分析宜居改造和功能提升技术/产品在示范工程中应用的特点，研究改造技术/产品对改造过程及后期运行使用的影响，优化改造集成技术体系实施方案，实现改造技术/产品在示范工程中的实施应用。

（三）既有居住建筑宜居改造及功能提升实施效果评价研究

基于既有居住建筑宜居改造及功能提升技术体系，并通过广泛调研、问卷调查和实地考察等方法，建立既有居住建筑宜居改造及功能提升评价指标，研究形成层次分明、架构合理的既有居住建筑改造实施效果评估指标体系。

紧密结合典型气候区宜居改造综合示范工程，开展实施效果实证研究，评估示范工程中应用的改造技术/产品在防灾与寿命提升、室内外环境宜居改善、适老化宜居改造、低能耗改造和设施功能提升等方面的实施效果。

（四）既有居住建筑宜居改造及功能提升服务平台建设

针对既有居住建筑宜居改造及功能提升信息共享需求，构建宜居改造及功能提升服务平台网络架构，包含信息发布、标准宣贯、新技术/产品推广、性能检测，涵盖咨询、设计、施工、维护等全过程技术选择建议和典型改造案例宣传。

开发具有时效性、互动性的既有居住建筑宜居改造和功能提升综合信息共享平台，为既有居住建筑改造相关从业人员提供技术服务与信息共享。

三、预期成果

预期形成以下成果：构建气候适应、技术适用、经济高效的既有居住建筑改造技术集成体系；编制既有居住建筑宜居改造及功能提升技术体系和实施效果评价体系研究报告2部；出版既有居住建筑宜居改造及功能提升技术指南和改造实施效果评估著作2部，搭建服务平台1项，在典型气候区建设技术集成示范工程6项，发表学术论文4篇。

四、研究展望

我国既有城镇居住建筑存量巨大，随着人民生活水平的提高和建设标准的提升，老龄化人口的比重增加，需要进行宜居改造和功能提升的既有居住建筑的比重逐渐增多。通过本课题的实施及取得的成果，可以进一步提高我国既有居住建筑的改造水平，降低建筑能耗及运行成本，大幅度提高室内外环境，提高居民的幸福感。同时，通过大规模的既有建筑改造实施，推动建筑业转型升级，促进我国经济健康发展。

（中国建筑技术集团有限公司供稿，王建军、陈勇执笔）

四、成果篇

随着我国既有建筑改造工作的不断推进，在研发和施工过程中逐渐形成了部分建筑绿色改造技术、产品等成果。本篇就部分成果的主要内容和经济效益等方面进行介绍，以期进一步促进成果的交流和推广。

建筑外墙外保温系统修缮技术体系

一、成果名称

建筑外墙外保温系统修缮技术体系

二、完成单位

完成单位：上海市房地产科学研究院

完成人：赵为民、古小英、张蕊、杨霞、杨靖、俞泓霞、李建中、苏奇、曹宛君、庄俊倩、邓靖、张超、钱昭羽、王亚红、杨锋、张吉鑫、华俊杰、满唐骏夫

三、成果简介

近年来，随着建筑节能要求日益提高，采用外墙外保温体系的建筑数量增长迅速。然而，随着建筑寿命周期的推进，建筑性能不断衰减，加上气候条件、材料、设计和施工等因素，外墙外保温系统在实际使用过程中会出现种种问题，如裂缝、渗水、空鼓和脱落等。问题的产生不仅会影响建筑美观、降低外墙保温隔热效果、缩短建筑使用寿命，还会对居民的日常生活造成影响，有空鼓、脱落等问题，甚至存在安全隐患。针对我国既有建筑外墙外保温系统的特点以及存在的问题，研究科学、合理的修缮技术至关重要。

建筑外墙外保温系统修缮技术体系根据外墙外保温系统缺陷类型、程度，研究系统性的检测、评估、修缮方法，取得重要突破：

（1）创建外墙外保温系统检测与评估技术体系。规定外保温系统修缮前应先进行检测与评估，通过现场察勘、系统构造及损坏情况检查、拉伸粘结强度检测、红外热像检测等方法明确缺陷产生部位、缺陷程度、缺陷面积以及缺陷产生的原因，确定对外墙外保温系统进行修缮的范围，并编制评估报告，为后续制订合理、有效的修复方案提供依据。

（2）明确局部修复和单元墙体修缮界定方法。按照修缮范围不同，将外墙外保温系统修缮分为局部修复和单元墙体修缮，提出当保温砂浆类外墙外保温系统的空鼓面积比不大于15%或保温板材类、现场喷涂类外墙外保温系统的粘结强度不低于原设计值的70%时，宜进行局部修缮；当保温砂浆类外墙外保温系统的空鼓面积比大于15%或保温板材类、现场喷涂类外墙外保温系统的粘结强度低于原设计值的70%，或出现明显的空鼓、脱落情况时应进行单元墙体修缮。

（3）确立外墙外保温系统修缮设计及施工方法。根据缺陷类型、程度、成因及部位等确定外墙外保温系统修复方法，制定了饰面层的龟裂缝、保温板收缩变形引起的裂缝、保温层开裂引起的裂缝的修复方法，以及饰面层与保温层间空鼓、保温层内部空鼓、基层与保温层间空鼓的修复方法，并结合渗水缺陷的特点提出相应的修复方法。

既有公共交通场站建筑能耗数据

一、成果名称

既有公共交通场站建筑能耗数据

二、完成单位

完成单位：清华大学、中国建筑西南设计研究院有限公司、华东建筑设计研究院有限公司、四川省机场集团有限公司

完成人：刘晓华、戎向阳、杨玲、瞿燕、杨剑、刘效辰、关博文、熊帝战、李海峰

三、成果简介

对国内主要气候区遴选包括地铁站、机场航站楼和铁路客站在内的不同规模交通场站，全面调研此类建筑的运行能耗，完成了包括围护结构、空调形式、用能情况等的详细数据收集工作，包括近10座机场航站楼、数十座铁路客站及500余座地铁车站，并与国外典型机场航站楼能耗情况进行了初步对比；基于不同交通场站的能耗数据，开展能耗指标及用能状况的分析研究，从实际数据出发初步揭示了我国交通场站类建筑的能耗现状、特征及主要影响因素；选取典型交通场站类建筑，开展了细致的实际运行性能测试，从实际性能出发为进一步提升此类建筑的实际运行性能、降低运行能耗提出了合理建议。

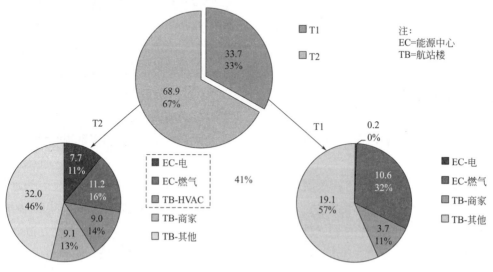

图1 某大型航站楼能耗拆分

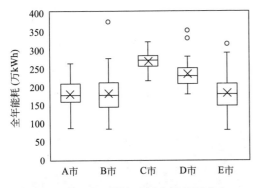

图2　我国主要城市地铁车站能耗分布

针对目前国内外欠缺不同气候区、不同规模的公共交通场站建筑能耗统计的集成数据库及能耗指标评价体系空白的现状，全面调研了各类交通场站的运行情况，为建立包括不同气候区、不同规模的公共交通场站建筑的能耗数据库奠定了重要基础，为进一步厘清运行能耗的关键影响因素、提出公共交通场站类建筑的运行能耗评价指标提供了重要保障。

适用于地铁车站的直膨式空调机组

一、成果名称

适用于地铁车站的直膨式空调机组

二、完成单位

完成单位：珠海格力电器股份有限公司、清华大学

完成人：刘怀灿、陈培生、刘晓华

三、成果简介

研制了适用于地铁车站通风空调系统的"大风量高效直接蒸发式组合空调机组"，利用氟利昂直接对空气进行冷却减少传热环节、利用磁悬浮压缩机来提升部分负荷性能，能够有效提高系统的综合能效，目前已完成机组的开发及性能测试工作，实际测试结果表明在不同负荷率下该水冷式直接蒸发式组合空调机组的 *IPLV* 值可达 4.8 以上，比采用磁悬浮冷水机组的高效空气处理机组能效水平提升 35％以上。

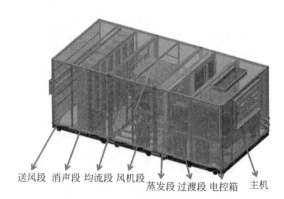

送风段　消声段　均流段　风机段　蒸发段　过渡段　电控箱　主机

图 2　机组结构布置

传统的空调系统方案为冷却塔、冷水机组、组合柜的形式，而直膨式磁悬浮冷水机组采用冷却塔与直膨式机组的形式。相较于传统的空调系统，该直接蒸发式空调机组无须消耗输送冷冻水的能耗，减少换热环节，设计蒸发温度相对水冷螺杆从 5℃上升到 10℃，提升整体运行效能；此外，取消了冷冻水系统，系统安装、维护更加方便。

图 1　机组外观

不同后续使用年限结构地震
作用折减系数探讨

一、成果名称

不同后续使用年限结构地震作用折减系数的探讨

二、完成单位

完成单位：中国建筑科学研究院

完成人：程绍革、孙魁

三、成果简介

国际标准《结构可靠性总原则》ISO 2394 中提出了既有建筑的可靠性评定方法，强调了依据用户提出的使用年限对可变作用采用系数的方法进行折减。

我国的抗震鉴定与加固技术标准在《工业与民用建筑抗震鉴定标准》TJ 23—77 中及以前主要是依据专家的经验确定一个地震作用折减系数，《建筑抗震鉴定标准》GB 50023—1995 及 GB 50023—2009 开始从理论上研究关于不同后续使用年限要求的地震作用折减系数的合理取值，但研究方面及结果多是首先确定抗震鉴定时的地震烈度折减，然后根据折减的地震烈度按现行抗震设计规范确定地震作用的大小，其结果是相同设防区不同后续使用年限的建筑设防烈度不同，对应的三水准地震作用折减系数不等。然而，众多学者的研究结果表明：地震烈度的概率分布属于极值Ⅲ型，而结构的地震作用概率分布属于极值Ⅱ型，两者之间势必存在着差异。

该技术多角度探讨了地震作用概率分布模型，表明地震作用概率分布确实属于极值Ⅱ型分布，并且在相同后续使用年限条件下，相同设防烈度下各设防水准对应的地震作用折减系数值相同，取得了基本理论的突破：

（1）统计了我国 1967～2016 年各年度的最大震级与相应烈度，分别采用极大似然法、分位值法给出地面峰值加速度的累计分布函数，结果表明地震作用的概率分布符合极值Ⅱ型。

（2）以均匀泊松模型作为地震发生概率模型，考虑震级和震源距的影响，探讨地震作用概率分布模型，给出其危险性曲线公式，同样证明地震作用的概率分布符合极值Ⅱ型。

（3）给出了不同后续使用年限结构的 50 年设计基准期等效超越概率和地震作用计算公式，结果表明相同设防区的地震作用折减系数取值与设防水准无关。

（4）后续使用年限 30、40、50 年的地震作用折减系数可分别取 0.80、0.90 和 1.00。

既有建筑抗震性能的振动台模型试验技术

一、成果名称

既有建筑抗震性能缩尺模型的振动台模拟地震试验技术

二、完成单位

完成单位：中国建筑科学研究院

完成人：程绍革

三、成果简介

结构整体缩尺模型的振动台模拟地震试验通常用于检验超限复杂结构的抗震性能，发现结构设计的抗震薄弱环节，对结构抗震设计提出改进建议。

既有建筑的结构整体模型缩尺模型振动台试验有其自身的特点。首先，层数不多，可进行大比例缩尺的模型设计；其次，模型结构的材料特别，可采用与既有建筑相近的材料性质；第三，受振动台承载能力限制，既有建筑的振动台试验模型仍应设计为欠配重模型，即模型总重量达不到典型动力相似关系的要求，台面加速度输入需要放大以保证水平地震力的等效。

研究表明，既有钢筋混凝土框架结构抗震性能与楼层的屈服强度密切相关。当屈服强度系数在 2.0 左右时，框架梁柱开始出现细微裂缝；当屈服强度系数为 1.0 时，部分柱端出现塑性铰，结构开始进行大变形阶段；当屈服强度系数小于 0.5 时，结构将倒塌。我国现行国家标准《建筑抗震鉴定标准》GB 50023—2009 是以某楼层全部框架柱两端出现塑性铰换算成等效受剪承载力，再计算楼层屈服强度系数，以判断结构是否能满足抗震鉴定要求。但现有资料多针对模型纯受变、受剪构件提出了相应的配筋公式，这些公式对既有建筑的振动台模型试验设计并不适用。

该技术对既有钢筋混凝土框架结构大比例模型试验的设计进行了研究，取得了以下研究成果，并通过一个 1/5 缩尺模型的振动台试验得到了验证：

（1）重力效应对结构的受剪承载力影响至关重要，对于欠配重振动台试验模型应适当增加框架柱配筋以弥补重力荷载不足对受剪承载力的降低影响。

（2）在满足典型动力相似关系设计的基础上，既有建筑应以模型结构与原型结构的楼层屈服强度系数相等为原则。

（3）模型依次经历了填充墙开裂、主体结构构件开裂、柱端出现塑性铰、薄弱层全部柱塑性铰形成和濒临倒塌阶段。

（4）填充墙在较小振幅下即开裂，其刚度可不予考虑，但框架柱的破坏仍有积极的贡献。

摇摆墙抗震加固碟形弹簧自复位装置

一、成果名称

钢筋混凝土框架结构摇摆墙抗震加固的组合碟形弹簧自复位装置

二、完成单位

完成单位：上海市建筑科学研究院

完成人：蒋璐、李向民、许清风、张富文、董金芝

三、成果简介

碟形弹簧具有承载力高、刚度适宜、性能稳定等优势，可提供良好的减震、隔震效果，且碟片间存在锥面摩擦及边缘摩擦，往复荷载作用下可提供一定的阻尼耗散能量，在汽车、机械、军工等领域应用较为广泛。近年来，也有一些学者将其应用于建筑结构的竖向隔震领域。

碟形弹簧可以进行叠合组合、对合组合、复合组合和其他组合等多种组合形式，以得到所需的承载力与变形量。同时，组合碟形弹簧还具有一定的耗能能力，其耗能能力主要由两部分组成：

（1）黏性阻尼力，大小与加载速率成正比，与加载方向成反比；

（2）库伦阻尼力，主要由碟簧接触锥面及承载边缘处摩擦力形成。

该技术对单片碟形弹簧、不同叠合方式、组合碟片数量等参数进行了基本力学性能试验研究，结果表明：

（1）单片碟形弹簧卸载后，位移几乎恢复至零（初始状态）。

（2）叠合后组件承载力显著提高，耗能能力增强，卸载后自复位效果较好，残余变形均小于加载位移量的5%。

（3）叠合片数越多，试件中由于各片碟形弹簧初始缝隙产生的累积就越大，因此卸载后的残余变形就越大。

（4）叠合后的承载力不是单片碟形弹簧承载力的线性叠加，碟形弹簧组合后的试件承载力计算应考虑摩擦力的影响。

（5）叠合片数不变，对合组合能够显著提高试件的变形能力与耗能能力。

在碟形弹簧基本力学性能试验的基础上，开发了碟形弹簧自复位器，布置在摇摆墙底部两端，可保证摇摆墙在摇摆过程中自复位器内的碟片始终处于受压状态，提高了自复位能力。进行了三跨三层钢筋混凝土框架1/2缩尺的未加固与采用新型碟形弹簧自复位器加固的两个模型拟静力加载试验，试验结果表明：碟形弹簧自复位性能良好，破坏荷载下的顶点相对变形达到了1/25，框架结构各层层间变形基本相等；框架加固后滞回曲线更加饱满，耗能能力提高；模型极限荷载也由加固前的224kN提高到466kN。

摇摆墙抗震加固形状记忆合金自复位器

一、成果名称

钢筋混凝土框架结构摇摆墙抗震加固形状记忆合金自复位器

二、完成单位

完成单位：上海市建筑科学研究院

完成人：董金芝、李向民、许清风、张富文、蒋璐

三、成果简介

形状记忆合金（简称 SMA）具有形状记忆效应和超弹性两大特性。其中，SMA 的超弹性特性可实现的自恢复应变量高达 6%～10%。SMA 棒材经热处理后可获得良好的力学性能和自恢复性能。

SMA 自复位器主要由铰支座（顶部）、SMA 棒材（中间）、固定底座以及限位挡块（底部）等部件组成。核心部件 SMA 棒材呈两端粗中间细的狗骨状，端部车有外螺纹；顶部铰支座用于连接 SMA 棒材和摇摆墙底部，铰支座底部通过中心处的内螺纹与 SMA 棒材上部的外螺纹进行连接；固定底座用于 SMA 棒材与基础的连接，顶部中心位置开有圆孔滑槽，允许 SMA 棒材穿过以及发生一定范围内的滑动和转动；限位挡块约束在固定底座的半圆形槽洞内，呈现半圆墩状，中心处开有圆孔，通过孔内的内螺纹与 SMA 棒材下部的外螺纹进行连接。

该技术采用顶部铰接的设计允许 SMA 棒材的上部发生自由转动；底部固定支座和限位挡块形成一种"分离式铰接"设计，允许 SMA 棒材发生一定范围的转动；当 SMA 棒材受拉的时候，限位挡块起到限位作用，而在 SMA 棒材受压的时候，限位挡块可随着 SMA 棒材的下端向下滑动，避免棒材受压屈曲。

该技术对大直径 SMA 棒材的热处理工艺和材料力学性能等进行了试验研究，结果表明：

（1）对于直径为 25mm 的 SMA 棒材，其热处理最佳参数为：温度为 400℃ 和时间为 30min。

（2）在峰值应变水平为 6% 和 8% 时，峰值应力分别为 700MPa 和 1100MPa，卸载厚度的残余变形为 0.273% 和 0.935%。

进行了三跨三层钢筋混凝土框架 1/2 缩尺的未加固与采用形状记忆合金自复位器加固的两个模型拟静力加载试验，试验结果表明：SMA 棒材自复位性能良好，破坏荷载下的顶点相对变形达到了 1/25，框架结构各层层间变形基本相等；框架加固后滞回曲线更加饱满，耗能能力提高；模型极限荷载由加固前的 224kN 提高到 475kN。

光伏可调外遮阳一体化改造技术

一、成果名称

光伏可调外遮阳一体化改造技术

二、完成单位

完成单位：重庆大学

完成人：丁勇、唐浩、廖春晖、高亚锋、胡熠、袁振乾、吴佐

三、成果介绍

随着建筑设计的发展，玻璃在建筑中所使用的比例越来越高。相比于墙体，外窗的热交换、热传导显著得多，建筑的热负荷有相当一部分来源于通过外窗的热传递以及太阳辐射。缺少遮阳措施的外窗会增加大量太阳辐射得热量，破坏室内热湿环境平衡，增加空调设备能耗，还可能导致严重的眩光感受。另一方面，太阳能也是重要的可再生能源，光伏发电技术具有良好的节能效益，但实际应用中往往缺少合适的设置部位。针对上述问题，研究形成了保障室内热湿环境的活动外遮阳调控策略，并形成了集成光伏发电技术的装置设备，用于既有建筑遮阳系统的改造。

该技术创新性地集成了光伏板与可调外遮阳装置，采用太阳能光伏板作为遮阳组件，由电机驱动进行遮阳角度调节，太阳能光伏发电量除用于遮阳调节外还可供照明使用：

（1）该技术装备在重庆大学进行应用示范，所建设的光伏发电系统采用单晶硅太阳电池组件，电池板总容量 6.4kW，为离网供电系统，标准日照条件下日发电量为 16.32kWh；标准调节工况下，每日驱动调节电机用电量约为 0.004kWh，剩余电量用于室内照明灯具供电。

（2）通过设置不同形式的外遮阳，有效降低了室内辐射强度，减少太阳辐射得热。南向外窗情况下，水平遮阳的设置降低了室内 41.4％的太阳辐射；百叶遮阳降低了室内 85.7％的太阳辐射；垂直遮阳降低了室内 12.9％的太阳辐射。

（3）通过设置不同形式的外遮阳，减少了室内阳光直射，有效避免眩光感受。南向外窗情况下，水平遮阳降低了 32.8％的室内平均照度；垂直遮阳降低了 11.3％的室内平均照度，且照度水平仍在标准要求以上。

（4）南向外窗情况下，设置外遮阳一定程度上可以降低夏季室内温度，改善室内热环境。水平遮阳的设置降低室内平均温度 3℃；垂直遮阳降低室内平均温度 1℃；百叶遮阳降低室内平均温度 5℃。

室内气流组织诱导增强技术

一、成果名称

室内气流组织诱导增强技术

二、完成单位

完成单位：重庆大学

完成人：丁勇、唐浩、廖春晖、高亚锋、袁振乾、胡熠

三、成果介绍

气流组织是空调设计中的一项重要内容，是室内热湿调控的基本前提，但也经常是导致室内热湿环境失控的原因之一。空气的密度特性导致了在空调房间内，时常出现由于冷热空气密度差所产生的分层现象，导致气流在小范围内进行循环，影响了空调的热湿调控性能。这一现象在冬季采暖房间尤为明显。房间内的布局时常也会成为气流组织失效的原因。设计时缺少对布局的考虑，在实际使用时设计受到布局的限制，是一种非常普遍的现象。此外，房间实际使用功能发生变化，原设计气流组织无法满足实际需求的现象也不少见。

鉴于此，研究并提出了一种适用于空调房间的气流组织诱导技术。该技术通过设置在室内的温度监测点，监控室内热湿环境状态，并形成判断逻辑驱动风机促进室内气流循环，有效地解决水平、垂直平面上温度分布的均匀性问题。

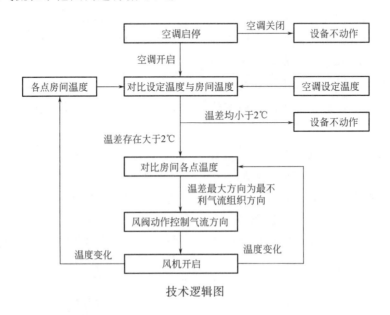

技术逻辑图

该技术可以有效地解决室内水平、垂直方向上的冷热不均问题,完善室内气流组织;通过促进气流组织循环还可以有效地提高空调温度控制准确性,避免局部区域小循环所造成的室内温度控制偏移。

该技术可广泛地应用于既有建筑中的空调房间改造,且不受空调末端类型的限制,无论是分体式、集中式均有良好的效果,有效地保障了室内热舒适品质与空调用能水平。

对某实际酒店客房冬季空调供暖工况下室内热湿环境分布进行分析,由于冷热空气密度差,顶部侧送风无法有效达到人员停留区域,0.1~0.25m 的垂直温差达到 7℃。采用气流组织诱导增强技术对房间进行改造,改造后垂直温差降低 2℃,有效缓解了"上冷下热"现象。

一种保温、隔热、新风一体化窗

一、成果名称

一种保温、隔热、新风一体化窗

二、完成单位

完成单位：江苏省建筑科学研究院有限公司

完成人：刘永刚、许锦峰、吴志敏、沈佑竹

三、成果简介

现有的室内通风主要通过开窗换气实现，这样明显增加了采暖空调能耗，影响室内声环境。国内部分厂家开发了窗式新风系统，可在门窗关闭的情况下，将室外空气过滤成洁净的自然空气后提供给室内。但这些通风器安装时一般要重新开洞或预留洞口，与外窗未成一体，增加了安装施工难度，增加了雨水渗漏等质量通病的概率，并可能影响美观，综合造价也较高。

本一体化窗克服了现有技术的不足，将窗式通风器嵌入到窗框型材中，使其与整窗连为一体，保证了整窗的气密性与水密性，无须重新开洞或预留洞口，减少了安装施工难度，增加了整窗的美观性。本一体化窗采取的技术方案是：窗框体内设有窗扇和窗式通风器，窗式通风器位于窗扇上方，在窗扇的中空玻璃内设有遮阳百叶帘，窗式通风器包括铝合金外壳，在铝合金外壳内设有电机、金属不锈钢滤芯和自动清洁刷，自动清洁刷用于清扫金属不锈钢滤芯上的灰尘，铝合金外壳的室内侧部分为可拆卸的罩壳，在罩壳内设有活性炭过滤网，同时罩壳上装有液晶显示器，液晶显示器上设有感应探头。

该保温、隔热、新风一体化窗具有如下特点：

（1）将具有除雾霾功能的窗式通风器与可拆装中空玻璃内置百叶帘的节能窗相组合并优化，实现了整窗的保温、隔热、新风一体化功能。

（2）通风器增加了隔热断桥，使整窗隔热薄弱环节的通风器的保温性能进一步提高。

（3）通过固定及密封材料将通风器与带有企口的窗框型材相连接，保证了整窗的气密性和水密性，并且不影响整窗的正常使用。

（4）该一体化窗的开启方式和窗型尺寸均不受通风器的限制。

（5）该一体化窗传热系数 $K \leqslant 1.8W/(m^2 \cdot K)$，气密性 $\geqslant 6$ 级，隔声量 $\geqslant 30dB$，通风量 $\geqslant 50m^3/(m \cdot h)$。

（6）窗式通风器的滤网具有自动清洁功能，无须经常更换。窗式通风器室内侧罩壳可以打开，方便通风器检修，同时方便更换活性炭。

一种利于提升外窗热声性能的窗墙交接附加系统

一、成果名称

一种有利于提升外窗热声性能的窗墙交接附加系统

二、完成单位

完成单位：哈尔滨工业大学

完成人：金虹、康健、冉光焱

三、成果简介

外窗与墙体交接处是外窗系统的薄弱环节。传统的窗户安装方式是通过固定片或钢附框与墙体结构层进行连接，之后使用发泡胶填充窗框与墙体间的缝隙，并在内外周边均匀抹上密封胶。但传统安装方法下，密封胶和抹灰层与窗框的接触面积很小。随着时间的推移，尤其在严寒地区极大的温差下，窗墙交接处胶体容易老化脱落，出现裂缝，影响外窗的气密性和水密性，造成漏风、漏水、漏声等一系列问题。

目前，主流的提升窗体保温隔声性能的方式是对玻璃及框材的结构和材料进行改进，鲜有针对外窗与墙体交接处结构的改进方式。本发明主要解决的问题是外窗与墙体交接处密封效果下降产生的漏风、漏水、漏声及洞口冷桥问题，提高外窗使用寿命，有利于窗体保温与隔声。

本附加系统采用面密度高的金属材料，轻质且保温性能良好的 PVC 材料以及阻尼片、疏松吸声海绵等隔声材料复合在一起，形成楔形复合构件，通过卡槽与射钉分别固定在窗框和外墙结构层上。简便易行，稳定安全，适用于多种窗形安装。

该窗墙交接附加系统具有如下特点：

（1）该系统安装后，原本仅靠密封胶和抹灰层覆盖的较为薄弱的传统窗墙交接处被 30mm 厚的多腔体复合型材覆盖，隔绝了外部风雨的侵蚀，提高了窗墙交接处的耐久性。

（2）该附加系统型材截面分为保温与隔声两部分。其中，保温部分采用双层 PVC 空腔结构，并在内层空腔填充疏松吸声海绵。结果表明，当在 65 系列塑钢窗框型材上安装该系统后，窗框传热系数从 $2.0655W/(m^2 \cdot K)$ 降低到 $1.9095W/(m^2 \cdot K)$，降幅达 7.6%。

（3）隔声部分通过第一阻尼片、钢板、第二阻尼片组成的夹心结构，提升了系统的面密度，同时阻尼片的使用如同在系统中添加了小型弹簧，可以一定程度地吸收低频噪声带来的振动。

（4）本发明在不改变窗户传统安装方式的情况下，将附加系统直接安装于窗框和墙体结构层上，操作简便易行，不增加窗体本身的成本，且不会破坏建筑外保温层，有利于提升窗户整体的热声性能。

（5）从外部看，安装本系统后，视觉效果上相比传统安装方式只增加了一个斜面，外形大方美观。

碳纤维双向编织板加固钢筋混凝土受弯构件

一、成果名称

一种钢筋混凝土受弯构件和碳纤维双向编织板构成的加固构件（专利号：ZL201420377494.0）

二、完成单位

完成单位：四川省建筑科学研究院

完成人：黎红兵、梁爽、刘攀、刘延年、薛伶俐

三、成果简介

随着国民经济的快速发展，碳纤维材料被广泛运用于建筑加固工程。碳纤维材料具有强度高、耐腐蚀、施工方便、适用性强等优点，对钢筋混凝土梁、柱、板，桥梁的维修具有良好的加固效果。

目前市场上广泛用碳纤维复合材粘贴加固法。它的机理是将抗拉强度极高的碳纤维用环氧树脂预浸成为复合增强材料（单向连续纤维）。用环氧树脂胶粘剂沿受拉方向或垂直于裂缝方向，粘贴在要补强的钢筋混凝土构件上，形成一个新的复合体，使增强粘贴材料与原有钢筋混凝土构件共同受力，增大结构的抗裂或抗弯承载能力，提高结构的强度、刚度、抗裂性和延伸性，从而达到对钢筋混凝土构件补强加固及改善受力性能的目的。

碳纤维复合材粘贴加固法具有以下缺点：

（1）碳纤维复合材加固法需要对混凝土表面进行喷砂、打磨、抹平等工序以适合粘贴，粘贴质量的好坏直接影响到钢筋混凝土构件的加固效果；

（2）需要使用粘结材料，固化时间较长，不利于工期紧以及抗灾、救灾、战时等急需抢修的工程；

（3）该方法需要使用胶粘剂，胶粘剂在高温环境下粘结强度的下降以及随时间的老化都会降低钢筋混凝土构件的加固效果。

为解决现有采用纤维复合材粘贴法加固钢筋混凝土构件作业时间长并且施工过程繁琐的问题，本成果采用的技术方案如下：

碳纤维双向编织板加固钢筋混凝土受弯构件，包括钢筋混凝土受弯构件，安装于钢筋混凝土受弯构件表面的碳纤维双向编织板，在碳纤维双向编织板上均匀设置多个通孔，在钢筋混凝土受弯构件表面也设置多个与通孔位置对应的预钻孔；还包括多个采用射钉枪直接射入，同时穿过通孔和预钻孔的铆钉。

具体地，在铆钉头与碳纤维双向编织板之间还设有橡胶垫圈。

进一步地，所述通孔与预钻孔的大小相同，所述碳纤维双向编织板与钢筋混凝土受弯构件底部同宽。

再进一步地，所述铆钉长度大于2.2倍预钻孔的深度。

与现有技术相比，本实用新型具有以下有益效果：

（1）本实用新型不需要使用胶粘剂，在高温环境下钢筋混凝土受弯构件加固的效果也不会受到影响，使用寿命长；

（2）本实用新型的铆钉长度大于2.2倍预钻孔的深度，并在铆钉头与碳纤维双向编织板之间还设有橡胶垫圈，不仅加固效果好，还使本实用新型的结构更加稳定；

（3）本实用新型由于是采用射钉枪直接将铆钉深入钢筋混凝土受弯构件内，具有施工操作方便、施工速度快、工期短、受环境影响小、成本低、安全可靠等优点，市场潜力大，推广价值高。

一种空调中重力热管换热器的
冬夏切换方式

一、成果名称

一种空调中重力热管换热器的冬夏切换方式

二、完成单位

完成单位：中国建筑科学研究院

完成人：王清勤、赵力、仇丽娉

三、成果简介

本专利为解决热管换热器冬夏季进、排风管切换的问题，设计一种热管换热器的风管切换方式。图1所示为热管换热器的风管及阀门布置图。

从右侧向左看，其阀门设置编号见图2。

如图1所示，热管换热器的风管有进出管两个，左侧风管为新风入口，右侧为排风出口；每个风管上有上下两个阀门（见图2），阀门1、3为新风阀，阀门2、4为排风阀。各部分从右至左分别为：风管—阀门—静压箱—热管换热器—静压箱—阀门—风管。热管换热器后侧的阀门分布与前侧的相同，分别为新风阀（1'、3'），排风阀（2'、4'）。

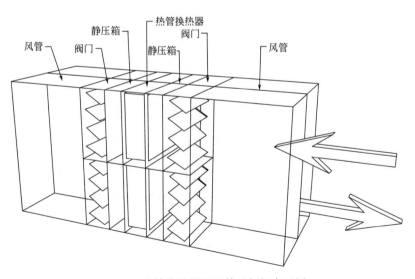

图1 热管换热器的风管及阀门布置图

阀1	阀2
新	排
风	风
阀3	阀4

图2　阀门设置图

夏季时，工作过程为：

新风阀3、3'打开，阀1、1'关闭，排风阀2、2'打开，阀4、4'关闭；新风

从热管换热器下方流入放热，冷却后进入室内；排风排出时从热管换热器上方吸收新风的热量从阀2排出（图3）。

冬季时，工作过程为：

新风阀3、3'关闭，阀1、1'打开，排风阀2、2'关闭，阀4、4'打开；新风从热管换热器上方流入吸收热量，加热后进入室内；排风排出时从热管换热器下方与新风换热后从阀4排出（图4）。

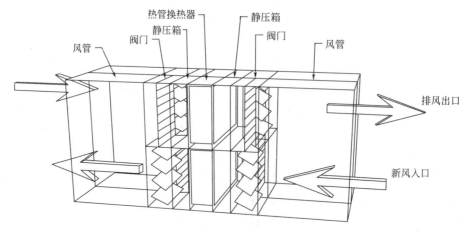

图3　夏季工作过程

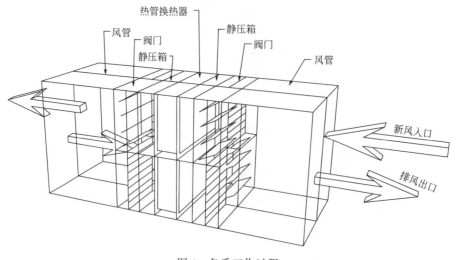

图4　冬季工作过程

四、推广应用前景

采用上述装置，有以下几点优势：

1. 可以进行全年热回收

2. 在换季时不用再改变进、排风口相对于热管的位置

3. 可设置自动控制，方便

4. 热管换热器构造简单，运行安全

5. 没有传动设备，不消耗电力

采用上述冬夏季风管切换方式，使得在空调系统全年热回收时，冬夏季进行新风预热预冷时不必进行繁琐的进、排风口相对于热管位置的改变，便于操作。

基于逆向建模技术的钢结构球形网架拆除施工技术

一、成果名称

基于逆向建模技术的钢结构球形网架拆除施工技术

二、完成单位

完成单位：中国建筑一局（集团）有限公司、中建一局集团华北公司

完成人：徐巍、王玉泽、王楠、朱燕、王玲、肖晓娇、高立忻

三、成果简介

目前，既有建筑改造工程日益增多，改造工程中存在较多危险性较大的拆除作业，如球形钢网架结构，同时有些既有建筑由于建造时间较早，无法查询原始设计资料。因此，如何安全、有效地对原始资料缺失的球形钢网架结构进行拆除，意义重大。

该技术的目的在于提供一种解决方案和思路来妥善解决建筑时间较早、原始资料缺失、传统测量精度较低、危险性较大等因素影响的既有建筑物球形网架拆除施工，可拓展应用于既有建筑复杂结构、钢结构拆除领域：

（1）技术原理：通过使用 3D 扫描逆向建模技术，对已有球形钢网架实物情况进行真实还原，基于 3D3S 网架计算软件的受力计算，通过模拟分析，优化拆除方案，并结合 MR 设备进行可视化交底，保证施工安全，控制工期和成本。

（2）施工工艺：3D 实体扫描→逆向建模→3D3S 力学分析→优化拆除方案→防护架搭设、静力拆除。

（3）3D 实体扫描：3D 实体扫描的重点在于对扫描路线和站点布设进行合理规划。

（4）逆向建模：结合 Realworks 软件可自动识别平面、立方体、圆柱体、球体等结构的特点进行逆向建模。

（5）3D3S 力学分析：逆向建模完成后将模型进行格式转换，导入 3D3S 受力分析软件中进行受力分析，重点分析球形钢网架内力包络图和组合位移图等。

（6）优化拆除：综合网架结构受力分析，遵照"先受力较小后受力较大、先压力杆后拉力杆、控制位移较大区域变形"的拆除原则，合理优化拆除方案。

一种加层钢柱柱脚节点施工技术

一、成果名称

一种加层钢柱柱脚节点施工技术

二、完成单位

完成单位：中国建筑一局（集团）有限公司、中建一局集团华北公司

完成人：王玉泽、赵蕾、张福江、张祎、王玲、李洪武、陈小宁、王小娟

三、成果简介

随着既有建筑改造工程的逐步发展，钢结构加层改造凭借其自重轻、地震作用小等优点正逐步被推广为混凝土房屋增层改造的一种形式，目前国内应用还不是很广泛，无论是设计计算分析还是现场施工方面都还不够完善。毕竟，两种不同的结构体系整合为一体，新旧结构在连接处存在刚度和质量突变等问题，且原有结构柱柱顶区域钢筋分布密集，也给新增钢柱柱脚的锚固增加了难度。针对上述难题，如何有效解决柱脚节点处理成为重中之重。

该技术的目的在于提供一种便于施工且能够保证柱脚在复杂应力下的工作能力和加层结构整体性的柱脚结构。

（1）技术原理：针对原有结构柱柱顶区域钢筋密集，钢筋和地锚螺栓后植入难度系数较大的特点，通过对原有结构柱柱顶50cm高度内混凝土进行剔除后使得钢筋外露，根据外露钢筋分布合理定位地锚螺栓植入位置，并将后植入钢筋和原结构柱单面焊接，柱脚板底部回灌灌浆料，柱脚底部外包柱脚支模浇筑混凝土。

（2）施工工艺：柱顶保护层剔除、钢筋复核→回顶支护→结构柱剔除→柱脚植栓、柱脚板安装、钢筋焊接→柱脚回灌→钢柱底部支模浇筑混凝土。

（3）柱顶保护层剔除、钢筋复核：剔除原有结构柱保护层至外露结构梁上部钢筋和结构柱筋，参照原有结构设计图纸，复核现场钢筋直径、数量以及间距。

（4）回顶支护：由于结构柱、梁区域剔除范围较大，从结构安全性方面考虑，必须在剔除前对结构梁、板进行回顶支护，回顶支护架体设计需要进行验算。

（5）结构柱剔除：结构柱柱顶钢筋较密，可根据现场实际情况选用合理的剔除施工工艺。

（6）柱脚植栓、柱脚板安装、钢筋焊接：柱脚植栓重点在于植栓定位，尽量避免破坏原有钢筋；柱脚板重点在于地锚螺栓拉拔试验；钢筋焊接重点在于焊接工艺和焊接长度检验

（7）柱脚回灌：鉴于新旧混凝土界面收缩性相差较多容易产生裂缝，回灌材料宜选用强度提高快、收缩性较小的高强灌浆料。

房屋结构安全动态监测技术规程

一、成果名称

房屋结构安全动态监测技术规程

二、完成单位

完成单位：住房和城乡建设部住宅产业化促进中心、杭州卓诚建筑科技有限公司

完成人：田灵江

三、成果简介

该规程共分七章和三个附录，主要技术内容是：总则、术语、材料设备、房屋监测系统设计、监测设备安装、监测设备验收、监测设备运营管理。规程适用于砌体结构、钢筋混凝土结构、钢结构、木结构等工程结构监测及在建工程周边、解危处置和观察使用期间的既有结构的监测，其他情况的工程结构安全监测可参照执行。该规程的特点在于：

（1）该规程针对既有建筑的结构安全进行动态监测，规范建筑结构监测技术及相应分析预警，提高房屋安全动态监测技术能力，做到技术先进、数据可靠、经济合理。

（2）该规程从监测方案设计、监测设备的性能及安装、监测设备验收、监测设备运营管理入手，对实施房屋安全监测项目的施工质量达到了全过程闭合管理。

（3）创新性地增加了房屋监测系统设计和监测设备运营管理两大章节。

规程提出房屋结构安全动态监测系统宜具有数据采集、发布、计算分析、巡检、房屋安全管理等功能模块，能够提供准确、有效的监测数据报警和趋势分析图表，对定期巡检工作进行数字化流程管理。系统构成一般包括传感器子系统、数据采集和处理子系统、数据传输子系统、数据存储和管理子系统、巡检子系统、安全预警子系统、房屋安全管理子系统。系统宜具备调取房屋档案、鉴定报告、历史及当前巡检记录的功能。

规程注重监测系统后期运营管理问题，制定了自动监测、房屋安全巡查、监测报告、监测系统安全预警、设备使用检测维护等内容，细节化地明晰了监测设备运行过程中运维单位或受委托有相关资质的第三方需承担的工作内容。

综合性能指标监测智能采集器

一、成果名称

综合性能指标监测智能采集器

二、完成单位

完成单位：苏州市建筑科学研究院集团股份有限公司

完成人：吴小翔、李振全、张亦明、程荣、于东锋

三、成果简介

智能数据采集器采用 32 位高速 ARM 微处理器，具有现场采集、远程传送、可集成多种外围设备等功能。它由微处理器主控模块、电源模块、数据量输入输出接口、远程通信接口构成。提供 RS232/485 串行接口、TTL 电平输出接口、CAN 总线接口、SPI 接口、I2C 接口、以太网接口。采集器根据异步消息中间件发送的指令采集通道上的数据，通过 TCP/IP 上传给异步消息中间件。如果需要数据备份，可以向备用的服务器发送数据。

该智能采集器的特点是：接口丰富：2 路 RS485 接口、1 路 RS232 接口、2 路 CAN 接口、1 路同步串行接口、1 路 I2C 接口、1 路 TTL 电平输出接口、LAN 网络接口。

智能采集器的主要技术参数如下表所示。

智能采集器技术参数表

参数	指标要求
电源	AC100～240V
功耗	小于 10W
采集接口	RS485 接口、RS232 接口、CAN 接口、I2C 接口、TTL 接口
采集通信速率	任意
采集通信协议	DLT645-2007、 DLT645-1997、Modbus 协议、CJT188-2004 协议、TCP/IP 协议等
采集周期	大于等于 1s
数据处理方式	接收和转发数据
远传接口	10/100M LAN 接口
远传周期	根据采集周期远传
支持数据服务器数量	2 个
网络配置	采用 DHCP 服务器，动态获得 IP 地址
外形尺寸	115mm×127mm×32mm
使用环境	温度：－10～＋55℃
储存环境	温度：－10～＋40℃
重量	134g

既有公共建筑综合监测管理平台

一、成果名称

既有公共建筑综合监测管理平台

二、完成单位

完成单位：中国建筑科学研究院有限公司

完成人：李晓萍、吴春玲、付强、贾晓晴

三、成果简介

平台基于我国现有建筑相关监测系统建设情况，以既有公共建筑物各项运行数据为中心，结合传感器技术、通信网络、智能数据处理以及物联网等技术，旨在对既有建筑能效、环境和安全等综合性能指标进行监测、预警、控制等一体化的智能化管理。让主管部门更好地为既有公共建筑综合性能提升与改造提出及时、准确的指导意见，当监测数据异常时，能够将确定的风险通过特定方式（比如专业 APP、邮件和短信等）进行预警。

该平台以可重用、松耦合、明确定义的接口、无状态的服务设计和基于开放标准的通信方案设计为基础，实现功能包括：

（1）建筑模型信息化：将具有三维信息展示效果的模型嵌入平台，取代以往以二维图片作为参考的建筑信息说明，用户在了解监测建筑基本情况的同时，可进入浏览建筑内部具体布局，任意角度切换浏览建筑基本概况和运行总体信息。

（2）能耗监控模块：智慧监控分为能耗结构图、系统原理图、实时数据监测和预测控制。智慧统计与分析分为能耗总览、分项能耗、能耗分析、能耗预测和能耗对标。专家诊断分为节能评估、能源审计、异常诊断和报表明细。

（3）建筑环境监控模块：智慧监控分为测点分布图、实时数据、气体浓度控制和照明系统控制。智慧统计与分析分为数据分析、数据对比和数据对标。专家诊断分为舒适度分析和报表明细。

（4）结构安全监测模块：智慧监测分为安全性、适用性、耐久性和抗震性监测。智慧统计与分析分为数据分析、数据对比和数据对标。专家诊断分为安全性分析和报表明细。

（5）综合性能评价模块：综合性能评价模块分为建筑节能性、舒适性和安全性的单项评价以及综合以上三方面的建筑综合性能评价。

（6）运行管理模块：信息管理分为包括设备维护、采集器维护、预警标准、指标标准、数据传输的信息管理配置。系统管理分为用户管理、角色管理、日志管理和分类分项字典管理。报警管理为报警信息的处理与维护跟踪。个人信息是用户详细信息，以及系统登录记录。

建筑外墙防水装饰系统

一、成果名称

建筑外墙防水装饰系统——"红彩衣"

二、完成单位

完成单位：上海东方雨虹防水技术有限责任公司、华砂砂浆有限责任公司

完成人：严兴李、张婵、原峰、陈春荣

三、系统简介

防水装饰系统由聚合物防水砂浆、装饰砂浆专用底漆、装饰砂浆、有机硅面漆组成。该系统是既具有防水性又具有透气性并且具有逐层憎水特性的体系。其系统的构造如下图所示。

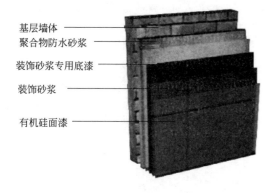

基层墙体
聚合物防水砂浆
装饰砂浆专用底漆
装饰砂浆
有机硅面漆

在防水装饰系统中装饰砂浆的颜色丰富多样，可以任意调配，且可以做到有一定厚度，其装饰效果既具有色彩多样性又具有立体感，其装饰效果在一定程度上可以取代传统瓷砖、涂料、真石漆的装饰效果。另外，防水装饰系统属于薄层结构体系，具有单位面积重量轻的特点，从而减轻了建筑物的负重；从产品生产角度看，防水装饰系统的材料生产过程中不存在高燃煤、高的污水排放问题，可见防水装饰系统的材料是绿色环保的建筑材料，它的出现符合国家节能减排的政策方向。外墙防水装饰系统所具有的与基层牢固的粘结力、防水透气性、耐久性都是传统瓷砖、涂料、真石漆等装饰材料不可比拟的。

防水装饰系统的优异特点：

（1）表面硬度高，较致密，呈现自然光泽；

（2）可实现质感涂料和真实漆的所有质感；

（3）憎水性、耐水性、透气性优越，其耐沾污性、抗开裂性能同样优越；

（4）所采用的无机颜料，不易褪色；

（5）粘结力强，适合既有建筑翻新工程，且可根据不同基面进行不同工艺的处理；

（6）该类装饰材料自身具备了良好的可塑性，可以根据工程实际需要，制作出相应的造型；

（7）可以将饰面表层变得粗糙，让不同形态的纹理看起来更加有层次和质感，

从而起到良好的装饰性作用；

（8）可以将不同色彩的装饰材料合理搭配在一起，以此来增强建筑整体的美观效果；

（9）能够利用格块与格块之间的缝隙线条提高建筑外墙面的美观度，同时也为后续的施工作业提供了一定的便利。

四、成果简介

1.试验研究成果

墙面结构为竖向持续受力，防水层与各相关层的粘结强度必须满足工程要求。防水材料与基层的粘结力以及在防水材料面上直接施工的构造层的粘结力，必须达到防止整体下滑或局部起壳的要求。而对于外墙装饰材料来讲，不但需要其与基层有足够的粘结性，安全可靠，同时又需要其提供美观等观赏效果。鉴于此，研究和

开发了针对于新建、既有建筑改造等不同情况的防水装饰系统。

就新建建筑外墙来讲，相对于基层的技术参数较简单；对一般按建筑装饰装修进行施工的外墙装饰系统的基层来讲，该系统完全符合甚至高于相应的性能指标要求。

而对于既有建筑的不同外墙面，甚至不同外墙构造的情况下，如何使该系统更加完善，更加适应不同构造、不同基面的要求，对此我们作了诸多试验，分别进行28d粘结强度及老化循环后的粘结强度测试，根据试验所得的数据对比各材料标准及系统要求，得到了目前外墙外饰面较多的几种基面（既有外饰面基本有外墙乳胶漆、釉面砖、亚光外墙砖、玻璃马赛克、光面石材、毛面石材等）的系统组合方式，如下表所示。

不同基面不同处理方式研究测试结果

基面 粘结强度 （MPa） 处理方式	釉面砖		玻璃马赛克		光面石材		毛面石材		麻面外墙砖		外墙乳胶漆		水包水	
	室内28d粘结强度	耐老化粘结强度	室内28d粘结强度	耐老化粘结强度	室内28d粘结强度	耐老化粘结强度	室内28d粘结强度	耐老化粘结强度	室内28d粘结强度	耐老化粘结强度	室内28d粘结强度	耐老化粘结强度	室内28d粘结强度	耐老化粘结强度
基层处理＋装饰砂浆系统	—	—	—	—	—	—	0.83	0.80	0.37	0.48	1.10	0.22	—	—
基层处理＋界面1＋装饰砂浆系统	0.75	0.71	0.37	0.10	1.07	1.22	0.94	0.91	1.08	0.62	—	—	—	—
基层处理＋界面1＋防水处理1＋装饰砂浆系统	1.09	0.20	0.33	0.15	0.94	0.87	0.86	0.89	1.51	0.55	—	—	—	—
基层处理＋防水处理2＋装饰砂浆系统	1.16	0.37	0.46	0.07	1.15	0.93	0.79	0.90	1.08	1.06	1.24	0.44	—	—
基层处理＋防水处理3＋装饰砂浆系统	0.73	0.07	0.36	0.06	0.80	0.87	0.61	0.61	0.88	0.60	0.75	0.31	—	—

基面 粘结强度（MPa） 处理方式	釉面砖		玻璃马赛克		光面石材		毛面石材		麻面外墙砖		外墙乳胶漆		水包水	
	室内28d粘结强度	耐老化粘结强度	室内28d粘结强度	耐老化粘结强度	室内28d粘结强度	耐老化粘结强度	室内28d粘结强度	耐老化粘结强度	室内28d粘结强度	耐老化粘结强度	室内28d粘结强度	耐老化粘结强度	室内28d粘结强度	耐老化粘结强度
基层处理＋防水处理3＋装饰砂浆系统（部分）	0.74	0.14	0.16	0.09	0.80	0.95	0.87	0.63	0.95	0.56	0.93	0.40	—	—
基层处理＋防水处理1＋装饰砂浆系统	1.05	0.26	0.38	0.09	0.91	0.88	0.78	0.80	1.22	0.76	—	—	—	—
基层处理＋界面2＋防水处理1＋装饰砂浆系统	—	—	—	—	0.75	0.17	0.88	0.88	1.24	0.81				
基层处理＋界面3＋装饰砂浆系统							0.59	0.92	0.54	0.70				
基层处理＋界面4＋装饰砂浆系统									0.77	0.82				
基层处理—面涂	—	—	—	—	—	—	—	—	—	—	—	—	2.36	0.66
基层处理—界面2—面涂	—	—	—	—	—	—	—	—	—	—	—	—	2.53	0.42
基层处理—装饰砂浆系统（部分）	—	—	—	—	—	—	—	—	—	—	—	—	2.16	0.57

其各层材料的性能应该分别符合相关材料标准：有机硅面漆应符合《彩色装饰砂浆专用有机硅面漆》Q/DXH-SJ0003—2015标准、装饰砂浆应符合《墙体饰面砂浆》JC/T 1024—2007E标准、装饰砂浆专用底漆应符合《建筑内外墙用底漆》JG/T 210外墙Ⅰ型标准、聚合物防水砂浆应符合《聚合物水泥防水砂浆》JC/T 984标准。

综上数据进行分析可见，每种基面的处理方法都有略微的差别，且每种基面可能有几种处理方法可用，而有的基面是通过界面处理也不能进行防水装饰系统施工。因此，在既有建筑外墙改造翻新进行防水装饰系统施工时需要确定合理的构造及施工方案。

2.研究专利成果

通过系统试验开发，基本上确定了不同基面采取不一样的装饰系统进行施工处理，同时结合研究项目的进行，在专利成果上也取得了一系列成果：

一种保温防水装饰一体化系统（专利号：ZL201620518541.8）；一种防水装饰系统（专利号：ZL201620518522.5）；一种保温防水装饰系统（专利号：ZL201620518504.7）；一种防水保温墙体（专利号：ZL201620517180.5）；一种复合防水保温墙体（专利号：ZL201620518328.7）。

根据以上研究及获得的成果，2017年针对于项目情况、可能新增的基层、原有墙体保温性能的状况、缺陷等并针对性地对保温系统的防水性能展开深入研究，并形成了新的专利成果：

一种外墙防水加强型复合排水保温装饰系统（专利号：201721301322.5）；一种外墙防水排结合型保温系统构造（专利号：201721298099.3）。

五、经济效益与社会效益

1.经济效益

纵观建筑装饰领域的瓷砖、涂料、真石漆等装饰材料都存在各自的缺点，这些材料已经不能与现有建筑外墙保温、老旧建筑物外墙形成完美结合，这些装饰材料往往出现脱落、空鼓、起包、起皮等问题，与此同时老旧建筑往往还存在渗漏的问题，这都影响着建筑物的寿命以及居住的舒适性。

传统乳胶漆类外墙涂料，由于构造层次和自身特点，一般外墙2～3年就会出现褪色、起皮、脱落等现象，需要重新涂刷，一次翻新费用大约为30～40元/m²，以25年使用年限计，则在使用期间外墙的涂装成本大约为270～360元/m²。

真石漆和质感涂料是较为新型的外墙装饰材料，由于使用的乳液不同，一般使用年限为5～8年，便会出现空鼓、开裂、老化等现象，需要重新涂装，而每次涂装的费用大约为70～90元/m²，若以25年计使用年限，则在使用期间外墙的涂装成本大约为300～400元/m²。

而建筑外墙防水装饰系统的使用年限至少为25年，一次施工即可以达到长期使用，一次外墙涂装使用防水装饰系统的成本约为：150～180元/m²，使用和维护成本远低于传统外墙装饰材料。

2.社会效益

随着社会的发展，对环境保护的要求越来越迫切和重要，能源的合理使用，关乎着社会的发展和长治久安。从能耗角度讲，建筑物能耗占总能耗的30%左右。而建筑能耗的损失比例根据有关方面的测算，屋面热能损耗约12%，地面约5%，门窗约40%，墙体约43%。如果按建筑节能国家标准50%～60%实现的话，可减少建筑能耗约8%～10%的比例。

在已有外墙保温体系的建筑中，外墙外保温通常采用的是膨胀聚苯板薄抹灰系统，但该系统在施工和装饰性等方面存在一定的缺陷：①系统均存在开裂、空鼓甚至脱落隐患；②保温层施工后在其外部的装饰层可选择性相对较少，且存在一定的操作困难；③其开裂后的渗漏水隐患较大，在一定程度上对外墙构造安全及居住环境适宜造成了一定的困难等。需要不断运用现有基面，对其进行适当改建，以提高安全系数、使用寿命及节能使用效果等。

面对既有建筑不同的外墙饰面，如何在节约能源、节约社会资源的情况下，对防水装饰系统或保温防水装饰系统进行研究，以配合使用于既有建筑外墙系统改造，不但能对节约能源、保护环境、提高居住质量、提升既有建筑使用寿命、推动建筑业建材业技术进步有一定的作用，同样对实现经济和社会发展，都具有十分重要的意义。

六、推广应用前景

自防水装饰系统研发成功后在两年间先后在 30 多个项目总计约 130 万 m^2 的施工规模中得到了应用，其中为既有旧建筑外墙改造的项目占到 60％以上；产品在应用过程中施工性能优良，改造后的项目焕然一新，以前存在的外墙渗漏等问题都得到了明显的改善。防水装饰系统的工程应用案例已经遍布全国各地（上海、江西、北京、内蒙古、武汉、江苏、山东、湖南等地），成功通过了各个地区气候条件对防水装饰系统性能的挑战。随着建筑业的快速发展和城镇化的不断推进，城乡建设规模空前，建筑面积不断扩大。目前，我国既有建筑已超过 600 亿 m^2，量大面广的既有建筑面临着能耗高、环境差等问题。作为建筑的组成部分，外墙在节能、美观方面起着重要的作用，对既有建筑外墙的绿色化改造是建筑可持续发展的重要组成部分，建筑外墙防水装饰系统的推广应用前景广阔。

建筑玻璃用功能膜

一、成果名称

建筑玻璃用功能膜

二、完成单位

完成单位：常州山由帝杉防护材料制造有限公司

完成人：王兰芳

三、成果简介

建筑玻璃用功能膜分为隔热膜、安全膜、隔热安全膜、装饰膜四大系列。

1. 安全膜

安全膜是指可以增强玻璃抗冲击强度的功能膜，按照防护级别可分为平安级（防砸、防飞溅）、防盗级（防蓄意破坏）、防弹级。安全膜采用高强度的聚酯膜与高性能胶粘剂结合，经多层涂布复合功能材料制备而成，产品具有高清亮、高强度、易安装、使用周期长等特性，被广泛应用于银行、酒店、商场、家居玻璃等，为人们的安全生活保驾护航，通过了公安部安全与警用电子产品质量检测中心检测，其优越的性能赢得了广大用户的信赖。

公安部安全与警用电子产品质量检测中心
检验报告

公京检第 1731381 号   第 5 页   第 4 页

防弹试验数据表

样品编号	玻璃规格（mm）	实测玻璃尺寸（mm）	玻璃安全膜尺寸(mm)	实测玻璃安全膜尺寸(mm)	射距（m）	射序	弹头速度（m/s）	中弹情况	玻璃安全膜受冲击后状态	判定
1	420×420×12.0	420×420×12.0	420×420×0.35	420×420×0.35	3	1	317	未穿透	无膜裂	
						2	315	未穿透	无膜裂	
						3	325	未穿透	无膜裂	
2	420×420×12.0	420×420×12.0	420×420×0.35	420×420×0.35	3	1	319	未穿透	无膜裂	合格
						2	318	未穿透	无膜裂	
						3	320	未穿透	无膜裂	
3	420×420×12.0	420×420×12.0	420×420×0.35	420×420×0.35	3	1	318	未穿透	无膜裂	
						2	314	未穿透	无膜裂	
						3	317	未穿透	无膜裂	

SANYOU 安全膜检验证书、安全性能实测图

2.隔热膜

隔热膜是指对阳光中的红外区光线具有选择性阻隔效果的功能膜产品。山由公司隔热膜采用优质聚酯薄膜，结合多层磁控溅射技术，辅以纳米陶瓷隔热功能材料，经精密涂布复合形成高效隔热保温、耐候持久、保固性能好的节能产品，在红外灯照射的试验测试条件下，贴膜较未贴膜温度可差 10℃。隔热膜产品通过中国建筑材料检验验证中心（CTC）节能产品认证，隔热节能效果显著。

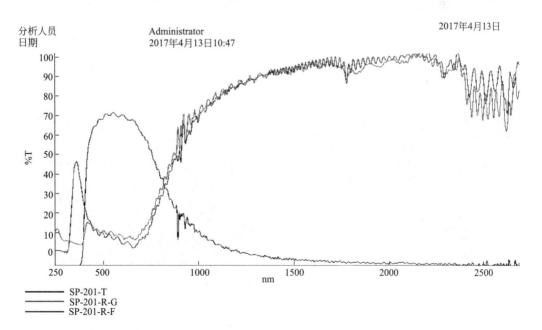

分析人员：Administrator   2017年4月13日
日期：2017年4月13日10:47

SP-201-T
SP-201-R-G
SP-201-R-F

品名	可见光		红外线阻隔率		紫外线阻隔率	遮阳系数 SC	太阳能总阻隔率
	透射比	反射比	950nm	1400nm			
SP-201	70.3%	12.9%	85.7%	96.5%	99%	0.48	64%
IR-398	38.0%	13.0%	—	97.1%	99%	0.44	62%
QIR-03950CL	57.1%	11.1%	—	85.3%	100%	0.52	54%

隔热膜隔热效果演示、CTC国家节能认证证书

3. 隔热安全膜

隔热安全膜兼具隔热节能与安全防护的效果，可以满足绝大多数玻璃贴膜的使用要求。隔热安全膜具有清晰度高、贴合性好、安全防护及隔热效果突出等特点。

4. 装饰膜

装饰膜是指具有装饰、美化功能的薄膜产品，通常还会兼具隔紫外线、遮蔽隐私等功能。装饰膜采用具有良好粘结力的环保背胶制造，可以自主设计装贴，具有美观大方、性能持久、环保无害等特点，是办公及居家装饰的经济选择。

装饰膜效果图

无机活性墙体保温隔热系统

一、成果名称

无机活性墙体保温隔热系统

二、完成单位

完成单位：南阳银通节能建材高新技术开发有限公司

完成人：王宝玉、王爱军

三、成果简介

根据住建部发布的建筑节能与绿色建筑发展"十三五"规划，要持续推进既有居住建筑节能改造，在夏热冬冷地区开展既有居住建筑节能改造示范，实现全国既有居住建筑节能改造面积5亿 m² 以上的目标。目前，全球建筑能源消耗已超过工业和交通，占到总能源消耗的41%。我国是建筑大国，建筑业一直是我国的能耗大户，2016年中国建筑能耗研究报告显示，2014年我国建筑能耗总量全球排名第二，其中建筑能耗约占我国社会总能耗的1/3；2014年我国既有建筑面积已经超过600亿 m²，这些存量建筑中，居住建筑占比超过80%，且95%以上都为高能耗建筑。同时，我国每年新增建筑面积约20亿 m²，这些新建建筑中节能建筑占比不到20%。研究显示，我国单位面积供暖能耗为气候相近的发达国家的2~3倍。在夏热冬冷地区，由于其气候的特殊性，加上建筑节能措施应用少，空调冬季采暖设备使用频繁，使该地区建筑能耗高居不下。随着建筑面积不断扩大，建筑能耗也将持续增长，由此带来的碳排放及环境污染也不容忽视。

既有建筑节能改造，就是对建筑外围护结构进行保温隔热系统改造。发展外墙保温技术及开发高效、优质的保温隔热材料是保证节能改造所必须重视的问题。无机活性墙体保温隔热系统是南阳银通节能建材高新技术开发有限公司自主研发的新型、改良建筑保温隔热墙体材料，适合中国国情的绿色、环保、节能、安全防火等优质实用型材料。本系统自1998年投入研发，21世纪初研发成功，继承和发扬了优良的传统工艺技术，创新优化应用了国内外先进技术，解决了常规的墙体保温材料的空鼓、开裂、龟裂的问题；提升了外墙保温材料的防火等级，真正达到 A 级不燃；延长了外墙保温的使用寿命，使保温材料和墙体同寿命；简化了施工工艺，缩短了施工工期，降低了综合成本；扩大了应用范围，适宜国内各区域的新建、改建项目的建筑节能保温。该产品具有以下优点。

1.保温隔热节能效果好

产品导热系数小，蓄热系数大，用于建筑保温隔热，既节能环保又安全舒适。

2.A1级不燃材料

产品完全满足《建筑材料及制品燃烧性能分级》GB 8624 所规定的墙体保温材料 A 级防火的标准。

3.抗水、抗裂、防结露

产品属柔性憎水材料，保温层与基层墙面粘结牢固，抗开裂、抗空鼓、抗脱落、抗风压、抗冲击。墙体不会因为夏季高温膨胀产生开裂、空鼓现象；也不会因为冬季寒冷收缩产生开裂、脱落现象。

4.性能稳定，安全可靠

经耐候性试验：即经过 80 次高温（70℃）、淋水（15℃）和 30 次加热（50℃）、冷冻（－20℃）循环后，未出现饰面层起泡、空鼓和脱落现象，未产生渗水裂缝，抗冲击性能达到 10J，饰面砖粘结强度不小于 0.4MPa，产品性能优于国家标准，保温材料与墙体同寿命。

5.省工省时，施工便捷

产品是工厂化生产的单组分成品，袋装运至工地，无论是涂料饰面或面砖饰面均不需要使用抗裂砂浆、抹面砂浆、网格布（钢丝网）等材料及工序，仅需加水搅拌均匀后，便可直接用于各种墙体，一次性达到抹平、抹白、无空腔等效果，有效地避免了拼接缝冷热桥等问题。

6.性价比优越

产品与传统有机保温系统及无机保温砂浆相比，创新和发展了墙体保温材料的替代性，同时，优化和发展了墙体保温材料的抗裂性、粘结性、施工性及使用寿命，综合成本可节约 10％～30％，体现出优越的性价比。

7.绿色环保，无毒、无异味

产品精选天然绿色环保优质无机矿石，建筑底料不会产生二次污染，且材料节能效果好，降低了建筑内的热负荷，减少建筑能耗，节省能源。

8.舒适，透气性好

产品具有一定的透气性和隔声、防腐、除甲醛、除异味等优点，人居其中，冬季不会产生闷气感，夏季不会产生烘烤感，房屋通过保温隔热达到"冬暖夏凉、绿色健康、舒适宜人"的效果。

"无机活性墙体隔热保温系统"自推广应用以来先后荣获住建部多项荣誉证书，并在国内三十多个省（市）、自治区、直辖市推广应用。产品的环保性、防火性、耐候性、施工性以及优越的性价比深受广大设计单位、建设单位、施工单位、销售商和客户的一致好评。

VR 系列紧凑型百叶帘

一、成果名称

VR 系列紧凑型百叶帘

二、完成单位

完成单位：森科遮阳系统股份有限公司（SchenkerStoren AG）

完成人：森科遮阳系统股份有限公司（SchenkerStoren AG）

三、成果简介

采用建筑外遮阳是降低建筑能耗的经济而有效的途径之一。在夏季，阳光通过玻璃将大量热能带入室内，在没有外遮阳的情况下，为了达到舒适的室内居住环境，室内制冷会消耗大量的能源。同时，室内正在工作的电气设备、照明设备等也是提高室内温度的因素之一。VR 系列紧凑型百叶帘，是一款兼顾遮阳、采光、抗风及建筑美观的外遮阳产品。帘片采用铝合金制成，表面采用 AA5754 型铝镁锰合金并结合防腐蚀的聚酯烤漆釉面处理工艺，特殊形状的"Z"形叶片与叶片之间闭合紧密。挤压成型的侧轨中嵌有防紫外线的橡胶条，有效降低运行中的噪声。百叶帘可选择无线遥控和本地开关控制帘片多角度翻转，以调节室内自然光线，降低室内照明的使用率。目前，市面上的百叶帘叶片大多为 C 形平边和 C 形卷边，与之

相比 Z 形叶片百叶帘具有更好的遮光性，漏光率降低 5%～7%。叶片完全闭合时，遮阳系数达到 0.1，能量穿透总量系数为 0.06。经使用测试表明，夏季使用 VR 紧凑型百叶帘可降低室内温度 7～9℃。

此外，Z 形叶片宽度为 75mm 和 95mm 的设计，使得百叶帘收起后的堆叠高度要比 C 形 60mm 和 80mm 的叶片堆叠高度低 15～20mm，减小堆栈隐藏空间，适用于空间有限的改造建筑。同时，Z 形叶片能提高百叶帘的抗风性能。根据百叶帘面积大小，Z 形叶片百叶帘的抗风等级为蒲福风级 9～11 级。

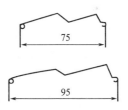

产品的节能原理为：VR 系列紧凑型百叶帘安装于建筑窗户的外立面，充当了阻隔太阳照射能量的第一道屏障，防止大量热能传递入室内。上图为研发的"Z"形卷边式叶片，叶片与叶片之间有 2mm 的搭接，导向拉绳通过钢钉一头穿过环后直接打入叶片的卷边，从而提高叶片闭合度，降低百叶帘漏光率，从而再次降低室内太阳辐射能量的照射，有效减少制冷能耗。通过调节叶片角度，保证室内自然光

照度，降低室内人工照明使用率。

产品主要特点：

遮阳隔热：自然通风，有效阻隔太阳辐射能量；

透光透景：视野通透，多角度调节室内自然光线；

节能舒适：减少制冷照明等能源消耗，营造更舒适、更健康的室内环境；

安全抗风：抗风性能佳，适用于较高楼层建筑；

维护便捷：开口朝下式顶轨便于维护和检修。

VR系列紧凑型百叶帘可应用于住宅楼、办公楼、学校、医院、厂房、产业园等各类新建建筑或者改造建筑外遮阳。良好的抗风性能可以确保较高楼层的建筑外遮阳需求。开口朝下式顶轨可防止顶轨内堆积雨水、灰尘、树叶等杂物，减少因此产生的故障率，更便于维护和检修。VR系列紧凑型百叶帘闭合后，表面平整，具有设计美感的叶片形状增加了建筑外立面的美观度。

为了节能减排，降低建筑能耗，国家及部分省份已经出台了关于建筑节能和发展绿色建筑的政策。外遮阳是建筑节能的重要措施之一，也是建造被动式房屋关键的部品之一。VR系列紧凑型百叶帘已经在全国各地如北京、上海、江苏、浙江、山东等地的被动式房屋、住宅、幼儿园、学校、工厂、办公楼、产业园等建筑中进行了应用，其节能效果明显、室内环境舒适、品质好、易维护，适用于更多的改造和新建项目，因此具有广阔的推广应用前景。

PDLC 智能调光膜

一、成果名称

PDLC 智能调光膜

二、完成单位

完成单位：深圳市华科创智技术有限公司

完成人：曾西平

三、成果简介

该成果涉及发明专利——"PDLC 智能膜的制备方法及 PDLC 智能膜"（专利申请号为：CN201510556450.3）。

智能液晶调光玻璃是目前建筑装饰装潢领域的高端材料，在商业、零售、医疗卫生、政府机关、安保等诸多方面有广泛的应用前景。随着我国高端地产、商业以及各级医疗卫生公共设施的快速发展，智能玻璃产品将在国内迎来快速的销售增长。

智能液晶调光膜的结构，是在两层导电层相向放置的薄膜间夹置一层聚合物分散液晶（PDLC）材料。这层材料在未通电时，里面的液晶分子会呈现不规则的散布状态，使光线无法射入，让智能液晶调光膜呈现不透明的外观；当在外加电场作用下时，里面的液晶分子呈现整齐排列，光线可以自由穿透，此时智能液晶调光膜呈现透明状态，从而实现不透明（但透光）的状态迅速切换到透明状态。

PDLC 材料的研究起步很早，1980、

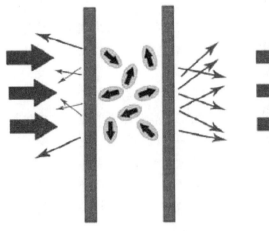

断电时(off)

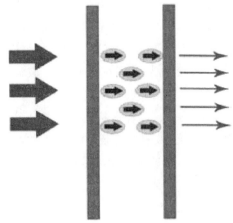

通电时(on)

1990年代国内外研究人员已对此类材料的电—光特性进行了大量且细致的研究。以"Polymer Dispersed Liquid Crystal""Smart Privacy Glass"在美国商标专利局进行查询，可找到数百件专利；而我国国内"智能玻璃""调光玻璃""液晶调光"等相关专利也已有不下百件。PDLC智能调光膜技术采用纳米银线透明导电薄膜，替代传统的ITO，一方面解决传统PDLC调光膜透光性低、可视角差，以及层间黏性差等技术问题；另一方面，纳米银线导电膜与PDLC调光膜共线生产，可避免生产线重复建设，涂布速度更快，精度更高，另外可省去透明电极表面UV保护层，能耗更低，弯曲性更好，成本更低。

将已开发的纳米银线导电薄膜应用于制备PDLC调光膜中，结合纳米银线透明导电膜的优势，一方面大大地降低了调光膜的生产成本，另一方面提高了调光膜的性能（如开发降低驱动电压、降低雾度等）。

采用PDLC智能调光膜制成的调光玻璃具有以下特性：①安全性：采用夹层玻璃生产工艺。夹层中的胶片能将玻璃牢固粘结，可使调光玻璃在受到冲击破碎时，玻璃碎片粘结在胶片中，不会出现玻璃碎片飞溅伤人。②环保特性：调光玻璃中的胶片及调光膜可以屏蔽90%以上的红外线及98%以上的紫外线，屏蔽红外线可减少热辐射及传递，屏蔽紫外线可保护室内的陈设不因紫外线辐射而出现退钯、老化等情况。③隔声特性：调光玻璃中间膜具有声音阻尼作用，可有效阻隔各类噪声。

目前的调光膜主要用于建筑方面，我们将调光膜视为电子产品，开发与其适配的时尚、人性化、可操作的手机APP控制电源，可实现类似音量键无级渐变调节功能。调光膜/玻璃产品可整合到智能家居系统；智能液晶调光膜还可作为背投影幕布，搭配投影仪可作为一个投影系统。将此背投影系统作为广告应用，可定制用于会议室投影幕、银行营业厅大门、商场橱窗等。

四、经济效益和社会效益

PDLC智能调光膜采用纳米银线透明导电薄膜作为导电层，取代原有的ITO导电层，在成本、材料柔性、高透光率、低电阻等方面都具有优势。纳米银线透明导电薄膜与智能窗膜共线生产，避免生产线重复建设，涂布速度更快，精度更高，可省去透明电极表面的UV保护层，能耗更低，弯曲性更好，成本更低。为国内智能窗膜产品的生产商多提供一个物美价廉的选择，同时也大大地促进我市智能家居行业的发展，打破了原来同类产品完全依赖进口的格局。

五、推广应用前景

智能液晶调光膜的应用领域包括酒店浴室、写字楼、银行、商场橱窗、家庭居室，全球的市场潜在需求巨大。根据目前市场判断，在我国商业地产持续发展的前提下，随着产品的市场推广，以及产品成本和价格的进一步下调，未来智能液晶调光玻璃的需求将逐年以30%的需求上升；相应地，对智能液晶调光膜的需求也将逐年上升。如果通过产品功能系列化以及生产工艺优化，将产品打进目前几乎空白的房地产家庭装修市场，则可预期产品将占据非常有利的市场地位，能带来丰厚的利润回报。

五、论文篇

随着节能环保、绿色发展理念深入人心，我国政府和社会更为关注既有建筑改造工作，科研人员在既有建筑改造领域持续深入开展研究，部分研究成果以论文形式发表。为进一步推进既有建筑改造技术的交流和推广，本篇选取了部分既有建筑绿色改造相关学术论文，与读者交流。

既有公共建筑综合改造的政策机制、标准规范、典型案例和发展趋势

一、引言

目前，我国既有建筑总面积已达约 600 亿 m^2，其中既有公共建筑总量约为 100 亿 m^2。受建筑建设时期技术水平与经济条件等因素制约，以及城市发展提档升级的需要，一定数量的既有公共建筑已进入功能或形象退化期，由此引发一系列受社会高度关注的既有公共建筑不合理拆除问题，造成社会资源的极大浪费，也对既有建筑改造提出了更高的改造要求——从节能改造、绿色改造逐步上升至基于更高目标的"能效、环境、防灾"综合性能提升为导向的综合改造。

相比于既有居住建筑，虽然既有公共建筑的建筑形式、结构体系，以及能源利用系统具有多样性和复杂性，导致其改造工作存在多方面的技术和政策问题，然而由于其建造成本高、社会关注度高等原因，针对既有公共建筑的改造将显现出较高的社会效益和经济效益。

二、既有公共建筑综合改造政策机制

（一）国外针对既有公共建筑改造的相关政策

国外发达国家由于其城市化进程完成较早，新建建筑数量较少，多年来城市建设的重点主要集中在既有建筑的维护改造方面，通过制定约束政策和激励政策相结合的政策法规体系，构建既有公共建筑改造约束机制，同时发挥政策杠杆作用，激发市场活力，引领既有建筑改造有序进行。

美国高度重视既有建筑改造工作，于1976 年颁布了《既有建筑节能法》，目前仍为现行美国法典（United States Code，U.S.C.）的一部分内容。随后，美国针对既有建筑制定了一系列法律法规来规范既有建筑改造工作，包括 1978 年的《节能政策法》和《能源税法》、1988 年的《国家能源管理改进法》、1991 年的总统行政命令 12759 号等，实现了建筑节能从规范性要求到强制性要求的转变。2005 年对《能源政策法》进行了修订并成为美国实施建筑节能和既有建筑节能改造的主要法律依据，2007 年颁布的《能源独立安全草案》对电器照明、空调设备、热泵等提出了更高的能效标准要求。结合国家要求，地方层面也依据各州的实际情况发布了适合当地的既有建筑改造相关法规政策，如纽约实施的"更绿色更美好的建筑方案"，包括"基准化分析"、"纽约市节能法规"、"能源审计与再调试"、以及"照明与分项

计量"等地方法。

英国建筑寿命普遍较长，大部分建筑建成年代久远且仍在继续使用，既有建筑维护改造需求巨大。除需要遵守《联合国气候变化框架公约的京都议定书》、《节能指令》、《建筑节能性能指令》、《建筑产品指令》等国际公约和欧盟指令外，还针对既有建筑改造建立了一套较为完善的法律体系。其中，影响较大的《可持续和安全建筑法》规定了提高建设项目的可持续性和安全性，减少建筑对环境的负面影响，《建筑法规》对建筑节能、可再生能源利用和碳减排等方面规定了最低性能标准。

德国的建筑节能工作成效显著，在欧盟乃至世界范围都处于领先地位。德国在1976年到2014年间，先后9次修订建筑节能法规——《节约能源法》（EnEV）。这项法规作为德国建筑节能立法的大成，明确规定对既有建筑进行节能改造是业主的义务，并详细规定了既有建筑节能改造的实施细则。EnEV2014对既有建筑节能改造中的围护结构改造、围护结构传热系数限值作出了详细规定，提出2016年以后建筑围护结构性能提升20%，同时对建筑实施能源消耗量控制，并将其作为强制性节能标准加以实施，对不满足标准要求的不被认定为改造达标。

日本既有公共建筑约80亿 m^2，其中25亿 m^2 是1979年《新抗震标准》和《节能能源法》实施前竣工的建筑，提升既有建筑能效和抗震性能是日本既有建筑改造的两个重要内容。2013年最新版的《节能法》包括工业、交通运输、建筑、设备四个部分，其中在建筑和设备章节对建筑所

有者的节能责任、建筑保温材料性能、建造商责任等都进行了说明。此外，为促进既有建筑改造工作并提升建筑的整体性能，日本提出了综合改造的概念，并针对既有建筑增改建过程中的节能改造工程、无障碍改造工程、抗震改造工程等都可以获得国家给予的改造工程补助费用。

（二）我国既有公共建筑改造相关政策机制

我国既有建筑改造总体呈现由单项改造、绿色化综合改造、再到综合性能提升改造的三个阶段。

第一阶段（20世纪70年代至今）的单项改造阶段，改造政策主要围绕危房改造、节能改造、抗震改造等方面。节能改造方面，1986年国务院发布《节约能源管理暂行条例》，提出新建、改建和扩建的工程项目，必须采用合理用能的先进工艺和设备，其能耗不应高于国内先进指标，建筑物设计应采取多种措施降低建筑照明、采暖和制冷能耗；2008年开始实施的《民用建筑节能条例》明确既有建筑节能改造应当根据当地经济、社会发展水平和地理气候条件等实际情况，有计划、分步骤实施分类改造，且应当符合民用建筑节能强制性标准。危房改造方面，1989年颁发的《城市危险房屋管理规定》，旨在加强城市危险房屋管理，保障居住和使用安全，促进房屋有效利用，提出对经鉴定的危险房屋，必须按照鉴定机构的处理建议，及时加固或修缮治理。抗震改造方面，《关于抗震加固的几项规定（试行）》（1979年）规定，在对地震区内新的基本建设工程进行抗震设防的同时，对全国地

震区范围内现有的工程设施与建筑作抗震鉴定，并对低于抗震设防标准的部分进行加固；《关于抗震加固技术管理暂行办法》（1982年）明确提出要加强工程抗震加固技术管理，确保抗震加固质量，提高抗震加固经济效益。

第二阶段（2006年至今）的绿色化、综合改造阶段，主要围绕安全性改造、节能节水改造、功能性改造、环境改善等绿色化改造内容，关注气候变化，强调建筑低碳发展。《国家中长期科学和技术发展规划纲要（2006—2020年）》将城市功能提升与空间节约利用、建筑节能与绿色建筑、城市生态居住环境质量保障等作为城镇化与城市发展领域的优先主题，通过科技研发与创新，实现城镇化和城市协调发展。2012年颁发《"十二五"绿色建筑科技发展专项规划》（国科发计〔2012〕692号）将"绿色建筑产业化推进技术研究与示范"作为重点任务，要求开展既有建筑绿色化改造技术研究，重点包括既有建筑群绿色化改造规划与设计技术、既有建筑绿色化改造集成技术、既有建筑绿色化改造施工协同关键技术研究与示范。《国家新型城镇化规划（2014—2020年）》提出改造提升中心城区功能，推动新型城市建设，要求按照改造更新与保护修复并重的要求，健全旧城改造机制，优化提升旧城功能。2015年中央城市工作会议提出优化存量的重点任务，推进城市既有建筑节能及绿色化改造，北方地区城市全面推进既有建筑节能改造。2016年颁发的《公共机构节约能源资源"十三五"规划》明确提出推进既有建筑绿色化改造，实施节能、环境整治、抗震等综合改造。

第三阶段（2016年至今）的综合性能提升改造阶段。2016年2月6日颁发的《中共中央国务院关于进一步加强城市规划建设管理工作的若干意见》，要求有序实施城市修补和有机更新，解决老城区环境品质下降、空间秩序混乱等问题，通过维护加固老建筑等措施，恢复老城区功能和活力。国家重点研发计划项目"既有公共建筑综合性能提升与改造关键技术"于2016年7月正式立项，项目基于"顶层设计、能耗约束、性能提升"的改造原则，重点针对：①我国既有公共建筑改造实施路线及推进模式；②集强制性与推荐性相结合、工程与产品相支撑，结构优、层次清、分类明的既有公共建筑改造标准体系；③基于更高性能目标的既有公共建筑围护结构综合改造关键技术；④基于更高节能目标的既有公共建筑机电系统高效供能关键技术；⑤大型公共交通场站能耗限额制定与降低运行能耗的新型环控系统；⑥基于更高环境要求的既有公共建筑室内物理环境综合改善关键技术；⑦集抗震、防火、抗风雪等综合防灾层面的既有公共建筑性能及寿命提升关键技术；⑧既有大型公共建筑低成本调适方法及高效运营管理模式；⑨集能效、环境、防灾"三位一体"关键性能指标的既有公共建筑综合性能监测和预警平台；⑩既有公共建筑综合性能提升及改造技术集成与示范等方面展开技术攻关与工程示范，实现基于"更高目标"的既有公共建筑综合性能提升与改造，有效提升既有公共建筑能效水平，综合改善室内物理环境品质，大幅提升建筑综合防灾抗灾能力，为下一步开展既有公共建筑规模化综合改造提供科技引领和技术支撑。

三、既有公共建筑综合改造标准规范

（一）国外既有建筑改造相关标准规范

既有建筑改造是一项综合性、复杂性工程，受建筑建设年代、现状条件以及改造成本约束，既有建筑改造涉及专项改造以及综合性改造等不同方面。国外发达国家在既有建筑改造方面，也结合本国实际情况制定了针对性的改造标准。由国际规范委员会（International Code Council，ICC）编制的《国际既有建筑规范》（International Existing Building Code）是一项既有建筑综合性改造标准，先后发布过2003年、2006年、2009年、2012年、2015年（现行）版本，针对既有建筑的历史问题，大量建筑改造难以满足现行规范的技术要求，因此在考虑建筑改造成本的前提下，对既有建筑不同规模的改造提出了适应现状的最低要求，美国还针对既有建筑结构加固、抗震改造等颁布了《既有结构加固与修复指南》（Guide for Strengthening and Repairing

Existing Structures）、《既有建筑结构状况评估指南》（Guideline for Structural Condition Assessment of Existing Buildings）、《既有建筑抗震评价与改造》（Seismic Evaluation and Retrofit of Existing Buildings）等标准规范。英国、德国、日本、澳大利亚等国家针对既有建筑的改造更多地侧重于节能改造和绿色化改造方面，如英国的《"绿色方案"实施规程》（Green Deal Code of Practice）、德国的《超低能耗被动房》（Passivehaus）、日本的《公共建筑节能标准》、澳大利亚的《建筑规范》（Building Code of Australia Update2010，BCA）等。

（二）我国既有建筑改造相关标准规范

我国目前针对既有建筑改造方面已建立了涵盖设计、施工、检测、评价等各个环节的标准规范，既有标准多侧重于节能改造和绿色化改造等方面，为既有公共建筑综合性能提升改造方面的标准体系建设奠定了基础。按照综合性能提升改造进行分类，针对既有建筑安全性能、建筑能效和室内环境性能提升三个方面的标准建设情况可归纳如表1所示。

我国既有建筑综合性能提升与改造相关标准建设情况　　　　　表1

序号	分类	规范/标准名称	标准号
1	安全性能提升	既有建筑地基基础加固技术规范	JGJ 123
2		砌体结构加固设计规范	GB 50702
3		混凝土结构加固设计规范	GB 50367
4		砖混结构加固与修复	03SG611
5		民用房屋修缮工程施工规程	CJJ/T 53
6		民用建筑可靠性鉴定标准	GB 50292
7		建筑抗震鉴定标准	GB 50023
8		建筑抗震加固技术规程	JGJ 116

序号	分类	规范/标准名称	标准号
9	建筑能效提升	公共建筑节能改造技术规范	JGJ 176
10		公共建筑节能检测标准	JGJ/T 177
11	室内环境提升	室内空气质量标准	GB/T 18883
12		民用建筑工程室内环境污染控制规范	GB 50325
13	综合性标准	既有建筑绿色改造评价标准	GB/T 51141
14		既有建筑评定与改造技术规范	在编

四、既有公共建筑综合改造典型案例

（一）天津中新生态城城市管理服务中心

天津生态城城市管理服务中心位于天津市滨海新区营城乡汉北路西南侧营城中学旧址，原有建筑建于 20 世纪 80 年代末，是天津市汉沽区的一所普通中学（图 1），建筑为四层砖混结构。项目针对原有建筑功能空间单一、结构安全性能差、围护结构热工性能不足、以及室内热舒适性差等问题进行了综合改造，改造后建筑类型为办公建筑，地上总建筑面积为 5174.88m²，其中原有改扩建建筑面积为 3103.61m²，新建建筑面积为 2071.27m²，改造后建筑实景如图 2 所示。

建筑功能布局及结构加固改造方面：为了满足城管中心人员办公需求，将原教学楼改造为城管中心对外接待办公用房，用于处理城管中心日常项目审批工作，同时在原有建筑北侧新建建筑作为办公楼后勤服务用房，项目改扩建平面示意图见图 3。该项目将办公室等形状和尺寸统一的功能房间设计在旧建筑部分，而将大会议室、小会议室、休息室、员工餐厅等面积不一、功能多样的房间设计在新建部分，功能房间布局如图 3 所示。新建部分与原有建筑相拥环抱，形成建筑内庭院。此外，为保证结构的安全性，对原有建筑进行加固处理。

图 1　改造前建筑旧景

图 2　改造后建筑现状

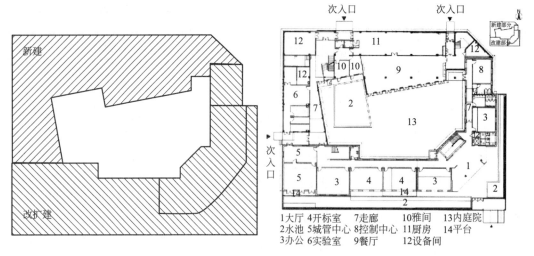

图 3　建筑改造后功能布局

1大厅　4开标室　7走廊　　10雅间　13内庭院
2水池　5城管中心　8控制中心　11厨房　14平台
3办公　6实验室　9餐厅　　12设备间

能效提升改造方面：针对原有教学楼墙体热工性能较差且未进行全面保温处理的问题，外墙均采用 50mm 厚挤塑聚苯板作为保温材料，建筑外窗和天窗采用断桥铝合金中空玻璃，提升建筑围护结构热工性能。为保证室内的热舒适性，同时提高能源利用效率，在冷热源选择时充利用当地的地热资源，采用地源热泵机组，实现可再生能源的合理利用，同时将地源热泵机组废热作为项目的太阳能热水系统的辅助热源。

室内物理环境改善方面：本项目通过通风处理、自然采光、生态幕墙、建筑遮阳等技术措施来提升室内的环境水平，营造更加舒适的办公环境。以自然通风和遮阳为例，采用在改造设计中将建筑平面布局为庭院回合形式，中庭、楼梯间和幕墙顶部开设可开启的百叶窗作为通风口等方式，来促进改造后建筑的自然通风效果。针对旧建筑东、南两侧增加的阳光玻璃大厅，采用遮阳系数为 0.5 的中空 Low-E 低

辐射玻璃、幕墙室内一侧采用构架与绿化结合的方法设置花槽、玻璃间隔设置从顶部流下的"水帘"、屋顶天窗设置可开启的遮阳帘等，来阻隔夏季辐射得热。

（二）上海市申都大厦

上海市申都大厦位于上海市西藏南路 1368 号，原建于 1975 年，为围巾五厂漂染车间，1995 年改造设计成办公楼。经过十多年的使用，建筑损坏严重，2008 年对其进行翻新改造，改造后的项目地下一层，地上六层，地上面积为 6231.22m²，地下面积为 1069.92m²，建筑高度为 23.75m。

建筑结构加固改造方面：该建筑原结构为三层带半夹层钢筋混凝土框架结构，1995 年改造设计成带半地下室的六层办公楼，然而第一次实际加固情况与图纸存在偏差，大楼的二～四层原有钢筋混凝土框架结构的混凝土柱和梁端并没有按照改建图纸的要求进行加固，二次改造加固工作根据新的建筑功能需要，首先对原结构进

行现有功能下的竖向荷载计算，若不满足时采用增大截面方法进行第一阶段的竖向加固，在满足竖向基本要求后再次进行水平抗震验算，若不满足时采用传统增大截面法或消能减震法进行第二阶段加固，最后再根据前一阶段采用的加固方法确定需要进行局部构件和节点加固的范围，进行局部加固设计（图4、图5）。

能效提升改造方面：本项目主要技术措施包括新风热回收系统、分项计量系统、太阳能热水系统、太阳能光伏系统等。以新风热回收系统及分项计量系统为例，新风处理机组服务区域涵盖二层至六层的办公区域，全热回收效率在夏季为

65％，冬季为70％，并在系统上安装温度、风速等监测探头14个，实时分析机组运行效果。能效监管系统平台按照功能类型及系统类别进行分类处理，电表分项计量系统共安装电表约200个，平台主要包括八大模块，分别为主界面、绿色建筑、区域管理、能耗模型、节能分析、设备跟踪等。以建筑内各耗能设施基本运行信息的状态为基础条件，对建筑物各类与耗能相关的信息检测和实施控制策略的能效监管综合管理，实现能源最优化经济使用（图6）。

室内物理环境改善方面：本项目主要技术措施包括自然通风、自然采光、外遮

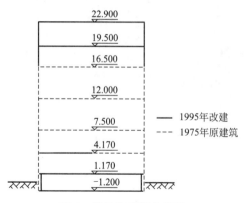

图4 结构改造历史情况

图5 阻尼器消能减震加固措施实景图

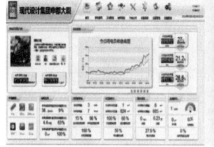

图6 能耗监测平台建设

阳等。项目位于市区密集建筑中，与周围建筑间距较小，虽然限制条件较多，但通过中庭设计、开窗设计、天窗设计等自然通风综合优化设计措施的落实，整体改善建筑通风效果。自然采光方面则一改传统开窗形式在建筑主要功能空间外侧开启落地窗，增设建筑穿层大堂空间与界面可开启空间、建筑边庭空间、建筑中庭空间、建筑顶部下沉庭院空间等形式，将自然光线引入局部室内，较好地改善内部功能空间的室内自然采光现状。

（三）深圳市南海意库

南海意库位于广东省深圳市南山区蛇口太子路与工业三路交汇处，由原三洋厂区改造而成。三洋厂区由六栋四层工业厂房构成，占地面积 44125m^2，建筑面积 95816m^2。2006 年年初在不改变现有框架结构体系的前提下，力求将建筑群改造为与城市环境和谐共生，成为功能相近、空间连接共融的整体，改造后使之从一个旧的工业厂房发展成一个现代化、信息化的 4A 级办公楼区。

建筑功能布局及结构加固改造方面：本项目 3 号厂房由改造前的四层改造为现在的五层，第五层以轻钢结构为主体，主要功能是作为多功能报告厅和摆放一些设备，并在建筑南部第 2 层与第 3 层中间增设第 2 层夹层，作为资料室、图书室和员工休息室。结构改造方面将原有的厂房主体结构全部保留，在原有结构的基础上对梁柱节点、基础以及柱截面尺寸进行了验算补强，其中梁柱节点主要采用粘贴碳纤维布的方法加强对节点核心区的约束，采用植筋扩大方法将个别基础截面和柱截面

进行扩大（图7、图8）。

图 7　3 号厂房改造前的实景照片

图 8　3 号厂房改造后的实景照片

建筑能效提升改造方面：本项目的主要技术措施包括改善外墙、外窗及屋面的热工性能，照明灯具的更换及照明控制方式的改造，温湿度独立控制及溶液除湿系统，太阳能热水系统及太阳能发电系统等。3 号厂房原墙体结构为 240mm 厚的黏土砖墙，根据新的使用功能将可以利用的原有建筑墙体尽量保留，在其内侧新增加了一道 100mm 厚的隔热砌体，并外挂 ASA 板幕墙系统及遮阳系统来提升围护结构的隔热性能。结合深圳市空气湿度较大的特点，本项目空调制冷系统采用温—湿度独立控制空调系统，显热负荷的"排热"采用高温热泵型制冷系统，潜热负荷

的"除湿"采用新风溶液除湿系统。

室内物理环境改善方面：本项目主要通过建筑形体及构造设计来促进自然通风、自然采光以及建筑遮阳，来改善建筑室内物理环境。3号厂房在原建筑中部修建了生态中庭，形成了二层到五层贯通的中庭空间，中庭顶部设置玻璃棚，不仅具有良好的遮阳效果，又有一定的透光率，与室内照明灯具按照内区与外区进行配置并实现控制，自然采光效果基本满足室内公共区域的照度要求。前庭屋面及外围护结构的中部、下部开设一定数量的通风口，在非空调季节或早晚室外空气条件较好时，采用自然通风或辅以机械通风的自然通风可提供舒适的通风环境（图9、图10）。

图9　前庭自然通风口实景照片

图10　中庭自然采光实景照片

五、既有公共建筑发展趋势

当前，既有公共建筑改造已成主流，改造内容也从最初的节能等专项改造逐步向绿色化以及基于更高目标的综合性能提升改造方面转变。然而，面向既有公共建筑综合性能提升改造的政策机制、标准体系建设、以及关键技术攻关等方面还需进一步完善与深化。既有公共建筑的未来发展趋势将基于"顶层设计、能耗约束、性能提升"的改造原则及更高能效、环境和防灾目标的改造需要，从以下几个方面进行展开。

（一）基于更高性能的既有公共建筑改造政策机制建立

我国既有公共建筑存量大、性能提升空间大、集约发展潜力大，针对既有公共建筑的综合性能提升改造是落实生态文明建设的重要途径。然而，由于既有公共建筑建设年代、结构体系、以及建筑使用功能方面的差异性以及所在地区的差别性，针对既有公共建筑的改造不能采取一刀切的政策和技术措施，还应结合我国新型城镇化等国家战略需求，综合考虑地域、功能和技术适宜性等因素，提出具有地区差别性、类型差异性、技术针对性的多维度既有公共建筑改造中长期发展目标、实施路线及分阶段重点任务，从顶层设计指导我国基于更高目标的既有公共建筑综合性能提升改造工作。

（二）基于更高性能的既有公共建筑改造标准体系建设

已编制完成《既有建筑绿色改造评价标准》等多部国家、行业标准，促进了既有公共建筑改造的发展，但尚未建立既有公共建筑改造领域涵盖全文强制性和公益类推荐性完善的标准体系，不能很好地满足多类型既有公共建筑综合性能提升改造的发展要求。后续将统筹研究既有建筑改造领域相关国家/行业/地方/协会标准，研究现行体系的完整性、科学性和可操作性，从能效、环境、防灾等多维度、分类别、分层次构建我国既有公共建筑改造标准体系，围绕既有公共建筑节能改造、室内环境改善、加固改造以及运营管理等要素，编制行业相关重点标准，突出能效、环境、安全的综合性能提升，为我国既有公共建筑综合性能提升改造提供标准引领。

（三）基于更高性能的既有公共建筑改造技术体系研发

面对我国既有建筑不断发展的改造需求，从"十一五"期间即启动了针对既有建筑改造的相关技术研发，技术体系建设也从专项改造、绿色化改造逐步向综合性能提升改造方向转变。"十一五"期间实施完成了国家科技支撑计划重大项目"既有建筑综合改造关键技术研究与示范"，"十二五"期间启动了国家科技支撑计划重大项目"既有建筑绿色化改造关键技术研究与工程示范"，"十三五"期间则针对我国既有公共建筑的综合性能提升改造需求，启动了国家重点研发计划项目"既有公共建筑综合性能提升与改造关键技术"，项目将围绕"顶层设计、能耗控制、性能提升"的综合改造目标，从围护结构性能、机电系统能效、建筑防灾性能与寿命、室内物理环境改善等方面展开技术攻关，实现既有公共建筑能效、环境、防灾性能的综合提升，并充分利用大数据等技术，借助信息化管理手段，不断推动既有建筑改造技术创新。

（四）既有建筑改造产业链培育

既有建筑由于其建造年代及建造技术等历史问题，改造利用受众多客观条件制约，也为既有建筑改造工作的开展提出了更高的要求。相比于新建建筑，既有建筑改造以建筑性能与使用功能的综合评估与诊断为基础，针对改造需求提出适宜的改造策略并进行改造设计、建造、最终投入使用。因此，既有建筑综合性能提升改造的全生命期产业链条应涵盖评估与诊断、改造咨询设计、产品生产、施工、运行维护等过程，涉及产品与设备研发企业、设计企业、制造企业、销售企业、检测企业、维修企业等，从全生命期的产业链角度进行引导和布局，分步实施，促进建筑产业和建筑企业的转型升级。

（中国建筑科学研究院有限公司供稿，王俊、李晓萍、李洪凤执笔）

中国建筑抗震鉴定加固五十年

一、我国地震形势的严峻性

我国处于世界上两个最活跃的地震带上，一是环太平洋地震带，二是欧亚地震带，是个多发地震国家。地震给我国造成了巨大的人员伤亡和经济损失，无论是从有史可考的记载，还是从近代的统计，我国的地震灾害及造成的人员伤亡都居世界之首。1556年1月23日陕西华县8级地震，死亡83万人，是有史以来全世界地震中死亡人数最多的一次。1920年12月16日宁夏海源8.5级地震，在人口较疏地区，死亡20余万人。1976年河北唐山7.8级地震，死亡24万人、伤残16万人，是世界上近代大地震中伤亡最多的一次。

（一）我国地震灾害严重的主要原因

1.地震区分布广

据历史记载，全国除个别省的部分地区外，都发生过6级以上地震。需要考虑抗震设防地震基本烈度在6度以上的地区面积占全国国土面积的2/3。全国大中城市70%在7度以上的抗震设防区，特别是一批重要城市如北京、西安等位于地震基本烈度8度的高烈度抗震设防区。

2.震源浅、强度大

我国发生在陆地国土的地震，绝大多数是深度在30km以内的浅源地震，如汶川地震震源发生在地表以下19km处，所产生的地面运动十分剧烈。据有关资料介绍，在汶川卧龙获取的峰值加速度记录达0.9g（地震烈度10度），在江油获取的峰值加速度记录达0.7g（地震烈度接近10度）。此次地震所产生的峰值加速度大于0.4g（地震烈度9度）的区域尺度达到350km，震中烈度高达11度。如此巨大的地震不仅造成了地面大量工程建筑倒塌，而且引发了山体崩塌、滑坡、泥石流等次生灾害，造成大量人员伤亡和经济损失。

3.强震的重演周期长

我国东部地区灾难性强震的重演周期长，大多在百年甚至数百年。如河北省历史上发生过三次7.5级以上的强震（1679年三河、平谷8级地震，1830年磁县7.5级地震，1976年唐山7.8级地震），发震时间分别相隔151年和146年；山西省历史上发生过三次7.5级以上的强震（公元512年代县7.5级地震，1303年洪洞县8级地震，1695年临汾8级地震），发震时间分别相隔791年和392年；山东省1668年郯城8.5级地震和1937年菏泽7级地震相隔269年。由于强震重演周期长，就容易在现实生活中忽视地震灾害的威胁。

4.老旧建筑物抗震能力低

我国自1974年才颁布第一本《工业与民用建筑抗震设计规范》TJ11-74，此前建造的大量房屋均未考虑抗震设防，并且由于技术和经济方面的原因，我国早期的抗震设计规范对房屋建筑的抗震设防要求低，造成了我国现存的一批老旧房屋抗震能力低下。

（二）新中国成立后若干次大地震回顾

1. 察隅地震

1950 年 8 月 15 日 22 时 09 分在我国西藏与印度阿萨姆接壤的察隅县、墨脱县交汇处发生了 8.6 级地震。震中烈度达 12 度，其中察隅县城、墨脱县城的烈度分别为 11 度和 10 度。极震区内房屋全部倒平（图 1），山川移易，地形改变，多处山峰崩塌堵塞雅鲁藏布江，山体滑坡将 5 处村落推入江中。在这次地震后余震频繁，持续时间达一年之久，震级超过 4.7 级的余震有 80 多次，最高的达到 6.3 级。地震造成西藏地区倒塌房屋 9000 多柱（藏式室内宽度标准）、3300 多人死亡。

图 1 察隅地震遗址

2. 邢台地震

1966 年 3 月 8 日 5 时 29 分，在河北省邢台地区隆尧县东，发生了 6.8 级强烈地震，震源深度 10km，震中烈度为 9 度。继这次地震之后，3 月 22 日在宁晋县东南分别发生了 6.7 级和 7.2 级地震各一次，3 月 26 日在老震区以北的束鹿南发生了 6.2

级地震，3 月 29 日在老震区以东的巨鹿北发生了 6 级地震。从 3 月 8 日至 29 日的 21 天的时间里，邢台地区连续发生了 5 次 6 级以上地震，其中最大的一次是 3 月 22 日 16 时 19 分在宁晋县东南发生的 7.2 级地震。邢台地震波及河北省 6 个地区，80 个县市、1639 个乡镇、17633 个村庄，造成 8064 人死亡，38451 人受伤，倒塌房屋 508 万余间（图 2），破坏了京广和石太等 5 条铁路沿线的桥墩和路堑 16 处，震毁和损坏公路桥梁 77 座（图 3），经济损失 10 亿元。

图 2 邢台地震中受损严重的宁晋县

图 3 后辛立庄桥断塌

3. 通海地震

1970 年 1 月 5 日凌晨，云南省通海县发生了 7.7 级强烈地震，震源深度 10km，震中烈度为 10 度。主震后发生 5 级至 5.9 级余震 12 次，引起严重滑坡、山崩等破坏，受灾面积 4500 多平方公里，造成 15621 人死亡，32400 多人伤亡，338456 间房屋倒塌（图 4），经济损失达 27 亿元之巨，是新中国成立以来死亡人数万人以上的三次大地震之一，仅次于"唐山地震"和"汶川地震"。

4.大关地震

1974 年 5 月 11 日凌晨 3 时 25 分，在云南昭通地区大关、永善两县交界处发生 7.1 级地震，震中烈度 9 度。地震造成 1423 人死亡，1600 余人受伤；损坏房屋 6.6 万余间，其中倒塌 2.8 万余间（图 5），经济损失超过 7 亿元。极震区内木结构房屋的木构架无破坏，而土、石墙多数倒塌，土搁梁房和毛石砌筑石搁梁房，大多数坍塌或倒平。地震还造成山坡崩滑与地裂缝，毁坏道路、农田、水渠，埋没村舍。图 6 所示为大关县木杆中学，墙体用石块砌成的校舍，全部倒塌。

图 4　通海地震震害照片

图 5　大关地震震害照片

图 6　大关县木杆中学倒塌的校舍

5.海城地震

1975年2月4日，辽宁海城、营口县一带发生7.3级地震，震源深度约16km，震中区烈度9度。这次地震发生在人口稠密、工业发达的地区，是该区有史以来最大的地震，极震区面积为760km²。由于我国地震部门对这次地震作出了预报，当地政府及时采取了有力的防震措施，使地震灾害大大减轻，除房屋建筑和其他工程结构遭受到不同程度的破坏和损失外（图7、图8），地震时大多数人都撤离了房屋，人员伤亡极大地减少。但仍造成了2041人死亡、超过30000人受伤，城镇房屋倒塌及破坏约500万m²、农村房屋毁坏1740万m²、公共设施损坏165万m²，城乡交通、水利设施破坏2937个，经济损失达8.1亿元。

图7　海城县招待所震坏

图8　盘锦大桥坍落

6.唐山地震

1976年7月28日凌晨3时42分，河北省唐山、丰南一带发生了7.8级强烈地震，震源深度为12～16km，震中烈度为11度。主震发生之后又发生了多次强余震，截至当年9月23日，共发生4级以上的强余震423次，其中5～5.9级的25次，6～6.9级的5次，最大的一次强余震7.1级，发生在当天的18时45分。

唐山地震不仅震级大、烈度高、波及面广，余震次数多、震级大，而且这次地震发生在人口稠密、工矿企业集中的城市，震前唐山市的基本烈度定为6度，绝大多数建筑物都没有抗震设防，因此地震所造成的损失和破坏极其严重（图9）。据《人民日报》1979年11月23日报道，"这次大地震总共死亡二十四万两千多人，重伤十六万四千多人"。又据有关部门估算，这次地震的直接经济损失达100亿元。

7.澜沧—耿马地震

1988年11月6日21时03分和21时15分，云南省澜沧县和耿马县与沧源县交界处分别发生7.6级和7.2级地震，震源深度分别为13km和8km，震中烈度9度。澜沧、耿马和沧源三县的十几个乡镇受灾最重。死亡748人，重伤3759人，轻伤3992人。毁坏房屋41.2万间，破坏70.4万间，损坏74.3万间。直接经济损失近30亿元。图10、图11所示是地震若干房屋震害照片。

图9　唐山市路南区（11度区）地震前后对比，震后成为一片废墟

图10　木戛乡新建的邮电所被震坏

图11　震倒的乡税务所

8.丽江地震

1996年2月3日19时14分，云南省丽江地区发生7.0级地震，震源深度10km，震中烈度9度。主震发生后又发生余震2529次，最大的一次为6级。丽江县城及附近地区约20％的房屋倒塌，伤亡17221人，其中309人丧生，3925人重伤，房屋倒塌35万多间，损坏60.9万多间，电力、交通、通信以及水利等设施也遭到了严重破坏。地震造成直接经济损失达40多亿元。

图12所示是地震后成为废墟的中海村中海小学校舍，图13所示是丽江大礼堂电影院，地震时女儿墙掉落，砸死数人。

图12　中海小学校舍废墟

图13　丽江大礼堂电影院女儿墙坍落

9. 汶川地震

2008 年 5 月 12 日 14 时 28 分，四川省汶川县发生 8.0 级地震，震源深度 14km，震中烈度达 11 度。主震发生后的 112 天内，我国地震台网记录到 27784 次余震，其中 6.0 级以上余震 8 次，5.0～5.9 级余震 32 次，4.0～4.9 级余震 228 次，最大余震 6.4 级。汶川地震造成了 69226 人遇难、17923 人失踪、374643 人受伤，经济损失达 8500 亿元，其中 70% 以上的损失是由建设工程设施破坏造成的。

图 14 所示是震中映秀镇震害全貌航拍图片，图 15 所示是地震中倒塌的映秀中学教学楼。

图 14　映秀镇震后全貌

图 15　倒塌的映秀中学教学楼

10. 玉树地震

2010 年 4 月 14 日上午 7 时 49 分，青海省玉树县发生两次地震，最高震级 7.1 级，震中位于县城附近，震源深度 14km。主震发生后的 6h 内发生余震 18 次、震后 5 天内发生余震 1206 次，截至 4 月 20 日 15 时，共发生余震 1278 次。玉树地震给灾区人民生命财产造成了重大损失，截至 2010 年 5 月 30 日 18 时，遇难 2698 人，失踪 270 人。居民住房大量倒塌，学校、医院等公共服务设施严重损毁（图 16），部分公路沉陷、桥梁坍塌，供电、供水、通信设施遭受破坏。农牧业生产设施受损，牲畜大量死亡，商贸、旅游、金融、加工企业损失严重。

图 16　玉树地震中建筑物震害

二、建筑抗震鉴定与加固技术标准的发展

（一）68 标准

1966 年 3 月 8 日邢台地震后，当地农村一些简易民房对前后墙采用简单的钢丝绳进行了拉结处理，这些房屋在 3 月 22 日发生的地震中并未遭到严重破坏，由此开始了我国对现有房屋的抗震鉴定与加固工作，首先在北京、天津地区开展了房屋的抗震普查与鉴定。1968 年原国家建委京津地区抗震办公室发布了五本草案（见图17）：《京津地区新建的一般民用房屋抗震鉴定标准（草案）》、《北京地区一般单层工业厂房抗震鉴定标准（草案）》、《北京市旧建筑抗震鉴定标准（草案）》、《京津地区农村房屋抗震检查要求和抗震措施要点（草案）》及《京津地区烟囱及水塔抗震鉴定标准（草案）》，并在京津地区开展了抗震鉴定与加固的试点工作。

（二）75 标准

1970 年在云南省通海地震的经验总结会上，正式提出要改变抗震工作的被动局面，把预防工作做在地震发生之前，对现有未设防房屋采取积极的防灾措施，这是我国工程抗震战略上的一个重大突破。1975 年辽宁海城地震后，根据当时京津地区的震情趋势，京津两市对一些重要工程进行了抗震鉴定，采取了加固补强措施。在原国家建委京津地区抗震办公室的领导下，由国家建委建筑科学研究院（1979 更名为中国建筑科学研究院）工程抗震研究所会同北京市房管局、天津市建筑设计院等单位，对 1968 年发布的 5 本草案进行了修订，形成了《京津地区工业与民用建筑抗震鉴定标准（试行）》，于 1975 年 9 月正式试行，这是我国第一个抗震鉴定标准（图18）。京津两市的部分房屋据此进行了抗震鉴定与加固，开创了我国抗震加固工作的先河。

同 68 标准相比，75 标准中增加了总则一章，按结构类型分类编写了抗震鉴定要求和加固处理意见，编算了抗震砖墙最

图 17　1968 年京津地区发布的部分鉴定标准草案

图 18　75 标准封面

小面积率表，修改了有关圈梁的加固意见和单层空旷砖房带壁柱墙高厚比的规定，简化了旧式木骨架房屋的鉴定标准条文，增加了砖木房屋和砖墙木骨架的内容，修改了砖烟囱的加固方案等。

75 标准的主要技术特点有：

（1）适用范围：适用于京津地区按 7 度或 8 度进行抗震鉴定的现有工业与民用建筑物，包括房屋和烟囱、水塔等构筑物，不适用于有特殊抗震要求的建筑物。

（2）设防烈度：对于特别重要的建筑物，经过国家批准，可按基本烈度提高 1 度鉴定；对于重要建筑物（如地震时不能中断使用或易产生次生灾害的建筑物、重要企业中的主要厂房、极重要的物资储备仓库、重要的公共建筑物等），按基本烈度鉴定；对于一般建筑物，按基本烈度降低 1 度鉴定，但基本烈度为 7 度时不降低。

（3）设防目标：在遭遇相当于抗震鉴定采用烈度的地震影响时，一般不致严重破坏，经修理后仍可继续使用；不满足鉴定要求经加固处理后，一般不致倒塌伤人。

（4）鉴定方法：主要是按抗震构造措施及抗震承载力两个方面进行鉴定，抗震承载力验算主要是按设计规范的方法进行构件承载力的验算，但多层砖房的抗震承载力验算有了面积率简化计算方法。该标准没有钢筋混凝土房屋抗震鉴定的相关内容，但有单层钢筋混凝土厂房的相关内容。

（三）77 标准

1976 年 7 月 28 日，我国发生了举世震惊的 7.8 级唐山大地震，这次地震中京津地区进行了抗震加固的工程经受住了考验，震后完好，而附近未加固的建筑则遭到破坏。同年冬天，正式成立了国家建委抗震办公室，主持召开了第一次全国抗震工作会议，布置了全国抗震加固工作，确定了包括全国抗震重点城市、工矿企业、铁路、电力、通信、水利等 152 项国家重点抗震加固项目，并组织广大科技人员进行了震害调查和抗震加固技术的试验研究工作。1977 年 12 月颁布了《工业与民用建筑抗震鉴定标准》TJ23—1977（图 19），配合该标准编制了《工业建筑抗震加固图集》GC-01 和《民用建筑抗震加固图集》GC-02（图 20、图 21），成为指导全国抗震鉴定与加固工作的规范文件，标志着我国抗震加固工作已从局部地区试点推进到全国，也标志着抗震鉴定与加固工作已成为防震减灾的重要组成部分，逐步进入规范化、制度化的轨道。截至 1995 年年底共加固各类建筑物 2.4 亿 m^2，支出经费 44 亿元，关系国计民生的能源、交通、通信、水利等国家重点工程基本加固完成。

同 75 标准相比，77 标准在以下几方

图 19　77 标准

图 20　参考图集 GC-01

图 21　参考图集 GC-02

面有了重大变化：

（1）适用范围：由原 75 标准的"京津地区"扩大到"全国范围 7～9 度抗震设防区"。鉴定与加固的对象是房屋、烟囱、水塔等现有工业与民用建筑，同样不适用于有特殊要求的建筑物。

（2）鉴定烈度：与 75 标准相比没有变化，但自 78 抗震规范颁布实施后，设计烈度采用基本烈度，鉴定烈度与设计烈度一致。具体规定如下：抗震鉴定加固的烈度，一般按基本烈度采用；对特别重要的建筑物，必须提高 1 度加固时，应由有关省、市、自治区建委或国务院有关部委提出报告，由国家建委与有关省、市、自治区建委或国务院有关部委协商批准；对次要建筑物，如一般仓库、人员较少的辅助建筑物等，按基本烈度降低 1 度鉴定加固，但基本烈度为 7 度时不降。

（3）设防目标：对抗震鉴定与加固的设防目标进行了统一，即在遭遇相当于鉴定采用烈度的地震影响时，一般不致倒塌伤人或砸坏重要生产设备，经修理后仍可继续使用（相当于中震不倒），这个目标较 75 标准有很大提高。

（4）鉴定方法：仍从抗震构造措施与抗震承载力两个方面进行，抗震构造措施的要求比 75 标准有所提高，抗震承载力验算也仍以构件承载力的验算为主（多层砖房保留了面积率简化计算方法）。此外，77 版标准中增加了钢筋混凝土房屋的抗震鉴定与加固内容。

（四）95 标准与 98 规程

1. 试验研究工作

自 1977 年开始，我国进一步加强了抗震加固的研究工作，对砖结构房屋抗震加固设计计算方法进行了探索。1977～1978 年间，许多单位相继进行了夹板墙、组合柱、外加柱、砖墙裂缝修复和墙体压力灌浆等项目的试验研究，并于 1978 年 12 月在成都召开了全国抗震加固科研成果交流会。会后编制了《民用砖房抗震加固技术措施》，这对提高砖房抗震加固设计质量起到了一定的指导作用。

1980 年后，抗震加固技术的研究不断深入，并列入国家抗震重点科研项目。全国 22 个设计、科研单位与大专院校，进行了 556 项足尺与模型试验，提出了 46 篇试验研究报告。在此基础上，于 1985 年编制了《工业与民用建筑抗震加固技术措施》，同期，冶金部也编制了《冶金建筑抗震加固技术措施》，并在本系统内应用。这段时间内的试验规模和研究深度，均标志着我国抗震加固技术的研究已进入世界先进行列（图 22、图 23）。

图 22　《工业与民用建筑抗震加固技术措施》

图 23　《冶金建筑抗震加固技术措施》

2.《建筑抗震鉴定与加固设计规程》

1988 年由中国建筑科学研究院、同济大学和机械电子部设计研究总院会同国内有关科研、设计和高等院校等单位，按原建设部《1984 年全国城乡建设科技发展规则》中任务的要求，认真总结了我国抗震鉴定与加固的实践经验并吸取了国外一些有价值的资料，完成了《房屋抗震鉴定与加固设计规程》（讨论稿）（图 24）。同年 5 月 20 日由中国建筑科学研究院会同建设部抗震办公室和标准定额司邀请其他有关规范编制组负责人及专家对该《规程》稿进行了评审。专家们认为：《规程》稿比较全面地反映了我国目前的抗震科技水平和加固经验，目的性明确，它结合现有建筑物的特点，提出了一系列简便易行、切合实际的抗震鉴定方法和加固措施。同时，专家们也提出了建议，鉴于 1985 年 1 月 1 日，《建筑结构设计统一标准》GBJ 68—1984 试行，结构构件的截面承载力验算从安全系数法统一为基于可靠度的以概率为基础的极限状态验算方法，《规程》亦按《建筑结构设计统一标准》进行修订。

图 24　1988 年的《房屋抗震鉴定与加固技术规程》（讨论稿）

会后《规程》编制组根据专家组的意见按《建筑结构设计统一标准》、《建筑结构设计通用符号、计量单位和基本术语》的精神重新开展了修订工作，于1990年1月形成新的《建筑抗震鉴定与加固设计规程（征求意见稿）》。然而，1990年1月1日《建筑抗震设计规范》GBJ 11—1989正式施行，新规范明确了"小震不坏、中震可修、大震不倒"的抗震设防目标，提出了两阶段、三水准的设计方法，并且要求建筑按其重要性分为甲、乙、丙、丁四个设防分类等级。为与新的抗震设计规范相协调，《规程》再次进行了修订，分别与当年8月、10月形成新的《建筑抗震鉴定与加固设计规程》征求意见稿和送审稿（图25、图26）。

(a)1月版　　　　　(b)8月版

图25　《建筑抗震鉴定与加固设计规程》（征求意见稿）

3.《建筑抗震鉴定标准》、《建筑抗震加固技术规程》

自《规程》形成审查稿后，就《建筑抗震鉴定与加固设计规程》形成了两种意见：一是维持原《规程》，即抗震鉴定与加固作为一本标准出台，二是抗震鉴定与

图26　《建筑抗震鉴定与加固设计规程》（送审稿）

加固规程分成两本标准出台。这种争议持续了很长时间，最后建设部标准定额司决定采用第二种观点。为此，编制组将原《规程》按抗震鉴定与抗震加固分成了两本标准，技术上也进行了重大改进，这就是后来的《建筑抗震鉴定标准》GB 50023—1995与《建筑抗震加固技术规程》JGJ 116—1998，分别于1996年6月1日、1999年3月1日正式实施，史称95标准与98规程（图27、图28）。

图27　《建筑抗震鉴定标准》GB 50023—1995

同77标准相比，95标准与98规程的主要技术改进有：

图 28 《建筑抗震加固技术规程》JGJ 116—1998

（1）适用范围：根据唐山大地震后建设部的有关规定，将抗震鉴定的适用范围扩大到了 6 度设防区。

（2）鉴定烈度：与新版《建筑抗震设计规范》相适应，明确规定抗震鉴定的设防烈度按基本烈度考虑，抗震承载力验算按多遇地震影响考虑。

（3）设防目标：在遭遇到相当于抗震设防烈度的地震影响时，一般不致倒塌伤人或砸坏重要生产设备，经修理后仍可继续使用，与《工业与民用建筑抗震鉴定标准》TJ 23—1977 的设防目标相同，相当于中震不倒。因此，对于已按 78 抗规设计或按 77 标准鉴定与加固的房屋可不再进行抗震鉴定加固。

（4）设防标准：对于量大面广的丙类建筑，抗震验算和抗震构造均按抗震设防烈度的要求采用；乙类建筑的抗震验算按设防烈度的要求采用，抗震构造按提高 1 度的要求采用（9 度不提高）；甲类建筑的抗震验算和抗震构造按专门规定采用；丁类建筑的抗震验算可适当降低要求，抗震构造按降低 1 度的要求采用，6 度设防区可不作抗震鉴定。

（5）鉴定方法：95 标准在鉴定方法上有了重大改进，提出了综合抗震能力的概念，基于筛选法的原理提出了两级鉴定方法，第一级鉴定是抗震构造措施的鉴定，第二级鉴定以抗震承载力验算为主结合第一级鉴定的结果进行综合抗震能力的评定。当第一级鉴定满足要求时，可不再进行第二级鉴定；当第一级鉴定有多项要求不满足或某些构造措施与鉴定要求相差较大时，也可不进行第二级鉴定直接判定为不满足鉴定需进行加固。在第二级鉴定中，除采用设计规范的方法进行构件承载力验算外，砌体结构主要采用面积率方法计算楼层综合抗震能力指数，钢筋混凝土结构主要采用屈服强度方法计算楼层综合抗震能力指数。

（五）09 标准与规程

汶川地震后，根据住房和城乡建设部的要求，并配合全国中小学校舍安全工程的顺利开展，对《建筑抗震鉴定标准》、《建筑抗震加固技术规程》进行了紧急修订，修订工作于 2008 年 7 月 9 日正式启动。修订过程中吸纳了 77 标准实施以来抗震鉴定与加固的最新研究成果，总结了国内外历次大地震、特别是汶川地震的震灾经验教训，于 2009 年 4 月形成《建筑抗震鉴定标准》（征求意见稿）、5 月形成《建筑抗震加固技术规程》（征求意见稿）。修订组在全国范围内征求了有关设计、科研、检测鉴定、教学单位及抗震管理部门的意见，同时也在标准化网站进行了全社会广泛征求意见。其中，《建筑抗震鉴定标准》共征集到实质性建议 176 条，修订组对征集到的建议进行了认真研究讨论，采纳建议 72 条、部分采纳 25 条；《建筑抗震加固技术规程》共征集到实质性建议 55 条，修订组采纳建议 21 条、部分采纳 14 条，修订组根据征集到的建议对征求意见稿进行了修改形成送审稿。

2009 年 5 月 19 日，《建筑抗震鉴定标准》审查会在北京召开，审查委员会认为：根据目前我国抗震鉴定的需要，新标准扩大适用范围是必要的；修订后现有建筑的抗震设防目标恰当，根据不同后续使用年限选用不同的鉴定方法，其原则合理、切合实际、可操作性强。2009 年 6 月 12 日，《建筑抗震加固技术规程》审查会在北京召开，审查委员会认为：修订后的规程与新修编的《建筑抗震鉴定标准》GB 50023—2009 相协调，明确了具有不同后续使用年限建筑的抗震加固要求；结合近年来抗震加固技术的发展，对原规程进行了相应的调整和补充，增加了建筑抗震加固的新技术、新方法；规程的修订适应目前我国现有建筑抗震加固工作的需要，抗震加固设防目标恰当、加固技术可靠、经济合理、实用性强。图 29、图 30 所示分别为 09 标准与规程的封面。

图 29 《建筑抗震鉴定标准》GB 50023—2009

图 30 《建筑抗震加固技术规程》JGJ 116—2009

2009 年 7 月 1 日、8 月 1 日，《建筑抗震鉴定标准》GB 50023—2009、《建筑抗震加固技术规程》JGJ 116—2009 正式实施。同 95 标准相比，09 标准与规程在以下几个方面有了技术上的重大进步：

（1）引入了后续使用年限的概念。09 版鉴定标准中按现有建筑的建造年代和设计依据的标准规范系列，划分为 30 年、40 年和 50 年三个档次，分别称为 A、B、C 类建筑。不同后续使用年限的建筑，第一级鉴定（或抗震措施鉴定）的要求不同，第二级鉴定采用的方法不同，抗震鉴定的流程不同，其达到的设防目标也有所不同。

（2）抗震鉴定的设防目标更加明确。09 版鉴定标准的设防目标与《建筑抗震设计规范》的三水准设防目标相对应，后续使用年限 50 年的既有建筑与现行抗震设计规范的设防目标完全一致，即"小震不坏、中震可修、大震不倒"，后续使用年限少于 50 年的既有建筑，其设防目标略低于新建工程，着重强调满足"大震不倒"的目标，遭受多遇地震影响时主体结构构件的破坏程度控制在中等破坏以内。

（3）提高了学校、医院等重点设防类建

筑的设防标准。鉴于汶川地震中中小学校舍破坏严重这一情况，09版鉴定标准中对于重点设防的A类建筑专门列条款规定了抗震措施的要求，B类建筑则按高1度的要求进行抗震措施鉴定，底层框架砖房、内框架房屋不得作为重点设防类建筑使用，总体上重点设防类建筑的鉴定要求明显提高。

（4）与当时的《建筑抗震设计规范》GB 50011—2008相协调，增加了7度（0.15g）、8度（0.30g）的抗震鉴定与加固内容。

（5）底层框架砖房的鉴定要求提高。鉴定汶川地震中底层框架砖房的震害特征，提出了底层与过渡层的刚度比控制要求、过渡层砌体材料的强度控制要求、底层框架柱的轴压比控制要求。

（6）鉴定标准与加固规程更加协调统一，为今后两本标准的整合奠定了技术基础。

（7）增加了消能减震、粘贴碳纤维布、钢绞线聚合物砂浆等抗震加固新技术。

三、建筑抗震鉴定与加固的减灾效果

地震中房屋建筑破坏与倒塌是造成人员伤亡的主要原因，世界上130次伤亡巨大的地震，其中95%以上的人员伤亡，是由于抗震能力不足的建筑物倒塌造成的，因此提高房屋建筑的抗震能力是减轻地震灾害的最有效措施。提高房屋建筑抗震能力的途径有两条：一是重视新建工程的抗震设防，在这方面我国有强制性的工程建设标准《建筑抗震设计规范》GB 50011，历次地震经验教训表明，凡严格按抗震设计规范设计建造的建筑，在地震中均经受住了考验。二是重视改善和提高现有建筑的抗震能力，在这方面我国同样也有强制性的工程建设标准《建筑抗震鉴定标准》

GB 50023及《建筑抗震加固技术规程》，这两本配套实施的标准同样也经受住了地震的考验，凡在震前经过抗震鉴定与加固的建筑，在地震中的损坏程度明显轻于未加固的建筑。

抗震鉴定加固是减轻地震灾害的有效措施。1975年海城地震后，京津地区加固的一批工业与民用建筑，经受住了1976年的唐山地震考验。唐山地震后，全国范围内开展了抗震鉴定加固工作，在近几年各地发生的强地震中，显示了抗震加固的效益。

（一）河北唐山7.8级地震

天津发电设备厂海城地震后着手加固了主要建筑物64项，约6万平方米，仅用钢材40t。经唐山地震考验（厂区地震烈度为8度），全厂没有一座车间倒塌，没有一榀屋架坍落，保护了上千台机器设备的安全，震后三天就恢复了生产。而相邻的天津重机厂，震前没有按设防烈度加固，唐山地震后厂房破坏严重，部分屋架坍落，大型屋面板脱落，支撑破坏，围护墙倒塌和外闪等，到1979年元旦才部分恢复了生产，修复加固耗费了700t钢材。

（二）内蒙古五原6.0级地震

内蒙古五原县第二中学共有32栋完全相同的单层砖混结构教室，1979年五原6.0级地震前加固了其中的12栋，地震后基本完好，而未加固的20栋砖房，震后遭到了破坏。

（三）四川道孚6.9级地震

县邮电机房1980年进行了抗震加固，在纵横墙交接处加了构造柱和钢拉杆，另外增设了圈梁，经受住了1981年道孚6.9级（烈度为8度）的地震考验。地震后该机房安然无恙。但距该机房约 10m 处的同类结构、同样高度、同一单位施工的柴油机房，因震前没有抗震加固，遭到严重破坏。

（四）四川自贡 4.8 级地震

四川自贡市已加固的 54 万 m² 的建筑物，普遍经受住了 1985 年 4.8 级地震的考验（震中为 7 度），已加固的房屋地震后完好率达到 92% 以上。例如，自贡市第二医院有三栋建于 1954 年的病房楼，均为二层砖木楼房，不但结构和外形一致，且彼此相邻。一号病房楼和二号病房楼在震前采用钢筋混凝土圈梁加固，震后完好无损，而三号病房楼没来得及加固，震后砖墙严重开裂、外闪，被鉴定为危房，需拆除重建。

（五）山东菏泽 5.9 级地震

山东省菏泽市医院的门诊部，震前进行了抗震加固，经受住了 1983 年 11 月菏泽的 5.9 级地震，没有损坏，震后照常看病，而医院的住院部未加固，遭到破坏，震后不得不把病人迁移走。

（六）云南澜沧—耿马 7.6 级地震

震前加固的县医院住院楼，震后完好，正常使用；而未加固的门诊楼遭到严重破坏。震前加固的耿马糖厂蒸馏塔（图 31）、澜沧铅矿水泵机房（图 32）均在地震中完好无损。

图 31　耿马糖厂蒸馏塔

图 32　澜沧铅矿水泵机房

（七）云南丽江 7.0 级地震

1996 年云南丽江发生 7 级地震，震前加固和未加固房屋的震害也有明显的对照。该县震前花费 70 多万元加固的基础设施和公共建筑震后基本完好，这些建筑的价值约两千多万元，即加固费用仅占房屋价值的 3.5%，震后不需维修或稍加维修就可投入使用，极大地减轻了地震造成的经济损失。图 33～图 35 所示是几栋经加固建筑震后完好无损的照片。

图 33　丽江新华小学教学楼

图 34　丽江县人民医院门诊部

图 35　丽江北门坡送变电站

（八）四川汶川 8.0 级地震

汶川地震中大量的房屋倒塌，但仍有不少房屋经抗震加固后破坏轻微，甚至在极震区这些房屋虽遭受严重破坏但未倒塌，保护了人民的生命财产安全。

图 36 所示是都江堰宁江集团幼儿园，采用外加钢筋混凝土构造柱与圈梁进行了加固，其中内墙圈梁采用钢拉杆、部分内圈梁采用角钢代替，地震中该楼完好无损。

位于极震区的北川中学校舍倒塌严重，其中原有 A、B、C 三栋砖混结构校舍，20 世纪 90 年代初选其中情况较差的

A 栋进行了加固，花费不到 3 万元，此次地震中未加固的 B、C 栋倒塌，经过加固的 A 栋坏而未倒（图 37）。

图 38 所示是汶川地震后的都江堰市人民医院门诊楼。该楼原为两层结构，震后进行了改造，在原结构上增建了一层（局部增建两层），结合改造进行了抗震加固。地震中该门诊楼基本完好，在震后救灾中发挥了重要作用。

汶川地震中，甘肃陇南武都一座单层砖柱工业厂房，震前采用外包型钢对砖柱进行了加固，地震中该厂房部分砖柱发生断裂（图 39），但厂房并未倒塌。

图 36　都江堰宁江集团幼儿园

图37 北川中学未倒塌的校舍

图38 都江堰市人民医院门诊楼

图39 单层砖柱厂房采用外包型钢加固，砖柱裂而不倒

经加固的生命线工程在汶川地震中也经受了考验。图40（a）所示是未经加固的水塔，震后塔身发生严重破坏，图40（b）所示是震前进行了加固的水塔，地震中塔身未发现一条裂缝。

(a)未加固水塔　　(b)已加固水塔

图40 水塔加固效果的对比

（九）四川雅安市芦山7.0级地震

汶川地震后，国务院启动了"全国中小学校舍安全工程"，对全国范围内的中小学校舍进行了全面的抗震鉴定与加固。这些工程在五年后的芦山地震中经受住了考验。

图41所示为芦山县国张中学教学楼，五层砖混结构、预制楼屋盖，建于1999年。汶川地震中遭遇中等程度破坏，震后采用双面钢筋网水泥砂浆面层进行了加固，在芦山地震中（设防烈度7.5度、遭遇烈度8度）表现良好。

图42所示是雅安市外国语实验小学教学楼，建于1982年，为四层带外廊单跨框架结构。汶川地震后增设外廊柱改变

图 41　芦山县国张中学教学楼

原单跨框架结构体系，对原柱截面进行了加大截面法加固，震后完好无损。

图 42　雅安市外国语实验小学教学楼

图 43 所示为对岩镇红十字博爱中学教学楼，震后采用外加钢筋混凝土圈梁—构造柱进行了加固，震后完好无损。与此

形成明显对比的是未加固的一栋砌体教学楼，在地震中墙体破坏严重，成为危房（图 44）。

图 43　对岩镇红十字博爱中学教学楼

图 44　未加固教学楼破坏严重

（中国建筑科学研究院有限公司工程抗震研究所供稿，程绍革执笔）

既有建筑节能改造效果分析研究

我国建筑大规模建设主要集中在20世纪90年代，大部分建筑没有任何节能措施，其保温隔热性能差，采暖和制冷设备系统效率低，导致能耗浪费严重。因此，对既有建筑进行节能改造，可以避免能源资源的浪费，提高建筑热舒适性已成为我国北方地区备受关注的重大问题。"十二五"期间我国北方城镇进行了大量的既有建筑节能改造，类型包括居住建筑、公共建筑；改造内容包括外墙加贴保温层、屋面平改坡、外窗更换等围护结构改造，集中供热系统、空调系统设备改造等多个方面。

然而从改造后的效果看各类节能改造技术措施并不具备普遍的适用性，建筑运行能耗的强度因用能类型的不同而表现出明显的差异，对于不同的地区，节能技术的预期效果也不同，而每一种节能改造形式及措施有多种多样，为分析对比不同的改造效果，本文在建筑能源管理与节能效果评价研究课题的基础上，结合典型建筑的实际情况，通过对改造完成后的工程项目进行实地测量，并查阅能源消耗账单，得到精确的节能改造数据，所调研项目改造前均进行了精确的节能诊断；然后对改造项目进行节能量、费效比以及投资回收期等经济性分析研究，得出优化的既有建筑节能改造方案和措施，可为政府后续的

节能改造工作提供依据和参考。

一、既有建筑暖通空调系统节能改造效果分析

暖通空调系统是建筑运行能耗的主要分项，针对以暖通耗能为主的建筑运行能耗开展调研，评价既有建筑暖通空调系统的节能改造效果。本次调研中共涉及22个项目，包括6个居住建筑供热类项目，5个公共建筑空调系统改造。调研工作主要是对改造项目的节能量进行实测，通过采集的数据，对项目的节能量、节能率、费效比及投资回收期进行分析和总结（节能率计算通过公式（1）技术经济指标的计算通过公式（2）得出），获得了不同类型建筑采用的最佳的改造方式和最佳的节能改造效果。

节能率＝节能量/改造前项目标煤消耗量　　　　　　　　　　　　　（1）

技术经济指标＝投资额/节能量　（2）

（一）供热系统节能改造效果分析

居住建筑的采暖能耗是建筑运行的主要能耗。本次共调研6个居住建筑供热项目，总供热面积986.11万 m^2。其中，除朝阳雅筑等13个小区的项目只进行了余热回收改造外，其余项目均为供热系统综合改造项目，包含水泵变频、加装分时分温控制器、管网改造及余热回收等多项改造措施，具体的典型项目调研信息见表1。

通过对改造后的效果进行分析发现，余热回收单项节能改造项目的节能率约在10%，其余综合类改造节能率约在20%～30%之间不等，同时，供热改造项目的技术经济性指标差异较大，从887元/t标煤到2236元/t标煤不等，因此，在制定既有建筑节能改造方案时，要充分比较不同方案的技术经济性，在获得较高节能率和节能量的前提下，提高改造经济性。既有建筑供热改造效果分析见图1。

典型既有建筑供热改造调研表　　　　　　　　　　　　表 1

序号	项目名称	供热面积（万 m²）	改造内容	投资额（万元）	节约标煤（t）	单位面积节约标煤（kg/m²）	节能率（%）	技术经济指标（元/t标煤）
1	壹瓶小区	164.60	管理平台、能耗计量、按需供热、气候补偿、一次网变流量、二次网定流量、水泵变频、室温采集	480.00	5412.48	32.88	24.69	887
2	沙河高教园区	253.37	管理平台、能耗计量、按需供热、气候补偿、一次网变流量、二次网定流量、烟气余热回收、分时分区、水泵更换及变频、室温采集	1043.00	6572.27	25.93	22.46	1587
3	北苑家园	168.32	在线监测平台、锅炉烟气余热回收、气候补偿调控、管网水力平衡调节、更换水泵加装变频器	1070.30	4786.9	28.43	24.34	2236
4	朝阳雅筑	221.34	余热回收	651.44	3712.12	16.77	11.8	1754
5	两站一街和观湖国际	122.47	烟气余热回收、气候补偿、水力平衡、水泵变频调节	773.60	4247.2	34.67	28.48	1821
6	乐成国际等3个供热区	56.01	分时段控制器、更换阀门及水泵、增加温度传感器	—	520	9.28	8.84	—

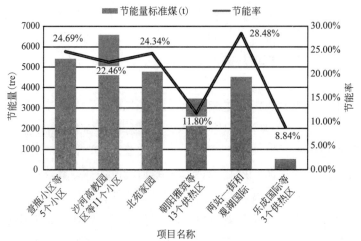

图 1　既有建筑供热改造效果分析图

（二）空调系统节能改造效果分析

公共建筑领域的空调系统节能改造是节能改造的重要部分，此次调研了5个公共建筑空调系统节能改造项目，包括2个政府办公楼项目，3个酒店宾馆及多功能综合大楼。表2列出了典型项目的相关信息。改造边界及改造方式的不同导致不同项目的节能率差别较大，最小节能率4.05%，最大节能率41.07%。空调系统改造方式包括水泵变频、换泵、加装控制系统及更换机组，增加机组负荷率等；其

中，空调系统仅增加机组负荷率的节能率最低，在10%以下，而采用更换制冷机组，增加平衡阀及加装自控系统的方式，节能率则明显提高。从改造后效果分析可知，仅采用分时分区自控措施的节能效果不如自控和变频措施叠加的项目，节能率更高，从投资角度考虑，经济性更优。通过对比发现，加装空调控制系统，实时采集系统运行参数，使系统产生的制冷量随之变化，实现供需平衡，是效果最显著，经济性最合理的改造措施。

典型既有建筑空调系统改造调研表　　　　　　　　表2

序号	项目名称	类型	面积（万 m²）	改造内容	投资额（万元）	节能量（t标煤）	节能率（%）	技术经济指标（元/t标煤）
1	酒店	公共建筑	4.60	空调系统分时分区自控	35.00	87.42	7.50%	4003
2	北京某宾馆	公共建筑	36.20	空调系统增大机组负荷率	—	209.97	4.05%	—
3	写字楼	公共建筑	12.62	增加空调自控系统+变频	98.00	329.55	41.07%	2973

二、既有建筑围护结构改造效果分析

围护结构性能的优劣决定了建筑的负荷，而耗能系统本质上是为了提供建筑所需的冷负荷（热负荷），因此，围护结构的改造对建筑节能影响重大。本次共调研居住建筑28栋，其中砖混结构20栋，改造类型包括屋面平改坡、外窗改造和围护结构全面改造等，面积共计63400m²；大板楼8栋，主要改造方式为全面围护结构改造，共计52292.3m²。

本次调研砖混结构平改坡节能效果评价选取了北大地一里小区（4号）、锡拉胡同（13号北楼、15号北楼）、东王庄小区

（25、35、37、38号）等建筑物作为样本，分析对比砖混结构平改坡节能效果。

砖混结构外窗改造效果评价选取兴政东里小区（7、21、甲4号）、八角南路小区（14、20、21、22、24、26号）、古城南路小区（50、51号）、北关东里小区（11、12号）、金荣园小区（4、13号）、北京市建设工程质量第六检测所有限公司宿舍等建筑物作为样本，分析对比砖混结构外窗改造节能效果。

砖混建筑围护结构全面改造节能效果评价选取丰台区南苑新华路甲1号院2号楼，分析砖混结构围护结构全面改造的节

能效果。

大板楼建筑围护结构全面改造节能效果评价选取了惠新西街小区（4、6、10及12号）、知春里小区（16、17号）、青年湖东里14号、上龙西里22号共12栋建筑

物作为样本，分析对比大板楼围护结构全面改造的节能效果。

基于以上建筑的基本情况，本课题组对改造后建筑的节能量以及经济性信息进行总结，见表3。

既有建筑围护结构改造效益分析表 　　　　表3

结构类型	改造内容		冬季单位面积标煤节约量（kg/m²）	全年单位面积标煤节约量（kg/m²）	典型工程节煤总量（kg）	典型工程改造总造价（元）	性价比（%）
砖混结构	平改坡	加轻钢结构	0.32	0.61	1988	521376	0.38%
		屋面保温及加轻钢结构综合改造	0.64	1.36	4432	586548	0.76%
	外窗改造		1.72	2.44	7951	85382	9.31%
	围护结构全面改造		5.34	5.89	19194	288137	6.66%
大板楼	围护结构全面改造		8.11	8.87	64183	644170	9.96%

注：1. 典型工程砖混结构住宅采用4个单元6层楼，层高2.7m，南北向的建筑为计算依据，总建筑面积 A_0 = 3258.8m²，建筑体积 V_0 = 8749.4m³，外表面积 F_0 = 2459.9m²，体形系数 S = 0.281，换气体积 V = $0.6V_0$ = 5249.6m³。

2. 典型工程大板楼住宅采用地下2层、地上18层的大板高层建筑为计算依据，层高2.7m，地上建筑面积 A'_0 = 7236m²，外表面积 F'_0 = 4748m²。

3. 性价比 = 典型工程节煤总量/典型工程改造总造价×100%。

4. 改造总造价采用以下单价进行计算：平改坡（加轻钢结构）960元/m²、平改坡（屋面保温及加轻钢结构综合改造）1080元/m²、外窗改造220元/m²、屋面改造120元/m²、外墙改造90元/m²（单位面积工程造价费用为调研估算值）。

由表3可以得出在砖混结构建筑上进行加轻钢结构坡屋顶改造全年综合单位面积标煤节约0.61kgce/m²，全年可节约标煤1988kg；在砖混结构建筑上进行屋面保温及加轻钢结构平改坡综合改造全年综合单位面积标煤节约量1.36kgce/m²；在砖混结构建筑上进行外窗改造全年综合单位面积标煤节约量2.44kgce/m²；在大板楼建筑上进行围护结构全面改造全年综合单位面积标煤节约量8.87kgce/m²。

从图2可以得出，砖混结构和大板楼结构进行围护结构的全面改造，大板楼结

构获得的单位面积节能量最多；围护结构和外窗改造性价比最好。同时，不同的改造方式，冬夏季的节能效果不同。屋面改造冬季节能与夏季节能效果相当，兼顾了保温与隔热效果；外窗改造冬季保温效果较夏季隔热效果明显。围护结构全面改造的整体效果最佳，尤其是在冬季保温效果方面。从以上调研结果可以得知，当需要同时兼顾保温与隔热效果，兼顾顶层用户冬季与夏季的舒适度时，优先采用屋顶改造；如果仅从全年节能最多的角度出发，围护结构的全面改造是首选。

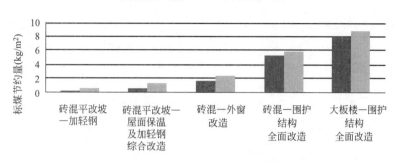

■ 冬季标煤节约量　　■ 全年标煤节约量

图 2　既有建筑围护结构改造效果分析图

三、既有建筑照明系统改造效果分析

既有建筑照明系统改造前以荧光灯、白炽灯为主，改造方法是用 LED 照明产品代替普通灯具，在保证原有照明要求的前提下，以一替一的方式，更换为节能性优、寿命长、维修率低的 LED 灯具，同时加装/改装部分声控装置。从此次调研的两个项目分析可知（表 4），照明改造节能率较高，投资额也较高，节约 1t 标煤的投资额高达 5120 元。但是一次照明改造可以持续较长时间，从改造后灯具的寿命周期来看，此数值会大大减小。因此，照明改造是最简便、快捷和性价比较高的改造方式，既有建筑在改造过程中要优先采用。

项目调研数据　　　　　　　　　　　　　　　　表 4

序号	项目名称	类型	面积 （万 m²）	改造范围	投资额 （万元）	节能量 （t 标煤）	节能率 （%）
1	某国际公寓	公共建筑	30.00	照明系统	128.00	250.92	83.53%
2	某广播电台	公共建筑	6.50	照明系统	128.00	349	29.5%

四、既有建筑综合类节能改造效果分析

调研发现，既有建筑综合类改造项目，多采用围护结构、采暖、空调、通风、照明、供配电及自控等多种投资改造方式。此次调研综合改造类项目 8 个，其中 7 个政府办公楼类项目，1 个酒店类公共建筑（典型项目情况见表 5）。某酒店为综合类改造项目，改造较为全面，节能量大，节能率较高。政府办公楼项目说明采取的措施越全面，节能率越高，节能量越可观。总体来说，政府办公楼相对其他类公共建筑获得的节能量较小，因此在后续的改造项目中应甄选更加全面、合理的节能方案，获得较高的节能量，得到突出的节能效果。

既有建筑综合类节能改造调研表 表 5

序号	项目名称	类型	面积(万 m²)	改造范围	节能量(t 标煤)	节能率(%)
1	酒店	公共建筑	5.60	空调、照明、客房智控及其他	950.98	18.73%
2	办公楼 1	政府办公楼	4.83	照明系统、围护结构及楼宇智控系统	494	31.91%
3	办公楼 2	政府办公楼	1.18	围护结构、采暖、空调、通风系统、照明、供配电系统、楼宇智控系统	223.6	39.00%

通过以上分析可以发现，居住建筑单纯进行供热系统节能改造节能率高，技术经济指标越低，投资回收期较短；若采取的改造措施越全面、越综合，节能率越高，技术经济指标越低，经济性越好。政府办公楼改造多为综合类改造，多采用集中投资改造方案，改造边界及改造范围的不同导致不同项目的节能率差别较大。政府办公楼综合改造在各类改造项目中，技术经济指标相对较高，投资回收期较其他项目长。在综合类改造项目中除采取围护结构、空调、采暖、照明等常规手段外，采取楼宇自控系统的项目节能率较高，由此可见，加强用能系统的运行调节，能够获得较好的节能效果。在四种改造方式中，对既有建筑进行照明改造节能率较高，但是技术经济指标高，投资回收期长。因此，综合采用智控及变频措施，在获得较高节能率的前提下，可以得到较低的技术经济指标，缩短投资回收期。

五、结语

本文对既有建筑的不同节能改造方式进行了调研，通过实测获得的数据，分析了节能改造效果。从供热系统改造、空调系统改造、围护结构改造、照明改造以及综合类改造进行分析总结，给出以下结论和建议：

（1）供热系统改造要采取综合改造措施，从减少水泵耗电、减少输送耗电及减少机组耗电三方面分别采取措施。

（2）空调系统改造方面，加装控制系统，提高机组的负荷率，节能率才最高。选择规格正确的制冷机组也可获得较好的节能效果，与此同时要做好管道保温，减少不必要的冷量输送浪费。

（3）政府办公楼类建筑改造节能量相对较低，既要充分挖掘节能潜力，也不能过度挖掘，投资比节能收益大的节能，不是真正意义上的节能。

（4）围护结构改造要因地而异，在强调保温性能的北方地区提倡围护结构全面改造，外窗改造；在强调隔热性能的南方地区提倡屋面改造，同时分析建筑物是保温性能差还是隔热性能差，要有针对性地采取相应的改造措施。

（5）照明改造节能率高，经济性好，是既有建筑节能改造中最简便、快捷和性价比较高的方式，在改造过程中要优先采用。

本文通过调研的实测数据，分析总结得出的以上结论和建议，能够为建筑节能工作者在开展建筑节能技术研究中采取节能措施、制订节能方案、进行建筑节能设计等工作时提供指导和借鉴。

既有建筑的节能改造不应强调一步到位，应根据建筑物的实际运行情况和资金状况，同时参照典型类似建筑的节能效果，以尽量少的投资改造，获得尽可能多的回报。经过精确对比多种方案分析，确定最佳的节能措施，并通过加强后期的运行管理、行为节能，从技术节能和管理节能两方面，获得较好的节能效果。

（北京中建建筑科学研究院有限公司、北京节能环保中心供稿，段恺、张书芳、洪迎迎、王永艳、韩战执笔）

既有办公建筑改造为养老机构的设计探索

中国的老龄化拥有两个世界第一：一是老龄人口数量世界第一；二是老龄化速度世界第一。据预测分析，到 2025 年中国老年人口将达到 3 亿，到 2042 老年人口比例将超过 30%。近 10 年来，中国 80 岁以上的高龄老人增加了近一倍，已经超过 2000 万。失能、半失能老年人数达 3300 多万。伴随着老龄化及老年疾患的增加，机构养老已成为趋势。但是，就大城市而言，中心城区养老床位的短缺不能不说是一个难题。有调研显示：北京市第一、第四、第五养老院的入住率常年为 100%，目前有 1600 多人在排队等候入住。然而，根据我国国土资源部 2014 年 9 月发布的《关于推进土地节约集约利用的指导意见》的文件，我国大城市新增建设用地受到限制，中心城区新建养老机构的余地较小，郊区土地资源充裕，建设养老公寓的空间充足，但是入住率却非常低。因此，将既有建筑改造为养老建筑更易满足人们的需求。北京作为老年人养老宜居环境建设"先行区"，从规划设计及管理方面均应具有一定的示范意义。本文以北京地区一办公建筑改造为养老机构为例，从功能与空间的更新、室内环境舒适性设计、智能化设计等角度进行设计探索，以期建造出能满足多元化需求的舒适、节能的适老化宜居养老机构。

一、功能与空间的更新

原建筑设计时间为 1994 年，1997 年投入使用，主体结构为混凝土框架—剪力墙结构，规划性质为写字楼。建筑总高度 56.65m，包含地下 3 层，地上 16 层。每层的平面布局基本相同。为实现办公建筑改造为养老机构，本项目重点从结构加固改造、平面改造两个方面实现建筑功能和空间的更新。

（一）结构加固改造

对于既有建筑而言，实现功能和空间更新的基础条件是结构的安全性。由于该建筑已使用 20 年，此次内部改造涉及隔墙位置和内部功能的变化，为了全面评价改造的安全性，特邀请相关检测机构出具检测报告。报告显示：上部结构体系、构件承载力满足抗震鉴定要求，部分构件抗震构造措施不满足抗震鉴定要求，部分构件需进行抗震加固。

为了科学、合理地加固，本工程结构整体分析采用"建筑结构空间有限元分析与设计软件 YJK"，在分析的基础上，进行加固方式的优化设计，具体情况如表 1 所示。

加固改造情况一览表 表1

改造内容		加固方法	使用材料	备注	抗拉强度设计值
加固	板	碳纤维	碳纤维布	规格 300g/m²	F＝1600MPa
		碳纤维	碳纤维布	等级高于原构件一级	—
	梁 次梁	加大截面	CGM 灌浆料	规格 300g/m²	—
	框架主梁	碳纤维	碳纤维布	规格 300g/m²	—

（二）平面改造

建筑平面改造是以建筑技术手段实现功能和空间的更新，本次改造是在遵循《养老设施建筑设计规范》GB 50867 和《老年人居住建筑设计规范》GB 50340 的基础上，按照当代建筑功能分区的合理性原则、经济性原则、安全性原则、人性化原则，把握建筑功能流线的组织和功能的组织方式两大方向进行的。

本养老中心的服务对象为自理老人、介助老人和介护老人，基本配套服务内容包括生活起居、餐饮服务、医疗保健、文化娱乐等综合服务用房、场地及附属设施。根据服务内容，各层均进行功能分区和改造。

首层为养老院主入口，作为养老院的展示窗口，首层设有多种灵活布局的接待区、美食区、办公区、保安等功能区，同时还设置景观水池、入口双层门斗、斜坡过渡等，为老年人停留、居住提供舒心、安全的环境。

二层的设计主要以提升老年人生活质量为出发点，从精神层面给老人以慰藉，让老有所养、老有所乐、老有所学、老有所为落到实处，二层以颇具柔和感的曲线进行空间划分，设有绿化区、水疗区、足疗、按摩、美甲区、休闲区、棋牌麻将、书法绘画、多功能区、音乐吧等功能区。

三层为老年人日常诊疗区，包括康复诊室、中医诊室、针灸室、营养诊室、汇诊室、急救室、输液室、药房、康复大厅等功能区。

四层东侧为员工培训及活动区，西侧为康复老人护理区。

五层至十六层为失能老人护理、失智老人护理、普通老人传统护理、普通老人高级护理、VIP 老人高级护理等不同分区，以更为个性化的设计理念服务。

二、室内环境舒适性设计

（一）采光

老年人作为特殊群体，有其特有的生理与心理的特征及需求，自然光给予的不仅是生理上的满足，更多的是亲近自然、沐浴阳光带来的心灵抚慰。本项目采用PKPM 建筑天然采光模拟分析软件进行建模和室内采光计算，采用逐点照度模拟计算采光系数，分析判断室内主要功能空间的采光效果。选取对采光影响较大的装饰材料的材质、颜色、表面状况决定光的吸收、反射与投射性能进行优化分析，根据优化结果进行空间的细化设计。图1 所示为二层的采光模拟图。

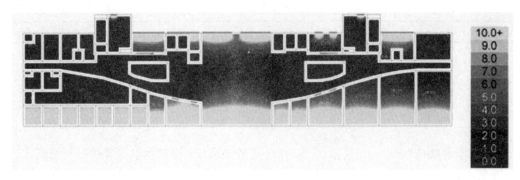

图 1　二层采光模拟示意图

（二）室内温度和空气品质

老年人大部分时间都在室内，因此，适宜的室内温度和良好的空气是拥有优良生活品质的基本保障。项目设计中，为了保证房间的自然通风情况，特选用 CFD 软件进行气流组织分析，进行房间的合理划分和布局，以六层居住区为例，居室空气龄图如图 2 所示。同时，本项目为满足室内温度、湿度、PM2.5 的要求，夏季在居住房间、活动中心等普通舒适性空调区域采用 VRV 加新风的系统，每层楼两侧各设置一个新风机房，新风机组为组合式，内含加热段、加湿段、电除尘段；冬季采暖采用市政热力加新风系统；过渡季大量使用室外新风；在集中供热开始前或供热结束后的一段时间，为防止室内温度过低对老年人身体不利，本项目采用冷暖两用型 VRV 机组制热，以经济高效的方式保证室内的热舒适性。

（三）噪声

很多老人对噪声非常敏感，噪声会导致情绪不佳、烦躁不安，最终影响老人的休息和睡眠，甚至导致老年人出现健康问题。由于本项目临街，故先进行了声模拟分析（图 3），然后采取措施进行降噪。老年人护理单元分户隔墙采用 200mm 厚的加气混凝土砌块墙，空气隔声值不小于 45dB。设备机房采取了消声隔震措施。对靠近马路侧的房间采用双层窗降低噪声。

图 2　六层居住房间空气龄图

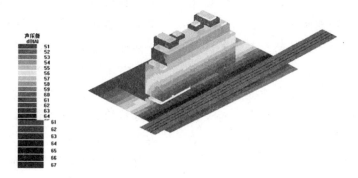

图 3　室外噪声模拟图

三、智能化设计

（一）弱电系统

本项目弱电系统设计了综合布线系统、计算机网络及 IP 电话系统、闭路电视监控系统、门禁控制系统、保安报警系统、保安巡更系统、无线对讲系统、护理呼叫及无障碍呼叫系统、IPTV 系统、公共广播系统、多媒体音视频系统、楼宇自控系统等十余个子系统，旨在保障养老机构的正常运营和为老年人提供安全、舒适的生活环境。

以安全为例，设计中根据护理房间类型在靠近床的地方安装呼叫器或按钮，根据楼层的类型在卫生间安装拉杆或者按钮，在病房入口处安装一个数字工作站和 IP 智能显示屏幕；在公共区域卫生间、老年公共活动场所设置紧急求救按钮，求救场所内求救人员发出报警信号后，场所外声光报警装置发出报警信号，通知相应区域护理站，同时设置于消防安防控制室内的中央监控器显示事故发生地点；在 6、7 层设置防跌倒系统，护理房间内设置防跌倒探测器，护理站设置工作站，服务器设在消防安防控制室；在建筑的所有出入口、主要通道、每层楼梯口、走廊、电梯轿厢、地下车库及重点防护目标处，如护理站、活动室等处设置摄像机进行监控，在建筑外墙设置监控广场的室外云台摄像机；多媒体信息发布系统针对目前信息传播需求，采取集中控制、统一管理的方式将视音频信号、图片和滚动字幕等多媒体信息通过网络平台传输到显示终端，以数字信号播出；紧急广播系统和背景音乐广播系统共用功率放大器、扬声器。在走廊、大厅、电梯厅、多功能厅等处设吸顶扬声器，平时播送背景音乐、通知等，火灾时全楼播送应急广播。

（二）绿色运维

住房和城乡建设部绿色建筑工程研究中心常务副主任韩继红曾说过"我国养老建筑平均能耗比发达国家高 8%～10%"，需要积极采取措施降低养老建筑的运营能耗。对于建筑运行经营和管理的人员来说面临着如下的痛点：信息孤岛严重、缺乏能耗基准数据、缺乏数据支撑下的有效的分析和决策。本项目以"两平台加两知识库"为创新点，构建智能化集成管理系统（IBMS）。利用 Niagara 平台，将建筑内部的各智能化弱电系统集成在一体化的高速通信网络和统一的系统平台上，实现了统一的人机界面和跨系统、跨平台的管理和数据访问功能。同时，在管理平台的基础上构建数据分析平台。通过建立并不断完善运行知识库、故障库，实现自动对设备产生的数据进行分析，发现系统运行的薄弱环节并指导运维，提高系统的能效，降低综合运行能耗，促进运行管理水平的不断提升。

四、结语

受各种资源因素影响，老龄化人口的增加和城市中心城区养老机构的数额不足间的矛盾使得改造既有建筑为养老建筑成为一种趋势。在改造设计中，应遵循老年群体的特殊生理和心理需求，以合理性、经济性、安全性、人性化原则实现功能分区和空间更新。改造前应对既有建筑结构进行评测并确定改造加固方案，确保改造后建筑的安全性。同时，通过模拟分析室内环境优化设计方案，提高居室舒适性。此外，针对养老建筑能耗较高的现象，应在能源管理平台的基础上增加数据分析平台，才可能以有效的分析和决策指导运维，实现良性循环。

（中国电子工程设计院、国家投资开发公司投稿，徐晓丽、王立、王坚朴、肖青华、贾琨、王向前执笔）

既有建筑改造中的建筑生命延续研究

一、引言

自 20 世纪 90 年代初我国开始兴起旧建筑改造的热潮，至今方兴未艾。在房地产经济蓬勃发展的今天，每一块土地都是寸土寸金，但是我国既有建筑面积已超过 600 亿 m^2，大量的既有建筑由于受当时的建筑技术标准、当地的经济状况、建筑材料、建设施工水平的影响，导致当前的既有建筑存在各种常见问题，比如结构安全性不符合新标准、抗震抗台风能力弱、基础设施残旧老化、公共场所空间与实际需求不平衡、建筑智能化落后、建筑适用性不能满足需要等。

现代城市更新换代的速度超乎想象，导致既有建筑无法跟上现代化城市建设的步伐，主要表现在既有建筑无法满足人们对建筑在安全性、适用性、耐久性等可靠性方面日益增加的需求，同时既有建筑在建筑节能、绿色环保、资源可持续发展等方面也无法满足人们在可持续发展道路上的要求。假如将不满足使用需求的既有建筑全部进行拆除重建，无可避免地会造成资源的巨大浪费和环境污染，这与可持续发展路线是相悖的。首先，从经济方面来看，没有达到设计使用年限的既有建筑，为人们提供服务是毫无问题的，但是将既有建筑夷为平地后重建，则需要重新投入大量资源。其次，从环境方面来看，我国

建筑垃圾总量对于城市来讲已经是相当饱和了，如若将既有建筑全部拆除，将会产生约 $0.7 \sim 1.2 t/m^2$ 垃圾，远远超过城市所能容纳的垃圾总量，城市废物消化系统将承受巨大的压力。因此，对既有建筑进行改造，不仅能满足社会、人们对建筑的要求，还能节约大量资源、保护环境，延续既有建筑的生命，对构建绿色、节能、智能的可持续发展城市具有重要意义。

既有建筑改造属于建筑更新的一部分，是将建筑中已经无法满足现代化社会生活功能和建筑结构的部分作必要的改造，使之生命延续和繁荣。在建筑风格、建筑结构、建筑材料方面的改造，可以实现对既有建筑的改造，实现既有建筑的部分更新。

二、建筑风格延续

建筑风格，是建筑物在内容和外貌方面所反映的特征，主要表现在建筑物的平面布局、形态构成、艺术处理和手法运用等方面，显示出建筑物的独创和完美的意境。

建筑风格容易受某些因素的改变而不同，其中时代的政治特征、社会性质、市场经济状况、使用的建筑材料和建筑技术先进性等，以及建筑设计的主观意识、艺术素养等方面，都会影响建筑风格。如流

行于 12～15 世纪之间的、以德国科隆主教堂和法国斯特拉斯堡大教堂为标志的哥特建筑的建筑风格；起源于意大利罗马的、追求外形自由的、展现动态视觉的巴洛克建筑风格和起源于法国的、追求抽象美的洛可可建筑风格。但是在我国，建筑工匠和达官贵人都喜欢平面严谨对称，讲究主次分明、等级尊卑，因建筑材料的原因对砖墙、木梁架结构、琉璃瓦偏有独爱之心，从而形成飞檐翼角、斗栱彩画、藻井和雕梁画栋等古代特有的官宦世家的建筑风格。比如中国的故宫天安门城楼，就是宫殿建筑风格。相对于平民老百姓，则是停留在追求生存和生理需求层次上，简陋茅屋田园、四合院建筑风格普遍存在。

既有建筑，表现着曾经的政治特征、社会状况、市场经济状况、施工时使用的建筑材料和当时的建筑施工技术等，以及当时的建筑设计主观意识、艺术素养，由于建筑具有一次性，因而其具有明显的时间特性。随着时间的推移和时代的变化，多个因素导致既有建筑原有的建筑风格逐渐地边缘化，被人们所隔离、抛弃，被时代所淘汰。那么，可以通过对既有建筑的建筑风格进行改造，使得既有建筑生命延续，充分利用既有建筑的剩余价值，达到物为所用、物有所值。

既有建筑的建筑风格，常常受到当时的建造工艺和人民需求的影响。而建造工艺受到"建筑使用功能""建筑施工技术""建筑地域性""宗教因素"和"人文历史风俗"等因素的影响和制约。举个例子，就算是单单的砖砌体结构，在建筑功能、建筑施工技术、地区性、人文历史风俗方

面不同特质的影响下，对既有建筑表现的建筑风格也有着明显的差异和影响，如图1～图 4 所示。

但是，这对我们既有建筑本身的使用影响不大，只是表达出建筑风格的差异。

图 1　受到遮挡阳光需要影响的砌筑墙体

图 2　受到工业化影响的砌筑墙体

图 3　受到地域和材质影响的墙体

图 4　受到人文风俗影响的墙体

对于结构完好、使用功能齐全、建筑风格与周边建筑群风格不一致的既有建筑，可以通过建筑风格的改造，使之合群，这样就能使既有建筑生命得以延续，又能够与周边相互协调，充分利用既有建筑的剩余价值。例如，可以采用立面清洗或粉刷的措施、改变其外面的装饰装修进行改造，改变既有建筑的建筑风格，使其继续保持或改善现有的使用状况，延续既有建筑生命。

例如深圳市建设工程质量监督和检测实验业务楼改造项目。该项目由两部分组成：一栋为砖混结构；一栋为框架结构。由于既有建筑已经投入使用很长一段时间，既有建筑已经不能够满足当前建筑功能的安全使用要求，故对既有建筑进行改造。该工程计划需要 203 天施工改造，包括结构加固、变配电改造、消防整改、绿化等方面，通过对既有建筑的建筑风格进行修饰改变，改造成为深圳市政府性办公楼，并且既有建筑的使用年限延长了 30 年。改变既有建筑的业务楼类别的工业建筑风格，使其变成了政府性办公楼，这一做法既实现对既有建筑的改造，延续既有

建筑的生命，又能添加新创意。

三、建筑结构加固

随着现代经济的飞速发展和生活水平的不断提高，人们对建筑的质量提出了越来越高的要求。特别是 2008 年汶川大地震发生以后，中国政府的鼓励和人们的意愿都希望既有建筑能够牢固，能够抗震，能够安全，保证人们的生命财产，因此既有建筑的加固、维护业务增长了近 50%。

随着人们日益增长的物质生活需要，我国每年有一大批因扩大生产规模而需要技术改造和加层的既有建筑，但是它们的结构无法满足直接扩大生产规模，这就可以通过建筑结构加固解决。一部分既有建筑无法满足抗震要求，或者更高一级抗震要求，可以通过建筑结构加固解决，延续既有建筑生命。科学技术的进步也促使各种新型结构不断出现，一部分公共场合的既有建筑显现得比较小气、破壁残垣、与建筑的自身属性不符，可以通过建筑结构加固解决，使其变得高端大气，彰显建筑身份和延续建筑生命。现在建筑行业对既有建筑加固的方法有很多，可以采用改变截面尺寸、加钢结构及保护、外加预应力法、改变原有结构体系、新兴复合材料加固法等，以下简单介绍几种加固的方法。

（一）加设钢筋网喷射混凝土结构加固法

该法属于改变截面尺寸加固法的其中一种，主要用于柱、承重墙的加固。施工流程是搭设好施工操作平台，对墙体表面

清理粉尘和脱落块，洒水湿润表面，以便混凝土和墙体容易粘合与吸附；做好基础，便于后面附加部分能够把自重传送到地基，植筋、铺设钢筋网、绑扎钢筋，使得既有建筑的柱或墙能够被夹在其中，批抹砂浆或者使用压力喷射机械浇灌混凝土，砂浆或混凝土终凝后养护，后期需要装饰装修，细部处理，使其美观。通过这种方法对既有建筑进行改造后，使得既有建筑生命得以延续，充分利用既有建筑的价值。

这种方法有其优点和缺点。优点有整个施工工艺流程相对简单、可操作性强、针对性强、对既有建筑的砌体、承重墙或柱子进行加固改造后的柱或墙的承载力有明显的提高，同时也能够抵抗一定强度的地震传来的横向作用力，保证承重墙、柱子的结构整体稳定性。到目前为止，这种方法在我国的设计方面和施工方面，都有着成熟的经验，能够对各类既有建筑的墙体、柱子提供合适的施工方案。缺点是这种方法在现场占用场地较多，工序繁杂，工序间有技术时间间隔，总施工时间较长，施工期间影响该改造区域的生产和生活；同时，加固后对既有建筑的净空间有一定程度的减小，植筋会在一定程度上破坏既有建筑原结构的承载力；另外，对既有建筑的柱、墙所在的区域有要求，不能够用于高空中的外墙和边角柱子加固。

在深圳市建设工程质量监督和检测实验业务楼改造项目中，其中的北楼 1～5 层承重墙的改造，就是使用加设钢筋网喷射混凝土结构加固法，具体做法是采用双面挂钢筋网喷射混凝土和双面挂钢筋网批抹砂浆方式进行加固处理。经过改造后，既有建筑的结构延长了 30 年的使用寿命，抗震等级也有所提高，既增加了既有建筑的结构寿命，从业务楼改造成办公楼，又扩充了既有建筑的使用功能。

（二）碳纤维加固法

碳纤维加固法起源于 20 世纪 80 年代的美国、日本等发达国家，在我国起步比较晚，所以这种方法在国内建筑行业还是属于比较新型的结构加固方法。

碳纤维加固法与加设钢筋网喷射混凝土结构加固法有类似之处，主要施工流程是搭设好施工操作平台，对混凝土表面清理粉尘和脱落块，涂刷底胶，以便混凝土和碳纤维容易粘合与吸附；混凝土构件残缺面修补，以防构件粘贴碳纤维后美观不足，达到粘贴碳纤维技术要求后，在混凝土构件上粘贴碳纤维，后期需要养护，装饰装修，为防止外力和其他影响碳纤维产生作用的因素，需要做好保护。

碳纤维加固法属于能够提升结构抗剪和抗裂，又能一定程度上提高强度的加固方法，当前在我国主要针对混凝土构件的加固，而对于砌体、木结构、钢结构等构件尚未积累成熟的经验。碳纤维加固法，可以使用碳纤维布和碳纤维板作为原材料，故可分为碳纤维布加固法和碳纤维板加固法。

这种加固方法同样有其特有的局限性：繁杂的施工工序、技术性要求，对材料要求高、环境要求严格，但是不足以抹去其能够广泛适用于桥梁、隧道、厂房等各类工业构件，不需要使用大型机械，安全隐患少，保证施工人员的安全的优点。

在一些环境比较恶劣的化学环境中，同样能够发挥其加固的效果。

在深圳市建设工程质量监督和检测实验业务楼改造项目中，其中的北楼2层到屋面层混凝土梁、楼板的改造，就是使用粘贴碳纤维加固处理。采用这种方法的原因有：第一，改造项目时由建筑工业楼转变成政府办公楼，既有建筑老化，结构需要加固，但是建筑空间不能缩小；第二，这种加固方法能够提升既有建筑构件的承载力、抗剪、抗震强度；第三，这种方法能够提升既有建筑构件的抗裂性能，保证政府性办公楼的适用性，同时能够避免既有建筑的混凝土碳化，保证办公楼的耐久性（图5）。

图5　碳纤维加固的施工方法

（三）外加预应力加固法

外加预应力加固法是采用外设预应力拉杆或撑杆对结构构件或整体进行加固的方法。它改变既有建筑原结构的内力分布或者降低结构原有的应力水平，间接提高结构的承载能力。预应力加固法能够通过卸载、加固功能消除应力滞后现象而取得较理想的加固效果，提高既有建筑构件的承载力。目前，这种方法比较适用于大跨度结构，和一些普通方法对既有建筑无法

起到加固作用的大型结构，它几乎没有改变使用空间（图6）。

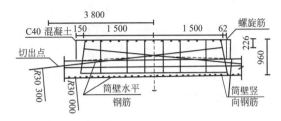

图6　预应力加固施工方法

（四）改变受力体系加固法

粘钢加固法方法是改变受力体系加固法的其中一种，是通过减小结构的原有跨度和降低变形，提高既有建筑构件承载力的一种加固方法。减小既有建筑构件的原有跨度的常用方法有增设支点（包括柱支座、弹性支座）、托梁，改变既有建筑原结构的受力体系，提高原结构的承载能力。作用效果可靠是这种方法最明显的优点，但是它容易破坏既有建筑的原貌和既有建筑的使用功能，减小使用空间。对于某些净空不受限制的既有建筑，其较大跨度的梁、板、桁架等结构都可以使用这种方法加固。

（五）增大截面加固法

增大截面加固法就是通过扩大既有建筑的构件横截面，变成更大的新型构件，达到扩大承载力、提高抗震强度的作用。这种方法的施工流程主要是：搭设好施工操作平台，做好基础，对混凝土柱子表面清理粉尘和脱落块，凿毛，让部分柱子的钢筋裸露出来，以便绑扎新的钢筋、柱子旧的混凝土和新浇灌的混凝土容易粘合与产生粘合力；绑扎钢筋，按照需要支模，浇灌混凝土，混凝土终凝后需要养护，装饰装修。

这种方法在建筑行业内比较成熟，施工工艺比较简单，能够用于各种既有建筑的构件加固，特别是混凝土柱子。可以结合加设钢筋网喷射混凝土结构加固法中的喷浆机器，使得这种方法更加实用，施工简便。但是仍然有其缺陷：增大构件截面积，必须从最底层开始增大，耗费比较大；由于柱子有偏心受压的问题存在，所以施工之前必须结合既有建筑的原设计图纸，采取最好的加厚方法（有四周扩大、单面扩大、两面加厚）；采用这种加固方法后，会缩小室内的净空间，影响生产和生活。

在深圳市建设工程质量监督和检测实验业务楼改造项目中，其中的北楼1～5层混凝土柱的改造，就是使用增大截面方式进行的加固处理，结合增加框架柱。采用这种方法的原因有：第一，改造项目建设年代久远，既有建筑老化，结构需要加固，以便上部重力能够很好地传送至地基；第二，这种加固方法能够提升既有建筑混凝土柱的承载力、抗剪强度；第三，这种方法能够降低混凝土柱的长细比，提升抗弯能力，改造后能够保证既有建筑的安全性，延续既有建筑30年的使用年限（图7）。

图7　框架柱使用了增大截面积加固的施工方法

四、建筑材料的有效再利用

随着人们日益增长的文化需要，文化活动多姿多彩，生活追求舒适、温馨、多样化，进而对于建筑的使用功能的要求逐渐增多，像冬暖夏凉功能、各种采光要求、观光要求、声控光控照明等功能，部分既有建筑年代比较久远，无法及时跟上建筑材料的更新换代，那么通过建筑材料的有效再利用，对既有建筑进行改造，能够延续既有建筑的生命，大力支持科学发展观和充分利用既有建筑的资源价值。

（一）强化既有建筑围护体系构造保温的能力

既有建筑保温材料和结构体系水平相对落后，年代比较久远，构造保温能力的下降明显，在能源方面消耗较大，针对这些缺点，可以对墙体、屋顶、门窗洞口等构造细部的保温进行改造。研究表明，可以通过有效利用建筑材料的保温特性来对既有建筑进行保温和隔热改造。例如：在深圳市建设工程质量监督和检测实验业务楼改造项目中，经过技术经济专家平衡现实情况、成本和技术方案后，认为由既有建筑砖混围护铝合金门框改造为外墙内保温高效节能窗的方案，比较适合该业务楼的改造。首先这种方法比较适应于深圳的气候环境；其次由于外窗传热系数 K 值在 $2.0\sim2.53W/（m^2\cdot K）$ 之间，窗体围护结构的传热系数变化，对既有建筑整体能耗的影响相对比较小，基本能够维持不变。新型材料与构造保温相结合的做法，不仅节约了能源，而且改造了既有建筑的空间形态，保证了既有建筑的适应性，延续了既有建筑的生命。

（二）对自然能源的有效利用

通过在既有建筑上充分利用新型材料进行改造，能够有效地吸收太阳能、风能等自然能源，可以应用于既有建筑的保温与采光功能的能源消耗中。通常可以选择一种能够存储能量的介质，在能量产生的时候将其有效地储存，在人们需要的地方将能量释放出来。在既有建筑改造中，需考虑有效地利用既有建筑的外墙表面、窗体百叶、屋顶平台等围护结构部位，将这种类型的存储价值应用其中，进而对既有建筑进行改造，满足人们对既有建筑新功能的需求，延续既有建筑的生命。例如：在深圳市建设工程质量监督和检测实验业务楼改造项目中，为充分利用取之不尽、用之不竭的太阳能资源，在既有建筑屋顶设置太阳能光伏板，吸收太阳光的热能，通过逆变器转化为电能，聚集于配电箱、变压器，然后把电能集中输配送出去使用。既有建筑改造成政府性办公楼后，屋面铺设了 84.1kW 的光伏系统，年发电量大约为 89100kWh，其中南楼楼顶面积达到 464.3m²，理论上可以摆放 125 块 255Wp 的光伏组件；而北楼顶面积达到 686.4m²，可以摆放 186 块 255Wp 的光伏组件。按照光伏发电技术原理，20 个光伏组件可以组建串联一个支路，整个既有建筑需要布置两台逆变器和一台配电箱，以便光伏系统能够稳定发电和供用户使用。既有建筑安装太阳能光伏板，充分利用太阳能，既达到对建筑的改造，又便于既有建筑改造完工后使用，既节约了能源，又延续了既有建筑的生命。

五、建筑生命延续与建筑更新

不同的主体，对既有建筑的改造有着不同的看法。既有建筑可以包含自然与人文的特征，可以是历史的见证，可以是近现代文化的缩影，可以是当代社会进步的标志。既有建筑改造属于建筑更新的一部分，既有建筑部分改造，即是建筑部分更新。

既有建筑的部分功能、设施、外观已不能满足当前需要，但是既有建筑延续着人们的艺术追求与精神寄托，保留着城市的厚重历史。对既有建筑的功能、设施、外观进行改造，可以延续既有建筑的生命，在恢复功能设施的同时增加新的性能，提升既有建筑的价值。一个优秀的既有建筑改造成功，不仅仅是视觉艺术和技术的完美组合，既有建筑生命的延续，而且在不破坏城市文脉和城市肌理的条件下，可以有效地完善城市服务机能，实现其经济价值的转换的同时又展现蕴含在其中的社会价值、历史价值和文化价值，增加既有建筑的新价值。

建筑作为一个生命体，经历了从建造、使用、改造、再利用直至拆毁的过程。建筑虽然蕴含着人们的文化思想和城市厚重的历史，但是同样展现着当今时代的姿态和历史发展。21 世纪是追求经济效益、社会价值、资源可再生和优化配置、历史价值的多元化发展、多方面相互协调的时代，建筑更新可以使得城市面貌焕然一新，提升城市的形象，可以展现当代人们的文化新追求和艺术新方向，可以满足人们对建筑功能的需要，可以提高社会的经济效益。

建筑是城市历史的见证，也是城市新面貌的姿态。我们可以改造城市的既有建筑，延续既有建筑的生命，保留其中的历史价值和文化价值，实现资源价值最优化。建筑更新，可以使得城市展现新面貌，建设城市新体系，满足对建筑新功能的追求，提高社会经济效益，同时孕育当前社会的历史文化。既有建筑改造和建筑更新合理配置，相互协调，相互融合，形成城市新体系，蕴含旧历史和孕育新文化，既保留历史价值又创造时代新价值。既有建筑改造与建筑更新的选择，主要是人们期望建筑带来的价值和目前城市的规划之间的选择。

六、总结

对于一些具有特别意义、特殊价值的既有建筑，我们可以从建筑风格、建筑结构、建筑材料方面，对其进行改造，延续其生命，使得其灵魂永流传。但是，在这之外的既有建筑，不建议进行改造，因为这部分影响着城市前进的脚步，需要使用建筑更新的方法，使得建筑更有经济效益，提升空间的价值。

实际上，在具体的既有建筑改造项目中，我们不能单单考虑一方面的改造，需要多方面综合考虑，同样需要考虑的就是既有建筑在新城市、新社会的适应性，比如说需要增强既有建筑的消防体系、既有建筑的绿色改造、既有建筑改造的地域性等，所以对既有建筑的改造，延续建筑生命的研究仍需不断探索，不断完善。

（中建科技有限公司供稿，齐贺、邢芸、王光锐执笔）

隔热涂料在旧住房修缮中的应用思考

一、隔热涂料概述

隔热涂料是指以合成树脂为集料，与功能颜填料（如红外颜料、空心微珠、空心玻璃粉、金属微粒等）及助剂等配制而成，施涂于建筑物表面，具有较高的太阳光反射比和较高的半球发射率，起耐高温和隔热作用的特殊涂料。对于以隔热为主的夏热冬冷地区，隔热涂料可提升建筑物外立面的隔热性能，是夏季空调节能的有效措施之一，节能效果较为明显，且施工方便（图1）。

目前，隔热涂料的应用已较为成熟，发布的标准有《建筑用反射隔热涂料》GB/T 25261、《建筑反射隔热涂料应用技术规程》JGJ/T 359、《建筑反射隔热涂料》JG/T 235、《建筑外表面用热反射隔热涂料》JC/T 1040—2007、上海市地标《反射隔热涂料组合脱硫石膏轻集料砂浆保温系统应用技术规程》DB31/T 895—2015，上海市地标《反射隔热涂料应用技术规程》目前正在编制过程中，同时正在修订的上海市地标《居住建筑节能设计标准》DGJ 08—205 中提高了隔热涂料的节能贡献率。其中，国家标准《建筑用反射隔热涂料》GB/T 25261 明确提出了等效热阻的概念，指采用反射隔热涂料时，与采用普通涂料相比，增强了墙体的隔热保温性能，该增加的隔热保温性能依据其节能效果折算为反射隔热涂料等效涂料热阻。

二、隔热涂料在上海旧住房修缮中的应用前景分析

（一）上海旧住房现状

目前，我国既有建筑面积已超过 600 亿 m^2，每年竣工的建筑面积约 20 亿 m^2，

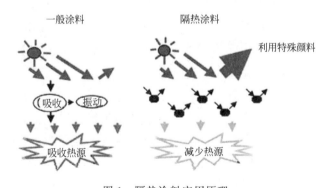

一般涂料　　　　隔热涂料

利用特殊颜料

吸收　振动

吸收热源　　　　减少热源

图 1　隔热涂料应用原理

既有建筑存量庞大。据统计，上海既有住宅面积超过了 5.9 亿 m²，房龄在 10 年以上的约 3.8 亿 m²，房龄在 15 年以上的住房超过 2 亿 m²，在 25 年以上的约 8900 万 m²（图 2）。随着时间的推移，纳入到需要进行修缮改造的旧住房体量将越来越庞大。同时，在旧住房中大约有 1 亿 m² 的直管公房，这批直管公房由政府统一管理，若按 5 年修缮一次，每年旧住房修缮的面积约为 2000 万 m²，旧住房修缮的市场空间很大。

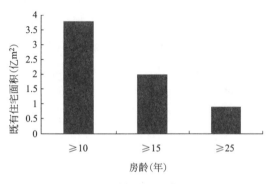

图 2　上海不同房龄既有住宅的面积

（二）上海旧住房修缮和节能改造发展历程及趋势

上海从 1999 年开始在全市范围内逐步开展平改坡工程，经历了平改坡规模推进、平改坡综合整治、房屋综合整治、成套改造、优秀历史保护建筑和历史风貌区修缮改造、迎世博 600 天建筑整治等。经过多年努力，上海市从 1999 年至今已累计完成超过 3 亿 m² 的旧住房修缮改造工作；"十二五"期间，截至 2015 年 8 月底，实施的高多层综合整治、平改坡综合整治、成套改造、全项目修缮、屋面及相关设施改造、厨卫综合改造、二次供水等项

目类型的建筑面积累计超过 9200 万 m²，总投资超过 120 亿元；同时，自 2013 年开始，上海在全国创新性地将成套改造、厨卫综合改造、屋面及相关设施改造的三类旧住房综合改造列入住房保障体系，形成具有上海特色的"四位一体＋1"住房保障体系。政府将这三类旧住房综合改造列入政府重点工作之一，加大财政投入，加强推进力度，计划每年进行 1000 万 m² 的旧住房修缮改造。

上海从 2006 年始，以节能改造示范试点工程为契机，结合平改坡综合改造工程，"迎世博 600 天行动计划"等系列活动，既有旧住房的节能改造工作逐步展开，从单体建筑渐渐扩展到居住小区。2009 年 9 月，上海市颁布了《上海市建筑节能项目专项扶持办法》（816 号文），首次明确为既有建筑改造提供资金扶持，以"既有建筑节能改造示范项目"推动既有居住建筑节能改造工作的开展。经过十多年的努力，上海节能改造工作取得较大成果，实施效果良好。上海市建筑节能示范项目自 2009 年 9 月实行以来，截至 2015 年 6 月底，共有 33 个既有建筑节能改造示范项目，其中，公建 26 个，居建 7 个，共计 102.7 万 m²（其中居建 33 万 m²）。示范项目很好地带动了全市既有建筑节能改造工作的推进。

据报道，"十三五"期间，上海将继续推进旧区和旧住房改造工作，按照每年 1000 万 m² 的任务目标推进，预计推进实施 5000 万 m² 的各类旧住房修缮改造工作。随着上海"十三五"规划的逐步推进实施，既有住房修缮改造工程的施工量逐年攀升，同时对建筑节能、舒适和宜居方面的要求也逐年提高，用于既有建筑外立面改造的外墙隔热涂料势必迎来新的发展机遇。

（三）隔热涂料在上海旧房改造中的应用前景分析

从上海旧住房存量及旧房修缮和节能改造的发展趋势来看，本市旧住房修缮改造市场空间持续增长，旧住房重涂市场不断扩大，主要体现在以下方面：

（1）政府将旧住房改造列入住房保障体系，加大重视力度和资金投入力度，计划每年进行 1000 万 m^2 的旧住房修缮改造；

（2）目前，上海市 5.9 亿 m^2 的既有住宅经过十年、十五年后将陆续纳入旧住房范畴，旧住房改造处于不断扩张趋势；

（3）若按照外立面修缮周期为 10 年计算，自 2008 年开始的"迎世博 600 天建筑整治"约 1.6 亿 m^2 的工程量将到了需要陆续重新涂刷翻新的阶段。

旧房重涂不断扩大的市场容量将为隔热涂料的应用提供良好的发展机遇。

三、隔热涂料在旧住房修缮中的适用性分析

旧住房综合改造包含成套改造、厨卫综合改造和屋面及相关设施改造三部分，改造的具体内容包含了建筑结构安全、建筑空间的内隔外扩、室内外水电煤改造及小区附属设备的改造等。《上海市三类旧住房综合改造工程技术导则》和《住宅成套改造设计技术要求（试行）》指出："外立面修缮改造工程为必做项目，外墙涂料宜采用隔热涂料"，这为隔热涂料在旧住房改造中的应用提供了技术支持。隔热涂料因对房屋结构、承重影响很低，施工工艺简单，且具有良好的保温隔热及防水耐裂性能，十分适合旧住房修缮改造。

（一）隔热涂料在旧住房修缮中的应用优势

1.隔热涂料重涂可与住房修缮同周期

隔热涂料的重涂可以与旧住房修缮同步进行。反射隔热涂料的重涂周期可以和旧房修缮的周期一致，10 年为一个修缮周期。同步性可提升住房修缮工程的施工便利性和经济性。

2.隔热涂料施工工艺便捷、易掌握

隔热涂料的施工工艺与一般外墙涂料相同，在外墙重涂中施工便捷，且施工方法易于一般施工人员掌握。

3.装饰功能优越

目前，新型绿色环保型隔热涂料相继出现，如真石漆、多彩涂料等，除具有良好的保温隔热性能，还可满足旧建筑外饰面在建筑风格、色彩环境等方面的需求，具有很好的装饰功能。

4.可改善外墙开裂、渗水问题

隔热涂料除了起到装饰功能外，还能够显著降低墙面夏季温度，解决或者减轻由此带来的防护层开裂渗水、涂膜耐玷污性能变差、老化加剧等问题。

（二）反射隔热涂料的节能优势已得到肯定

针对反射隔热涂料的隔热效果，《居住建筑节能设计标准》DGJ 08—205—2011 中给出了反射涂料的修正系数（表1）。使用外墙隔热涂料后，在进行节能热

《居住建筑节能设计标准》DGJ 08—205—2011 中给出的热反射涂料修正系数　　表 1

太阳（光）反射比 α	≥0.80,<0.90			≥0.90		
平均传热系数（修正前）	≥1.4	<1.4,≥1.1	<1.1	≥1.4	<1.4,≥1.1	<1.1
修正系数	0.90	0.91	0.92	0.85	0.86	0.87

工设计时可将外墙增加的隔热性能折算为等效热阻，外墙传热系数在原基础上乘以 0.85～0.92 的修正系数，相同保温效果的前提下，外墙保温层可以减薄，从而降低外墙外保温系统的开裂、渗水、剥落的风险。

以某幢高层住宅楼为例，外墙采用无机保温砂浆组合保温系统，在满足现行设计标准的条件下，使用隔热涂料后，外侧保温层厚度可以减薄 10～15mm。

目前，上海地标《居住建筑节能设计标准》正在修订，在修订过程中，对反射隔热涂料的节能贡献率进行了进一步肯定。标准中将根据反射隔热涂料的太阳反射率和半球发射率给出反射隔热涂料的等效热阻值，等效热阻值取值范围在 0.15～0.28m² · K/W，使反射隔热涂料可直接参与热工计算。根据修订的数值，使用反射隔热涂料后，可减少 15～20mm 的无机保温砂浆厚度。这一修订为隔热涂料在建筑节能领域的广泛应用提供了技术支撑。

（三）隔热涂料在外墙消防安全方面无负面影响

（1）隔热涂料不增加外墙在消防安全方面的风险。由于《建筑设计防火规范》GB 50016 中对建筑外墙保温材料的防火等级进行了提高，很多有机保温材料不满足防火要求而无法使用，一些无机保温材料虽满足防火要求，但传热系数太大，使外墙保温陷入"两难"。隔热涂料不会对外墙防火性能带来影响，同时，可使外墙保温系统的保温隔热性能得到提升，从而使部分防火性能较好的材料同时达到相关节能标准的要求。

（2）上海"11 · 15"大火后，有机保温材料在旧住房节能改造中的应用受限，上海旧住房外墙外保温的修缮工作几乎停滞，新型环保节能型隔热涂料为旧住房外立面节能改造提供了一条新的路径。

（四）隔热涂料可广泛应用于旧住房修缮

（1）针对"实心房"修缮改造，外立面重涂隔热涂料施工简单、便利，对周边环境影响较小，不会影响居民正常生活。

（2）目前，无机保温砂浆外墙外保温系统出现空鼓、渗水、开裂、脱落等问题较多，隔热涂料的使用可以在满足节能的情况下减少保温层的厚度，同时提高保温层的耐水性能，延长使用寿命。

四、隔热涂料在旧住房修缮中的发展建议

（一）完善标准体系

应继续建立和完善隔热涂料应用的技术管理标准体系，规范隔热涂料应用市场，为隔热涂料的生产、设计、施工、验收等提供依据。

（二）加强适用于旧住房修缮的新产品研发

针对旧住房修缮改造市场的需求，加强对新产品的研发。同时，考虑与其他材料的结合，开发更具有防火、防水、节能、装饰功能的、施工方面的、性价比高的产品进入旧住房改造领域，如选择合适的防水腻子，提高整个外墙保温系统的防水性能。

（三）开展隔热涂料节能减排量化研究

在隔热涂料的应用过程中，要重视隔热涂料节能减排量化研究，如其在旧住房修缮改造中应用的增量成本是多少，节能减排的效果如何等。这些问题的量化研究结果对于隔热涂料在旧住房修缮改造中的推广应用具有重要意义。

（四）加大隔热涂料宣传力度

作为一种较为新颖、前沿的新材料，应加大隔热涂料的宣传力度。应由政府主导加强宣传和推广力度以及必要的舆论导向，促进隔热涂料行业得到更好、更快、更多元化的发展。

（上海市房地产科学研究院供稿，赵为民、古小英、俞泓霞执笔）

上海市保障性住房外墙外保温系统质量问题的调研分析

一、引言

2015 年 7 月，台风"灿鸿"过后，据媒体披露，上海市有住宅小区发生外墙外保温系统脱落的情况。外保温系统发生脱落、渗水等质量问题，不但会对居民日常生活产生影响；还可能砸坏小区内的公共设施或汽车等私人财物，造成财产损失；甚至会成为居民的安全隐患，造成人身伤害。

此次外墙外保温系统脱落的居住小区还包括本市保障性住房项目，由于住房保障是民生工程，其外墙外保温质量问题更应引起重视。因此，为及时排查本市保障性住房外墙外保温系统的质量隐患，有效治理保障性住房外墙外保温系统质量缺陷和损伤，避免再次出现由外墙外保温系统质量缺陷引起的安全事故，在原上海市住房保障和房屋管理局的委托下，笔者对本市保障性住房项目开展了外墙外保温系统质量问题调研。

二、保障性住房外墙外保温系统质量问题调研分析

本次调研范围为 2011 年之后交付的共有产权住房、征收安置房和市属公共租赁住房，调研范围为 95 个项目，收回问卷 62 份，其中 17 份问卷外墙外保温系统缺陷信息处于空白状态，不能反映外墙外保温系统的实际运行状态，故实际有效问卷为 45 份（对应 45 个项目）。对调研问卷的统计分析结果见图 1。

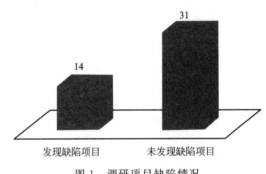

图 1　调研项目缺陷情况

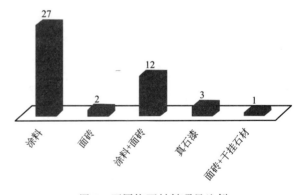

图 2　不同饰面材料项目比例

由图 1 可以看出，45 个项目中有 31% 的项目，即 14 个项目外墙外保温系统发

现裂缝、渗水、空鼓、脱落等缺陷问题；69%的项目，即31个项目外墙外保温系统未发现缺陷问题。

由图2可以看出，45个项目中有27个项目饰面材料为涂料，2个项目采用面砖，3个项目采用真石漆，12个项目采用涂料＋面砖，1个项目采用面砖＋干挂石材。

由图3可以看出，45个项目中有39个调研项目采用的保温材料为无机保温砂浆，其中16个项目采用无机保温砂浆内外组合保温系统，其余采用无机保温砂浆外保温系统；2个项目采用胶粉聚苯颗粒保温材料系统；2个项目采用无机保温砂浆＋聚苯板保温材料系统；另外2个项目分别采用改性聚苯板、STP保温板保温材料系统。

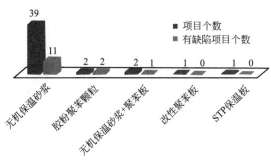

图3　保温材料类型及应用情况

通过进一步的分析可知，39个采用无机保温砂浆保温系统的项目中有11个发现缺陷问题，2个采用胶粉聚苯颗粒的项目均发现缺陷问题，另外2个采用无机保温砂浆＋聚苯板的项目中有1个发现缺陷问题，采用改性聚苯板和STP保温板的项目未发现缺陷问题。

由图4可以看出，在发现缺陷的14个项目中，仅发现1种缺陷问题的项目一共

有7个，其中发现裂缝的项目1个，发现空鼓的项目5个，发现脱落的项目1个；发现2种缺陷问题的项目一共4个，其中发现裂缝和空鼓的项目有3个，发现裂缝和脱落的项目有1个；发现有渗水、空鼓和脱落3种缺陷问题的项目1个；发现裂缝、渗水、空鼓和脱落4种缺陷问题都存在的项目2个。调研项目中，空鼓缺陷最为普遍，其次是裂缝、脱落，发现渗水缺陷的项目相对较少。

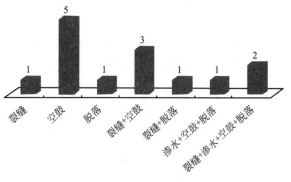

图4　不同缺陷类型项目统计

三、保障性住房外墙外保温系统质量问题原因分析

上海市推行外墙外保温系统之初，外墙保温材料的应用种类繁多，如膨胀聚苯板、挤塑聚苯板、硬泡聚氨酯、无机保温砂浆、胶粉聚苯颗粒、酚醛板等，其中应用最多的是膨胀聚苯板。上海"11·15"大火之后，保温材料的防火要求提升，只有无机保温砂浆、岩棉板、泡沫玻璃板、泡沫混凝土板等A级材料可以采用，而受成本和施工难易程度等多方面因素的影响，大部分项目均采用了无机保温砂浆外墙外保温系统。

无机保温砂浆系统是以无机保温砂浆为保温层材料，辅以界面层、抗裂防护层和饰面层构成的具有保温隔热、防护和装饰功能的不燃型保温系统。

2011年前，由于无机保温砂浆系统的地方标准尚未发布，当时采用无机保温砂浆系统的项目主要依据建筑产品推荐性应用标准，该标准体系尚未完善。2011年10月，地方标准《无机保温砂浆系统应用技术规程》DG/TJ 08—2088—2011正式实施，对无机保温砂浆系统的性能和工程质量有了较为有效的控制。

根据调研，目前上海市保障性住房项目出现质量缺陷较多的系统为无机保温砂浆系统，主要缺陷类型包括裂缝、渗水、空鼓和脱落等。缺陷成因可归纳为材料、施工、后期使用等方面的因素，具体原因如下：

（一）材料因素

1.材料质量难以控制

无机保温砂浆系统材料质量较难控制，且地方标准出台前，建筑产品推荐性应用标准指标体系不完善，对无机保温砂浆系统的产品质量更难以把控。材料质量控制不好，易导致系统整体强度和黏结性能下降，产生质量缺陷。

2.保温砂浆导热系数和抗压强度难以平衡

保温砂浆导热系数与抗压强度两项指标是一对矛盾，对生产厂家来说，两个指标很难平衡。当无机保温砂浆的导热系数较高时，材料较为酥松，抗压强度偏低，导致保温系统易产生空鼓。

3.保温材料与配套材料不匹配

若界面砂浆与无机保温砂浆不是由保温材料供应单位统一提供，存在不匹配的隐患，或在施工时存在界面砂浆少做和漏做的现象，保温层与基层墙体的黏结力较差，易引起基层与保温层之间产生空鼓。

（二）施工因素

1.气候原因

根据《无机保温砂浆系统应用技术规程》DG/TJ 08—2088，外保温工程施工期间及完工后24h内，基层及施工环境空气温度不应低于5℃。保障性住房项目有时为了抢工期，在冬期施工，易造成保温砂浆水化慢，甚至无法水化，从而导致保温砂浆凝结后的强度下降。

2.施工工艺不当

无机保温砂浆外保温系统涉及的材料较多，施工工序较为复杂，若施工时间不到位或施工流程颠倒，将会影响保温系统的质量。

保障性住房体形系数较大，导致保温层厚度较厚，一般无机保温砂浆需分两遍施工。若第一层保温砂浆施工完后即进入第二层保温砂浆施工，两遍施工间隔未达到24h以上，第二层保温砂浆可能对第一层保温砂浆整体性能产生破坏，降低第一层保温砂浆强度，从而破坏保温系统的整体强度。

保温工程与窗口施工次序不当也会引起质量缺陷。未安装窗框先做保温，外保温轮廓线不易与窗口线重合，后续的修补、剔凿工序容易在界面处造成裂缝。

3.现场施工可控性差

由于无机保温砂浆非成品，较之板材类保温材料，现场施工要求较高，施工难度较大，施工质量可控性较差。

4. 未按设计构造施工

无机保温砂浆外保温系统设计方案应包括系统构造和组成材料等，施工应符合设计图纸的要求，严把质量关，而实际工程中存在未完全按照设计要求施工的情况，使保温材料不能发挥出最佳性能。

5. 材料预处理方法不当

保温系统配套材料在施工前需严格按照施工方案进行预处理，若处理不当，将会直接影响材料相关性能，从而影响保温工程质量。

6. 节点部位施工不当

门窗口、阳台、雨篷、靠外墙阳台板、空调室外机搁板、檐沟女儿墙、伸缩缝等节点部位是外墙外保温系统施工的关键，若热桥部位施工不当或未做好防水处理，极易发生质量缺陷。

（三）后期使用因素

除公共租赁住房外，保障性住房一般是毛坯交付，居民在装修时对预留空洞进行调整，安装花架、晾衣架、空调室外机，都会对外保温系统造成损害，引起保温层开裂、脱落。

四、保障性住房外墙外保温系统修缮技术要求

对于产生质量问题的保障性住房外墙外保温系统，修复前应针对各项目开展专项评估工作，并进行原因分析，根据评估结果制定修缮设计、施工方案。

（一）评估技术要求

建筑外墙外保温系统的缺陷类型多样，引起缺陷的原因也不尽相同，只有找准原因，才能对症下药。因此，在建筑外墙外保温系统修缮前，需先进行评估。

专项评估一般包括初步调查、系统构造检查和系统损坏情况检查、系统热工缺陷检测和系统黏结性能检测。根据现场检查和检测结果判断该项目外墙外保温系统的缺陷部位、缺陷类型和缺陷程度以及成因等，作为制定修缮方案的依据。

（二）设计施工技术要求

1. 制定修缮方案并进行论证

外墙外保温系统修缮前，应根据评估报告结论，合理制定修缮方案，修缮方案是指导整个修缮工程的前提条件。修缮方案应该经过专项论证，以保证修缮方案的合理性和可操作性，从而确保修缮工程质量。

2. 合理确定修缮范围

对于无机保温砂浆外墙外保温系统，当空鼓面积比小于15%时，宜进行局部修缮，若大于15%或出现明显的空鼓、脱落情况时宜进行单元墙体修缮。若外墙保温系统的缺陷分布较广，且大多缺陷已渗透、蔓延至保温层或保温材料层与基层之间，外墙外保温系统缺陷较为严重，此时建议将外保温系统全部铲除，重新设置。

3. 节点部位应用专项设计及细部说明

外墙外保温系统节点部位的修缮十分重要，如技术方案不合理，在温差应力的作用下，该部位与主体部位交接处易产生裂缝、渗水等缺陷。因此，在编制修缮方案时，若涉及勒脚、门窗洞口、凸窗、变形缝、挑檐、女儿墙等部位的修复，应有节点设计和细部说明，如有必要，可配节点详图加以明确。

4．注意基层墙体处理

局部修缮时若需将修缮部位外墙外保温系统清除至基层，应对基层墙体清理后，进行界面处理，再进行后续施工。

单元墙体修缮或若需铲除整个保温系统时，应将基层墙面上的落灰、杂质等清理干净，填补好墙面缺损、孔洞、非结构性裂缝，进行界面处理后，涂刷聚合物水泥防水涂料，再重新铺设外保温系统各构造层。

5．局部修缮应注意与原保温系统的协调性

局部修缮时外墙外保温系统的修缮部位应注意与原保温系统的协调，保温层厚度也应与原保温层厚度一致，修缮部位饰面层颜色、纹理宜与未修缮部位一致。

6．单元墙体修缮后外墙应无热工缺陷

当进行单元墙体修缮时，修缮后应进行红外热工缺陷检测，且修缮部位不应有热工缺陷。

7．保温系统全部铲除重新铺设应符合现行标准要求

当无机保温砂浆外墙外保温系统损坏较为严重，需全部铲除重新铺设时，应符合《外墙外保温工程技术规程》JGJ 144和《无机保温砂浆系统应用技术规程》DG/TJ 08—2088 的要求，并按现行标准《建筑节能工程施工质量验收规范》GB 50411和《建筑节能工程施工质量验收规程》DG/TJ 08-113 进行验收。

（三）材料技术要求

对于局部修缮的项目，若原为无机保温砂浆外墙外保温系统，为实现修复后外墙外保温系统整体协调性，建议修缮时仍采用砂浆类保温材料，并须注意新、旧材料之间的界面结合。

对于单元墙体修缮项目，修缮时宜优先采用与原外保温系统同类的材料。修缮后应对外墙外保温系统拉伸黏结强度进行检测，修缮部位若采用无机保温砂浆外墙外保温系统，系统拉伸黏结强度应不低于0.1MPa。若为面砖饰面，还应进行饰面砖黏结强度检测，饰面砖黏结强度应不低于 0.4MPa。

对于保温系统全部铲除重新铺设的项目，选择新的保温系统和保温材料时，可不拘泥于原材料，但选用的保温材料及其配套材料的各项性能指标应符合相关产品标准的要求。修缮后应根据现行标准《建筑节能工程施工质量验收规范》GB 50411和《建筑节能工程施工质量验收规程》DG/TJ 08-113 进行材料复验和现场检测。

用于修缮的材料及其配套材料，如无机保温砂浆、界面砂浆、抗裂砂浆、耐碱涂覆中碱网布、塑料锚栓、柔性耐水腻子、涂料、面砖、面砖胶粘剂、面砖填缝剂等的性能应符合国家现行有关标准的规定。材料进场时应对相关材料的出厂合格证、说明书及形式检验报告进行验证。

（四）安全要求

由于外墙外保温修缮是在居民居住在内的情况下进行施工，因此在修缮工程开展时，物业应下发告知书，并加强项目防火安全和施工安全管理，减少对居民生活的影响。

1．物业告知

修缮工程开展前，物业应张贴告知书，通知小区居民修缮工程开展的时间、区域和注意事项等，请居民配合修缮工程

的实施。

2.防火安全要求

修缮项目应严格执行《上海市建筑工程施工现场消防安全管理规定》。制定施工防火专项方案，建立施工防火管理制度，明确现场施工防火要求。所用材料应统一堆放，易燃物品应入库专人保管。

3.施工安全要求

外墙外保温系统修复施工前，应对修复区域内的空调机架、晾衣架、雨篷等外墙悬挂物进行安全质量检查，根据检查结果，当悬挂物强度不足或与墙体连接不牢固时，应采取加固措施或拆除、更换，以消除安全隐患。

除了防火安全外，现场的施工作业方式不当、修复用的吊篮或脚手架不合格等都有可能对施工人员和居民造成伤害。因此，现场施工应符合《建筑施工安全检查标准》JGJ 59 的相关规定，并注意下列问题：施工现场作业区和危险区，应设置安全警示标志；当修复外立面紧邻人行道或车行道时，应在该道路上方搭建安全顶棚，并应设置警示和引导标志；吊篮应经检测合格后方可使用；脚手架的搭设和连接应牢固，且安全检验应合格。

五、结论

（1）在调研的保障性住房项目中，由于材料、施工和物业管理等因素，根据 45 份有效问卷信息，有 14 个项目产生了裂缝、渗水、空鼓和保温层脱落等缺陷问题，占总数的 31%。

（2）出现缺陷的保温系统主要为无机保温砂浆外墙外保温系统，39 个采用无机保温砂浆保温系统的项目中有 11 个发现缺陷问题。调研项目中，空鼓缺陷最为普遍，其次是裂缝、脱落，发现渗水缺陷的项目相对较少。

（3）根据调研结果，建议及时对已发现质量缺陷的保障性住房项目进行进一步现场调查和检测，评估这些项目外墙外保温系统的缺陷部位、缺陷类型、缺陷程度以及成因等，在此基础上针对每个项目的特点制定修复方案，开展修复工作，以及时防治本市保障性住房外墙外保温系统质量问题，保障居民人身、财产安全。

（上海房地产科学研究院供稿，古小英、张超执笔）

上海市既有建筑节能改造示范项目调研分析

一、引言

近年来，建筑能耗已经成为我国继工业、交通能耗之后的第三大社会能源消耗主体。随着经济的发展和人民生活水平的提高，建筑能耗持续增长。据统计，上海市民用建筑总能耗在 2009 年达到 1774.91 万 tce，十年间平均年增长率为 4.68％。随着第三产业的发展和居民生活质量的提高，建筑能耗呈现不断增长的趋势，但民用建筑的节能减排具有较大潜力。

上海市新建建筑已全面执行建筑节能设计标准，既有建筑的节能改造成为建筑节能领域工作的重点和难点。上海市目前既有建筑的存量占绝大多数，且新开工建筑面积近来有所下降，2015 年 1～4 月全市房屋新开工面积 612.95 万 m²，同比下降 17.5％。既有建筑实施节能改造，节能潜力巨大，不仅能有效降低建筑能耗，还能提升建筑物的舒适性，改善居住环境，延长建筑物的使用寿命。

上海市结合平改坡综合改造工程、"迎世博 600 天行动计划"、旧公房综合整治和成套改造、既有公共建筑装饰装修、合同能源管理的推进等，紧抓试点示范工程来引领既有建筑节能改造，"十一五"期间，上海市既有建筑节能改造工作由点到面逐步展开。既有居住建筑的节能改造逐渐由单体建筑扩展到居住小区，既有公共建筑的节能改造涵盖了政府办公楼、商场、宾馆等大型公共建筑。到 2015 年 6 月底，上海市完成的既有建筑节能改造示范项目面积共计 102.7 万 m²；截至 2014 年年底，上海市完成了既有公共建筑节能改造 400 万 m² 的目标。

二、既有建筑节能改造示范项目调研概述

为准确、全面地对本市近年来的既有建筑节能改造示范项目进行分析研究，笔者对 2009～2012 年列入"上海市建筑节能专项扶持项目"的既有建筑改造示范项目进行现场跟踪调研，评价示范项目改造后的实际效果，分析改造技术措施落实情况，从而对更好地发挥本市既有建筑节能改造示范项目的试点作用，为上海的建筑节能管理工作提供技术支撑。

本次调研主要针对 2009～2012 年列入"上海市建筑节能专项扶持项目"的 19 个既有建筑改造示范项目，包括 10 个办公建筑、6 个宾馆建筑和 3 个居住建筑，示范建筑面积从 3000m² 到 60000m²，节能改造的范围集中在围护结构、供暖通风空调及热水系

统、电力与照明系统，其中部分建筑的节能改造采用合同能源管理形式。

调研项目的具体信息如表 1 所示。

既有建筑改造示范项目信息表 表 1

项目编号	示范建筑面积（万 m^2）	建筑类型
A	0.33	办公楼
B	2.4	办公楼
C	1.96	办公楼
D	3.9	办公楼
E	2.45	办公楼
F	3.66	办公楼
G	2.66	教学楼
H	5.76	办公楼
I	3.94	办公楼
J	3.75	办公楼
K	5.16	宾馆
L	3.42	宾馆
M	1.09	宾馆
N	2.43	宾馆
O	5.02	宾馆
P	4.6	宾馆
Q	4.05	居建
R	3.03	居建
S	10.55	居建

三、既有建筑节能改造示范项目技术落实情况分析

根据既有建筑节能改造示范项目的问卷调研及现场察勘情况，笔者对既有建筑围护结构、供暖、通风和空调及生活热水系统以及电力与照明系统等方面的各项节能改造技术在示范项目中的应用情况及其应用效果进行了分析。

（一）节能改造实施概况

笔者通过对 19 个节能改造示范项目的调研问卷进行统计分析，得到围护结构、供暖、通风和空调及生活热水系统、电力与照明系统等实施节能改造的项目数占调研项目总数的比例如图 1 所示，从图中可以看出，所有项目均对围护结构实施了节能改造，供暖、通风和空调及生活热水系统、电力与照明系统实施节能改造的项目比例均为 89%，另有部分项目在节能改造过程中采用了太阳能热水系统、太阳能光伏系统等太阳能利用技术，实施其他节能改造的项目比例为 26%。

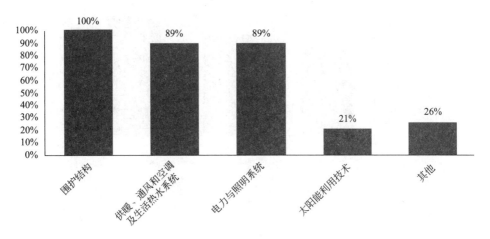

图 1 调研项目节能改造实施概况

（二）围护结构节能改造技术落实情况

围护结构各部位实施节能改造的项目数占调研项目总数的比例如图 2 所示，从图中可以看出，所有调研项目都实施了外窗（包括玻璃幕墙）节能改造，屋面节能改造、外墙节能改造项目占调研项目总数的比例分别为 84%、74%。不难发现，外窗节能改造技术的应用最为广泛。

1.外墙节能改造

调研项目主要采用外墙保温节能改造技术，包括外墙外保温、外墙内保温。外墙外保温改造所用的材料按照使用的项目多少依次为膨胀聚苯板（简称 EPS）、挤塑聚苯板（简称 XPS）、硬泡聚氨酯板（简称 PUR）、酚醛保温板、无机保温砂浆、玻璃棉等；外墙内保温改造所用的材料按照使用的项目多少依次为岩棉板、EPS、XPS、PUR 等。

采用外墙保温系统后的外墙传热系数均达到节能标准的要求，保温效果良好，此外，同改造前相比，建筑外观得到了很大的改善。根据现场察勘，大部分示范项目保温系统运行状态良好，个别项目采用无机保温砂浆外墙外保温的部分区域存在开裂、渗水、脱落的情况。

2.屋面节能改造

调研项目屋面节能改造一般采用铺设保温层的做法，所用的保温材料按照使用的项目多少依次为 XPS、PUR、泡沫玻璃板、EPS、岩棉板。根据项目的特点，部分项目采用了倒置式构造方式，在原有屋面上直接做防水层、保温层，而部分项目直接拆除原屋面所有构造层至结构面板，基层清理后，再依次铺设屋面各构造层。此外，个别项目的屋面改造工程还使用了种植屋面技术、平改坡技术。

通过屋面节能改造，不仅可提高屋面的保温隔热性能，还可对损坏屋面进行修补，确保其正常使用功能。

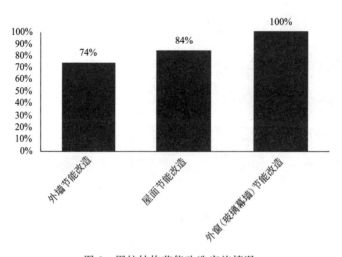

图 2　围护结构节能改造实施情况

3.外窗（包括玻璃幕墙）节能改造

根据调研，大部分项目改造前都采用单层玻璃窗，传热系数 K 很高，在 $5.0\sim6.5W/（m^2\cdot K）$ 之间，保温隔热性能较差，不符合当时节能标准的要求。节能改造时，一般采用整窗拆换、加窗改造或窗扇改造措施，个别项目还进行了遮阳改造。部分公共建筑将原来的单层玻璃窗改成了双层玻璃幕墙，或在原来的单层玻璃幕墙基础上增加一层玻璃。半数左右的调研项目在外窗或玻璃幕墙改造过程中选用 Low-E 中空玻璃、断热铝合金型材。

同改造前相比，改造后外窗的传热系数得到了很大的提升，且提高了外窗气密性，例如 S 项目改造前普通单层玻璃钢窗（5mm 单层）的传热系数为 $6.40W/（m^2\cdot K）$，改造后塑钢中空玻璃窗（5＋9A＋5）（平开窗）的传热系数为 $2.9W/（m^2\cdot K）$，气密性等级达到 6 级。

（三）供暖、通风和空调及生活热水系统节能改造技术落实情况

供暖、通风和空调及生活热水系统各部分实施节能改造的项目数占调研项目总数的比例如图 3 所示，从图中可以看出，大部分项目对原有的冷热源设备实施了节能改造，包括更换冷热源设备、新增冷热源设备等，有 47％的调研项目在节能改造过程中采取了水泵变频、水泵更新、风机变频、冷却塔更换以及冷却塔改造等输配设备改造技术，有 32％的调研项目对末端设备实施了节能改造，包括风机盘管更新、空调机组更新以及新风系统更新等，此外，21％的调研项目采用了智能群控系统。

根据调研，通过将原来低效的空调设备更换为性能系数符合节能标准要求的高效设备、采取水泵变频控制技术等节能改造措施后，在建筑使用功能变化不大的情况下，可有效降低供暖、通风和空调及生活热水系统运行过程中的能源消耗，同时，满足建筑的舒适度要求。

（四）电力与照明系统节能改造技术落实情况

电力与照明系统各项节能改造技术选用的项目数占调研项目总数的比例如图 4 所示，从图中可以看出，在节能改造过程

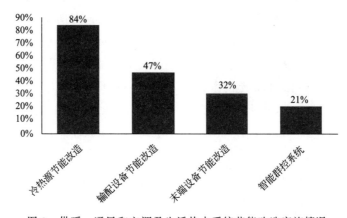

图 3　供暖、通风和空调及生活热水系统节能改造实施情况

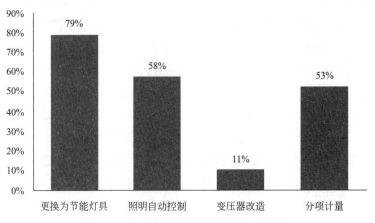

图4　电力与照明系统节能改造实施情况

中，占调研项目总数79％的项目将灯具更换为节能灯具，实施照明自动控制的项目占调研项目总数的比例为58％，而实施分项计量的项目占调研项目总数的比例为53％，另外，有部分项目对电梯、变压器进行了改造。

根据调研，改造比较多的区域主要是大厅、走廊、楼梯间、车库等公共区域，节能灯具以T5/T8节能灯或LED灯为主，S居建项目还充分利用太阳能资源，安装太阳能楼道灯和太阳能庭院灯。

（五）其他节能改造技术落实情况

根据调研，部分项目除了对围护结构、供暖、通风和空调及生活热水系统、电力与照明系统进行改造外，还根据项目自身定位，采取了多样化的改造技术措施。如B项目的定位是改造为绿色化的办公建筑，在改造的过程中还采用了太阳能光伏系统、太阳能热水系统、屋顶自然采光、自然通风等技术；F办公项目采用了节能型水泵、节水型卫生洁具、实行分区热计量等技术；D项目A1办公楼在改造后采用了太阳能光伏发电系统、雨水回收利用系统、风力发电系统、屋顶绿化、自然采光等；E、J办公项目对电梯进行了改造，前者采用了电梯简单联动控制技术。

四、结论

（1）在对既有建筑节能改造示范项目的调研过程中，大部分业主或使用者反映改造后室内舒适性有了很大的提高，对节能改造效果比较满意。

（2）既有建筑的节能改造主要集中在围护结构、供暖、通风和空调及生活热水系统、电力与照明系统，此外部分项目结合自身项目定位，还进行了可再生能源利用、给水排水系统节能改造等。

（3）既有建筑节能改造，应结合项目特点，考虑经济性、安全性等因素，选择适用的改造技术，同时应注重改造后的运营管理，实现真正的节能。

（上海市房地产科学研究院供稿，张超执笔）

不同后续使用年限结构地震作用折减系数的探讨

一、引言

结构后续使用年限是指现有建筑经抗震鉴定后继续使用所约定的一个时期，在这个时期内，建筑物不需要重新鉴定和相应加固就能按预期目的使用、完成预定功能。既有建筑后续使用年限是确定其所受地震作用的重要参数。而对于新建建筑，后续使用年限即为设计服役期。随着社会经济发展的需要，基于现有建筑状态以及后续使用年限需求的性能化抗震加固设计逐渐成为关注焦点。国内外学者针对一般建筑（即后续使用年限为 50 年的建筑）设计地震动参数进行了大量研究，其中一些学者对不同后续使用年限建筑的地震动参数确定进行了研究：Cornell C. A. 建立了地震危险性分析方法，并提出地震作用服从极值Ⅰ型或极值Ⅱ型分布；高小旺等对我国地震烈度和地震作用概率分布进行了统计拟合，认为地震烈度分布服从极值Ⅲ型分布，地震作用分布服从极值Ⅱ型分布；谢礼立等以设计基准期作为结构重要性判定指标，根据大震、中震、小震对应的 50 年超越概率，给出了相应的地震影响系数和地震有效峰值加速度；Vision（2000）给出了设防等级对应的重现期和超越概率；新西兰规范 NZBC（1992）中给出了与设计年限相关

的计算因子，Zhou 等根据地震烈度与地震作用关系计算出了不同后续使用年限下结构的地震动参数；并且周锡元（2002）、孙彬（2003）、毋剑平（2003）、丁伯阳（2005）、刘甉荣（2007）、雷拓（2009）、马玉宏（2009、2010）、张超等（2013）、白雪霜等（2014）学者对不同后续使用年限结构的设防烈度取值以及对应的地震作用进行了研究。以上研究中的地震作用（本文地震作用指地面峰值加速度）均由烈度计算得到，没有从地震作用概率分布的角度考虑，因此相关地震动参数计算较烦琐。

本文在上述研究基础上，假定地震发生服从泊松分布，分析地震作用概率分布，并考虑后续使用年限的影响，建立二者之间的数学模型。根据所建数学模型，以现行规范的 50 年设计基准期为基准，确定不同后续使用年限结构的地震作用折减系数，该折减系数与现行设计规范具有相同的概率保证。通过以上研究，旨在给抗震加固设计中的随机性变量——地震作用一个定量化表达。

二、地震作用概率分布

在本节的理论推导中，公式中的常数均由变量符号代替，这样做的目的是为了

保证推导的通用性。从地震发生机理和传播机理来讲，地面峰值加速度 A 与震级 M 和震源距 R 有关，关系式为：

$$A = b_1 e^{b_2 M} R^{-b_3} \qquad (1)$$

式中：b_1、b_2、b_3 为拟合常数；M 为震级；R 为震源距。

因此，对于指定场地指定震源（即 $R = r$），地面峰值加速度 A 大于指定地面峰值加速度 $\tilde{A}$ 的概率 P 为：

$$P(A \geqslant \tilde{A} \mid R = r) = P(b_1 e^{b_2 M} R^{-b_3} \geqslant \tilde{A} \mid R = r)$$

$$= 1 - F_M \left(\frac{\ln(\tilde{A}/b_1 r^{-b_3})}{b_2} \right) \qquad (2)$$

式中：

F_M 为震级累积分布函数。

学者 Richter's 给出了震级大于 m 的地震发生次数 n_m 与震级 m 的关系：

$$\log_{10} n_m = a - b_m \qquad (3)$$

式中：

a、b 为待定系数。

因此

$$1 - F_M(m) = e^{-\beta(m - m_0)}, \quad m \geqslant m_0 \qquad (4)$$

式中：

$\beta = b \ln 10$，m_0 是一个极小震级，以至于工程可以忽略。

将式（4）代入式（2）得：

$$P(A \geqslant \tilde{A} \mid R = r) = \exp\{-\beta[\ln(\tilde{A}/b_1 r^{-b_3})/b_2] - m_0\} \qquad (5)$$

因此，地面峰值加速度 A 的超越概率分布函数为：

$$1 - F_A(\tilde{A}) = P(A \geqslant \tilde{A})$$

$$= \int_{d_0}^{r_{\max}} P(A \geqslant \tilde{A} \mid R = r) f_R(r) \mathrm{d}r \qquad (6)$$

式中：

d_0 为震源在地震带中点时的震源距；

$r_{\max}$ 为震源在地震带端部时的震源距；

$f_R(r)$ 为震源距概率密度分布函数，可由震源距累积分布函数 $F_R(r)$ 求得：

$$F_R(r) = P(R \leqslant r)$$

$$= \frac{\sqrt{r^2 - d_0^2}}{l/2}, \quad d_0 \leqslant r \leqslant r_{\max} \qquad (7)$$

式中：

l 为地震带长度。

式（7）对 r 求导即为震源距概率密度分布函数：

$$f_R(r) = \frac{\mathrm{d}F_R(r)}{\mathrm{d}r}$$

$$= \frac{2r}{l\sqrt{r^2 - d_0^2}}, \quad d_0 \leqslant r \leqslant r_{\max} \qquad (8)$$

将式（8）代入式（6），则地面峰值加速度 A 的超越概率分布为：

$$1 - F_A(\tilde{A}) = P(A \geqslant \tilde{A})$$

$$= \frac{1}{l} CG\tilde{A}^{-\beta/b_2},$$

$$\tilde{A} \geqslant b_1 e^{b_2 m_0} d^{-b_3} \qquad (9)$$

式中：

$C = e^{\beta m_0} b_1^{\beta/b_2}$；

$$G = \frac{2\pi}{(2r_0)^{\gamma}} \frac{\Gamma(\gamma)}{\left[\Gamma\left(\frac{\gamma+1}{2}\right)^2\right]}; \quad \gamma = \beta \frac{b_3}{b_2} - 1$$

以泊松计数过程作为地震发生概率模型已经广泛应用于地震工程学研究中。研究表明在沿地震带上地震的发生概率服从泊松分布，平均发生率为 v，在时间 t 内发生地震次数为 $\widetilde{N}$ 的概率为：

$$P_{\widetilde{N}}(n) = P(\widetilde{N}=n) = \frac{e^{-vt}(vt)^n}{n!} \tag{10}$$

那么在时间 t 内地面峰值加速度 A 超过指定地面峰值加速度 $\widetilde{A}$ 的次数为 N 的概率为

$$P_N(n) = P(N=n) = \frac{e^{-P_{\widetilde{A}}vt}(P_{\widetilde{A}}vt)^n}{n!} \tag{11}$$

式中：

$$P_{\widetilde{A}} = P(A \geqslant \widetilde{A}) = \frac{1}{l}CG\widetilde{A}^{-\beta/b_2}$$ 为地面峰值加速度 A 超过指定地面峰值加速度 $\widetilde{A}$ 的概率。

在时间 t 内最大地面峰值加速度 A_{max}^t 小于指定地面峰值加速度 $\widetilde{A}$ 的概率等同于在时间 t 内地面峰值加速度 A 超过指定地面峰值加速度 $\widetilde{A}$ 的次数为 0，即：

$$P_A(A_{max}^t \leqslant \widetilde{A}) = P(N=0) = e^{-P_{\widetilde{A}}vt} \tag{12}$$

将式（9）代入式（12）可得最大加速度 $\widetilde{A}$ 的累积分布函数：

$$F_{A_{max}^{(A)}} = e^{-P_{\widetilde{A}}v}$$
$$= \exp(-vCG\widetilde{A}^{-\beta/b_2}), \quad \widetilde{A} \geqslant b_1 e^{b_2 m_0} d^{-b_3} \tag{13}$$

需要注意到 $\widetilde{A}$ 的幂（$-\beta/b_2$）为负数，因此，地震作用概率分布属于极值 Ⅱ 型分布。因为：b_2 为震级与加速度转换关系中的指数项，反映加速度随震级增加而变大，为正数；$\beta = b\ln10$，其中 b 为反比例函数的系数，其本身也是正数。这是考虑震源距影响，从地震发生概率模型推导出的结果，没有地区性统计数据的影响。因此，地震作用危险性曲线公式（13）具有普遍性与通用性。

三、地震作用概率模型统计参数

第二节从地震发生概率模型和地震传播衰减机制推导出地震作用概率分布属于极值Ⅱ型。本节将根据我国历年地震统计数据，对地震作用概率分布公式中的参数进行拟合，以验证第二节的结果；同时列出两种地震作用概率分布参数拟合方法：极大似然估计法和分位值估计法。表1列出了我国大陆地区 1967～2016 年年最大地震震级，选取该组数据进行统计参数拟合。

中国大陆年最大地震震级数据　　　　　　　　表 1

年份	1967	1968	1969	1970	1971	1972	1973	1974	1975	1976	1977	1978	1979	1980	1981	1982	1983
震级	7	5.2	5.5	7.75	6.8	6.2	7.6	7.1	7.3	7.8	7.1	6.3	6.8	6.8	6.9	6	6.8
年份	1984	1985	1986	1987	1988	1989	1990	1991	1992	1993	1994	1995	1996	1997	1998	1999	2000
震级	5.5	7.4	6.7	6.4	7.6	6.6	7	6.5	6.8	6.6	7.3	7.3	7	6.4	6.6	5.7	6.5
年份	2001	2002	2003	2004	2005	2006	2007	2008	2009	2010	2011	2012	2013	2014	2015	2016	
震级	8.1	7.2	6.8	6.3	6.5	5.6	6.4	8	6.4	7.1	6.6	7	7.3	6.5	6.7		

关于烈度与震级的相互关系，很多学者进行过相关研究，转换公式多为一次函数。为了提高研究的概率保证度，本文采用我国 20 世纪 70 年代全国烈度区划图采用的转换关系：

$$I = 1.52M - 0.98 \quad (14)$$

对于地震作用与烈度的相互关系，按照下式进行转换：

$$A = 10^{(I \log 2 - 0.01)} \quad (15)$$

式中：

I 为地震烈度；A 为地面峰值加速度（cm/s^2）。

（一）极值分布类型判别

将我国大陆地区 50 年年最大地震震级根据式（14）、式（15）转换为 50 年年最大地面峰值加速度，为方便表述以下统称为"50 年年最大地震作用统计数据"。研究表明地震作用概率分布服从极值分布，本文采用极大似然法进行参数估计。近 50 年，我国大陆地区地面峰值加速度累积分布函数为：

$$F(A) = \exp\left[-\left(\frac{A - 1003}{1504}\right)^{-4.91}\right] \quad (16)$$

式（16）的形状参数 $K = -4.91 < 0$，属于极值Ⅱ型分布。

因此，地震作用概率分布属于极值Ⅱ型分布。此结论是基于 50 年年最大地震作用统计数据的拟合结果，与第一节推导相互独立，但结论一致。

（二）极大似然参数估计

最大值的极值Ⅱ型分布（Frechetl 分布）累积分布函数表达式为：

$$F(A) = \exp\left[-\left(\frac{A}{\sigma}\right)^K\right] \quad (17)$$

式中：

A 为地面峰值加速度；

σ 为尺度参数，极大似然估计参数；

K 为形状参数，极大似然估计参数。

根据 50 年年最大地震作用统计数据，按照式（17）进行极大似然参数估计，得：

$$F(A) = \exp\left[-\left(\frac{A}{432}\right)^{-1.46}\right] \quad (18)$$

式（18）是基于地震统计数据，采用极大似然法的拟合结果，该方法适用于具有长期地震记录的场地，并且相关参数还应根据统计数据并结合实际情况作出相应调整。

（三）分位值法参数估计

我国规范的设防水准是小震超越概率为 63.2%，中震超越概率为 10%，式（17）中尺度参数 σ 的物理含义为 50 年设计基准期内超越概率为 63.2% 对应的加速度：

$$F(A) = \exp\left[-\left(\frac{A}{\varphi \cdot A_{mod}}\right)^K\right] \quad (19)$$

式中：

A 为地面峰值加速度；

$\varphi = A_{min}/A_{mod}$；

A_{min}、A_{mod} 分别为 50 年设计基准期内超越概率为 0.632 和 0.1 所对应的地面峰值加速度；

K 为形状参数，分位值法估计参数。

根据 50 年年最大地震作用统计数据，采用分位值法计算地面峰值加速度的累积概率分布函数为：

$$F(A) = \exp\left[-\left(\frac{A}{0.33 \times 1475}\right)^{-2.03}\right] \quad (20)$$

式（20）是基于地震统计数据，采用分位值法得到的，累计概率取值与现行规范保持一致。

四、不同后续使用年限地震作用折减系数

（一）折减系数计算方法

建筑的重要性、功能需求、已服役时间和损伤程度等因素均会影响其后续使用年限，但在后续使用年限内应保持与原设计使用年限内相同的设防水准超越概率，即等超越概率原则。将不同后续使用年限内设防水准超越概率转换为 50 年等效设防水准超越概率，换算公式为：

$$p_{i/T(50)} = 1 - (1 - p_{i/T})^{50/T} \qquad (21)$$

式中：

$p_{i/T}$ 为抗震设防水准 i 在 T 年内的超越概率；

i 为 1/2/3 分别对应小震、中震和大震，相应的超越概率为 63.2%、10% 和 2%（3%）；

$p_{i/T(50)}$ 为抗震设防水准为 i，后续使用年限为 T 年的 50 年等效超越概率。

根据式（17），抗震设防水准为 i，后续使用年限为 T 年的地震作用 $A_{i/T}$ 为：

$$A_{i/T} = \sigma \left[-\ln \left(1 - P_{i/T(50)} \right) \right]^{1/K} \qquad (22)$$

因此，相对于 50 年设计基准期，不同后续使用年限所对应的地震作用折减系数 μ_T 为：

$$\mu_T = \frac{A_{i/T}}{A_{i/50}} = \frac{\sigma \left[-\ln \left(1 - p_{i/T} \right)^{50/T} \right]^{1/K}}{\sigma \left[-\ln \left(1 - p_{i/50} \right)^{50/50} \right]^{1/K}}$$

$$= \left(\frac{T}{50} \right)^{-1/K} \qquad (23)$$

可以看出，地震作用折减系数 μ_T 不含抗震设防水准相关项，说明相同后续使用年限下，各设防水准所对应的地震作用折减系数相同。式（23）中的形状系数 K 取值由设防烈度决定，按现行规范取值，因此式（23）与规范概率保证度相同。

（二）折减系数建议取值

根据式（21）～式（23）计算不同后续使用年限的地震作用折减系数，见表 2。

不同后续使用年限的地震作用折减系数

表 2

后续使用年限（年）	折减系数
30	0.79
40	0.90
50	1.00

需要说明，表 2 计算采用的形状参数 K 取值为 -2.14［式（23）］，是严格符合规范所给出的小震和中震超越概率的形状参数。但并不意味采用极大似然参数估计得到的概率保证度低，地震作用危险性曲线公式（18）与地震动历史数据吻合度更高，更适用于具有长期地震记录地区的建筑抗震鉴定使用，使用前应根据地震记录对参数进行适当调整。当然，式（20）也是基于地震动历史数据得到的地震作用危险性曲线公式，式（20）的形状参数 $K = -2.03$ 代表的是 1967～2016 年全国整体地区的形状参数，且公式参数估计时所用的概率累积值均取自现行规范。计算结果显示：后续使用年限 100 年以内，形状系数为 -2.03 和 -2.14 的计算结果差值比小于 2%，计算精度可以满足工程需求。

文章《估计不同服役期结构的抗震设

防水准的简单方法》给出了基于不同后续使用年限的地震作用计算方法，计算步骤为：根据后续使用年限计算 50 年等效设防烈度，再根据等效设防烈度计算相应的地震作用。按照该方法计算的不同后续使用年限地震作用折减系数见表 3。可以看出其计算结果中，7 度和 8 度各设防水准的地震作用折减系数基本相同（误差 1%），9 度各设防水准的地震作用折减系数不同是因为文章考虑 9 度大震比设防烈度提高 0.5 度，强制调整计算公式，因此折减系数有较大变动。《Prestandard and Commentary for the Seismic Rehabilitation of Buildings》给出了不同后续使用年限的地震作用计算方法，按照该方法代入我国现行规范设计地震动参数，得到不同后续使用年限的地震作用折减系数（见表 3）。从该计算结果可以看出，后续使用年限相同的情况下，各设防水准的地震作用

折减系数相同，这与本文推导的结论吻合。同时应注意到，《建筑抗震鉴定标准》GB 50023 在条文说明中指出："在全国范围内平均 30、40、50 年地震作用的相对比例大致是 0.75、0.88 和 1.00"，与本文给出的地震作用折减系数建议取值基本相同（变化在 2% 以内），说明本文给出的折减系数建议值依据真实且精度较好，而与《Prestandard and Commentary for the Seismic Rehabilitation of Buildings》的计算结果相差较大是由于两国设计地震作用取值水准不同。

五、结论

本文对不同后续使用年限结构的地震作用概率分布函数进行了探讨，给出了其相对于 50 年设计基准期地震作用折减系数的计算方法和建议值，得到以下结论：

（1）地震作用概率分布属于极值 II 型

两种方法计算得出的地震作用折减系数 表 3

设防烈度	设防水准	估计不同服役期结构的抗震设防水准的简单方法			Prestandard and Commentary for the Seismic Rehabilitation of Buildings		
		后续使用年限（年）			后续使用年限（年）		
		30	40	50	30	40	50
7	小震	0.79	0.90	1	0.78	0.90	1
	中震	0.78	0.90	1	0.78	0.90	1
	大震	0.78	0.90	1	0.78	0.90	1
8	小震	0.79	0.90	1	0.86	0.94	1
	中震	0.78	0.90	1	0.86	0.94	1
	大震	0.78	0.90	1	0.86	0.94	1
9	小震	0.72	0.87	1	0.86	0.94	1
	中震	0.83	0.93	1	0.86	0.94	1
	大震	0.92	0.97	1	0.86	0.94	1

分布。

（2）根据等超越概率原则，后续使用年限为 30、40 和 50 年的地震作用折减系数分别为 0.79、0.9、1.0。

（3）在相同后续使用年限条件下，设防三水准（小震、中震和大震）对应的地震作用折减系数值相同。

（中国建筑科学研究院有限公司工程抗震研究所供稿，孙魁、程绍革执笔）

既有建筑基于破坏模式等效的振动台试验动力相似关系研究

振动台模拟地震试验是检验结构抗震能力的有效手段之一，通过振动台试验可以发现结构的抗震薄弱环节及结构整体破坏模式，振动台模拟地震试验中，动力相似关系设计是至关重要的环节，只有合理的动力相似关系设计，才能真正实现结构抗震性能的再现。以往的振动台试验多针对超高超限的新建工程进行，用以发现结构的抗震薄弱环节，对结构抗震设计提出修改建议。本文进行的则是老旧钢筋混凝土框架结构的振动台模拟地震试验技术研究，重点对其结构破坏模式等效的模型框架柱配筋设计方法进行研究，并通过振动台模型试验验证其合理性，同时在模型适当部位布置了一定数量的砖砌体填充墙，以研究填充墙对主体结构抗震性能的影响，从而为老旧钢筋混凝土结构的抗震能力评定及采取合理的抗震加固措施以及新建工程的抗震设计提供参考。

一、既有钢筋混凝土框架结构的抗震能力评定

（一）楼层综合抗震能力指数计算

震害表明，多层钢筋混凝土框架结构的震害与其楼层的屈服强度系数有密切的关系，现行国家标准《建筑抗震鉴定标准》GB 50023 采用的就是基于屈服强度系数的楼层综合抗震能力指数方法，具体计算公式如下：

$$\beta = \psi_1 \psi_2 \xi_y \tag{1}$$

$$\xi_y = V_y / V_e \tag{2}$$

式中：β 为楼层综合抗震能力指数；ψ_1、ψ_2 分别为结构的体系影响系数和局部影响系数；ξ_y 为楼层屈服强度系数；V_y、V_e 分别为楼层的现有受剪承载力和弹性地震剪力。

（二）楼层现有受剪承载力计算

框架结构在地震中多以柱端大偏压弯曲破坏为主，因此框架柱的现有受剪承载力可取其等效受剪承载力，即柱上、下端的受弯承载力之和除以柱净高：

$$V_{cy} = \frac{M_{cy}^u + M_{cy}^L}{H_n} \tag{3}$$

式中：

M_{cy}^u、M_{cy}^L 分别为验算层偏压柱上、下端的现有受弯承载力；H_n 为框架柱净高。

对称配筋矩形截面大偏心受压柱现有受弯承载力可按下式计算：

$$M_{cy} = f_{yk} A_s (h_0 - a'_s) + 0.5Nh (1 - N/f_{cmk}bh) \tag{4}$$

式中：

N 为对应于重力荷载代表值的柱轴向

压力；A_s 为柱实有纵向受拉钢筋截面面积；f_{yk} 为现有钢筋抗拉强度标准值；f_{cmk} 为现有混凝土弯曲抗压强度标准值；a'_s 为受压钢筋合力点至受压边缘的距离；h、h_0 分别为柱截面高度和有效高度；b 为柱截面宽度。

二、钢筋混凝土框架结构缩尺模型的动力相似关系

（一）常用参数的动力相似关系

振动台模型试验常用的参数有几何尺寸、弹性模量、质量、加速度、力和力矩等，一般情况下，这些参数的相似关系如表 1 所示。

振动台试验主要参数相似关系　表 1

模型参数	相似关系	模型参数	相似关系
几何尺寸 L	S_L	弹性模量 E	S_E
质量 m	$S_E S_L^2 / S_a$	刚度 K	$S_E S_L$
时间 T	$\sqrt{S_L / S_a}$	加速度 a	S_a
水平力 F	$S_E S_L^2$	力矩 M	$S_E S_L^3$

（二）既有老旧框架结构的动力相似关系

《Study on Relationship between Yield Strength and Destructiveness》的研究成果表明：当楼层的综合抗震能力指数 $\beta >$ 2.0 时，结构为完好无损；当 $\beta = 2.0$ 时，结构的个别梁、柱端部将出现微细裂缝；随着 β 从 2.0 下降到 1.0，结构破坏程度加大，最后在柱端出现塑性铰；当 $\beta <$ 0.5～0.6 时，结构将倒塌。由此可见，对于老旧框架结构，楼层综合抗震能力指数或屈服强度系数的等效，是模型结构再现原型结构抗震性能的关键，而模型结构楼层受剪承载力的相似关系是关键中的关键。

《建筑结构振动台模型试验方法与技》一文，针对钢筋混凝土结构的模型设计提出了如下基本原则：把握构件层面的相似原则，对正截面承载力的控制，依据抗弯能力等效的原则；对斜截面承载能力的模拟，按照抗剪能力等效的原则。该原则是没有错误的，但在构件配筋计算上，该文给出了如下公式：

$$A_s^m = A_s^p \cdot S_M / (S_L S_{f_y}) \qquad (5)$$

上式对纯受弯构件是合适的，但框架柱属于压弯构件，轴向压力对其受弯、受剪承载力有很大影响，在振动台模拟试验采用欠配重模型时，式（5）并不适用。

从式（2）、式（3）可以看出，为再现原型结构的抗震性能，模型的设计应满足 $S_M = S_E S_L^3$。从式（4）中可以看出柱端受弯承载力可分为三部分之和，分别表示为：

$$M_1 = f_{yk} A_s (h_0 - a'_s) \qquad (6)$$

$$M_2 = 0.5 Nh \qquad (7)$$

$$M_3 = -0.5 N^2 h / f_{cmk} bh \qquad (8)$$

三式均需满足 $S_M = S_E S_L^3$ 的条件：由式（6）可得 $S_{As} = S_E S_L^2 / S_{fyk}$，是对框架柱纵筋配置的要求，这一点可以通过合理的配筋设计来满足，特别是当采用与原型结构相同的钢筋时，就是一个简单的几何相似关系；由式（7）可得 $S_a = 1$，即模型必须是满配重模型，从我国已有的振动台的承载能力来看很难满足这一条件；由式（8）可得 $S_E = S_{fcmk}$，这一条件是针对模型制作材料的要求，受材料本身特性的影响，满足这一条件也是很困难的。由以上分析可见，老旧框架结构的振动台模拟

地震试验，一般都是采用欠配重模型，因此必须考虑竖向荷载的不足对构件受剪承载力的影响，这只能通过适当提高构件纵向配筋从总体上实现受弯承载力的相似等效。

三、某既有框架结构的动力相似关系设计

（一）原型结构概况

原型结构为一钢筋混凝土框架结构，层数为5层，底层层高为4.0m、其余楼层均为3.6m。结构横向3跨，边跨柱距6m、中跨柱距3m；纵向7跨，柱距均为3.6m。框架柱截面尺寸如下：底层及二层为450mm×450mm，三层以上为400mm×400mm。框架梁尺寸如下：横向为300mm×600mm，纵向为300mm×450mm。构件混凝土强度等级C20。结构平面布置见图1。

柱配筋：1～2层角柱（JZ）配筋为$8\varphi16$，其他柱（KJZ）为$8\varphi14$；3～5层角柱（JZ）配筋为$8\varphi14$，其他柱（KJZ）为$8\varphi12$；柱箍筋加密区$\varphi8@150$、长度600mm，非加密区$\varphi8@400$。梁配筋：正负筋均$4\varphi22$，箍筋加密区$\varphi8@200$、长度600mm，非加密区$\varphi6@300～400$。为考虑填充墙对主体结构的影响，结构横向Ⓐ～Ⓑ轴、Ⓒ～Ⓓ轴、纵向Ⓐ、Ⓓ轴2～3轴间、6～7轴间布置了实心黏土砖填充墙（详见图2、图3），其中横向Ⓐ～Ⓑ轴、纵向框架的填充墙均沿高度每隔10皮砖有通长拉结筋。

工程位于8度设防区，设计地震第一组、Ⅲ类场地。抗震分析时各层重量分析如下：1层5480kN，2～4层5290kN，5层4270kN。

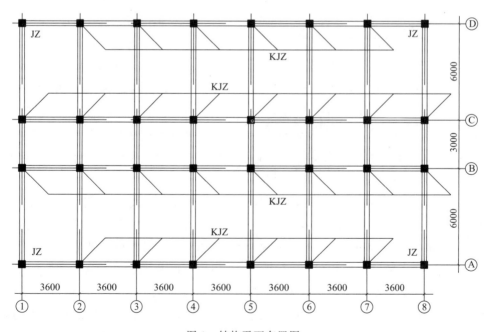

图1　结构平面布置图

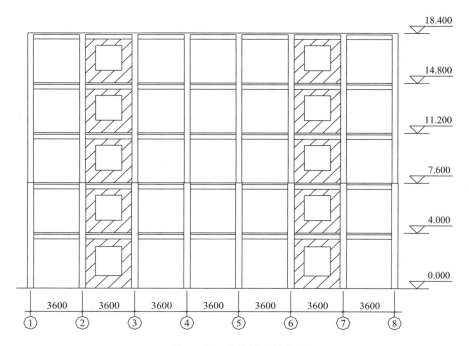

图 2　Ⓐ、Ⓓ轴填充墙布置

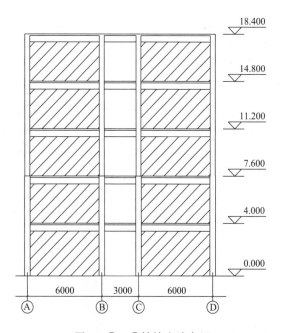

图 3　①、⑧轴填充墙布置

233

（二）模型动力相似关系设计与调整

1. 基本相似关系

根据本工程的结构特点、振动台模拟地震试验目的、振动台主要性能指标及模型制作工艺最终确定本次模型试验的几个主要动力相似关系，见表 2。

模型试验主要相似关系　　表 2

模型参数	相似关系	模型参数	相似关系
几何尺寸 L	1/5	弹性模量 E	1
质量 m	1/57.5	时间 T	1/3.4
加速度 a	2.3	水平力 F	1/25

2. 结构地震作用的计算

采用底部剪力法计算结构的楼层水平地震剪力。框架抗侧刚度按 D 值法计算，黏土砖填充墙抗侧刚度按图 4 及式（9）、式（10）计算。

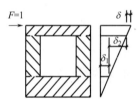

注：墙体弹性模量按M2.5砂浆、
MU7.5实心黏土砖，
$E=1390f=1.8×10^6kN/m^2$

图 4　黏土砖填充墙刚度计算简图

$$\delta_i = (\rho^3 + 4\rho)/Et \qquad (9)$$
$$k = 1/\Sigma\delta_i \qquad (10)$$

式中：

ρ 为各墙段高宽比，E 为墙体弹性模量，t 为砖墙厚度。考虑到填充墙在地震作用下易开裂，依据《建筑抗震设计手册》的建议：1～2 层取刚度折减系数0.3，3～4 层取刚度折减系数 0.6，顶层不折减。

采用能量法计算结构自振周期，公式如下：

$$T = 2\varphi_T\sqrt{\Sigma G_i u_i^2/G_i u_i} \qquad (11)$$

式中：

G_i 为楼层的重力荷载代表值；u_i 为楼层重力荷载代表值作为水平荷载作用于楼层产生的楼层侧移（图 5）；φ_T 为考虑填充墙的折减系数。

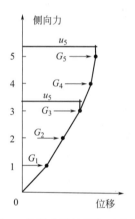

图 5　能量法计算周期示意图

3. 框架柱配筋设计

方案一：最初设计框架柱配筋时，按式（5）计算确定为：1～2 层角柱（JZ）配筋为 $8\varphi3$，其他柱（KJZ）为 $8\varphi2.6$；3～5 层角柱（JZ）配筋为 $8\varphi2.6$，其他柱（KJZ）为 $8\varphi2.3$。但经试算后，与原型结构的楼层屈服强度系数进行了对比，结果见表 3（计算时钢丝屈服强度取 370MPa）。

从表中可以看出，除顶层外，各层模型的楼层屈服强度系数明显比原型结构下降很多，尽管两者的最低屈服强度系数层仍为第三层，但抗震性能要比原型结构差很多，且模型三层以下均成为相对薄弱楼层。主要原因是忽略了轴向压力对受剪承载力的影响。

原型与模型结构纵向屈服强度系数对比

表3

层号		楼层		边榀框架	
		结果 A	结果 B	结果 A	结果 B
5	原型	1.66	1.72	1.64	1.41
	方案一	1.62	1.69	1.69	1.45
	方案二	1.99	2.04	2.09	1.74
4	原型	1.40	1.41	1.34	1.18
	方案一	1.15	1.17	1.15	1.04
	方案二	1.67	1.66	1.73	1.49
3	原型	1.33	1.32	1.27	1.10
	方案一	1.02	1.03	1.01	0.89
	方案二	1.41	1.40	1.44	1.23
2	原型	1.72	1.68	1.68	1.56
	方案一	1.31	1.28	1.31	1.24
	方案二	1.86	1.81	1.92	1.77
1	原型	1.59	1.55	1.52	1.44
	方案一	1.19	1.17	1.14	1.10
	方案二	1.65	1.60	1.62	1.53

注：表中结果 A 表示不考虑填充墙影响，B 表示考虑填充墙影响。

方案二：对框架柱的配筋进行了调整。1~2 层角柱（JZ）配筋为 $8\varphi4.0$，其他柱（KJZ）为 $8\varphi3.5$；3~4 层角柱（JZ）配筋为 $8\varphi3.5$，其他柱（KJZ）为 $8\varphi3.0$；5 层角柱（JZ）配筋为 $8\varphi3.0$，其他柱（KJZ）为 $8\varphi2.6$（注：由于市场上买不到 $\varphi2.3$ 规格的钢丝，设计修改为 $\varphi2.6$）。经调整设计后的楼层屈服强度系数值（计算时钢丝屈服强度仍取 370MPa）见表 3，可以看出调整配筋后模型结构与原型结构的结果趋于接近。顶层与原型结构相差较大，主要是由镀锌钢丝规格的变化造成的。

四、既有框架结构振动台试验验证

（一）模型试验简介

试验模型见图 6。模型总高 3.88m，其中底座高 0.2m。试验时首层附加配重 7250kg，二层 7020kg，3、4 层 7060kg，顶层 5645kg，模型有效重量约 44t。试验以模型纵向激振为主，初始阶段采用Ⅲ类场地（设计地震第一组）人工波、El-Centro 波和 Taft 波，模型结构构件开裂后选择激振反应最大的一条波进行试验，直至模型严重破坏，濒临倒塌。

图 6　五层框架 1/5 缩尺模型

（二）按模型材料性能实测结果进行校核

模型试验前对模型制作材料性能进行了实测，结果如下：

（1）镀锌钢丝实测结果：$\varphi4.0$ 屈服强度平均值为 260MPa，$\varphi3.5$ 屈服强度平均值为 30MPa，$\varphi2.6$ 屈服强度平均值为 350MPa。

（2）混凝土弹性模量：1~2 层为 7106N/mm²，3 层为 16022N/mm²，4、5 层为 19940N/mm²。

（3）微粒混凝土强度等级：1 层 C25，2 层 C30，3 层 C25，4、5 层 C28。

由于镀锌钢丝的直径与屈服强度、细石混凝土强度等级与原模型设计有偏差，这对构件的承载力影响较大。经重新分析计算后得到的楼层屈服强度结果见表4。为便于比较，原型结构的材性也按模型实测结果取值，结果显示按实测结果得到的楼层屈服强度系数与原型结构仍比较接近。

结构实际纵向屈服强度系数对比

表 4

层号		楼层		边榀框架	
		结果 A	结果 B	结果 A	结果 B
5	原型	2.06	2.09	2.05	1.63
	模型	2.15	2.17	2.19	1.73
4	原型	1.76	1.73	1.68	1.35
	模型	1.74	1.71	1.79	1.42
3	原型	1.71	1.65	1.62	1.26
	模型	1.52	1.47	1.53	1.20
2	原型	2.28	2.16	2.18	1.90
	模型	2.00	1.90	2.00	1.75
1	原型	2.08	1.97	1.96	1.75
	模型	1.79	1.70	1.73	1.56

注：表中结果 A 表示不考虑填充墙影响，B 表示考虑填充墙影响。

（三）模型试验的动力特性变化

图 7 所示是在不同幅值台面地震波激振后模型结构的纵向基本频率与相应的阻尼比变化趋势图。从图中可以看出，模型结构的基本动力特性全过程曲线可分为四段：

（1）第一段为台面加速度峰值 50、80、100、160gal 的试验阶段，该阶段的频率下降曲线较陡，阻尼系数增幅较大。

（2）第二段为台面加速度峰值 180、200、300gal 的试验阶段，该阶段的频率下降曲线与第一阶段相比略趋平缓，阻尼系数增幅也趋平缓。

（3）第三阶段为台面加速度峰值 400～920gal 的试验阶段，该阶段的频率下降曲线更加平缓，阻尼系数开始增幅较大，后趋于平缓。

（4）第四阶段为台面加速度峰值 1000gal 激励试验阶段，该阶段频率下降略增大，阻尼系数有较大的提高。

理论分析结果表明：横向不考虑填充墙刚度贡献时的基本周期为 0.29s，考虑填充墙刚度贡献但对其刚度进行折减后的基本周期为 0.20s；纵向不考虑填充墙刚度贡献时的基本周期为 0.31s，考虑填充墙刚度贡献但对其刚度进行折减后的基本周期为 0.28s。

实测结果为：横向初始基本周期为

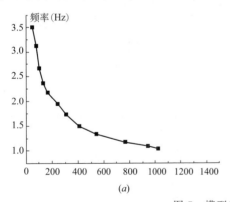

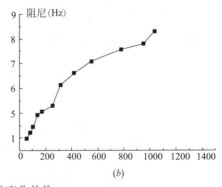

(a)　　　　　　　　　　(b)

图 7　模型动力特性变化趋势

（a）模型基本频率；（b）模型阻尼系数

0.22s，经历 80gal 激振后的基本周期为
0.29s；纵向基本周期为 0.29s，经历
80gal 激振后的基本周期为 0.32s。

理论分析与实测结果对比表明，模型的初始基本周期与考虑折减后的填充墙刚度贡献的结果吻合较好；经 80gal 的激振后，模型基本周期则与纯框架基本周期吻合。

从试验观察到的现象来看，模型经台面加速度幅值 50gal 的白噪声扫频后，底架柱破坏严重，混凝土压溃酥裂，底部几层填充墙局部与主体结构有脱开现象。经 80gal 的地震波激振后底层几层填充墙基本与主体结构脱开，个别填充墙出现水平或斜向裂缝，说明填充墙的刚度贡献已完全丧失，但承载力贡献仍存在。

（四）模型不同阶段的破坏状态

（1）试验初始阶段，在台面加速度峰值 100gal 时，模型首批细微裂缝出现（此时的楼层屈服强度系数约为 2.0），裂缝主要发生在底层角柱的顶部与中部（图8）。

图8　模型主体结构构件初始裂缝

（a）底层角柱顶部；（b）底层角柱中部

（2）随着台面加速度峰值的加大，底层至四层更多的框架柱出现裂缝，裂缝位置仍主要分布在柱顶或柱中。至台面加速度峰值达 500gal 时（此时的楼层屈服强度系数约为 1.0），除顶层外的其余楼层框架柱全部出现裂缝，其中个别框架柱柱顶混凝土压溃崩落、纵筋屈服（图9）。

图9　框架柱柱顶混凝土压溃崩落

此后模型进入弹塑性大变形阶段，当台面加速度峰值为 710gal 时，裂缝主要集中在第 3 层的框架柱，多数柱两端形成塑性铰，形成明显的薄弱层；另外由于塑性内力重分布，其他楼层也出现了较多的裂缝。

（3）模型倒塌试验阶段，第 3 层全部框筋呈不可恢复的灯笼状，结构层间位移角大于 1/30，可以认为结构已丧失承载能力而濒临倒塌（图10）。

以上试验结果与分析预测比较吻合，特别是开裂荷载、屈服荷载及薄弱层破坏情况的预估非常接近，这也说明了本文提出的构件层次的模型配筋设计方法是正确的。

五、结论与建议

根据模型试验设计及振动台试验结果的实测分析，可以得到以下初步结论：

(a)

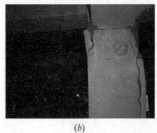

(b)

图 10　模型严重破坏濒临倒塌

（*a*）三层框架柱顶全部出铰；（*b*）柱顶严重破坏

（1）既有建筑振动台试验采用欠配重模型时必须从构件层次考虑配筋设计，特别要考虑重力荷载不足对构件及楼层的承载能力影响。

（2）试验表明，既有框架结构的抗震能力评定可只考虑填充墙的承载力贡献，其刚度贡献可以忽略，为此在既有框架结构抗震鉴定时，对于规则结构可以楼层的屈服强度系数为衡量指标，不一定取边榀最不利框架进行计算分析。

（3）本次试验虽只设置了少量的砌体填充墙，试验初期阶段，填充墙对主体结构框架柱的受力确实产生了一定的影响，造成柱中水平裂缝或梁柱节点的冲剪破坏，但在倒塌阶段，即便填充墙遭受严重破坏，仍能对框架柱的抗倒塌有积极的贡献。

建议今后针对填充墙对结构抗震能力的影响应进行更进一步的研究，砌体填充墙对结构的抗震能力影响不可忽略，不能简单地只对结构自振周期进行折减，应该落实从"非结构构件"到"结构构件"的概念转变。

（4）既有框架结构抗震能力，以楼层屈服强度系数作为衡量指标，振动台试验时以原型结构与模型在屈服强度系数下的等效为原则，可再现结构的实际地震破坏状态，从而对其抗震能力有一个可靠的评价，并对以后的抗震加固设计提供依据。

（中国建筑科学研究院有限公司工程抗震研究所供稿，程绍革、史铁花、孙魁、吴礼华执笔）

设置填充墙的框架结构
试验研究与模拟分析

一、引言

有关框架结构中填充墙的影响问题一直是业内关注的焦点，为此，进行了系列带有填充墙的框架结构试验。本文以一幢建于20世纪70年代末8度地震设防区带有砌体填充墙的框架结构为原型，设计制作了1/5缩尺试验模型，通过模拟地震振动台试验得到了设置填充墙的框架结构的破坏形态与过程，并与有限元模型进行了分析对比。并利用获得的较准确的有限元模型，进一步分析了纯框架结构、设有砌体填充墙的框架结构、设有钢筋混凝土填充墙的框架结构在不同地震作用下的动力响应。

二、框架结构（填充砌体墙）振动台试验

（一）工程概况

结构原型为8度区的抗震鉴定为A类的5层混凝土框架结构，设计标准相当于《工业与民用建筑抗震设计规范》TJ 11—1974，抗震设防类别为丙类，场地类别为Ⅲ类，设计地震分组为第一组。该结构横向3跨，纵向7跨，底层层高为4.0m，其余楼层均为3.6m高。结构平面布置见图1。纵向的Ⓑ、Ⓒ轴无填充墙，Ⓐ、Ⓓ轴两端第二开间设置开有窗洞填充墙，窗洞尺寸：2～5层为1.8m×1.8m，首层为

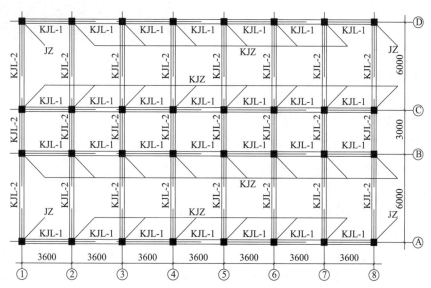

图1　结构平面布置图

1.8m×2.1m，窗下墙高度均为900mm；横向的①⑧轴框架Ⓐ～Ⓑ、Ⓒ～Ⓓ轴间设置无洞口填充墙。填充墙均为240mm厚的 MU7.5 实心黏土砖墙，采用 M2.5 混合砂浆。

结构构件混凝土强度等级为C20，钢筋级别为HPB235。框架梁尺寸如下：横向 300mm×600mm，纵向 300mm×450mm；框架梁配筋：梁顶和底配筋均为 4φ22，加密区箍筋采用 φ8@200，加密区长度为600mm，非加密区箍筋采用 φ6@300～φ6@400。楼板板厚为120mm，采用双层 φ10@150 配筋。框架柱截面尺寸及配筋见表1。

框架柱截面尺寸（mm）和配筋 表1

楼层	1层	2层	3层	4层	5层
柱截面	450×450		400×400		
配筋 角柱	8φ16	8φ16	8φ14	8φ14	8φ14
配筋 边柱	8φ14	8φ14	8φ12	8φ12	8φ12
柱箍筋	φ8@150/400				

（二）模型试验的相似比

受振动台台面尺寸以及吨位的限制，模型相似比取 1/5，缩尺后模型长度为5.04m，宽度为3.0m，高度为3.68m。根据本工程的结构特点、振动台模拟地震试验目的、振动台主要性能指标及模型制作工艺最终确定本次模型试验的几个主要动力相似关系，见表2。

依据表2的相似关系，模型重量约45t（不足重量以配重代替），加上试验底

座及防护钢架，总重量不超过台面标准负荷 60t。模型总高 3.88m（其中底座高0.2m）。

模型试验主要参数相似关系 表2

模型参数		模型参数	
几何尺寸	$S_L=1/5$	加速度	$S_a=2.3$
弹性模量	$S_E=1$	质量	$S_m=1/57.5$
周期(时间)	$S_t=1/3.4$	频率	$S_f=3.4$
地震力	$S_F=1/25$	倾覆力矩	$S_M=1/125$

（三）模型设计与制作

根据原型结构及 1/5 的缩尺比例制作模型，加工完成后的模型照片如图 2 所示。

图 2　加工完成后的模型

（四）试验方案

1.传感器布置

本次试验主要采用加速度传感器采集试验过程中的加速度时程反应，并通过两次积分求出位移时程反应。

加速度传感器布置在各楼层形心轴与外轴交接处，沿横向、纵向布置，每层 4 个，共计 20 个传感器，用于采集各楼层的加速度时程；另外，在底板纵横向各设

1个，用于采集实际输入的加速度时程，并与期望输入的加速度时程进行对比，可用于检验模型底座与振动台台面固定的可靠性。

2. 地震波选用

本次试验选用的地震波为两条天然波（El-Centro 波、Taft 波）和一条根据规范反应谱拟合的人工波（RD1 波），其波形曲线及反应谱曲线见图 3 和图 4，图 3 中对加速度的幅值已进行归一化处理，试验时根据动力相似关系进行时间轴的压缩和台面加速度的放大。

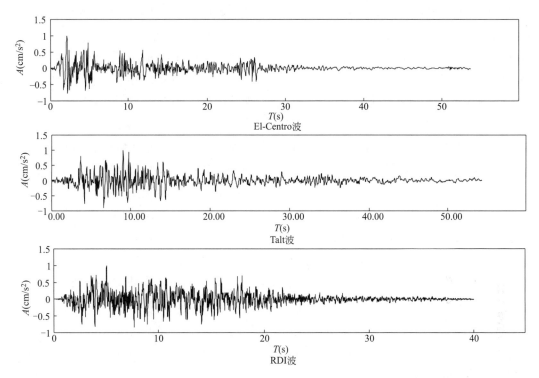

图 3　地震波加速度时程曲线

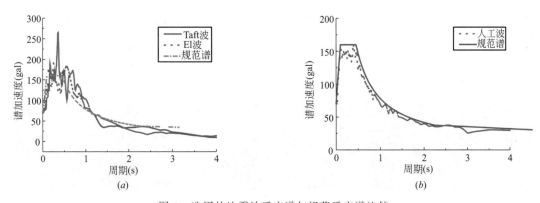

图 4　选用的地震波反应谱与规范反应谱比较

（a）天然地震波反应谱与规范谱比较；（b）人工地震波反应谱与规范谱比较

3.加载工况

模拟地震试验时的台面加速度峰值逐级递增，依次经历7～8度的小震、中震、大震直至模型破坏终止试验。每级试验完毕均采用白噪声扫频，测定模型结构的自振周期、振型曲线与振型的变化。试验初期分别沿横、纵向交替输入3条地震波进行试验，之后选择结构响应较大的Taft波沿纵向进行激励，故下文重点考察结构沿纵向的动力反应。

（五）模型试验过程与破坏现象

台面加速度幅值为80cm/s^{2}后（相当于7度多遇地震作用），各层框架梁、柱以及填充墙均未出现裂缝，只有个别填充砌体墙出现细微裂缝。

台面加速度幅值为120cm/s^{2}后〔相当于7度（0.15g）多遇地震作用〕，三层纵向填充墙（⑥～⑦）/Ⓐ轴窗下出现水平裂缝（图5（a））。

台面加速度幅值为160cm/s^{2}后（相当于8度多遇地震作用），一至四层角柱和填充墙旁框架柱出现裂缝，三层填充墙继续出现新裂缝（图5（b）～图5（e））。

台面加速度幅值达到300cm/s^{2}时（约相当于9度多遇地震作用），一至四层框架柱顶部裂缝继续发展，三层较为严重，一至四层填充墙四角部裂缝基本贯通，四周边框架连接处至少有一侧完全脱开（图5（f）、图5（g））。

台面加速度幅值400cm/s^{2}时〔约相当于7度（0.15g）设防地震作用〕，一至四层框架柱裂缝继续发展，有的形成通缝。纵向填充墙有新裂缝出现，三层（②～③）/Ⓐ轴填充墙沿窗洞对角方向裂缝明显开裂，并出现砖块压碎脱落的迹象（图5（h）～图5（j））。

台面加速度幅值500cm/s^{2}时（约相当于7度罕遇地震作用），五层柱开始出现裂缝（有填充墙处）。其他层框架柱开裂有所发展：无填充墙框架柱主要裂缝为柱顶水平裂缝；有填充墙框架柱裂缝为柱顶斜裂缝和中部水平裂缝。纵向填充墙在窗洞角部向临近对角方向出现裂缝并继续发展，与四周框架连接处基本形成通缝。见图5（k）、图5（l）。

台面加速度幅值710cm/s^{2}时（相当于8度（0.3g）设防地震作用），框架柱新出现裂缝主要集中在三层框架柱（图5（m））。

台面加速度幅值920cm/s^{2}时（相当于8度罕遇地震作用），一至三层框架柱顶部和底部均已产生贯通裂缝，三至五层框架柱损伤严重，三层部分框架柱混凝土剥落型开裂，柱顶柱底形成塑形铰。纵向填充墙严重破坏，呈"X"形开裂明显（图5（n）～图5（r））。

(a) *(b)* *(c)* *(d)*

图5 模型破坏现象（一）

图 5　模型破坏现象（二）

（a）3 层（⑥～⑦）/Ⓐ轴填充墙裂缝；（b）1 层①/Ⓓ轴框架柱裂缝；（c）2 层①/Ⓓ轴框架柱裂缝；

（d）3 层②/Ⓐ轴框架柱裂缝；（e）3 层（②～③）/Ⓓ轴填充墙裂缝；（f）3 层④/Ⓓ轴框架柱裂缝；

（g）3 层（⑥～⑦）/Ⓐ轴填充墙裂缝；（h）1 层②/Ⓐ轴框架柱顶裂缝；（i）3 层①/Ⓐ轴框架柱顶裂缝；

（j）3 层（②～③）/Ⓐ轴填充墙裂缝；（k）3 层⑦/Ⓓ轴框架中部裂缝；（l）4 层（②～③）/Ⓐ轴填充墙裂缝；

（m）3 层⑧/Ⓓ轴框架柱底裂缝；（n）2 层（②～③）/Ⓐ轴填充墙开裂；（o）3 层②/Ⓒ轴框架混凝土剥落；

（p）3 层⑤/Ⓓ轴框架柱底裂缝；（q）3 层（⑥～⑦）/Ⓓ轴填充墙开裂；（r）试验结束后的模型

（六）试验模型自振频率

根据五层模型试验实测结果，模型的纵向、横向初始一阶实测频率值分别为 3.50，4.67Hz，均为平动不带扭转。

模型经不同加速度峰值激振后，两个方向的自振频率都逐渐降低，说明结构刚

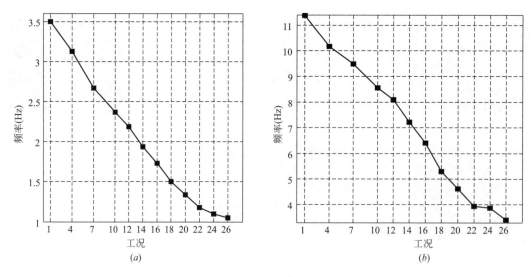

(a)

(b)

图 6　模型频率变化趋势

（a）纵向一阶频率变化；（b）纵向二阶频率变化

注：图中横坐标工况 1、4、10、12、16、18、20、22、24、26 分别代表开始试验、7 度多遇、7 度（0.15g）多遇、8 度多遇、9 度多遇、7 度（0.15g）设防、7 度罕遇、8 度（0.3g）设防、8 度罕遇、加速度为 1g 地震作用后的扫频工况。

度逐渐下降，周期增大。纵向频率的变化趋势见图 6。

从图 6 中可以看到，随着试验的进行，模型频率下降幅度逐渐增大，8 度多遇地震后纵向一阶、二阶频率明显降低，说明该工况后结构明显进入塑性。

三、试验结果与有限元模拟分析结果对比

（一）试验模型的有限元模拟

有限元模型采用 PERFORM-3D 软件模拟。混凝土压应力—应变关系采用 Tri-linear（三折线）模型，考虑强度损失和滞回刚度退化效应，不考虑混凝土的受拉特性，采用《混凝土结构设计规范》GB 50010—2010 附录 C 规定的混凝土单轴本构关系曲线，其参数值根据实测值设置，

有限元模拟的混凝土本构曲线见图 7。砌体材料采用 Inelastic 1D Concrete Material 类型的单轴材料，材料参数按照《砌体受压本构关系模型》一文提出的应力—应变关系设置，有限元模拟的砌体本构曲线见图 8。

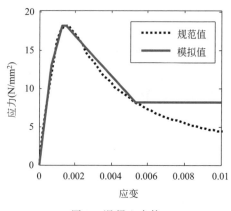

图 7　混凝土本构

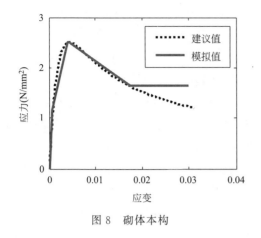

图 8　砌体本构

梁、柱非线性行为按照纤维截面段＋弹性段＋纤维截面段来模拟。砌体填充墙单元采用以填充墙的对角压缩变形为基础的斜压杆模型进行模拟，等效斜压杆模型由两根对角杆组成，斜压杆与梁柱节点铰

接，只承受压力。等效斜压杆的等效宽度采用美国 FEMA356 规范提出的建议公式，并考虑开洞后的宽度折减系数。

（二）动力反应参数对比

由于 Taft 波激励下结构响应较大，因此本节仅对 Taft 作用下的结构响应进行对比分析。

1. 周期

试验所得结构第一阶周期为 0.29s，有限元模拟分析所得第一阶周期为 0.30s，二者很接近。

2. 加速度

图 9 给出了不同激励强度下，结构加速度峰值响应结果对比。从图 9 可以看出，有限元模拟分析与试验所得的加速度

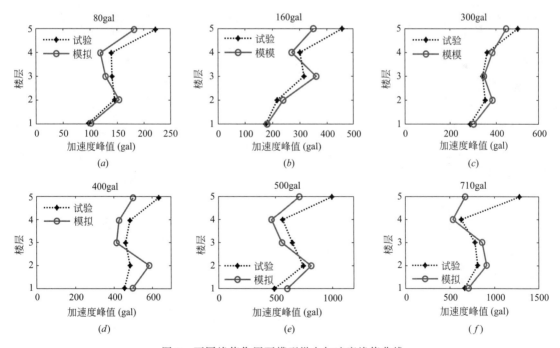

图 9　不同峰值作用下模型纵向加速度峰值曲线

（a）7 度多遇；（b）8 度多遇；（c）9 度多遇；（d）7 度（0.15g）设防；
（e）7 度罕遇；（f）8 度（0.3g）设防

峰值响应变化趋势基本一致。

3.位移反应峰值

根据试验加速度反应时程，通过积分求出位移反应时程，提取位移反应峰值，绘制各个地震波作用下楼层位移反应峰值曲线，并与有限元模拟分析结果进行对比，见图10。从图10可以看出，试验所得的位移峰值与有限元模拟分析所得结果的吻合度很高。

4.层间位移角反应峰值

根据试验所得五层模型的位移时程反应结果，计算出各楼层的层间位移角，并与有限元模拟分析结构对比，见表3。从表3可以看出，有限元模拟和试验所得的层间位移值基本吻合，二者结果均显示，

7度多遇地震时，层间位移角满足现行《建筑抗震设计规范》GB 50011—2010 的 1/550 的限值的要求，但8度多遇地震下二者都显示层间位移角大于1/550（我国《工业与民用建筑抗震设计规范》TJ 11—1978 对框架结构没有小震下位移角限值的要求）；当台面加速度幅值 500cm/s² 时（约相当于7度罕遇地震作用），层间位移角均满足《建筑抗震设计规范》GB 50011—2010 的 1/50 的限值要求；但当加速度为710gal 时〔相当于8度（0.3g）设防地震〕，三层的层间位移角都已大于1/50 的限值要求，可知8度罕遇地震作用下也不满足该项要求，即本结构不满足8度设防要求。

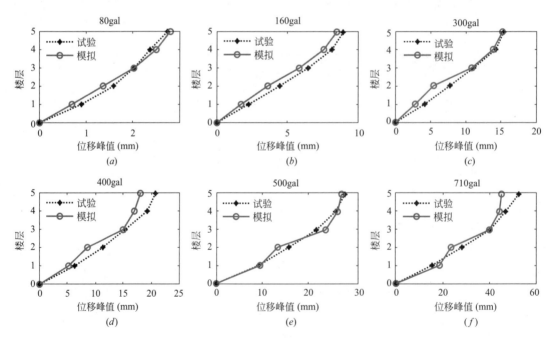

图10　不同峰值作用下模型纵向位移峰值曲线

(a) 7度多遇；(b) 8度多遇；(c) 9度多遇；

(d) 7度（0.15g）设防；(e) 7度罕遇；

(f) 8度（0.3g）设防

结构层间位移角响应试验和有限元模拟对比　　　　表3

楼层号	加速度											
	80gal		160gal		300gal		400gal		500gal		710gal	
	试验	模拟	试验	模拟	试验	模拟	试验	模拟	试验	模拟	试验	模拟
5	1/1075	1/1795	1/804	1/731	1/449	1/493	1/336	1/456	1/180	1/365	1/107	1/310
4	1/1287	1/1066	1/425	1/415	1/221	1/223	1/154	1/216	1/94	1/159	1/55	1/110
3	1/1025	1/937	1/334	1/318	1/197	1/122	1/122	1/84	1/90	1/66	1/46	1/41
2	1/741	1/1059	1/326	1/389	1/188	1/284	1/141	1/214	1/108	1/181	1/56	1/142
1	1/890	1/1166	1/350	1/461	1/190	1/281	1/127	1/155	1/87	1/83	1/52	1/43

（三）纯框架与分别带有砌体填充墙、钢筋混凝土填充墙框架模拟分析对比

这里的纯框架结构就是没有任何填充墙的框架结构（图表中简称纯框架）；带有砌体填充墙的框架是指与本文试验完全一样的框架结构（图表中简称砖墙）；带有钢筋混凝土填充墙的框架是指仅把如前所述的带有砌体填充墙的框架结构中的填充墙由砌体换为钢筋混凝土的框架结构（图表中简称混凝土墙），缩尺后的混凝土填充墙厚度为40mm，混凝土强度C30，墙体洞口尺寸与砌体墙相同。

1.周期对比

表4为纯框架结构、填充砌体的框架结构和填充钢筋混凝土墙的框架结构的周期对比结果。由表4可看出，纯框架结构与填充砌体的框架结构周期比较接近，但

附加填充墙前后有限元模型周期对比（s）　　　表4

振型	1	2	3	4	5
纯框架	0.3056	0.2988	0.2723	0.1044	0.1028
砖墙	0.2993	0.2263	0.1821	0.1024	0.07844
混凝土墙	0.2531	0.2266	0.1734	0.08641	0.07854
振型方向	X向平动	Y向平动	扭转	X向平动	Y向平动

填充钢筋混凝土墙后周期明显减小。

2.楼层加速度峰值响应对比

图11所示为不同峰值作用下纯框架结构、填充砌体的框架结构和填充钢筋混凝土墙的框架结构的纵向加速度峰值响应曲线。由图11可以看出，三个模型加速度响应趋势基本一致，填充混凝土墙的框架结构略有增大。

3.楼层位移峰值响应对比

图12所示为不同峰值作用下纯框架结构、填充砌体的框架结构和填充钢筋混凝土墙的框架结构的纵向位移峰值响应曲线。由图12可以看出，纯框架结构与填充砌体的框架结构位移一致，但填充钢筋混凝土墙后位移明显减小。

4.楼层层间位移峰值响应对比

表5为纯框架结构、填充砌体的框架结构和填充钢筋混凝土墙的框架结构的楼层层间位移角响应对比结果。由表5可以看出，纯框架结构与填充砌体的框架结构位移角相差不多，但填充钢筋混凝土墙后位移角明显减小。

5.楼层剪力对比

图13所示为不同峰值作用下纯框架

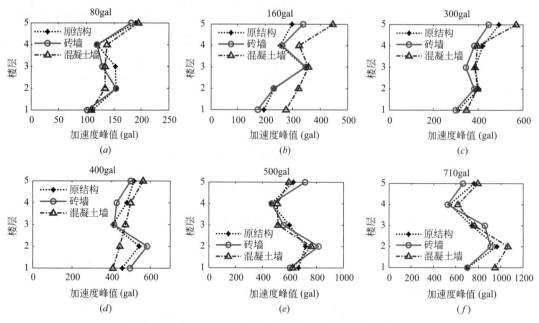

图 11　不同峰值作用下模型纵向加速度峰值响应曲线

（a）7度多遇；（b）8度多遇；（c）9度多遇；（d）7度（0.15g）设防；（e）7度罕遇；（f）8度（0.3g）设防

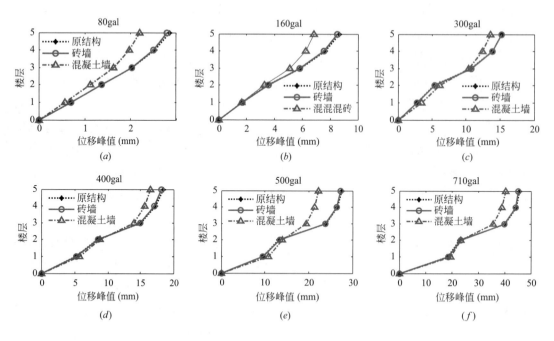

图 12　不同峰值作用下模型纵向位移峰值响应曲线

（a）7度多遇；（b）8度多遇；（c）9度多遇；（d）7度（0.15g）设防；（e）7度罕遇；（f）8度（0.3g）设防

各结构楼层层间位移角响应对比 表 5

楼层号	加速度								
	80gal			160gal			300gal		
	原结构	砖墙	混凝土墙	原结构	砖墙	混凝土墙	原结构	砖墙	混凝土墙
5	1/1661	1/1795	1/1839	1/721	1/731	1/747	1/486	1/493	1/510
4	1/985	1/1066	1/1363	1/403	1/415	1/410	1/218	1/223	1/277
3	1/859	1/937	1/1286	1/313	1/318	1/365	1/119	1/122	1/129
2	1/1060	1/1059	1/1343	1/392	1/389	1/445	1/288	1/284	1/268
1	1/1157	1/1166	1/1395	1/463	1/461	1/470	1/285	1/281	1/231

楼层号	加速度								
	400gal			500gal			710gal		
	原结构	砖墙	混凝土墙	原结构	砖墙	混凝土墙	原结构	砖墙	混凝土墙
5	1/420	1/456	1/523	1/350	1/365	1/497	1/293	1/310	1/368
4	1/201	1/216	1/314	1/144	1/159	1/305	1/102	1/110	1/199
3	1/86	1/84	1/130	1/62	1/66	1/84	1/39	1/41	1/52
2	1/219	1/214	1/228	1/188	1/181	1/202	1/148	1/142	1/179
1	1/157	1/155	1/140	1/84	1/83	1/74	1/44	1/43	1/41

结构、填充砌体的框架结构和填充钢筋混凝土墙的框架结构的楼层剪力对比曲线。由图 13 可以看出，纯框架结构与填充砌体的框架结构层剪力相差不多，但填充钢筋混凝土墙后楼层剪力有所增大。

6. 楼层柱剪力对比

图 14 所示为不同峰值作用下纯框架结构、填充砌体的框架结构和填充钢筋混凝土墙的框架结构的楼层柱剪力对比曲线。由图 14 可以看出，纯框架结构与填充砌体的框架结构层框架柱承担的剪力相差不多，但填充钢筋混凝土墙层框架柱承担的剪力略有减小，即填充混凝土墙承担

了部分剪力。

需要指出的是，本文研究的带有填充墙的框架结构均为含部分填充墙的情况，除此之外，笔者就外纵墙全部填充砌体墙的情况也进行了模拟分析。结果表明，在小震作用下，全部填充砌体墙的结构周期、位移、层间位移角均比部分填充砌体墙的结构有所降低，但降低幅度不大（约 5%）而大震下二者响应差距不大。

四、结论

本文进行了带有砌体填充墙的框架结构振动台试验研究与有限元模拟分析，得

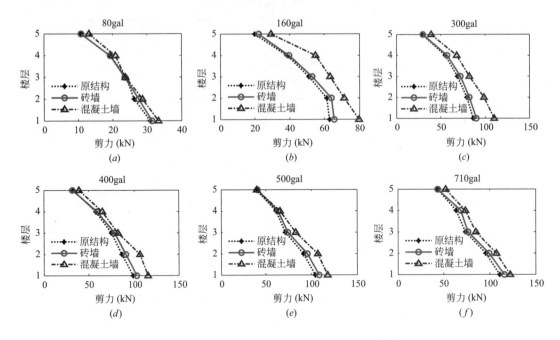

图 13　不同峰值作用下模型楼层剪力对比曲线

（a）7 度多遇；（b）8 度多遇；（c）9 度多遇；（d）7 度（0.15g）设防；（e）7 度罕遇；（f）8 度（0.3g）设防

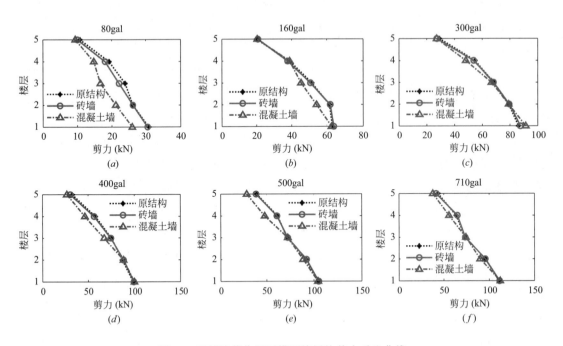

图 14　不同峰值作用下模型楼层柱剪力对比曲线

（a）7 度多遇；（b）8 度多遇；（c）9 度多遇；（d）7 度（0.15g）设防；（e）7 度罕遇；（f）8 度（0.3g）设防

到了与试验相一致的数值分析模型，进而分析了带有不同材料填充墙的框架结构的动力响应，得出如下结论：

（1）框架结构填充较均匀的砌体填充墙后，其动力参数、地震下位移、层间位移、层间剪力以及框架柱所承载的剪力等与纯框架结构比较接近，因而在计算中可以忽略均匀填充砌体墙的影响。

（2）将砌体填充墙改为钢筋混凝土，结构响应则与纯框架结构有明显的不同，具体为：自振周期明显缩短，位移和层间位移角减小，层间剪力增大但框架柱承担的剪力略小于纯框架结构。故钢筋混凝土填充墙对框架结构的影响不可忽略。

（3）基于以上研究结果，可以进一步证实：采用合理增设钢筋混凝土填充墙是框架结构抗震加固的有效手段之一。

（中国建筑科学研究院有限公司供稿，史铁花、程绍革、王瑾、孙魁、黄颖、吴礼华执笔）

既有多层居住建筑卫生间同层排水分户批量改造研究

一、既有多层居住建筑同层排水改造背景

中国的大规模城市集合住宅建设始于20世纪50年代之后，20世纪70年代和20世纪90年代的改革开放和建筑工业化的浪潮使得城市住宅建设突飞猛进。数据调查显示，至1998年开始住宅商品化前，城镇住宅总建筑面积约95.9亿 m^2。其中，大量住宅采用砖混结构或钢混剪力墙作为主要承重结构形式，层数多为三层至七层，一梯两户至四户为主。这些住宅多采用如20世纪70年代图集、"80筑"等标准住宅设计。本研究对象为这类标准化程度较高的集合住宅类型。

这个时期的集合住宅的特征是：

（1）区位好、规模大、成套率高，且具备基本的配套设施；

（2）由于当时城市住宅建设严格控制面积标准，导致不能承载当前生活方式，加之建筑部品年久劣化，面临建筑性能、室内功能、环境品质等诸多问题；

（3）其标准化程度高，户型类似性高，建筑构造方式较单一，因此分户标准化改造应用潜力大。

既有多层居住建筑卫生间排水的主要问题有：

（1）20世纪90年代前的卫生间设计标准低；

（2）建筑排水设备管线老化严重；

（3）管线维修更换影响下层生活。

研究对象（清华大学校内）各类户型卫生间指标对比　　　　表1

小区	建成年代	规格	典型卫生间（厨房）平面	卫生间净面积（m^2）	说明
南区、中区、西区、	1973～1979年	两居室		1.36	面积小，没有冰箱、洗衣机空间；卫生间没有洗手池专用排水口

小区	建成年代	规格	典型卫生间（厨房）平面	卫生间净面积（m²）	说明
西南区	1982～1984年	三居室		湿区：2.24 干区：0.91	开间小，利用率低
西北区	1989～1991年	一居室		湿区：2.24 干区：0.91	开间小，利用率低
		两居室			
东南区	1987～1988年	三居室		3.81	厨卫分离，卫生间利用率高，卫生间已具备"五件套"功能：坐便器、盆浴、洗脸盆、墩布池、洗衣机
老公寓	1953年建造，1996年改造	一居室	窗洞高600	湿区：2.10 干区：1.48	厨卫面积较大，设备空间齐全
青年公寓	1998年	一居室		3.23（含洗衣机位）	厨卫均从长边进入，利用率高，设备空间齐全

本研究选取清华大学教师住宅为研究对象，通过住宅典型户型信息收集、标准构造节点调研等方式，挖掘住宅原有标准构造节点问题（表1）。采用同层排水体系进行改造的最大动力是保证产权明晰，管理方便，易于维修。

出于研究对象整体改造社会成本高、权属不明确、生活干扰大的考虑，本研究提出针对该类研究对象的分户批量装配化改造设计策略，对原标准设计缺陷进行应对式改造，借助材料构造节点研发、样板间建造等手段进行功能验证，并选取典型户型进行批量改造实践。本研究通过闭环研究方式，按图1所示环节实施并循环进行技术优化提升。

由于典型户型存量集中，原有标准构造大同小异，分户批量装配化改造设计策略及构造节点可为同类城市住宅改造提供技术参考，并在经过实践验证后凝练为技术标准，具有关系国计民生的战略意义。

二、同层排水应用于既有建筑改造的设计与研发

针对一些原有卫生间设计极其不合理的布局，同层排水体系显示出其不可替代的作用，即可在原有空间内重新布局卫生间洁具位置，而不用顾及原有各个下层排水的排水口位置。例如，1979年建成的两居室户型（表2），所有洁具位置需要作全盘调整，同层排水体系为重新布局提供了可能性。

原有卫生间净面宽不足1.2m，内有蹲便器1个、浴缸1个（用户后期改为淋浴空间），缺少洗脸盆，且蹲便器位于卫生间门口，功能性、卫生性、私密性均已不适应现代生活，而且在门口改为坐便器后很不方便进入内侧淋浴。

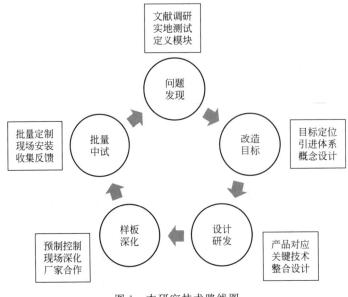

图1　本研究技术路线图

卫生间改造前后布局对比与实景照片 **表 2**

	改造前	改造后（粗虚线示意排水管）
平面图		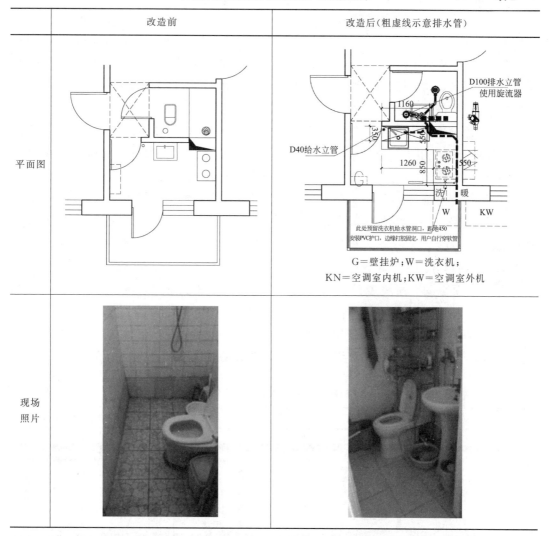
现场照片		

（一）同层排水应用于既有建筑改造的技术难点

同层排水系统当前多用于新建住宅建筑项目中，或应用于对同层内带有多个标准卫生间建筑类型的房屋改造中，如酒店、病房楼等公共建筑中，在既有居住建筑中进行批量分户改造，应用同层排水体系未见其他先例，这与其相当的技术复杂度有很大关系，可以概括为：

接口复杂：对原有下层排水体系的改变和接口设计；

空间复杂：在有限的卫浴空间中，平面上要排"三件套"洁具，剖面上要排所有给水排水管和电气管线，需要有装配化经验的设计深化能力；

配合复杂：所有设计需要建筑设计、给水排水工程设计、同层排水厂家、整体卫浴厂家、施工方等人员频繁协调，共同研究，才能将改造落地实施。

（二）同层排水体系与现有卫生间管道的衔接

在既有住宅中应用同层排水体系，首先摆在面前的问题是如何与原有管道对接。因为分户改造不具备整体更换所有层排水立管的条件，只能对改造的户内管段进行更新。

在样板间的应用中，曾经采用三种同层排水方案分别作了试验和比较，最终仍然选择了体系成熟的全同层排水体系。

这三种排水方式均在样板间中进行了安装实施。经过表 3 的分析，根据应用同层排水体系的初衷，尽管完全同层排水体系在占用地面空间、需要专门管件区分"中水"和"下水"研发方面有相对的劣势，但能够完全解决维修风险是切中居民使用和维修管理的"痛点"，最终实施采用完全同层排水。

（三）排水口的衔接与修改

在同层排水系统整体规划配置之后，针对完全同层排水系统在体系上的不足，需要对几个管件节点进行深化设计和产品开发，如图 2 所示。

首先，需要截断原有铸铁立管。截断的位置在下方管根处，为能给排水最低点——地漏提供更大的坡度，利于加快排水速度，截断位置尽量低；上方从原有横管汇总到立管三通的下方 300～400mm 位置截断，保证足够的承插距离。然后，新的排水立管要和原有立管连接，有上下两个节点。根据重力排水的规律，管件连接最可靠的方式是承插。所以，在截断户内原有铸铁立管后，与上方管口采用 110mm 管径的 HDPE 承插节（内有两道橡胶圈），

部分同层排水与完全同层排水体系比较 表 3

	部分同层排水 1	部分同层排水 2	完全同层排水
上下游连接方式			
优势	1）中水、下水分离，洁净程度较好； 2）所有同层排水管径小，安装方便	不占用地面空间，地面无需抬升	下层管道完全废除，无下层维修风险
技术难点	1）尽管坐便器下游管径大，大部分堵塞问题可在上层解决，但仍然有下层横管维修的风险； 2）占用地面抬升空间较大（80～120mm）	1）中水、下水需要专门分离，否则洁净程度不好； 2）地漏疏通风险大，而且多数要在下层维修； 3）地漏在原有布局中通常处于上游位置，其所经过的管道由于其他管口已经废除，整体管道暴露在半水半气状态，加速锈蚀，更易发生漏水风险	1）中水、下水需要专门分离，否则洁净程度不好； 2）管道全部在本层汇总，需要专门管件研发； 3）占用地面抬升空间较大（80～120mm）

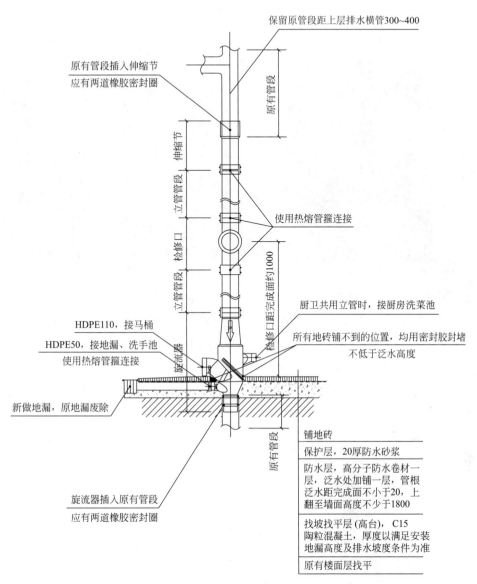

保留原管段距上层排水横管300~400

原有管段插入伸缩节
应有两道橡胶密封圈

原有管段

伸缩节

立管管段

检修口

立管管段

检修口距完成面约1000

使用热熔管箍连接

厨卫共用立管时，接厨房洗菜池

所有地砖铺不到的位置，均用密封胶封堵
不低于泛水高度

HDPE110，接马桶

HDPE50，接地漏、洗手池
使用热熔管箍连接

旋流器

新做地漏，原地漏废除

原有管段

旋流器插入原有管段
应有两道橡胶密封圈

铺地砖

保护层，20厚防水砂浆

防水层，高分子防水卷材一层，泛水处加铺一层，管根泛水距完成面不小于20，上翻至墙面高度不少于1800

找坡找平层 (高台)，C15 陶粒混凝土，厚度以满足安装地漏高度及排水坡度条件为准

原有楼面层找平

图2　完全同层排水立管改造连接大样

套住原有 100mm 外径的铸铁管，下方使用了专利旋流器，下口采用锥面形态（外套两道橡胶圈），插入原有管根内。之后，连接所有洁具横管至旋流器。

（四）关键技术产品开发：旋流器

旋流器的设计是在不断探索中优化而来的，见表4。最初始的设计仅仅是利用球通、三通等管件组合而成的简单汇水部件，经过样板间施工可以与原有排水立管连接，能够实现全部同层排水系统。之后逐渐深化排水口的连接方式，并试验检验能否区分中水、下水，最终获得经过工艺优化后的专利旋流器。

排水系统改进示意 表4

采用标准管件拼接	采用球通管件	采用旋流器
概念草图或现场模型试验		

为了使坐便器排水与其他排水分离，不产生污染，同时能够汇总管道且能与原有立管管根连接的管件，本研究与厂家联合开发了适用于本改造项目的标准旋流器产品，示意图如图3所示。旋流器原先的作用是加速排水，在本项目的应用，首要是将坐便器排出的废水与其他排水分离，因为坐便器排水高度比地漏高，必须在旋流器中通过螺旋转过的角度，再次经过地漏排水口位置时，水流位置已经明显低于地漏在旋流器的接口位置，不对其他排水口造成污染。其次，旋流器具备汇总水管的形态，同时可以插入原有铸铁管根口内。

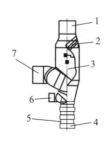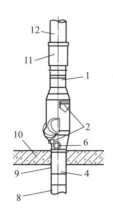

图3 旋流器及其连接示意

1—进水口；2—导流叶片；3—扩容段；4—出水口；5—缩径密封结构；

6—废水支管；7—马桶支管；8—原排水管道下段；9—密封圈；10—楼板；

11—膨胀伸缩节；12—原排水管道上段

三、样板建造与装配化批量应用

在同层排水体系应用中，批量户型的选择主要涉及卫生间的相似度，尽管一些户型整体布局有较大的不同（比如居室数量的差别、卫生间朝向的差别），但卫生间尺寸和立管的布局相同。本研究的同层排水体系改造的批量中试，共选择 12 个户型共 111 户实施。

涉及体系缺点主要是排水速度的问题，尤其在面积较小的卫生间中更为明显。同层排水体系进行既有住宅改造，地漏的排水方式与下层排水有较大不同。在下层排水体系中，地漏直接下排至少 300mm 高度，然后水平排水进入立管，所以排水初速度较快；而在同层排水体系中，地漏首先进行水平管道排水，然后进入旋流器和立管中，其初始排水速度较慢，加之为了能够压低地面抬升高度，水平管道基本按照 2.6％ 的坡度做，很难增加排水坡度。

四、总结与展望

（一）技术研究总结

本次分户同层排水改造，利用清华大学教师公寓改造项目的契机，在住宅分户改造中分户批量应用同层排水技术，本研究属国内首例。在住宅分户改造中应用同层排水技术，本研究作了大量的尝试，从体系与既有住宅卫生间的空间改造、管线衔接，到同层排水体系以及整体卫浴产品

的深化设计、样板实施、批量中试，使同层排水技术在 111 户既有住宅改造中确实落地。

（二）技术推广展望

"坚持集约发展，框定总量、限定容量、盘活存量、做优增量、提高质量"，是中央城市工作会议对未来城市发展战略的明确预期；同时，建设速度放缓、建设规模减小的趋势，也正是重新优化配置资源的时机。在从粗放型增量建设转变为精明型存量建设的大背景下，本研究针对其开发的装配化改造的技术体系，未来可作为一种批量定制化产品，定位于量大面广的既有多层居住建筑进行推广实施。

注释

1.笔者在一些资深工程师口中还得知有"74 筑""76 筑"等相关类似图集，但限于资料搜集所限，未搜集到类似"80 筑一"或"80 筑二"的 20 世纪 70 年代户型图集，仅有建筑构造、建筑配件图集，如北京建筑设计院在 1974 年出版的《建筑配件通用图集》等。

2.文中的"中水"指除了坐便器排出的废水，"下水"指坐便器排出的废水，并非有中水系统，仅借此"中水"概念而已。

（清华大学供稿，朱宁、姜涌、
王强、关文民、张桂连执笔）

单位型住区多层住宅公共空间适老化改造设计研究

一、单位型住区多层住宅现状

我国单位型住区大都形成在 20 世纪 50 年代新中国成立初期到 20 世纪 80 年代改革开放初期。现存的单位型住区中的住宅大部分都是 20 世纪 80 年代以后建设的不带电梯的多层住宅，这些单位型住区的住宅在设计之中并未考虑老年人的使用需求，只是在一定程度上满足了当时的居住需求，但是随着时间的流逝，这类住区中居民的老龄化程度也越来越严重，远远高于一般的商品性住区。因此，现在这些单位型住区的多层住宅已很难满足住区中老年人的生活需求，但是从建筑的结构寿命上来说，这类住宅仍然有 20～30 年的使用寿命，若要靠拆除重建来满足老年人的生活需求成本太高也不环保，因此对这类住宅的适老化改造也变得非常迫切。

二、多层住宅公共空间适老化方面存在的问题

（一）可识别性较差

单位型住区多层住宅的可识别性较差的问题主要表现在两处，即楼栋单元出入口与套型内外出入口。这主要是由于在同一个单位型住区，各个时期建造的住宅大都风貌相同，无论单元出入口还是套型内外出入口都缺乏个性化设计，导致千篇一律。老年人由于年纪增大，身体各个机能也都开始衰退，很容易对这样相似的入口感到混淆。

（二）单元出入口缺乏无障碍设计

在笔者所调研的单位型住区多层住宅中，其单元出入口的高差处理都是仅通过台阶或斜坡过渡，有部分入口在台阶旁加了斜坡，但坡段过大且宽度较小，仍不能满足无障碍通行。在单元出入口有台阶或坡道的地方都未安装扶手，铺面材料也大都是采用水泥地面，都未作防滑处理，雨雪天容易湿滑结冰，对老年人进出带来很大不便。

（三）公共储藏空间缺失

单位型住区多层住宅的单元门厅空间大部分都只是楼梯休息平台下方的有限空间，缺乏公共储藏空间，导致门厅或楼梯间杂物乱堆，摆满了轮椅、自行车、板凳等工具，影响通行。并且套型内外入口的地方也没有足够的空间来暂存大量的携带物，若是携带物过多则无法腾出手来开门，给老年人的生活带来了很多不便。

（四）垂直交通可达性差

在多层住宅的门厅通向一层平面的空间中，大部分多层住宅都存在着三个踏步

的高差，即使加电梯后，一层住户仍不能实现无障碍入户。并且现存的多层住宅大部分在建设时未考虑老年人的需求，因此楼梯间的踏步宽度和高度都不符合老年人使用的要求；楼梯靠墙侧也没有设置扶手，不方便老年人爬楼时借力，而且楼梯间踏步多是用水泥铺面，由于长年累月地踩踏，水泥铺面已经被打磨得非常光滑，没有任何防滑措施的踏步很容易使人滑倒。

（五）照明设施不足

在所调研的单位型住区多层住宅中，都存在或多或少的照明问题，楼梯间照明的问题主要是因为灯具位置设置不合理，容易形成阴影区，其他位置的照明问题主要表现在灯光昏暗、照度不足和灯具毁坏没有备用光源等。

三、多层住宅公共空间适老化改造策略

（一）住宅底层单元出入口室外空间

1.住宅底层单元出入口——提高可识别性

在住宅楼的单元出入口处应设置醒目的、易于辨识的门牌号。楼栋号码牌的设置也应确保老人从远、中、近距离都能通过标识准确地找到目的地；在可能的情况下，应在住宅楼单元出入口的造型上作适当的区别设计或在颜色上有所区别，增强它的可识别性。

2.住宅底层单元出入口通行无障碍——台阶与坡道并设

对原有的室内外高差采用坡道和台阶共同设置来处理；每组台阶的踏步数不宜少于两级，并且每级踏步应均匀设置，踏

步的高度宜为 130～150mm，深度通常为 300mm 左右，台阶的尺寸不宜过大也不宜过小，以免老人因步幅不适而摔倒；在原有台阶的一侧增设宽度为 900～1200mm 的坡道，坡道坡度为 1：12 并且坡道的材质应考虑防滑防绊的要求；在台阶和坡道的两侧设置双层扶手，扶手端部应水平延长 300mm 以上，并应考虑扶手的材质；为了防止拐杖滑落，在台阶和坡道的两侧都应设置连续的挡台，并且挡台的高度不宜小于 50mm；在台阶和坡道两侧应设置地灯，以便夜晚或光线不好时照亮地面，防止老人跌倒；在台阶的起点和终点处应设置警示砖，提示高差的变化（图1）。

3.住宅底层单元出入口平台——改善无障碍通行条件

将原有单元出入口处的平台进深扩大至 2.4m，使得在单元门开启的同时，能满足 1.5m 轮椅回转直径的要求；扩展单元出入口处雨篷的宽度，使其能覆盖到出入口平台、台阶和坡道以及车门开启的范围；在单元出入口平台处应设置照度足够的照明灯具，以便让老人能够清晰地分辨出台阶、坡道的轮廓，同时还宜在单元门旁设置局部照明，以便老年人在夜晚自然光线较弱时也能看清门禁的操作按键。

（二）住宅底层单元门厅空间

1.住宅底层单元门厅——增加适老化设施

单元门厅内应设置连续的双层扶手，方便老人抓握；单元门厅内应有不小于 1500mm×1500mm 的轮椅回转空间；单元门厅墙面的下空应设置连续的防撞设施；在单元门厅内设置信报箱的取信口，

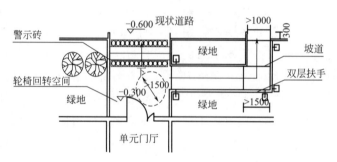

图 1　住宅单元出入口室外空间改造建议

以使老人在不出单元门的情况下就可以取到信报；在单元门厅内设置特定的空间存储轮椅、自行车等交通工具，以避免其随意停放，影响交通；在有足够空间的条件下，单元门厅内增设供老年人休息聊天的座椅，方便他们休息及进行交流。

2. 单元门厅到一层入户平台的通行无障碍——增加坡道

将原有的三个踏步改为防滑坡道，坡度应不大于 1/8，基本满足轮椅的无障碍通行；在坡道两侧增设双层扶手，方便老年人抓握；在坡道的起点和终点设置警示砖，提示高差的变化；如果没有条件将三个踏步改为坡道，也可采用活动式的坡道踏板，当轮椅需要通过时，可将两个踏板架放在踏步上方，不用时踏板可折叠放在门厅墙壁处。

（三）住宅垂直交通空间

1. 增加电梯

在空间允许的情况下，加装的电梯最好为可通行担架的担架电梯，但担架电梯所占用的面积也相对较大，如果在改造过程中，由于周围环境的限制，不能加装担架电梯，那么所加装的电梯轿厢也至少要满足轮椅的无障碍通行要求。具体的电梯轿厢需要考虑的无障碍设计要点主要有以下几点（图2）：（1）电梯轿厢最小规格为深度不应小于 1400mm，宽度不应小于 1100mm。（2）电梯轿厢内宜设防撞设施。（3）电梯内在轿厢三面壁上应设高 850～900mm 的扶手。（4）电梯内宜设方便乘轮椅者使用的低位操作面板，距地 900～1200mm。（5）电梯内宜设安全镜，方便乘轮椅者出入时观察后方，距地宜为500mm。（6）电梯内宜设置紧急呼叫装置以及语音报层功能。

2. 楼梯间——增加靠墙扶手

在楼梯间靠墙一侧增设扶手，扶手的高度应在 850～900mm 之间；楼梯梯井侧的扶手应连续设置，楼梯间阴角转弯处的扶手可以中断，但中断的距离不宜超过400mm；楼梯扶手在楼梯的起止端应水平延伸 300mm，以便老年人的手在身体前侧撑扶扶手，保证脚踏平稳后手再移开。

3. 楼梯照明——增设脚灯

楼梯间的光源应选用多灯的形式，合理布置顶光源的位置，并在梯段上方350～400mm 高度处设置脚灯，以消除人体自身以及踏步形成的阴影。同时，也能保证有的灯损坏而未及时修理时，有其他

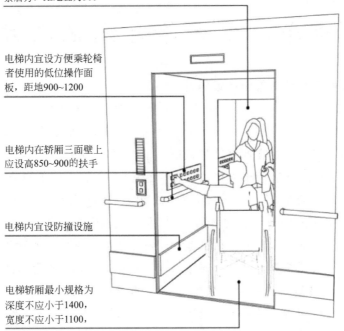

电梯内宜设安全镜，方便乘轮椅者出入时观察后方，距地宜为500

电梯内宜设方便乘轮椅者使用的低位操作面板，距地900~1200

电梯内在轿厢三面壁上应设高850~900的扶手

电梯内宜设防撞设施

电梯轿厢最小规格为深度不应小于1400，宽度不应小于1100，

图 2 电梯轿厢的无障碍设计要点

（资料来源：《老年人居住建筑 04J923-1》（2013 年修编稿）西安建筑科技大学老年建筑与环境工程技术研究中心，图集修编小组提供）

灯具提供照明；在楼梯踏步以及休息平台处，还应设置脚灯，使楼梯的踏步轮廓分明，易于辨别。脚灯的高度以距离地面350～400mm 为宜，以免打扫楼梯时被碰撞或影响通行。

四、结语

老龄化问题已成为当今世界普遍存在的一个重大社会问题，单位型住区多层住宅中老年人的居住现状堪忧，也是急需解决的重要问题。本论文主要对单位型住区多层住宅公共空间在适老化方面存在的问题进行了分析，从使用空间需求、细部尺寸设计、无障碍通行等方面对单位型住区多层住宅公共空间提出了适合老年人居住的改造方法。希望本文的研究能对今后多层住宅公共空间的适老化改造提供一定的参考。

（西安建筑科技大学建筑学院，岳晓、张倩执笔）

西安市老旧住区养老设施设计研究

一、西安市社区建设养老服务设施发展概况

（一）相关政策

据西安市统计局人口抽样调查结果显示，2015年全市60岁以上老年人口已达135.2万，占总人口的15.53%。自2000年以来，西安市老年人口每年平均增加4万～5万人，以年均3.2%的速度在迅速递增，已进入到老龄化快速发展期。城市中现存的大量老旧住区，建设年代久远、环境建设与硬件设施配置条件低下，老龄化率又远高于社会平均水平，为老年人提供必要、便利的养老设施是当前十分现实和迫切的问题。

2009年西安市政府提出"社区养老服务中心（站）建设，建筑面积不少于100m²，为老年人提供生活照料、康复护理、精神慰藉、文化娱乐和亲情关怀等服务"，为社区基层养老服务提出了具体的具有操作性、实施性的政策要求。此后，市政府不断出台养老政策和文件，加快推进养老服务事业的发展。特别是2015年提出"凡新建城区和新建居住（小）区，要按每百户15～20m²配套建设养老服务设施"，将养老服务业建设目标，从最初的原则性导向，逐步落到了对建设实施定性、定量的具体指标控制上来。

（二）发展概况

西安市民政局从2008年就开始着手实施，于2009年在西安市的七个行政区下辖的15个社区开展试点居家养老服务模式，为60岁以上孤寡和空巢老人提供无偿、低偿或有偿的生活照料、康复保健、精神慰藉等服务，向空巢老人提供日托、就餐、康复、休闲娱乐等服务。

据陕西省民政厅《西安市城镇居家养老服务状况调研报告》显示，西安市全市共有城镇社区760个，到2015年已建立社区养老服务中心445个，2011～2015年共建立354个，是西安市社区养老服务站点增长最快的阶段，社区养老服务站点的覆盖率达到58.6%（图1）。按照"十三五"的规划，西安市在2017年将继续推进社区居家养老服务总量，通过设立综合性的社区服务中心，为老年人提供社区日间照料、老年餐桌、文化娱乐、医疗保健等服务内容，并采取逐步推进的方式，力争西安所有社区都建立居家养老服务中心（站）。

二、西安市社区建设养老服务设施现状调查

笔者科研团队自2013年开始已展开针对西安市众多老旧住区居家养老服务状况的实地调研，发现实际建设中设施的配置与老年人的需求存在着诸多不相匹配的

历年数据统计

图 1　西安市居家养老服务站点历年建设情况

问题。如站点选址不合理，无法有效、全面地覆盖整体社区；相应功能配置与老人实际需求不匹配；服务的老年人群类型有限，无法使所有老人获益；老旧住区老龄化速度超乎想象，养老服务设施建设需求迫切。另据《西安市城镇居家养老服务状况调研报告》显示，409 家社区养老服务中心（站），355 家建了老年活动室，占总数的 86.8%。其中，190 家建有老年餐桌，139 家建立了日间照料室。虽然总体上来说，居家养老服务站点的建立增速非常之快，但在快速推广的同时，出现了重数量、轻质量的情况。

（一）站点选址不够合理、服务可及性差

西安市的大多数社区由多个居民小区组成，辖区面积大。而社区居家养老服务站点在设置时受现状条件制约，多设立在其中的某个居民小区、依托社区居委会或社区中心改造而成，与其他的住区都有一定的距离。路途遥远，甚至穿越城市交通干道，布局不合理、服务半径过大。因为距离和辐射范围受限，很多站点无法展开送餐、医疗护理、心理关爱、日常协助等上门服务业务。

如西安市发展较好的三桥街道新西北社区，居家养老服务站设置在辖区的东南

角，最大服务半径达 2.2km，居住于社区西部的老年人需要穿越西三环路、厂区铁路等城市交通性干道才能到达养老服务站，在实际使用中非常不便，服务可及性差、辐射范围小、利用率受限。

（二）功能配置与基层的实际需求不匹配

由于社区类型、基层条件不同，在具体功能配置时差异巨大。据调研数据显示，在 190 家老年餐桌中，正常运营的有 83 家，而不能正常运营的有 107 家，达到 56.3%。在 83 家正常运营的老年餐桌中，平时去用餐的人数在 10 人以下的占一半以上，在 20～50 人的仅有 10.4%。大多数老年餐桌仅有 2～3 个人来吃饭，几乎面临停业。很多站点虽然配设了日间照料室和床位、被褥，但是社区老年人的接受程度较低，基本没有人日间在此休息，造成很大的闲置浪费（图 2）。老年人最关心的就是身体健康和老年病的诊疗配药，希望在家门口就能得到医疗服务。但长期以来，由于社区医疗建设与养老服务建设的归口管理部门不一致，导致养老服务站点内一般都不设置医疗服务内容，这是很大的欠缺。

（三）服务对象覆盖范围有限

西安市的许多居家养老服务站点受到

图 2　西安三桥新西北社区老人活动
室与闲置的日间照料中心合设

规模、管理等多方面因素的限制，人力、物力有限，服务内容较为单一，主要面向身体健康、年龄较轻、能自理的老人，得由老人自己前来站点才能享受到养老服务内容。而对那些半自理、行动不便或失能的老人，缺乏上门服务内容，导致惠及对象无法覆盖社区中所有类型的老人。

以新西北社区为例，养老服务站目前可为 30 位老人提供服务，而社区 60 岁以上老人有 2384 位，80 岁以上老人有 140 位，服务率仅为 1.3％，远远不能满足老人的需求。此外，一些社区由于设施设备和人员专业性不足，为了规避风险，也对社区失能、半失能老人的服务缺乏积极性，导致真正需要社区服务支持的老年人群反而得不到照护，不能真正体现社区居家养老服务的价值。

（四）老旧住区需求更加紧迫

西安市现已设置养老服务设施站点的多数是有一定建成年代的老旧住区，这些住区多建成于新中国成立初期，年代久远、硬件环境条件较差，而老龄化率普遍高于城市平均水平。这些养老服务设施站点多是依托社区中心改造或扩建而成，现状基础条件较差，有的仅仅就是临时搭建的大棚或者活动板房，条件非常简陋、空间承载能力不足，容纳的功能十分有限。而这些老旧社区中的老年人，大多收入不高，对社区服务的依赖性更强，各种刚性实际需求使得老旧住区合理设置养老服务设施的紧迫性更为强烈。

三、西安市老旧住区三十街坊养老设施设计研究

面对老旧住区亟需基层养老服务的现实，笔者科研团队以西安市三十街坊作为重点研究案例，以住区老年人的实际需求为依据，尝试将居住、养老服务、社区医疗、文化娱乐等混合设置来满足迫切的养老诉求，对老旧住区多功能复合型养老设施进行了探索性的设计研究。

（一）住区物质空间环境现状

三十街坊位于西安市新城区韩森寨街道，建于 1956 年，是西安市于新中国成立初期建造的工人住区，隶属于秦川福利区，是典型的企业单位型住区。街坊总用地 8.38hm²，总建筑面积 10.84 万 m²，建筑采用周边围合式对称布局，配有少量公共服务设施。三十街坊常住人口 5741 人、1912 户，60 岁以上老年人口 919 人，老龄化率 16％，其中空巢户 53 户，占总户数的 2.8％，是秦川福利区中老龄化最高的街坊。

街坊早期建成的都是 3 层坡顶住宅，住宅建筑净密度只有 22％，内部空间开阔、尺度宜人。自 20 世纪 70 年代以来，

近几十年中一直处于无序的加建、扩建当中，建成了一批 5～7 层的住宅，院落已经被许多加建的临时建筑蚕食。不仅室内建筑质量差，而且室外活动场地也极度缺失。街坊内部人车混杂，车辆随处停放，照明系统匮乏，垃圾处理粗放，整体环境非常破败（图3）。

三十街坊内部仅有社区管理站相对固定于出入口附近的临建中，其他多是靠近街坊出入口和道路交叉口附近自发形成的流动摊贩，在临时搭建的帐篷摊点上贩售蔬菜副食品等（图4），符合当前生活需求的公共服务设施十分匮乏，为街坊中老年人生活服务的相应内容更是基本未见设置。

（二）老年人居住生活现状与诉求

街坊内的老年人大多还居住在建成于 20 世纪 60 年代的老旧住宅当中，这类住宅是典型的居室型套型，通过窄长的套内走廊串联各个功能空间。每一套型内有 3～4 间居室，但是受到当时居住标准的限制，一个套型根据居室数量分别居住 3、4 户人家，共用厨房、卫生间，具有非常典型的 20 世纪五六十年代合理设计不合理使用的时代烙印（图5）。套内设施设备陈旧，厕所仍为蹲便、电气线路老化、通风条件差、没有暖气、缺少电梯、出行不畅，对于居住于其中的老年人来说，生活活动非常不便。

通过调研发现，街坊内的老人有近一半希望与配偶共同居住，37％的老人希望同（孙）子女居住，差不多19％的老人选择独居或其他养老院、老年公寓等方式，但是都希望留在街坊这个他们生活了近一生的熟悉的环境里。街坊内老年人的户外活动，受到身体条件、出行条件、现有设施的限制，只是在住宅附近进行简单的晒太阳、聊天、棋牌、手工编织等日常邻里

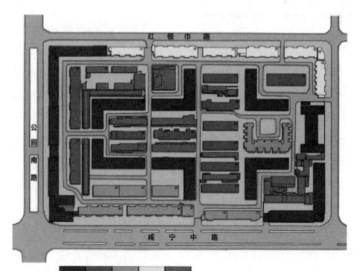

| 1950 | 1970 | 1990 | 2000 | 临时 |
| 年代 | 年代 | 年代 | 年代 | 建筑 |

图3 三十街坊不同年代建成建筑示意

图4　三十街坊公共服务设施现状

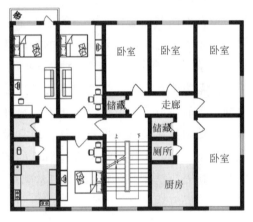

图5　三十街坊内住宅建筑套型现状

交往。这些行为多沿街坊内道路分布，主要聚集于人流量较大的道路交叉口、临时商业摊点附近，以及住宅单元出入口处和街坊内几个较为开敞的室外场地上。由于没有任何户外设施，老人们自带简易桌凳和游戏设备，活动条件十分简陋，部分地段场地条件恶劣，存在老年人摔倒跌伤等安全隐患（图6）。

通过调研访谈发现，街坊内的老年人对于社区在居家养老服务方面的需求意愿主要集中在健康医疗和生活照料方面，有38.7％的老人认为应设置健康、医疗设

施，18.2％的老人需要增加生活照料服务内容，12.1％的老人希望提供精神慰藉方面的帮助。同时，在体育健身、文化娱乐、日常交往等方面也有不同程度的需要（图7）。而当前街坊相应设施的配置基本处于空白状态，远不能满足街坊内老年人的需求。

图6　三十街坊内老年人户外活动现状

（三）社区配建多功能复合型养老服务设施

基于三十街坊的建设现状和老年人的现实生活需求，对于这种老旧住区，应当留住空间记忆和情感记忆，保证基本的居家养老、社区养老生活需求，从物质环境条件到精神慰藉方面都应该为留守的大量老年人提供良好的宜居养老环境。在尽量维持原有住区空间格局、建设强度的基础上，可以采取改造更新或小规模拆除新建等方式，尽快配置各种符合老年人基本生活需要的养老服务设施。

结合三十街坊的建设现状，设计拟对街坊内临近北门的片区进行小规模的拆除，

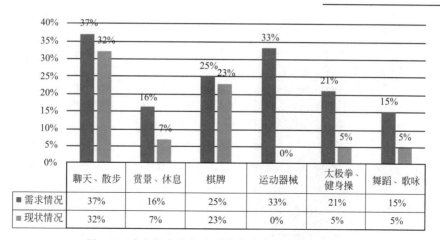

	聊天、散步	赏景、休息	棋牌	运动器械	太极拳、健身操	舞蹈、歌咏
■ 需求情况	37%	16%	25%	33%	21%	15%
■ 现状情况	32%	7%	23%	0%	5%	5%

图 7 三十街坊内老年人对其他公共服务的需求意愿

置入亟需的社区综合养老服务设施，以多功能复合的方式配置功能，主体建设高度控制在 6 层以内，建筑形式以曲折的形态维持原有街坊建筑群围合对称式的整体空间格局（图 8）。

设施的主要功能分为居住部分和公共服务部分。居住部分拟为拆迁基地内原有的老年住户配置 118 套各类不同居住方式的社区老年公寓居住空间以进行原地安置，让他们仍然生活在原有的环境中，并能够就近享受毗邻的各种配套公共服务和养老服务内容。公共部分根据街坊内的老人和居民最为迫切的生活诉求，配置包括医疗健康、生活服务、休闲娱乐、办公管理等功能，不仅为街坊内的老年人和居民提供各种基本生活必需的公共服务内容，并且可以向周边住区开放，让周围的老年人也可以享受到社区所提供的多项养老服务内容，起到社区居家养老服务中心的作用。具体配置内容如表 1 所示。

（四）提供多元化的适老居住空间

118 套适老居住空间根据不同类型老年人的居住意愿和自理程度，其中居家 26 套设置在一、二层，主要面向拆迁基地内健康自理、注重家庭生活的空巢老年夫妻，临近社区公共服务中心而生活便利；邻里互助式居住空间 9 套设置在中间楼层，可提供给那些住区内生活关系密切、日常交流互动频繁，乐于结伴养老、互帮互助的老年家庭比邻而居，为其相互关照、减轻家务劳动压力、共享邻里亲情提供可能；独居共享式居住空间 45 套设置在中间楼层，主要针对街坊内健康自理的单身独居老人或老年夫妻，日常家庭生活较为简单，更多依靠街坊提供的公共服务和居家养老服务来完善老年生活；帮助护理式居住空间 38 套设置在上部楼层，面向街坊内行动不便、身体有恙，已处于介助和早期介护阶段的老年人或老年家庭，通过垂直交通可直达底层医疗部分，在居住空间中设计有专门照护人员的居室，可以满足家人陪同或社区专门照护人员与老年人共同生活、照顾老人的日常起居（表 2）。居住空间内均依据适老化通用设计要求，空间尺度符合老年人的各种行为活动

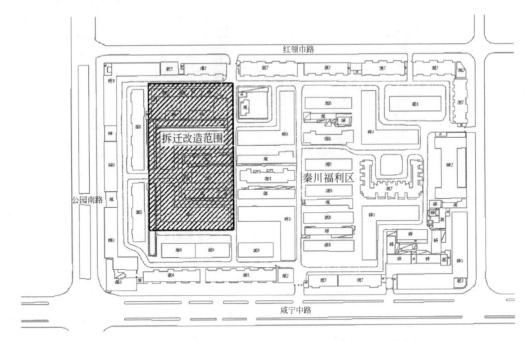

图 8　三十街坊配建多功能复合型养老服务设施拆迁改造范围

三十街坊多功能复合型养老设施功能构成　　　　　　　　　表 1

功能构成		基本内容	服务对象、服务内容
居住部分	居家式	卧室、起居室、厨房、卫生间、餐厅、储藏收纳空间、阳台、庭院等	针对基地内健康自理空巢老年夫妇,享受私密家庭生活,并具有临近公共服务设施的便利
	邻里互助式	私密:卧室、卫生间、储藏收纳空间、阳台;公共:起居室、厨房、餐厅	针对健康自理,并乐于与朋友分享公共生活的老人(夫妇),享有私密家庭生活空间的同时,与近邻共享起居生活,互帮互助,安享晚年
	独居共享式	起居兼卧室、卫生间、储藏收纳空间、阳台等	针对健康自理独居老人(夫妇),不善于餐厨家务事宜,积极向往公共生活,享受毗邻公共服务设施的各项便利
	帮助护理式	起居兼卧室、陪护人员居室、卫生间、储藏收纳空间、阳台等	针对介助以及早期介护期老人,社区提供专业人员照护老人的日常起居生活
公共服务配套部分	医疗健康	诊室、处置室、药房、理疗室、康复病房等	提供社区基本医疗诊断、处置取药、理疗康复等服务
	生活服务	社区食堂、老年助餐、综合市场、浴室、理发、洗衣、小卖、健身等	提供各种居住生活所需的公共服务内容,并提供助老生活照料服务
	休闲娱乐	多功能室、健身房、棋牌室、兴趣活动室、阅览室、老年课堂等	满足住区居民休闲娱乐需求,提供老年文化活动设施
后勤/办公部分		办公室、管理室、资料室、储藏室等	解决住区行政管理、后勤辅助需求

表 2

三十衔坊多功能复合型养老设施多元化适老居住空间

类型	居家型居住空间单元				半护理型·护理型居住空间单元	
	居家式居住空间 A	居家式居住空间 B	独居共享居住空间	邻里互助居住空间	帮助护理型居住空间 A	帮助护理型居住空间 B
居住空间设计	 建筑面积:104m² 使用面积:86.9m²	 建筑面积:75.1m² 使用面积:61m²	 建筑面积:37.8m² 使用面积:30.6m²	 建筑面积:111m² 使用面积:98m²	 建筑面积:37.5m² 使用面积:33.9m²	 建筑面积:64.7m² 使用面积:49.6m²
套数	7套	19套	45套	9套	22套	16套
老人类型	健康自理老人				半失能、失能、失智老人	
居住家庭	健康自理老年家庭		健康自理独居老人或老年家庭	健康自理互助老年家庭	介助或早期介护阶段、失智阶段独居老人或老年家庭	
设计特点	此居住空间设置一层，为独门独院式，适合居家养老。在门厅、卫生间、厨房等处成回形游动线，并可满足轮椅回转要求。阳台半开敞式，满足老人在不同季节的要求。	满足老人做饭居家生活需求，并且室内形成两个回游动线，让老人可以有更多的行动的选择	满足简单的家庭生活要求，同时更多地依赖于住区提供的公共养老服务和居家养老服务	共同使用厨房、餐厅和起居厅，又拥有自己的卫生间——保证一定的私密性。居住空间中设置两条回游动线，让老人的私密生活充满便利，共享生活便利，室内卫生间满足轮椅回转要求	能够满足需要入护理的老人对室内活动多样性的需求。卫生间满足轮椅回转要求	满足需要护理帮助的老人或老年家庭，室内卫生间和卧室处分别形成两条回游动线

需求，并拟配备满足不同身体机能和生活需求的老年人的各种适老部品和设施设备。

（五）提供多功能复合公共服务设施

在多功能复合型养老设施的公共服务部分主要解决街坊内老人和其他居民迫切的医疗健康、生活服务、休闲娱乐、办公管理等功能需求。

在建筑一层分别为生活服务区、休闲娱乐区、医疗健康区设立相对独立的入口，各区域间通过建筑内部通廊相互联系，从老年居住部分可直通公共服务区域，对于居住在此的老年人的全天候使用非常便利。

生活服务区中设计有一个室内综合市场，以及理发、洗浴、洗衣等生活服务内容，可以为老年人和社区居民提供极大的

生活便利。老年文化活动和社区的各种娱乐、健身、休闲活动功能设置在二层，远离老年居住部分，日常居住生活和公共生活互不干扰。中部社区餐厅靠近庭院，与老年居住部分直接相邻，保证每套适老居住空间到达餐厅的距离适中、使用便捷。中段的医疗健康区设有诊疗、处置、理疗、取药和短期康复病房，临近老年居住部分，方便老人日常的就近就医，又通过庭院隔出一段距离，以减少一定的心理压力（图9）。

多功能复合型养老设施的顶部采用退台式设计，形成多个屋顶平台，丰富建筑造型并为中央庭院提供更多的日照，同时为居住在不同楼层的老人提供了就近活动的室外平台（图10）。

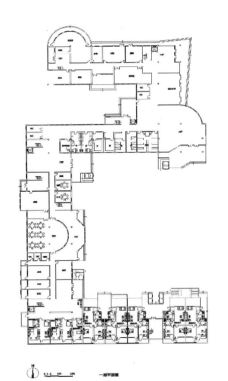
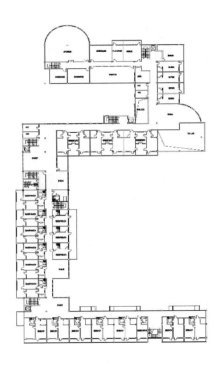

图 9　三十街坊多功能复合型养老服务设施平面

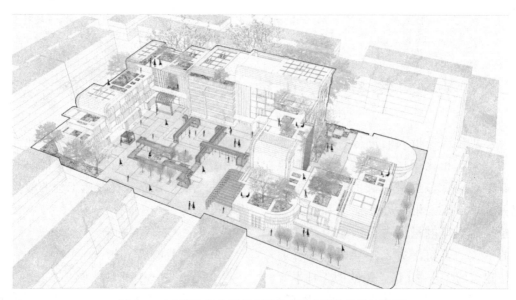

图 10　三十街坊多功能复合型养老服务设施鸟瞰效果图

三十街坊多功能复合型养老设施目前还处于设计探索阶段，希望能够为今后西安市的老旧住区养老服务设施的设计提供参考和借鉴，为解决老旧住区众多老年人的养老服务需求提供一定的启示。

四、西安市老旧住区配置养老服务设施的未来展望

西安市的老旧住区仍旧是当前城市当中大量留存的居住类型，留守老人的居住生活和公共生活条件非常恶劣，因此老旧住区的居住条件改善和养老服务设施的增加完善问题比起新建住区的统筹配套规划更为迫切。鉴于老旧住区人口基数大、现状环境复杂的现实情况，配置养老服务设施时，宜采取多功能复合、集中设置的方式，将各类公共服务配套和居家养老、社区养老服务内容相结合，充分向住区内、外的居民开放，满足老年人群的居家养老、社区养老需求，从而最大化地发挥集约、规模化的效应。

我国的老龄化发展不断加速，城市中的老旧住区在环境条件和人口构成两方面都在迅速老化，如何有效地推动城市老旧住区的适老化改造，满足老年人群的居家养老、社区养老需求，需要我们持续地保持高度关注并追踪研究。

（深圳建筑科学研究院供稿，
张倩、王芳、范新涛、支瑶执笔）

某公共建筑节能改造效果评价

公共建筑是指人们进行各种公共活动的建筑，相比于居住建筑，公共建筑具有能耗高、节能潜力大的特点。根据相关统计，国家机关办公建筑和大型公共建筑的年耗电量约占全国城镇总耗电量的 22%，其每平方米年耗电量是普通居住建筑的 10～20 倍，是欧洲、日本等发达国家同类建筑的 1.5～2 倍。因此，降低公共建筑能耗，尤其是政府机关办公建筑和大型公共建筑能耗是目前节能工作的关键。

在建筑物的整个节能周期中，建设期的节能大约占 25%，运营期的节能维护和运营管理可达到总节约能耗的 75%，因此对既有建筑的节能改造应运而生。目前，既有建筑的改造方式主要针对围护结构、照明系统、采暖空调系统、楼宇自控系统和其他系统等。对既有建筑节能改造后的节能效果进行评价，不仅是衡量建筑节能改造效果的社会效益与经济效益的核心工作，也是促进我国节能服务产业长期有效发展的重要工作环节。由于建筑节能改造是一项系统而复杂的工作，我国目前对于节能量审核及确认的手段及能力参差不齐，缺少相关标准支持。本文结合某公共建筑节能改造的形式和设备运行特点，采用现场检测、监测和软件模拟、能耗计算等相结合的方法，综合评价其节能改造效果，并为类似建筑节能改造工程的效果评价提供参考。

一、工程概况

（一）建筑和使用功能概况

某公共建筑始建于 2005 年，总建筑面积 19154.89m²，其中地上建筑面积为 12521.99m²，地下 2 层，地上 9 层。建筑物整体为框架结构，外墙采用 190mm 厚的陶粒混凝土砌块＋50mm 厚的聚苯板，外墙干挂花岗石板；屋面保温隔热采用 50mm 厚的聚苯板；外窗采用（6Low－E＋12A＋6）中空玻璃。

建筑物的主要功能为办公用房，冬季采暖依靠市政热力，经二次换热供给室内末端。空调形式主要为集中空调，空调系统管网与采暖管网采用同一套系统，室内末端采用风机盘管＋新风系统。建筑内主要用能包括照明办公用电、空调用电、采暖热力消耗、生活用水、食堂用燃气等方面。

（二）存在的问题和改造措施

改造前存在的问题及相应的改造措施见表 1。

改造前存在的问题及改造措施 表1

项目	改造前存在的问题	改造措施
围护结构	大门门缝较大,且连门中有一个门关不严,为单玻平开门,且无门斗,开启后冷风侵入很明显,热损失大	更换为8+12A+8中空玻璃自动门,减少大门的热损失,面积为15m²
照明系统	地下室灯管不能达到照度要求	更换地下室荧光灯为节能灯,每层增设节电器
自控系统	楼宇自控系统不完善	完善楼宇自控系统1套
其他	电开水器保温性能较差,加热频繁,造成能源浪费	更换步进式节能电开水器11台

二、现场测试

（一）照明系统测试

1. 照度检测

为检测改造后的照明效果,对该建筑地下二层车库进行了照度检测,具体检测要求如下:

（1）测试时室内灯具全部开启,运行稳定;

（2）根据《建筑照明设计标准》GB 50034的要求,公共场所照明标准值车库停车间标准值不低于50lx;

（3）测试时,测点位于地面;

（4）照度均匀度（极差）为照度最小值与最大值的比值,照度均匀度（均差）为照度最小值与照度平均值的偏差。

照度检测结果见表2。

照度检测结果 表2

项目	地下二层车库
灯具类型及数量	T8;18W×2,共计36组
面积(m²)	554.84
平均照度(lx)	101.4
最大照度(lx)	117.2
最小照度(lx)	82.8
照度均匀度(极差)	0.71
照度均匀度(均差)	0.82
照明功率密度(W/m²)	2.25

通过表2可以看出,改造后的车库照度满足标准要求,整体照度均匀。由此可知,通过更换灯具,可有效降低电耗,增加照度均匀度,提高了车库的照明质量。

2. 照明节电器改造,节能量检测

改造前由于该建筑变压器负载率偏低,照明供电回路中照明负载电压偏高,因此加装照明节电器。照明节电器是一种先进的电磁调压及电子感应技术,其主要功能是对供电系统进行实时监控与跟踪,自动平滑地调节电路的电压和电流幅度,改善照明电路中不平衡负荷所带来的额外功耗,提高功率因数,降低灯具和线路的工作温度,从而达到优化供电的目的。该工程安装节电器后供电回路中的测试结果见表3。

安装节电器后的检测结果 表3

项目	照明节电器
型号	WITSTART
配电系统电压(V)	391.18
配电系统电流(A)	15.74
节电器运行后电压(V)	362.93
节电器运行后电流(A)	14.53

（二）其他用电项目检测

电开水器型号为 GM-K1-SDCSMB,

地点分别分布在办公楼一～九层和地下一层活动室西侧，对其进行保温时段用电量测试。其测试时间为 1h，用电量为 3.15kWh。时钟控制器设定的时间为夜间 20：00 至次日 6：00，累计 10h，测试结果日节电量为 31.5kWh。

三、节能效果的确定

（一）围护结构

该工程围护结构改造仅涉及大门改造，主要体现在冬季用热及夏季空调能耗上。针对本项目的情况采用稳态法（室内外计算温度、面积、传热系数等）分别计算出冬季采暖节能量和夏季空调节电量。

冬季采暖节能量按公式（1）～公式（3）计算：

$$Q = [KF(t_n - t_e) - ICF]gH \times 3.6 \times 10^{-6} \quad (1)$$

式中：

Q——采暖季通过外门的传热量（GJ）。

K——门的传热系数 $[W/(m^2 \cdot K)]$。

t_n——室内计算温度，取 20℃（该温度参照《公共建筑节能设计标准》DB 11/687 中集中采暖系统室内设计计算温度，办公室）。

t_e——采暖期室外平均温度，取 0.1℃（该温度参照《严寒和寒冷地区居住建筑节能设计标准》JGJ 26 中北京地区室外平均温度）。

I——门外表面采暖期平均太阳辐射热（W/m²），取北京地区东向太阳辐射平均强度 59W/m²（该参数参考《严寒和寒冷地区居住建筑节能设计标准》JGJ 26）。

$$C = 0.87 \times 0.70 \times SC \quad (2)$$

式中：

C——门的太阳辐射修正系数；

$$SC = SC_B \times (1 - F_K/F_C) \quad (3)$$

式中：

SC——门的综合遮阳系数。

0.87——3mm 普通玻璃的太阳辐射透过率。

0.70——折减系数。

SC_B——玻璃的遮阳系数，改造前单玻取 0.87，改造后中空玻璃取 0.83。

F_K/F_C——为窗框面积比，铝合金窗窗框面积比可取 0.20。

通过上述公式计算得出该工程冬季采暖季的节能率为 0.9%，根据 DeST 软件模拟计算，夏季空调节能率与冬季采暖节能率比值约为 2/3，故本次空调耗电节能率取 0.6%。

（二）照明系统

1. 地下室照明灯具

通过对改造后灯具的功率、现场车库照度等内容进行的测试，计算节能量时，按照改造前灯具用电量额定功率计算，改造后灯具用电量按照实测功率计算，根据使用时间、灯具数量、改造前后功率等参数计算出节能率。

年用电量按公式（4）计算：

$$D_{年电量} = \sum_{i=1}^{m} P_{i实测} \times n_i \times t_{i年运行} \times \beta_i \div 1000 \quad (4)$$

式中：

$D_{年电量}$——边界内单体建筑年电量（kWh）；

$P_{i实测}$——第 i 种灯具单支电功率实测

值（W）；

n_i——第 i 种灯具数量（支）；

$t_{i\text{年运行}}$——第 i 种灯具年运行时间（h）；

β_i——第 i 种灯具照明使用率，取 1；

m——单体建筑照明灯具种类。

改造前后车库照明用电量计算结果见表 4。

改造前后车库照明用电量 表 4

改造状态	名称	型号	功率（W）	数量（支）	运行时间（h）	使用天数（天）	年用电量（kWh）
改造前	直管日光灯	T8-1.2	36	168	24	365	52980.48
改造后	LED	LEDT8-1.2	17.32	168	24	365	25486.82

通过表 4 计算得出其节电率为 51.89%。

2. 照明节电器

该工程的节能量审核，对节电器在实际使用调压值情况下的电压、电流、电功率和同一系统没有经过节电器情况下的电压、电流、电功率进行监测，得出节电率。通过测试数据，经计算得到节电率为 14.35%。

（三）其他用电设备改造

电开水器启停控制改造，节能量审核采取实际测试使用时钟控制器保温时段用电量，结合时钟控制器使用时间，计算得到节能量。电开水器数量 11 台，单台日节电量为 31.5kWh，年使用天数 255 天，可节电 88357.5kWh。

四、结语

该工程通过对建筑围护结构大门、照明系统中地下室照明灯具和增设节电器，对电压器增设电容补偿器、电开水器时钟控制等部分进行改造，电开水器日节电量为 31.5kWh。其中，大门改造不仅改善了办公环境，提高了舒适度，还降低了采暖和空调能耗；地下车库 24h 照明 LED 改造后节能效果显著，实现照明系统节电率为 14.35%，同时也提高了停车场的照明质量；选用的照明节电器、电开水器设备不仅降低了用电量，还结合了实际工程的用能情况，并充分考虑到日常操作的方便性、系统维护等方面的实际特点。该工程的节能改造效果显著，基本达到了预期的节能改造要求。

（北京中建建筑科学研究院有限公司、中国建筑一局（集团）有限公司供稿，段恺、王永艳、张金花、任静、秦波、李江宏执笔）

建筑改造中消防系统常见问题与可用技术分析

一、引言

近年来，我国的城市发展重心渐渐由新城建设转移到了旧城改造，国家开始大力发展对既有建筑的改造更新工作，努力将我国建设成为"节约型社会"。消防系统的改造是整个既有建筑改造过程中的重要组成部分，它关乎着建筑的安全与质量，在整个改造过程中必须引起重视。然而，在既有建筑的消防系统改造过程中，有许多设计、评判上的问题暴露出来。在这方面已有学者做过研究，原有的耐火等级难以准确判定、现有规范和原设计之间存在冲突，防火分区划分不够合理、安全疏散体系设计存在缺陷。改造过程中出现的问题，应结合新发展的技术手段进行解决，按照现有规范合理对建筑的消防相关方面进行再次设计，对建筑的消防系统进行与时俱进的更新，国内外已有多人对基于 BIM 及物联网技术的建筑消防安全模型进行研究，并提出了一些合理的设计。本文在阐述既有建筑改造中消防系统的常见问题后，提出对应的解决方案，以及在未来可以应用的新型技术。

二、既有建筑改造现状

既有建筑泛指各类已经竣工，或者已经投入使用的现有建筑，其分类的标准多样，以适用于不同场合。按照既有建筑改建后的使用性质，可将既有建筑分为工业建筑（在工业生产中有着不同用途的建筑，如厂房、仓库等）与民用建筑（在社会生活中有着多种用途的建筑，如办公楼、住宿酒店、娱乐场所、购物中心等）。按照既有建筑自身的合法性划分，可将既有建筑分为具有房产证或者取得了相应建设工程规划许可证件的合法建筑，以及并未取得上述可证明自身合法性证件的违法建筑，本文所论述的既有建筑即为具有符合规范的建设程序及合法使用权的现有建筑，他们均属于公安消防机构实施建设工程消防监督管理的对象（公安部 106 号令《建设工程消防监督管理规定》第二条）。目前，我国的既有建筑改造数量庞大，各项改造工程的基本目标大都是将既有建筑改造成新型能源节约的建筑，这种改造符合当前建设"资源节约、环境友好型社会"的要求。在当代社会发展的同时，建筑智能化水平及安全性能都应有所提高，以满足城市建设革新及民众对于建筑消防安全的要求。对于任一类型的既有建筑，消防系统的改造都是其中的重要组成部分，在保证了建筑的安全性能的前提下，才可以有效地进行其他方面的改造。

三、既有建筑改造中消防系统常见问题

既有建筑进行改建后，功能一般会进一步变得复杂，现有的既有建筑在进行改造后，多数会承担餐饮场所、会展中心、休闲娱乐场所、商业配套设施、酒店产业服务等功能，这些功能可能与建筑的原有功能有着较大的区别。于是，在对既有建筑进行改造的设计过程中，会对原建筑的平面布局、设施管路有较大的修改。然而，单以消防系统的改造为例，在修改过程中，一些设计单位由于对规范不太熟悉，或者对建筑的原有情况掌握并不明晰等原因，并没有办法使改造设计达到需要的水准，从而导致了既有建筑改建工程中消防设计的质量缺失，目前对于消防安全管理的问题依然等待进一步的解决。

（一）对既有建筑原有及改造后的耐火等级判定不准确

设计单位主要参照《建筑设计防火规范》进行相应的建筑设计。现行的《建筑设计防火规范》GB 50016—2014 是在已废止的《建筑设计防火规范》GB 50016—2006 和《高层民用建筑设计防火规范》GB 50045—1995 的基础上编写成文的。因此，在对既有建筑进行改造的过程中，会发现符合以往规范的设计与现行规范相违背，需要进一步改造及确定。在判定既有建筑的耐火等级时，一般按照建筑内各建筑构件的燃烧性能及耐火极限进行判定，在《建筑设计防火规范》GB 50016—2014 中对不同耐火等级建筑满足各个功能的建筑构件的耐火极限都作了详细的规定。如若在对既有建筑内楼板、梁、柱及屋顶承重构件等建筑构件的耐火极限的判定时出现失误，则对建筑整体自身耐火等级的判定也不能顺利进行，便有可能对建筑防火分区的划分以及之后的安全疏散设计和消防设施的设置过程都产生很大的影响。

对既有建筑的耐火性能产生不良影响的因素有很多，如一些老建筑的结构封顶早、年代长，它的结构不可避免地会出现一定的老化和局部损坏的现象；还有的建筑，主要构件的配筋量不足、风化的混凝土保护层难以起到相应的防火保护以及承载作用、楼板的厚度不够或者产生局部损坏，这些都会对不同构件的耐火性能产生一定程度的不利影响。对于一些钢结构建筑而言，若它原先已经采用了钢结构防火涂料进行保护，但由于时间久远，钢结构防火涂料保护层可能老化甚至脱落，也会对原有构件的耐火性产生不利影响。

由于这些因素的存在，准确判定原建筑构件的耐火极限便增加了困难，只有仔细勘察建筑原有结构及构件的情况后，才能够根据建筑结构的实际状况进行综合判定。然而，有些设计单位由于缺乏高度责任心，对建筑的原有构件的状况并没有进行深入了解，而是凭借经验与猜测来判断结构的耐火极限，从而产生了对建筑物的耐火等级判定不准确。

同时不能忽略的是，后期对于既有建筑的二次装修和改造，同样会严重影响建筑的防火等级，设计单位有必要在进行消防系统的设计时，对建筑的原有及改造后的耐火等级进行综合的考虑与判定。

（二）防火系统方案设计得不合理

在设计单位对既有建筑改造的消防设计中，若考虑得不全面，则会出现各种各样的问题。

例如，设计单位只注意建筑自身的消防设计，而忽略了既有建筑与周边建筑的防火间距、消防车道等问题。由于历史原因，部分既有建筑可能会与居民住宅距离较近，而这些年代久远的既有建筑在初始建造时，消防法规并未有如今的完善、明确，而未经新时期的消防审核就一直沿用到现在。有些既有建筑原有的设计施工位置，恰恰位于如今中心城区的密集建筑中，与居民住宅贴近。而经过改造后，既有建筑的使用功能、性质发生了变化，对其防火间距、消防车道设计都有了新的要求。可这些位于中心城区的既有建筑与周边建筑之间的关系，大都难以达到现行规范的要求。

既有建筑的改造，也会出现防火分区、防火单元的划分不合理的情况。这种情况经常出现在将既有建筑改造为大型超市、购物中心或休闲娱乐场所的改建工程中。比如在购物中心内存在不同使用功能的区域（如营业区域、仓储区、商场办公区、后勤区等）。这些区域彼此之间的防火分区划分标准可能有所区别（比如仓库的防火分区划分标准便与其他区域存在差别），但一些设计单位忽视了对不同区域防火分区划分标准的区别，而采用一个指标划分防火分区，或者两个区域之间的防火分隔设置不合理，严重违反规范。

再有，部分既有建筑的消防改造的安全疏散体系的设计存在缺陷。安全疏散是火灾发生的情况下保障人员能够安全逃生的主要途径，在消防设计理念中具有非常重要的意义。

以旧厂房为例，此种既有建筑一般具有楼层高、空间较大、安全疏散楼梯数量少且分布不够合理、疏散宽度不足、疏散距离长等问题，若将其改造为具有商务、娱乐、休闲等使用功能的公共建筑，上述问题则必须引起重视。在进行安全疏散改造时，要考虑改造对建筑结构的稳定性及空间刚度所产生的影响，同时，要根据建筑使用面积，对改建后的商业场所的疏散人员进行计算，使疏散宽度达到使用标准。所以，对于既有建筑的改造，要考虑其与周边环境的关系，同时也要在注意到改造后行使功能所要求的安全疏散标准与既有建筑之间的差距的基础上，以保证建筑结构的稳定性为前提，确保场所内人员进行安全疏散时能够有足够的疏散宽度及通风面积等条件。

（三）消防设施的设置难以满足现有建筑的要求

不同用途、不同体量的建筑，有着不同的室内外消防用水量的要求，在既有建筑的改造过程中，也会处理增加自动消防设施的问题。然而，部分设计单位只是关注于对建筑内部增设消防设施，却忽略了对室外管网的校核，原有室内消火栓系统的管径与流量的确认也往往被忽略，消防电源的落实也欠佳。在此情况下，新增设的自动消防设施可能会缺少相应的水源或电源，而原有的室内消火栓系统也不能满足改造后的建筑使用功能下的需求。

同时，防排烟的设计也经常存在问

题。有一些改造工程的设计单位，在考虑自然排烟的时候仅仅考虑设计达到开启面积的排烟窗，却忽视了对其开启方向、开启角度的校核，这样的疏忽可能导致排烟窗在火灾时不能发挥应有的效果。

在设备的运行维护阶段，需要对整个消防系统和设备的信息进行储存和管理，经常进行检测检修，若维护不当，在发生火灾的时候可能产生问题，造成巨大损失。

四、解决方案

确保既有建筑改造的消防设计的质量，对保证既有建筑改造工程的质量十分重要，为了解决上述改造中遇到的问题，笔者结合相关的消防技术规范进行分析，提出一些可行建议。

（一）正确判定既有建筑的耐火等级

对于建筑耐火等级的判定一定要从严把握，一般应保证不低于二级耐火等级。在判定时，建筑中的重点构件（柱、梁、楼板、承重构件等）的耐火极限的执行务必按照现行的规范要求。

在考察原有的建筑构件的耐火极限时，不应遗落细节。考察既有建筑原来的建筑构件情况，要考虑柱、梁、楼板、承重墙、楼梯结构、屋面结构等是否有由于年代久远而难以避免的不同程度的风化变质。并且应注意楼板、承重柱、梁等构件的保护层是否存在较大的脱落或变质现象，按照需要对之进行保护或加固。而对于采用了粘贴钢板、支撑角钢以及外包钢板等方法进行结构架构的构件，也要考虑参照相关的规范条文说明，以增设混凝土砂浆层的方法对加固的钢构件进行防火保护。同时，对于原先采用了钢结构防火涂料的构件，要对其涂料进行质量检验。若采用厚型防火涂料，应测试其厚度，并查看涂料是否出现开裂、脱落等现象；若采用薄型防火涂料，除了检查其厚度外，也要对它进行受热膨胀倍数的检验，从而检查涂料是否失效。

（二）正确处理建筑的防火系统方案设计

1. 设计正确的防火间距

防火间距指的是防止着火建筑在一定时间内引燃相邻建筑，便于消防扑救的间隔距离。在既有建筑改造时，经常会遇到既有建筑群的内部建筑防火间距不足，或者既有建筑和周边相邻建筑的防火间距不能满足要求的问题，通过改变外墙性质结构、增设独立防火墙、增强独立建筑的耐火等级、设置防火窗和防火卷帘等处理办法，或者调整布局、使之更加合理，从而使防火间距达到标准，为有效的防火措施创造良好条件。

2. 合理划分防火分区及防火单元

设计单位在进行既有建筑改造消防设计时，应根据不同的使用功能，合理划分防火分区及防火单元。比如，将既有建筑改建为商场时，应将商城内不同使用功能的区域集中布置，然后按使用功能划分为独立的防火分区及防火单元。同时，不同使用功能的场所，在和其他场所之间划分时所采用的防火门及隔墙，也要参照不同标准选择。有时，根据场所的位置也会有不同的相关规范来规定场所的面积、耐火等级等条件，在面对具体情况时应仔细分析。防火分区的防火分隔措施，如防火墙、防火门等，所选构件的材料性质，要根据建筑的使用性质及类别，查阅相关规定决定。在设置防火墙时，也要考虑既有建筑本身的结构承重能力，来对建筑进行合理划分，避免建筑构件因防火系统的设置损坏。

3.重新核算疏散距离及疏散宽度，合理设置疏散楼梯间

一些原属于工业建筑的既有建筑，往往具有内部空间大、疏散距离长、疏散楼梯少的特点，当将其改造成人员密集的场所时，会出现疏散距离、宽度以及安全出口数达不到规范要求等问题。在进行建筑安全疏散设计时，要根据建筑物性质、火灾危险性大小、人员数量以及周围环境等因素，判断安全疏散出口的数量、宽度，对安全疏散时间、距离等进行计算，从而能够合理地设置安全出口、疏散楼梯间、疏散走道等疏散设施。

在一些情况下，尚未改造的既有建筑由于建筑本身的使用功能的缘故，内部楼梯多采用封闭楼梯间或敞开楼梯的形式，而不能很好地满足改造为商业综合服务场所后的规范要求。在此情况下，一般会通过计算，从而增加改造后的既有建筑的疏散楼梯间数目以满足规范要求。

（三）合理设置消防设施

在既有建筑改造时，应根据建筑的类别、使用功能，合理设置消防给水系统、防排烟系统等，以应对突发火情。若既有建筑坐落处未有配套的市政水源补给，不能满足足够的消防用水，则难以拥有配备自动灭火系统等条件，可能无法在火灾初期将灾害抑制，造成火势蔓延。若有市政

水源或消防水池，也要确定市政消防进水管径，以防管径偏小导致无法满足室内外消防用水。在设置场所内部消防设施时，要参考相关消防技术规范要求，在确定场所的分类、性质，有着正确的火灾危险性等级判断的情况下，合理设置自动喷水灭火系统及火灾自动报警系统，以及随后的应急照明、疏散指示标志等设施。

同时，在设置防排烟系统的时候，务必对人员密集场所和地下室、内部疏散等场所严格按照要求设置排烟设施。根据所采用的排烟系统为机械排烟或自然排烟系统的差别，要考虑各种相关因素及损失，按照不利状况计算，从而最大程度地保证设计的排烟系统符合规范要求。

既有建筑改造工程中的消防设计系统改造是保证整个改造工程质量的基础，而设计更是确保后期施工质量的重要部分，在高质量地完成消防设计的基础上，才能够使得整个改造工程又好又快地进行。

五、可用于消防系统改造中的新技术展望

（一）利用 BIM 系统进行消防系统改造

传统的消防管理基于二维图纸进行，而在二维显示下，建筑物的空间信息、设备信息和人员信息都不能得到充分展示，尤其在突发火情的恶劣环境下，人们很难根据二维图纸快速熟悉建筑环境，进行消防救援工作。而且，在图纸的交付过程中，信息的传递必然有所损失，而不能包含建筑在整个生命周期中的数据和信息，由此造成的信息脱节会阻碍消防管理的进一步完善。

BIM 即"建筑信息模型",是指对一个设施的实体和功能特性的数字化表达方式,能够集建筑设计、施工、管理于一体,以建筑工程项目的各项相关信息作为模型的基础,进行建筑模型的建立,通过数字信息仿真模拟建筑物所有的真实信息,将业主、建筑师、设计师、施工方、运维方以及其他项目各方整合到一起的平台,具有可视化、协调性、模拟性、优化性和可出图性五大特点。

应用 BIM 模型可进行可靠度很高的火灾疏散模拟。利用其三维特性,能够直观展示建筑物的内部结构、消防位置布局、消防通道状态等信息,通过火灾模拟和人员疏散模拟,也可以为建筑工程的消防设计提供依据。BIM 模型包括丰富的族库和自建族文件功能,可建立各种消防设备,存储其参数信息,而将消防信息整合到 BIM 模型中,即可进行相应的消防预案设计,从而指导消防救援工作。而在建筑的运维阶段,可以将 BIM 数据库整合到智能消防设计系统,和计算机网络、自动控制、传感器等技术相结合,通过系统平台实现防火功能。有学者提出利用 BIM 和 VR 技术结合,以搭建可视化的消防管理平台,能够满足建筑的全生命周期消防信息无损传递的需求,有利于人机交互,便于信息的调用与维护,能够有效提高消防工作的精度和效率。

(二)利用物联网技术搭建建筑消防安全应用框架

物联网是在互联网的基础上,将用户端延伸和扩展到任何物品,与之进行信息交换或通信。基于物联网广泛交互作用的基础,可以将物联网技术应用在消防领域。将物联网技术和消防方面的业务工作的要求相结合,之后应用于火灾预警、消防设施监管、消防设备管理、防火监督、灭火救援等方面,以实现火灾的及早预警、尽早放空、更快处置,由此可以有力地提升火灾的防控、扑救以及应急救援能力,从而提高我国消防安全管理的整体水平。消防物联网指的是利用物联网技术,处理消防领域的产品管理、应急救援、后勤保障、防火监督、火灾防控等业务需求,为消防各业提供服务的综合平台。利用物联网达成上通下达的信息感知、信息传递、信息处理,存储消防设备的基本信息用于使用与检修,完成对其的远程监控,并可以根据模拟进行监管与预警,为防灾产业提供更加科学翔实、针对性强的数据决策支持。

六、结语

既有建筑改造在我国方兴未艾,然而改造过程中的基础部分——消防系统设计所遇到的耐火等级判定、防火分区划分和防火系统规划的问题依然不容忽视,在进行设计时,应该严格按照现行标准进行耐火等级的判定,在规划消防系统时考虑到周围的环境资源供给,保证建筑可以有条不紊地行使功能,满足民众对其安全性能的要求。积极地学习并利用高新技术,获取建筑的全生命周期的无损信息,将建筑实体与网络互联,从而提升火灾的防控与救援水平。

（中建科技有限公司供稿，
施小飞、陈蕾、朱燕执笔）

能耗模拟在既有公建围护结构改造中的应用

一、引言

随着城镇化的高速发展，我国公共建筑面积不断增长。至 2015 年，我国公建面积达到 116 亿 m²。不断增长的建筑面积带来了大量的建筑运行能耗需求。加之公建单位面积的能耗强度较大，公共建筑的耗能已经成为中国建筑能耗中比例最大的分项。随着我国节能减排事业的推进，公建节能改造已经成为建筑节能工作的重点。孟根荣根据实际工程经验，论述了当前公建典型节能改造技术的应用效果，并进行了经济性分析。赵立华等人对海南地区既有公共建筑的围护结构进行了节能改造分析，认为在海南地区，建筑节能改造的重点在于降低外窗的综合遮阳系数、外墙和屋面的太阳辐射吸收系数。

计算机模拟是分析建筑物能耗的最便捷的手段之一。仇中柱等人以上海地区某宾馆为例，利用计算机能耗模拟方法对三种围护结构改造方案进行了对比研究。刘斌等人利用能耗模拟软件 EnergyPlus 模拟了某公建的冷热负荷，模拟和计算结果表明，该方法可用于节能改造工程中的动态负荷计算。吴泽玲等人利用 DOE-2 模拟了上海地区公共建筑在围护结构改造后，不同空调运行模式下，建筑耗冷耗热量的变化规律，并分析了其原因。

本文以深圳某政府办公楼为对象，在该建筑的综合节能改造工程中，利用计算机能耗模拟的方法分析了各类围护结构热工参数对建筑全年能耗的影响。模拟结果指导了该改造工程的方案设计和选择。

二、案例概况

该建筑位于深圳，地处北回归线之南，建筑功能为政府办公楼，由南楼和北楼组成。其中，建筑总面积 7468m²，南楼建筑面积 4354m²，建筑主体为 5 层，局部 6 层，砖混结构，于 1984 年竣工；北楼建筑面积 3114m²，建筑共 7 层，框架结构，于 1991 年竣工投入使用。建筑窗墙比分别为：0.061（东）、0.234（南）、0.174（西）、0.210（北）。在该建筑的综合整治工程中，拟采用 VRV 变频多联机和热泵式转轮热回收型新风机组的暖通空调系统。由于该建筑建成年代较久，围护结构热工性能较差，如表 1 所示。为了达到《公共建筑节能设计标准》GB 50189 的要求，需要对围护结构进行改造（图 1）。

改造前建筑围护结构参数 表1

部位	构造	参数
外墙	10mm 多微孔瓷砖＋20mm 水泥砂浆＋240mm 重砂浆砌筑黏土砖砌体＋20mm 石灰砂浆	$K=1.937W/(m^2 \cdot K)$；$D=3.694$；$\rho=0.6$
窗户	铝合金＋单层玻璃	—
屋面	20mm 石灰砂浆＋120mm 钢筋混凝土＋20mm 水泥砂浆	—

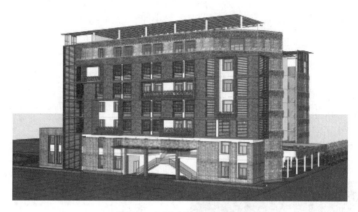

图1　建筑改造后效果图

三、能耗模拟软件和参数设置

（一）模拟软件介绍

eQUEST 能耗模拟软件是在美国能源部（U. S. Department of Energy）和电力研究院的资助下，由美国劳伦斯伯克利国家实验室（LBNL）和 J. J. Hirsch 及其合作人共同开发。该软件的计算核心是目前使用最为广泛的能耗模拟软件 DOE2 的高级版本 DOE2-2。eQUEST 不仅吸收了能耗分析软件 DOE-2 的优点，并且增加了很多新功能，使建筑建模过程更加简单，结果输出形式更加清晰。

根据建筑形状、围护结构参数以及空调系统参数，采用 eQUEST 建立模型，模型如图2所示。为了探究各改造方案对建筑物全年能耗的影响，对该建筑进行了全年 8760h 的模拟。

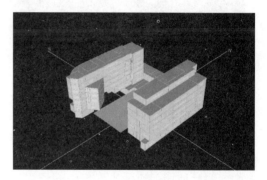

图2　建筑模型图

（二）设定参数

深圳是中国南部海滨城市，属于夏热冬暖地区，东经 $113°46' \sim 114°37'$，北纬 $22°27' \sim 22°52'$。本文中的室外气象参数采用 CSWD（Chinese Standard Weather Data，中国标准气象数据）文件中的深圳气象参数。深圳地区的日平均温度，如图3所示。

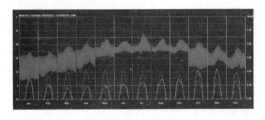

图 3 深圳地区日平均温度统计

根据《民用建筑供暖通风与空气调节设计规范》GB 50736 及《公共建筑节能设计标准》GB 50189 的规定，为了达到一级舒适区范围，夏季办公楼的控制温度为 26℃，相对湿度不高于 70%。基于人体热舒适评价标准，得到满足该项目的热舒适性区间，如图 4 所示。

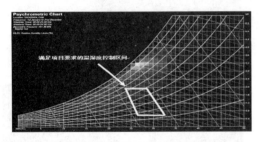

图 4 深圳地区热舒适区间

该项目拟采用 VRV 变频多联机和热泵式转轮热回收型新风机组的暖通空调系统。南楼和北楼将办公室每层一个热工分区，考虑到同时使用的可能性，每个会议室采用一个分区，卫生间楼道一个分区，其他

未受控制一个分区。空调运行时间为 8：00～18：00，风机在空调系统运行前和关闭后运行 1h。多联机机组的能效比为 4.0。模拟时间按照 2016 年来设置日期。根据深圳市的季节变化规律，确定供冷时间为 4 月 15 日至 11 月 15 日，冬季不进行供暖。

新风量的设定，根据《公共建筑节能设计标准》GB 50189 中的新风量参考值设置，如表 2 所示。

不同功能房间新风量　　　　表 2

房间功能	新风量指标 ［m³/(h·人)］
办公室	30
会议室	12
餐厅	25
门厅	10
休息区	30

人员密度、照明功率及设备功率的设定结合《建筑照明设计标准》GB 50034，并满足《公共建筑节能设计标准》GB 50189—2015 附录 B 建筑围护结构热工性能权衡计算给定的参考值，具体参考值如表 3 所示。电气设备、照明开关、人员在室及新风逐时变化如表 4 所示。

房间人员、照明和设备功率给定值　　　　表 3

房间名称	人员密度（人/m²）	照明功率密度（W/m²）	设备（W/m²）
办公室开间	0.1	6	10
办公单间	0.04	6	10
会议室	0.45	6	5
门厅	0.01	5	0
办公区域走道	0.01	3	0

房间名称	人员密度(人/m²)	照明功率密度(W/m²)	设备(W/m²)
卫生间	—	2.4	1
设备室	—	2.5	1
餐厅	0.7	5.5	5
厨房	0.1	5	6
休息厅	0.01	2.8	1
停车场	—	3	—

电气设备、照明开关、人员在室及新风逐时变化 表4

时刻	电气设备		照明开关		人员在室		新风	
	工作日	节假日	工作日	节假日	工作日	节假日	工作日	节假日
1:00	0	0	0	0	0	0	0	0
2:00	0	0	0	0	0	0	0	0
3:00	0	0	0	0	0	0	0	0
4:00	0	0	0	0	0	0	0	0
5:00	0	0	0	0	0	0	0	0
6:00	0	0	0	0	0	0	0	0
7:00	0.1	0	0	0	0.1	0	1	0
8:00	0.5	0	0.1	0	0.5	0	1	0
9:00	0.95	0	0.95	0	0.95	0	1	0
10:00	0.95	0	0.95	0	0.95	0	1	0
11:00	0.95	0	0.95	0	0.95	0	1	0
12:00	0.5	0	0.8	0	0.8	0	1	0
13:00	0.5	0	0.8	0	0.8	0	1	0
14:00	0.95	0	0.95	0	0.95	0	1	0
15:00	0.95	0	0.95	0	0.95	0	1	0
16:00	0.95	0	0.95	0	0.95	0	1	0
17:00	0.95	0	0.95	0	0.95	0	1	0
18:00	0.3	0	0.5	0	0.3	0	1	0
19:00	0.3	0	0.3	0	0.3	0	1	0
20:00	0	0	0	0	0	0	0	0
21:00	0	0	0	0	0	0	0	0
22:00	0	0	0	0	0	0	0	0
23:00	0	0	0	0	0	0	0	0
24:00	0	0	0	0	0	0	0	0

四、模拟结果分析

影响建筑能耗的主要因素包括围护结构的参数（外墙传热系数、外墙太阳辐射吸收系数、外窗太阳得热系数等）、照明密度、设备功率及空调系统性能。本文重点分析围护结构的各项参数对于建筑能耗的影响。

（一）外墙传热系数及太阳辐射吸收系数

在建筑能耗中，围护结构的传热系数对于建筑能耗影响较大。外墙的传热系数不仅对通过外墙的传热量有影响，围护结构的热惯性也往往与外墙的传热系数有关。围护结构热惯性对于建筑得热转化为冷负荷起到衰减和延迟的作用。特别是对于本文中的办公类建筑，其空调系统并不是24h运行，传热系数越小的外墙改造方案往往热惯性越大，一天当中的冷负荷衰减和延迟也越大。

选择了主要关注的几个外墙传热系数值，进行全年模拟，计算单位面积的全年总电耗。其中，外墙传热系数对建筑能耗的影响如图5所示。随着外墙传热系数的降低，能耗逐渐减小。

深圳地区属于夏热冬暖地区，通过提

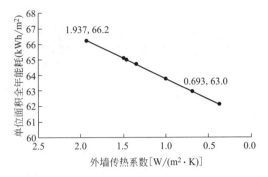

图5　建筑全年能耗随外墙传热系数的变化

（备注：外墙 $\rho=0.7$；外窗 $K=2.5$，$SHGC=0.22$；屋面 $K=0.502$，$\rho=0.7$；机组 $COP=4$）

高外墙围护结构的保温性能意义不大，且增加成本。结合各种围护结构的做法进行预算分析，得到四种外墙围护结构改造方案的报价、节能量，如表5和图6所示。综合比较分析，方案三的节能量高而投资低廉，该工程最终选择采用原始外墙＋30mm聚苯乙烯泡沫塑料板及网格布，$K=0.693W/(m^2 \cdot K)$。

除传热系数之外，外墙太阳辐射吸收系数也是外墙热工性能的重要指标。外墙太阳辐射吸收系数是指围护结构外表面吸收的太阳辐射照度与其接收到的太阳辐射照度之比值。通过改变外墙太阳辐射吸收系数，得到不同的能耗指标，如图7所示。

外墙改造方案及造价　　表5

序号	方案	传热系数 [W/(m²·K)]	造价 （万元）
一	50mm 保温砂浆	1.464	23.5
二	50mm 加气混凝土板	1.354	23.5
三	30mm 聚苯乙烯泡沫塑料板及 4mm 网格布	0.693	14.7
四	30mm 硅酸铝保温涂层及 100mm 加气混凝土板	0.385	61.9

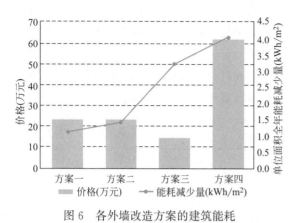

图 6　各外墙改造方案的建筑能耗

随着太阳辐射吸收系数的降低，能耗减少。一般浅色立面的建筑外墙的太阳辐射吸收系数 $\rho=0.7$，此时该建筑能耗值为 $62.93kWh/m^2$。如果将太阳辐射吸收系数降低至 0.4，全年能耗指标将降至 $61.5kWh/m^2$。降低外墙的太阳辐射吸收系数最有效的途径是在外墙增设绿植。刘秀强通过模拟研究发现，建筑外表面的垂直绿化可以达到 5.6% 的节能率。结合该建筑周围的实地环境，该建筑的改造方案中采取了在

外墙增设绿植的方法，以减小外墙太阳辐射吸收量，降低制冷能耗。

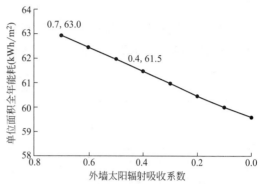

图 7　建筑全年能耗随外墙太阳辐射吸收系数的变化

（备注：外墙 $K=0.693$；外窗 $K=2.5$，$SHGC=0.22$；屋面 $K=0.52$；机组 $COP=4$）

（二）外窗传热系数及太阳辐射得热系数

《公共建筑节能设计标准》GB 50189 中对夏热冬暖地区的外窗传热系数、太阳辐射得热系数有明确规定，具体数值如表 6 所示。

《公共建筑节能设计标准》GB 50189 对外窗热工性能的要求　　　　表 6

	传热系数 K $[W/(m^2 \cdot K)]$	太阳辐射得热系数 $SHGC$ （东、南、西向/北向）
窗墙面积比≤0.20	≤5.2	≤0.52/—
0.20＜窗墙面积比≤0.30	≤4.0	≤0.44/0.52
0.30＜窗墙面积比≤0.40	≤3.0	≤0.35/0.44
0.40＜窗墙面积比≤0.50	≤2.7	≤0.35/0.40
0.50＜窗墙面积比≤0.60	≤2.5	≤0.26/0.35
0.60＜窗墙面积比≤0.70	≤2.5	≤0.24/0.30
0.70＜窗墙面积比≤0.80	≤2.5	≤0.22/0.26
窗墙面积比＞0.80	≤2.0	≤0.18/0.26

在满足标准、降低能耗、控制成本的要求下，选择了 4 种外窗改造方案，见表 7。

单纯地改变外窗传热系数，可以得到不同的能耗指标，如图 8 所示。由于该建筑的外窗面积小，单纯地改变外窗传热系数对于建筑能耗的影响十分微小。并且，由于外窗传热系数减小后，影响了建筑物的夜间散热，全年总能耗甚至有随外窗传热系数减小而略微增加的趋势。

外窗改造方案及造价　　　　表 7

方案	构造	传热系数 [W/(m² · K)]	造价 （万元）
一	断桥铝合金＋Low-E 中空玻璃	2	93.8
二	断桥铝合金＋无色透明中空玻璃	3	66.2
三	PVC 塑料窗＋无色透明中空玻璃	2.5	55.2
四	PVC 塑料窗＋Low-E 中空玻璃	2	77.1

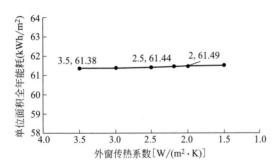

图 8　建筑全年能耗随外窗传热系数的变化规律

（备注：外墙 $K=0.693$，$\rho=0.4$；外窗 $SHGC=0.22$；屋面 $K=0.502$，$\rho=0.4$；$COP=4.0$）

上述模拟没有考虑外窗太阳辐射得热系数的变化。太阳辐射得热系数（Solar Heat Gain Coefficient，SHGC）是指通过透光围护结构（门窗或透光幕墙）的太阳辐射室内得热量与投射到透光围护结构（门窗或透光幕墙）外表面上的太阳辐射量的比值，如式（1）所示。当设置外遮阳构件时，外窗（包括透光幕墙）的太阳辐射得热系数应为外窗（包括透光幕墙）本身的太阳辐射得热系数与外遮阳构件的遮阳系数的乘积。

$$SHGC=\dfrac{\sum g \cdot A_g + \sum \rho \cdot \dfrac{K}{\alpha_e} \cdot A_f}{A_w}$$

（1）

式中：

g——透光部分的太阳光总透射比；

A_g——透光部分面积（m²）；

ρ——非透光部分的太阳光吸收比；

K——非透光部分的传热系数 [W/(m² · K)]；

α_e——非透光部分外表面对流换热系数 [W/(m · K)]；

A_f——非透光部分面积（m²）；

A_w——透光与非透光的面积之和（m²）。

单纯地改变外窗的 SHGC 值，如图 9 所示，建筑能耗随着太阳辐射得热系数的减小而迅速降低。

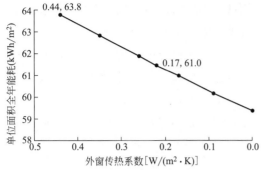

图 9　建筑全年能耗随外窗太阳辐射
得热系数的变化

（备注：外墙 $K=0.693$，$\rho=0.4$；外窗 $K=2.5$；
屋面 $K=0.52$，$\rho=0.4$；$COP=4.0$）

实际的改造方案结合了建筑窗墙比和朝向考虑。最终确定采取方案四，使用低日光透过率（Low-E）的玻璃，太阳辐射得热系数为 0.17，外窗传热系数为 2.0W/（m² ·

K）。由于西面窗墙比较小，故西面外窗不设置外遮阳，而南面窗墙比较大，需要在南面所有外窗设置外遮阳。

（三）全年能耗模拟

通过上述的围护结构改造方案，该建筑单位面积能耗从 66.2kWh/m² 降低至 61.0kWh/m²。结合照明系统的改造，该办公建筑全年总能耗约为 447.43×10³ kWh，单位空调面积能耗约 59.66kWh/m²。全年逐月负荷如图 10 所示。从图 11 可以看出建筑的能耗主要由三部分组成：空调、内部照明和内部设备能耗。该建筑室内设备能耗占建筑总能耗的 51%，空调能耗占建筑总能耗的 30%，照明能耗约占建筑总能耗的 19%，空调能耗在整体能耗中所占比例相对较低。

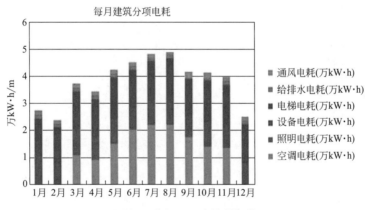

图 10　全年逐月建筑能耗值

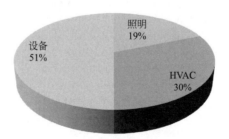

图 11　建筑各分项能耗比例

五、结语

在深圳某政府办公楼的整体节能改造项目中，本文通过计算机能耗模拟的方法确定了各项围护结构热工参数对建筑全年能耗的影响，有助于各改造方案的定量比选。从模拟结果可知，在深圳地区，建筑物外围护结构的太阳辐射得热量将对建筑能耗产生显著的影响，可以说，做好遮阳是该建筑围护结构改造的重点。对于外墙而言，可以通过立面绿化的方式减小外墙的太阳辐射吸收系数；对于外窗而言，采用低太阳辐射得热系数的 Low-E 玻璃，配合外遮阳，是有效的措施。

从全年建筑能耗分析结果可知，该建筑改造后将处于较低的能耗水平。围护结构改造所花成本为 166.7 万元，建筑单位面积年能耗从 $66.2kWh/m^2$ 降低至 $61.0kWh/m^2$，节能率为 7.85%。

（中建科技有限公司供稿，
李丹、王欣博、韦永斌执笔）

六、工程篇

近年来，我国既有建筑改造工作取得了较快进展，通过改造技术、产品等研究成果在实践工作中的集成应用，形成了一批既有建筑改造示范项目，取得了良好的示范效果。本篇选取了不同气候区、不同建筑类型的既有建筑改造典型案例，分别从建筑概况、改造目标、改造技术、改造效果分析等方面进行介绍，供读者参考。

四川省建筑科学研究院科技楼改造

一、工程概况

（一）地理位置

四川省建筑科学研究院科技楼改造项目位于成都市一环路北三段55号。西边紧邻五冶医院、金牛万达广场，东面为北星干道与一环路交叉口，地处成都市重要交通枢纽，项目位置示意图见图1。

图1　项目位置示意图

（二）建筑类型

四川省建筑科学研究院科技楼原设计于1985年，属于办公大楼。总建筑面积8143.96m²，建筑主楼为10层，局部11层，建筑高度42.17m，框架结构。改造后扩建增加至13层，作为办公用房；在原建筑西北侧增加3层附楼，总建筑面积15272.79m²，其中：地上 14838.39m²，地下434.40m²。

二、改造目标

本项目改造前主要存在的问题有：①无裙房，形状异形，有效办公面积小；②围护结构节能不满足《公共建筑节能设计标准》GB 50189；③给水排水、消防、用电、通信等设备陈旧，无法满足院发展规划的需要；④采用分体式空调，设备能效低，夏季供冷及冬季供热不足；⑤照明能耗、空调能耗较高，无楼宇自控设施，有提高系统运行能效的迫切需求等。

预期改造目标：①深入分析建筑现状和新的需求，避免大拆大改，充分合理地利用原建筑并扩建，充分满足功能使用要求，创造舒适宜人的工作环境，鼓励工作人员之间的学术学科交流。大幅提高办公舒适度，其主要指标为新风量大幅提高，室内温湿度环境明显改善，有效隔离一环路灰尘和交通噪声。②改造后应达到绿色建筑二星标准和既有绿色建筑改造三星标准，因地制宜地根据实际情况及建筑自身状况（结构体系、墙体种类、使用功能）来选择当地适宜的技术策略，在资源、需求、环境、经济等因素之间取得平衡，实现建筑的可持续发展。力争在提高建筑舒适度的同时，单位建筑面积能耗降低至少20%。③设置建筑智能化相关系统，满足办公环境的多样性需求，且达到节能目标。④通过运用BIM技术，在施工中实现清单算量，指导现场施工；同时，通过该技术实现后期的运维管理。预期项目改造后效果图见图2。

图2 项目改造前后效果图对比

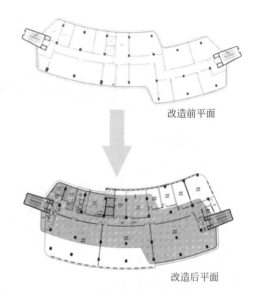

改造前平面

改造后平面

图3 项目改造前后平面图对比

三、改造技术

本项目为综合改造项目，改造内容包括规划和建筑优化，结构加固，供配电系统、暖通空调系统、给水排水系统能效提升。

（一）规划与建筑优化

1.平面布局和功能设计

对原建筑进行加宽加高改造，原建筑无裙房，标准层建筑面积约 740.36m^2，建筑进深约 14.4m，形状异形，除去交通和辅助空间有效的办公使用面积不大。在不增加交通和辅助空间面积的情况下满足现行设计规范，扩建后的标准层建筑面积约 1040m^2，有效的办公使用面积增加了约 300m^2。扩建后的办公楼平面增加了电梯候梯厅的面积，每层在南面设置了绿化平台、垂直绿化，提供了交流、休息的绿意空间，改善了办公环境，促进人与人之间的沟通。改造前后平面图对比见图3，改造后建筑面积由原来的 8143.96m^2 扩增为 15229.74m^2。

2.建筑立面设计

本次改造保留原有建筑弧形水平流动的魅力特征，改造部分的立面设计保留原有的带形窗，新扩建的部分加入竖向有韵律的竖条窗，让新扩建的与保留改造部分

的立面在统一调和中产生对比。在开窗、窗墙比例等细节上，各个立面回应不同的朝向、场地特征和对应的室内功能，力争建筑功能与形式美的统一。

3.建筑围护结构节能设计

采用垂直＋屋顶绿化技术，外墙采用保温材料，外窗根据使用要求采用断热桥铝合金型材，玻璃部分采用传热系数 $K \leqslant 2.5$、遮阳系数 $SC \leqslant 0.40$ 的中空 Low-E 玻璃，门窗选用隔热铝合金型材玻璃门窗改善门窗绝热性能，同时加强门窗的密闭性，有效降低室内空气与室外空气的热传导。

（二）结构加固

建筑主楼在现有结构基础上竖向加建 2 层（局部加 3 层），平面上局部扩建一跨。主楼改建后主楼房屋高度为 49.15m，仍保持原钢筋混凝土框架—抗震墙结构体系，剪力墙抗震等级为二级，框架抗震等级为三级。扩建和加层部分均采用钢筋混

凝土构件,新增两道剪力墙,已有剪力墙伸至屋顶。楼盖结构均采用现浇钢筋混凝土楼板。对底部承载能力不足的已有剪力墙进行加固处理,对底部已有框架柱加密区采用粘贴碳纤维布进行加固处理。新增构件钢筋与已有结构连接采用植筋锚固。

(三)供配电系统能效提升

1.更换节能灯具

原建筑照明灯具主要为荧光灯与金卤灯,采用翘板开关控制,照明能耗高;改造后采用 LED 筒灯、平板灯。

2.增设照明控制

新增智能照明控制技术,定时控制、照度控制、走廊红外控制、办公室风机盘管电源 MSPD 技术控制、现场面板场景控制、智能调光控制,在监控中心设置了一套中央监控系统,可实现灯光的远程控制。

3.增设能效管理系统

采用分项、分类设置能耗计量装置的方式,对历史同期运行数据进行分析、比对,检验节能效果,分析结果执行节能绩效考核,以及节能目标的修正,达到挖掘节能潜能、提高管理效率、降低大楼正常运行的能耗指标。

4.增设 BAS 系统

对各类机电设备的运行,实行自动监视、测量、程序控制与管理。还在室内设置了空气品质监测器,与楼层新风换气机组联动。通过网络与大楼的信息发布系统联络,对室内空气环境品质、能源消耗情况进行实时在线监测与发布。

5.增设光伏发电系统

在屋面还设计了一套 10kW 的光伏发电系统并入大楼电网。

(四)暖通空调系统能效提升

1.设置中央空调

改造前采用分体式空调,原空调使用时间已超过其正常使用年限,根据现场测试,改造前的空调供冷和供热的温度均不满足《民用建筑供暖通风与空气调节设计规范》GB 50736 规定,表现为夏季供冷及冬季供热不足,室内舒适性不高且无法实现集中优化控制。改造后,设置中央空调,提高了建筑整体的舒适性和综合能效。

2.温湿度独立控制

五层办公室采用温湿度独立控制空调系统,毛细管辐射系统区域均设置露点控制器。

3.水泵变频

水系统为闭式双管制一次泵变流量系统,冷冻水循环泵与风冷热泵主机连锁控制,循环水泵根据空调供回水压差变频控制。

4.排风热回收

新风系统增设排风热回收系统,提高系统运行能效。

5.空调系统优化控制

采用就地控制加集中控制方式,由室内温度和室外焓值变化控制风阀和水阀的开度,风冷热泵主机自带微电脑自动对组合模块进行集中控制。预留了控制接口,后期将把能效识别及纠偏系统进行示范应用。

(五)给水排水系统能效提升

1.室内给水系统

竖向采用分区给水,采用无负压变频给水方式。

2.节水器具

原建筑用水器具老化且不满足节水等级要求，更换为1级节水器具。

3.雨水回用

收集地面及屋面雨水，用于绿化灌溉，并采用喷灌节水灌溉措施。

4.分项计量

按照用途安装分级水表，实现建筑用水分类分项计量。

四、改造效果分析

本项目已经获得绿色建筑二星级设计标识和绿色既改三星级标识（图4），改造后的建筑节能水平达到65%，高于50%的最新国家标准。既有建筑绿色改造三星评价结果，本项目全年总用电量为435889kWh（已扣除太阳能光伏系统发电量），单位面积（包括地下室面积）用电量为44.6kWh/m²，人均用电量为1697.7kWh/人，节能效果明显。

图4　项目绿色设计标识

五、经济性分析

项目全部建设费用约为4600万元，项目绿色建筑改造部分增量投资为每平方米76.8元，设计寿命在已使用27年的基础上又增加了50年。

六、结语

四川省建筑科学研究院科技楼记载了我院的发展历史，重生是对文化的传承，也是对未来的探索。秉着设计者与使用者的双重身份，确定绿色建筑将是我们的生活方式和工作态度。对原建筑进行加宽加高改造，由原来的10层建筑改造为13层建筑，改造后建筑面积比原来增加47%。采用的绿色改造技术主要有垂直＋屋顶绿化、室内外空气质量在线监测、雨水回收利用、建筑加固及消能减震技术、太阳能光伏发电示范技术、采用三层Low-E中空玻璃窗、智能灯光＋空调控制系统、新风热回收系统、集成智能化系统、能耗管理系统、外窗外遮阳技术、空气PM2.5、TVOC治理技术、可再循环材料再利用等。对于既有建筑的绿色化改造具有极强的推广借鉴价值。项目已于2017年11月通过竣工验收，预计近期投入使用，绿色建筑的设计理念为人员的工作带来了很多便利，良好、舒适的室内环境也有助于提高人员的工作效率。

项目在2015年获得了第十四届中国住博会最佳BIM设计应用二等奖；于2016年8月获得国家绿色建筑二星级设计标识；并于2017年8月获得四川省首个既有建筑绿色改造三星级标识。本项目为四川省乃至整个夏热冬冷地区既有建筑低成本绿色改造提供了良好的示范作用，值得大力推广。

（四川省建筑科学研究院供稿，乔振勇、周正波、黄渝兰执笔）

深圳市建筑工程质量监督和检测中心实验业务楼综合整治

一、工程概况

深圳市建筑工程质量监督和检测中心实验业务楼综合整治工程位于深圳市福田区振兴路1号，建成于1984年，总建筑面积为8376m²，分为北楼和南楼。其中，北楼是深圳市建设工程质量检测中心，建筑分为主楼、副楼两部分，主楼为6层砖混结构，副楼为两层砌体结构，主楼为上人屋面，副楼原设计为不上人屋面，现为上人屋面，主楼首层高4.1m，其余各层高3.4m，副楼首层高4.5m，其余各层高3.2m，主楼主体结构高度为21.1m，副楼主体结构高度为7.7m。该建筑物现作为办公楼和实验室使用，建筑面积约为4000m²。

南楼是深圳市建设工程质量监督总站办公楼，建筑共7层，框架结构，首层层高4.2m，二层以上层高为3.2m。在后期使用过程中，由于使用需求，将原4-5/G-K轴区域的走廊及旋转楼梯拆除，并于1-2/E-G轴区域加建约10m²，作为卫生间在使用。建筑面积约为1954.8m²，目前该建筑物用作办公楼，改造后将作为政府办公楼使用（图1）。

二、改造目标

深圳市建筑工程质量监督和检测中心

图1 深圳市建筑工程质量监督和检测中心照片

实验业务楼改造后将作为深圳市政府性办公楼使用，使用年限延长30年。改造后建筑面积为8375.48m²，改造后的建筑达到既有建筑改造绿色三星标识，健康建筑二星标识，打造既有公共建筑改造的示范性项目。该项目有以下四个主要改造目标。

（一）结构加固

由于年代久远，建筑物的结构安全性

得不到保障，因此需对建筑结构体系进行加固改造，保证建筑的安全性。

（二）提高建筑绿色节能水平

该建筑围护结构的热工性能较差，冷热源设备老旧，效率低，致使冷热源负荷偏大，影响室内人员的热舒适水平。因此，需要对建筑进行围护结构改造，同时，重新设置、规划建筑的空调系统，以降低建筑空调能耗。另外，还增加太阳能光伏、光热等设备，提高可再生能源的利用率，使建筑更绿色环保。通过改造力求为室内人员创造舒适、高效的办公环境。

（三）提高智能化水平

为了满足政府智能化办公的需求，需要增加数据机房，设置智能化访客、办公系统。

（四）绿色改造

采用灵活隔断和废旧物利用，降低材料资源消耗水平，引领绿色低碳的建筑理念。

三、改造技术

改造项目参照《绿色建筑评价标准》GB/T 50378、《深圳市绿色建筑评价规范》、《绿色建筑评价技术细则》、《绿色建筑评价应用指南》等对原建筑进行绿色改造。改造重点围绕结构加固、节能与可再生能源利用改造、智能化水平改造、绿色改造施工等几个方面展开。改造内容包括主体结构加固工程、防水及给水排水工程、消防整改工程、变配电改造工程、通风空调工程、弱电智能化工程、电梯工程、绿化工程、燃气工程、防治白蚁工程、室外修缮工程、室内使用功能恢复工程、绿色化改造工程、全过程 BIM 信息化应用等改造。该项目应用了多种改造技术，下面对其中的关键技术进行介绍，包括结构安全性改造、建筑环境模拟设计、BIM 技术应用等。

（一）结构安全性改造技术

通过钻芯法等方法检测建筑结构，确定建筑结构现状。该建筑物大部分构件承载能力不满足安全使用要求，且部分楼板钢筋锈蚀，存在安全隐患，安全性等级评定为严重影响承载能力，应采取措施进行处理。根据《建筑抗震设计规范》GB 50011、《建筑工程抗震设防分类标准》GB 50223，深圳市福田区抗震设防烈度为 7 度；抗震设防类别为标准设防类（丙类），应按本地区抗震设防烈度要求其抗震措施标准。根据《建筑抗震鉴定标准》GB 50023，该建筑物划分为 A 类钢筋混凝土房屋进行抗震鉴定评估。该建筑物结构形式、框架柱梁混凝土强度等基本满足鉴定标准要求，部分框架梁抗震承载力不满足安全使用要求，因此评定该建筑物整体结构抗震性能不满足要求。

根据检测结果，制定了相应的结构安全性改造方案：

（1）对北楼一～五层承重墙采用双面挂钢筋网喷射混凝土和双面挂钢筋网批抹砂浆方式进行加固处理。

（2）对北楼一～五层混凝土柱采用增大截面方式进行加固处理，同时新增部分框架柱。

（3）对北楼二层到屋面层混凝土梁采用粘贴碳纤维方式进行加固处理，并新增部分钢梁。

（4）对北楼二层到屋面层楼板采用板底粘贴碳纤维方式进行加固处理。

（5）对南楼二至四层框架柱及混凝土强度低于C13的柱构件进行加固处理。

（6）对南楼屋面层框架梁及混凝土实测强度低于C13的梁构件进行加固处理。

（7）对检测鉴定报告提及的建筑物目前存在的楼板裂缝及渗水情况进行修复处理，位置详见结构加固图纸。

（8）如现场施工发现结构出现的裂缝、钢筋锈蚀、围护墙体砌筑质量等损伤情况超出检测鉴定报告提到的范围，应及时与检测鉴定单位联系结构加固。

该项目在结构加固中拟采用应变片、光纤光栅、分布式压电传感、分布式光纤、超声波探测等多种传感手段，结合我国20世纪70年代至90年代建筑物的特点，利用数学模型、数值模拟等方法建立一套有针对性的既有建筑改造过程中的结构表现实时监测的系统。同时，利用BIM平台下的数据接口将监测结果集成到BIM环境下，实时对施工进行指导和报警。

（二）建筑环境模拟技术

通过软件模拟对既有公建项目的建筑关键要素进行分析，能为建筑绿色节能改造提供依据。模拟项目包括：建筑能耗模拟、采光模拟、风环境模拟，以期通过模拟来获得最佳的采光、通风方案，同时尽量降低建筑能耗。以下分别就上述三个方面进行模拟。

1. 建筑能耗模拟

图2所示为利用Ecotect软件建立的公建项目建筑模型，模拟软件中，输入围护结构、室内人员、设备、灯光等参数，对运行时间和空调采暖等设备分别进行参数设置，根据实际情况选取对应数值，计算出各设备能耗。

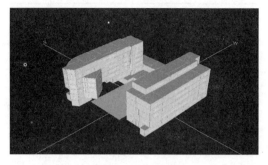

图2　项目建筑模型

图3所示是程序计算出来的外墙传热系数与能耗的关系，以及不同外墙传热系数与成本的耦合，由此可以选择最优保温措施。从图中可以看到，随着外墙传热系数的降低，建筑能耗逐渐下降。这是因为外墙传热系数降低，保温性能提升，抵抗外部冷风侵入及冷风渗透的能力增强，由此可显著降低建筑能耗。

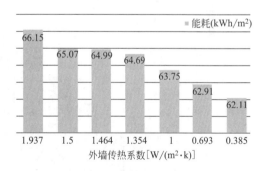

图3　外墙传热系数与能耗的关系

表1中列出了四种外墙保温方案。

外墙保温方案　　　　表1

方案	保温材料
方案一	50mm 保温砂浆
方案二	50mm 加气混凝土板

续表

方案	保温材料
方案三	30mm 聚苯乙烯泡沫塑料板
方案四	30mm 硅酸铝保温涂层及 100mm 加气混凝土板

图 4 所示为四种方案的造价以及四种方案条件下的建筑能耗减少量。结合表 1 和图 4 可以看到，方案三的造价最低，但是同时建筑能耗的减少量相对较高。所

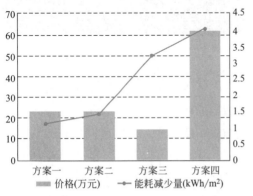

图 4 不同外墙传热系数与成本的耦合

以，聚苯乙烯泡沫塑料板是外墙保温的较优材料。既有建筑改造中，可以适当增加聚苯乙烯泡沫塑料板用于外墙保温。

建筑总能耗和墙体传热系数值之间的关系大约是线性关系，基于深圳的气候条件，结合成本做出最佳墙体保温方案，确定外墙传热系数为 0.693W/(m² · K)，采用外墙内保温系统。

图 5 所示为建筑物月能耗柱状图，通过图 5 的分析可知，能耗较大的几个月为 4～10 月份。通过图 5 可以看到，每个月中设备能耗分布比较均匀，月消耗相差不大，而 4～10 月份能耗显著增加，其中主要增加项为通风设备和空调供冷能耗。通过上述分析可知能源的主要消耗点，并据此考虑采用自然通风、合适的外墙保温材料和外窗材料以及采用低太阳辐射吸收系数和太阳辐射得热系数的建筑材料。

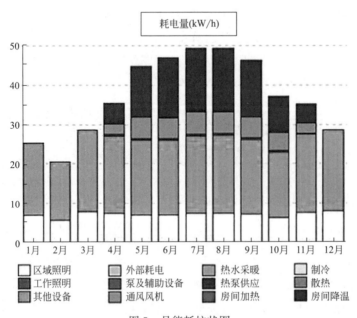

图 5 月能耗柱状图

2. 采光模拟

现结合深圳地区的光环境特点，利用 Ecotect 软件对深圳市建筑工程质量监督和检测中心实验业务楼进行自然采光模拟。Ecotect 软件可快速、直观地模拟该建筑的日照辐射、阴影遮挡、建筑采光、热工性能等情况。并添加分析计算日照时数的功能，独立完成日照时间的计算和分析。

采光计算使用的是全阴天模拟，考虑了最不利条件下的结果。采光系数考虑了天空光分量、室外反射光分量和室内反射光分量。本项目位于深圳市，根据标准要求，选择离地面 0.8m 高处的平面作为自然采光分析面，模拟结果如下：图 6 所示为日轨立体投影图，图 7 所示为最佳朝向水平投影分析图。从图 7 中可以看到，获得最佳太阳辐射的角度为南偏西 2.5°。据此可选择出采光较好的建筑角度。

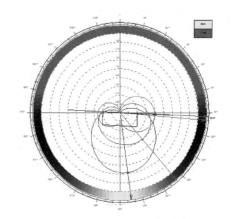

图 7 最佳朝向水平投影分析图

所示是采光系数分析图，采光模拟结果如图 9 所示。

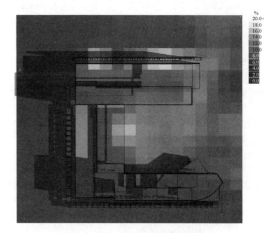

图 8 采光系数分析图

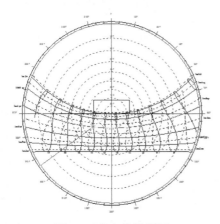

图 6 日轨立体投影图

根据《建筑采光设计标准》GB/T 50033，通过普通办公室采光系数最低值和光气候参数值可计算出采光系数，深圳市办公区域的最低采光系数应为 2%。图 8

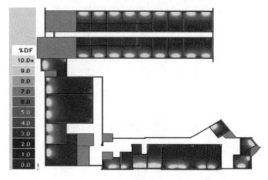

图 9 室内采光分析图

从模拟结果可以分析得到：

（1）南向办公室内采光较好。

（2）遮阳帘可以起到比较明显的遮阳效果，增加遮阳帘可以使窗口附近采光系数的变化梯度增加。

（3）无遮阳时，室内采光系数比较大，采用遮阳帘后，室内大部分区域的采光系数降低到 4%～6%之间；采用遮阳且叶片角度为 30°时室内采光系数最低，叶片为 45°时采光系数最高。

（4）受朝向影响，北面房间的采光系数普遍较低。

（5）受建筑格局影响，中间走道内采光差，不符合规范要求（规范要求走道、楼梯间的采光系数应达到 0.5%以上），因此，走道内需提供人工照明。

综上，分析了墙体太阳辐射得热系数对建筑能耗的影响，在建筑外立面采用预制 PC 遮阳构件系统。材料采用现场拆除下来的水磨石面砖作为骨料预制而成，让新建部分与原建筑在材料上具有传承性，也降低了成本，同时更加符合绿色建造的含义。

3.风环境模拟

自然通风可以给室内引入新风，提供新鲜空气，同时达到生理降温，带走建筑结构中续存的热量的效果。有利于人体的生理和心理健康。自然通风不仅是一项有效的节能措施，而且能有效改善室内空气质量。

首先对风气候进行分析，发现深圳市夏季以偏南风为主，气候湿润，风力偏小，小于 10km/h（图 10、图 11）。

房间内的空气流动属于三维湍流，

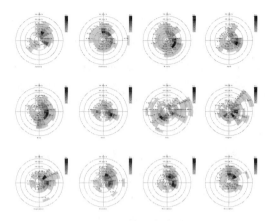

图 10　月份风力玫瑰图

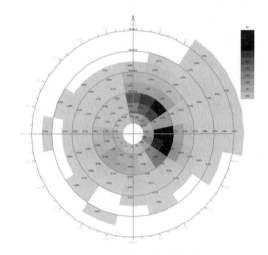

图 11　全年风力玫瑰图

该流动复杂，在建立方程并进行模拟求解的过程中，通常需要借助合适的湍流模型来进行。本文采用广泛应用的 K-ε 两方程模型，在靠近固体壁面的近壁区处采用壁面函数法。为简化分析计算过程，模拟中不考虑温度变化、辐射变化等热量传递以及能量传递，因此只需对流场进行稳态求解即可；同时，因为风洞的速度变化非常低，由于运动而引起的物性的改变可以忽略，所以在计算时假设空气流体常物性。

CFD 技术是获取建筑物自然通风性能参数的重要途径。在建筑内、外环境，特殊空间以及建筑设备等各个领域都有应用，CFD 应用于指导设计和优化分析暖通空调工程潜力巨大。

在新建建筑方案阶段和既有建筑的现场测试有困难的情况下，采用 CFD 模拟技术是获取自然通风风速、风压、温度参数分布的重要方法。利用 CFD 对室内进行通风模拟，模拟结果如图 12、图 13 所示。

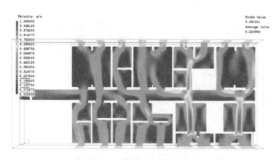

图 12　北楼室内通风模拟

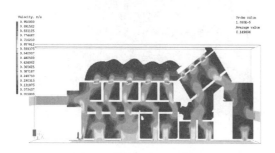

图 13　南楼室内通风模拟

从图 12、图 13 中可以看到：

（1）室内风速最大值为 1m/s，大部分区域的风速在 0.1～0.5m/s 之间，整体风速分布有利于室内热舒适。

（2）主要功能房间空气流动较为理想，风速分布较为合理，利用办公设备布置可以使人员活动区域处于通风良好区域。

（3）合理的开口布置能形成流畅的穿堂风。

自然通风是改善室内热环境的有效措施，一般情况下应优先选用自然通风。但必须同时考虑到，如果在自然通风不畅的房间，或者连续高温天气下，利用自然通风效果不佳，或是达到积蓄大量热量的反作用时，应该如何处理。为解决这一问题，可利用间歇机械通风，该项目采用光伏多联机制冷系统，光伏直流电直接并入机载变频器直流母线，省去传统的 DC/DC、AC/DC 等变流器转换环节，实现了光伏逆变单元机载化，太阳能直驱利用率可达 98%，其效率较常规光伏发电＋变频多联机模式提升了 8%，每年预计节能 5414kWh。

（三）BIM 结合三维激光扫描技术的应用

BIM 的三维模型是 BIM 技术的基础，而三维激光扫描技术是现今测量学中可以最快速、最精准获得物体三维模型数据的技术手段，所以三维激光扫描技术可以作为 BIM 有效采集模型数据的技术性手段。

该项目由于建筑物的年代久远，在设计时常发生原始图面不齐全，或是原始图面与建筑物的现况不符合的情形。在施工阶段的新旧构件交界面产生冲突等问题，都可以透过 BIM 结合三维激光扫描仪来解决。

另外，BIM 结合三维激光扫描仪在翻新环节透过点云做出来的模型，避免因为人为过多地干预造成二次精度的损失，解决图纸不足、造成改造方案不准确等问题。

在实际执行过程中，根据云点仿真的模型可以避免过多人为的干预造成二次精度损失，进而提高建模速率以及精度，三维扫描技术，对于工程现场最大的好处在于优化现场人员传统图纸作业的繁琐程序，现场只需要进行扫描的工作，对比偏差、测量与建模可以在后台完成，现场扫描的工作也相较过去传统的标尺、图纸记录的测量方式更加节省人力、物力与时间。

在该项目中，设计团队采用 BIM 结合三维激光扫描技术的方式来收集既有建筑的云点数据（图 14），并利用 Revit 软件将云点数据逆向建成可视化、可分析化的三维立体模型（图 15）供设计团队使用。

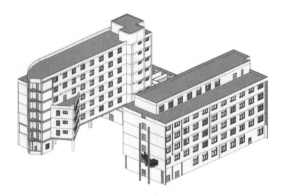

图 15　云点模型结合 BIM 图

图 14　三维激光扫描图

设计团队透过可视化，利用 BIM 模型进行设计思路仿真与优化，建立可分析化的三维立体模型与二维 CAD 图面（图 16），同步进行设计方案阶段方案的发想与整合，能够快速地呈现想法，发现问题与在模型上解决问题，缩短工作流程与时间，可集中精神在设计方案的处理上，大大提升设计质量。

本次既有建筑项目透过三维激光扫描

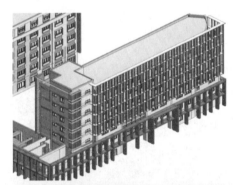

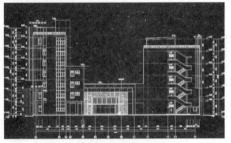

图 16　BIM 三维模型与二维图面同步设计图

实践重建项目三维立体模型，无论从精确度、完整性，还是工作效率方面，三维激光扫描技术都表现出传统测绘所无法比拟的优势。

四、EPC 总承包模式在既有建筑改造项目中的应用

在既有建筑改造项目中采用 EPC 管理

模式，将项目的管理工作交由专业的总包公司负责，不仅减轻了政府的负担，提高了项目管理的质量，而且有助于既有建筑改造从传统的政府主导向市场化的方式过渡。基于 EPC 总包模式的特点，总包商替业主来进行专业的项目管理工作，并且由 EPC 总包商承担项目的风险。政府的职责可以由全面负责转变为指导监督，并且降低政府的项目风险。由 EPC 从承包商与业主进行直接沟通，并将业主的诉求直接回应、体现到设计中去，在满足各方诉求的基础上减少沟通成本，提高项目管理质量。从设计到改造施工的集成改造体系，实现了从设计、深化设计到施工的一致性和同步性。

既有项目的改造全过程需要做到节能减排，EPC 总包模式的管理特点正好能够契合这一要求。在进行改造的设计过程中，以尽可能地节能减排作为改造目标之一进行设计，在采购环节选择环保、低能耗的建材，在施工阶段采用绿色施工技术，以保证全过程的节能减排。将 EPC 总承包模式应用在既有建筑改造项目的管理中，可以从项目管理、节能减排、风险管理三个方面提升项目管理的效率和质量。

该改造项目的业主采用了 EPC 总承包模式对该改造项目进行了发包，总包单位将该两栋楼的设计工作分别分包给了两家设计单位，由总包单位统一进行管理协调，总包商选择了一家施工分包商对两栋楼的改造进行施工。业主也聘请了咨询单位对于项目管理进行咨询指导。项目的组织机构示意图见图 17。

在质量管理方面，EPC 管理团队从认识上高度统一，严格遵守招标文件、合同、设计图纸的各项要求，并且实施的技术标准高于设计标准。组建具有丰富经验的设计团队，确保全过程 BIM 技术的应用。从设计优化、设备选型订购及物流管理、管线综合及碰撞校核、末端设备与精装修的配合、系统调试、后期物业管理与

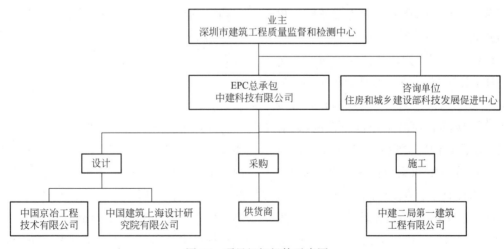

图 17 项目组织机构示意图

维护等方面对本工程的施工技术质量进行跟踪管理，依靠BIM的先进技术，将施工现场预制安装等与后方加工厂的预制进行了深度的交叉，也就是将施工现场所需预制加工的支架、桥架等都放置在后方加工厂完成后运输至施工现场进行安装。组建高效精干的EPC管理人员团队，确保项目管理团队人员配置的数量及质量，将每个子项工程的质量管理责任详细划分，具体落实到岗落实到人，以提高质量管理的效率。

在费用管理方面，一方面采用能源费用托管型合同能源管理模式，在设计阶段引入节能服务公司提供节能改造所需的部分设备和资金，以节约工程总投资额，增加项目经济效应。同时，节能服务公司也提供部分能源诊断、方案设计、技术选择、项目融资、设备采购、安装调试、运行维护、物业管理人员培训、节能量监测、节能量跟踪等一整套的系统化服务。另一方面加强过程管控，减少设计、采购、施工过程中的沟通成本，严防因为管理不善、沟通不畅造成的返工及索赔，以全面降低工程总投资。

在进度管理方面，从投标阶段即开始筹备建立该项目的EPC管理团队，中标后该EPC项目管理团队马上开始运作，减少了因为团队融合而对于项目建设的影响。在设计阶段，EPC总包商将两栋楼的改造设计工作分包给两家设计单位分别进行，两栋楼的设计工作同时开展，互不影响，由EPC总包商总体负责设计管理，以减少设计工作的时间。施工阶段由一家分包商承担施工任务，以方便施工统筹工作，利于现场管理，减少分包商驻现场的管理人员和作业人员，在保证工程进度的前提下同时节省了施工费用。由EPC总包商负责两栋楼的设计分包商与施工分包商的交底工作，确保双方的有效沟通，两栋楼同时施工，保证工程按进度进行。

在集成管理方面，通过5D-BIM协同平台，设置远程监控客户端，对项目施工现场的进度、质量、安全、造价进行实时了解与控制，借助于先进的信息化管理模式，5D-BIM集成了工程量信息、工程进度信息、工程造价信息，不仅能统计工程量，还能将建筑构件的3D模型与施工进度的各种工作（WBS）相链接，动态地模拟施工变化过程，实施进度控制和成本造价的实时监控。使用BIM技术对于改造工程进行建模、可视化渲染及碰撞试验，以便对改造过程及预期改造效果进行整体把控，提高了总承包商的管理效率。

该改造项目运用EPC总承包模式，是改造项目中项目管理的一种创新实践，实践显示EPC总承包模式应用在既有建筑改造项目中，能在质量管理、费用管理、进度管理以及集成管理方面均有较好的效果。

五、结语

深圳市建筑工程质量监督和检测中心实验业务楼综合整治工程项目，是深圳市内一个具有重要标杆意义的既有公共建筑绿色改造项目，所采用的建筑结构安全改造、建筑环境要素模拟、BIM结合三维激光扫描技术、EPC总承包管理模式是该项目的重要技术和管理亮点。该项目综合应用了自然采光、自然通风、建筑遮阳、生态幕墙、屋顶绿化、空气热回收技术、采用市政中水、旧物翻新利用、太阳能照明、真空管太阳能热水系统、集成化的建筑设备监控系统等，对于既有建筑的绿色化改造具有极强的推广借鉴价值，该项目为深圳市乃至整个夏热冬暖地区既有建筑绿色改造提供了良好的示范作用。

（中国建筑股份有限公司、中建科技有限公司供稿，齐贺、李丹、钱骁、王欣博执笔）

上海虹桥国际机场T1航站楼改造

一、工程概况

虹桥国际机场位于上海市西部，距市中心约13km，始建于1907年，1963年被国务院批准成为民用机场，之后几经改扩建，由于其良好的区位优势，迅速成为我国主要的航空港之一。在虹桥国际机场东西两个航站区的发展格局中，东边的T1航站区由于建设年代久远，设施设备比较陈旧，规划建设的标准较低，与西边的T2航站区发展不匹配的矛盾日渐突出，影响虹桥国际机场整体生产服务水平的提升。为进一步提升虹桥国际机场的生产运行保障能力，提升服务水准与服务能级，启动T1航站楼的综合改造工作。在改造过程中同时解决降低机场能耗、提高室内舒适性的问题（图1~图3）。

图1　虹桥国际机场T1航站楼改造前

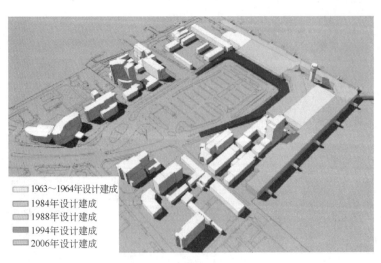

1963~1964年设计建成
1984年设计建成
1988年设计建成
1994年设计建成
2006年设计建成

图2　原建筑建造年代

图 3　改造后效果图与实景

改造后项目地下一层，地上四层，总建筑面积 13.18 万 m^2，建筑高度为 24m，其中 A 段主要用于国际航班，B 段主要用于国内航班。改造采用不停航的形式分段实施，目前 A 段已完成改造于 2017 年 3 月投入使用，B 段正在施工。

项目目前已获 2016 年度上海市既有建筑绿色更新改造评定金奖、2016 年上海市优秀工程咨询成果奖，并参评国际 2017 Construction21 "绿色解决方案奖"，受到专家高度评价，将于 2017 年 11 月揭晓获奖结果。

二、改造技术

1. 全生命周期的绿色改造策划

对建筑绿色改造不仅局限于改造后的建筑性能与节能，而是从建筑全生命周期角度，全面考虑航站楼改造的节材、节能、节水及环境品质提升。改造前进行全面结构检测评估、机电设备排摸，通过合理的经济分析，通过结构加固、空间局部改造利用等方法，充分保留与利用可用的既有建筑结构、空间与设备，尽可能减少改造工程量，减少资源消耗与施工能耗，降低对环境的影响。

2. 减少改造量的前提下提升建筑性能

绿色改造设计以最小的改造量提高建筑性能，保证绿色改造的经济性。充分利用原有外窗组织自然通风、采光等被动设计，利用部分原有天窗局部改造为通风塔，利用原有建筑体块间的高差开设高侧窗，不作过大改动而起到改善室内通风的效果。

3. 绿色技术贴合空间造型改造设计

尽可能将设计元素与绿色能效相结合，如利用办票厅斜坡屋面的造型，对斜坡角度、材质进行优化，改善大厅的采光效果与均匀度；利用其高大空间的特点，开设高侧窗，增加自然通风；结合性能化分析方法，使设计更加合理，大大提升绿色效能。

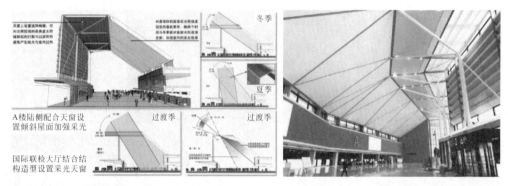

冬季

夏季

过渡季

过渡季

A楼陆侧配合天窗设置倾斜屋面加强采光

国际联检大厅结合结构造型设置采光天窗

图4　遮阳效果

4.创造性的结构、空间造型、采光、通风一体化改造设计

针对国际联检厅被围在建筑内部无法采光、通风的问题，结合大跨度空间需要中间立柱的结构特点，创造性地设计了与通风塔相结合的伞形柱上采光天窗，优化空间采光、通风与舒适性，并使大空间立柱成为空间营造的亮点（图4）。

5.兼顾采光、遮阳、视野等各方面需求的外遮阳设计

针对航站楼空侧西向日晒严重、同时又要兼顾采光、视野需求的矛盾，在视线高度以上设置折板形穿孔板遮阳，大幅降低西晒造成的能耗并改善室内舒适性。同时，根据不同的登机桥朝向，设置不同角度的竖向遮阳板，大大降低登机桥冷负荷，同时不影响采光，并兼顾一定视野与广告位需求。

6.结合不同空间氛围与需求的内遮阳设计

此外，结合航站楼大进深空间的采光需求与原有航站楼天窗位置对天窗进行改造设计，结合内部功能需要加设不同形式的内遮阳，在办票大厅对采光要求较高、

人员不会长久停留区域设置穿孔板内遮阳，优化采光的同时避免眩光；在候机厅通道内侧设置格栅式内遮阳，减少光线突变，改善室内热舒适性。

7.结合功能需求的围护结构节能改造设计

考虑航站楼陆侧主要用于办票、托运与送行功能，客流基本处于往来流动状态，观景的视野需求较弱，结合采光与造价分析，改变一般航站楼全面玻璃幕墙的立面设计思路，改造时将陆侧立面设置为以铝板幕墙为主、只根据采光通风需求保留少量玻璃的形式，大大减少了建筑冷热负荷，降低运行能耗。

8.空调系统节能改造设计

经过对空调冷热负荷和未来管理模式的分析，根据初投资和系统能源管理、运行维护等方面的比选，改造选择集中式水蓄冷＋离心式冷水机组＋二次泵系统，蓄冷率为30.5％。热源为集中锅炉房供热。

大空间办票区、候机区、行李提取区、联检区等采用全空气系统，空调箱电机大于15kW时设置变频装置，过渡季节以自然通风为主，高位开启侧窗。小空间

的商业采用风机盘管加新风系统。机房布置以靠近服务区域为主，空调箱过渡季能实现全新风系统。控制方式由能源中心的冷冻热力监控系统和楼宇 BA 系统组成，达到有效控制的目标。内区商业采用小型风冷热泵或变制冷剂流量多联分体式机组，以满足过渡季及冬季制冷要求。

9.电气节能改造设计

采用高效照明灯具，公共区域的照明由 BA 系统统一控制，VIP 区域采用智能型灯光控制系统，以实现对公共区域的分时、定时、分区域、按开放通道区域、根据外部采光条件以及按人流量进行实时有效的控制。配置楼宇自动化管理及能源管理系统，对楼内各种机电设备进行监视和测量。

10.太阳能热水系统

贵宾区生活热水采用太阳能热水系统，集中热水供应，采用真空管式集热器，集热器面积 $450m^2$，热水保证率 50%，采用间接加热方式，辅助热源为燃气热水器。

主要应用及示范的绿色化改造技术包括：结合建筑改造设计的自然采光、通风与遮阳设计、围护结构节能设计、空调系统改造与节能控制、太阳能热水系统、节能照明等。

三、改造效果分析

本项目 A 段刚刚运行半年，B 段尚在施工中。改造工程总投资 102232.8 万元，其中节能、绿色改造增加的投资为 1145.29 万元，仅占总投资的 1%，单位面积增量成本 86.86 元/m^2。

3 月 A 段运行后对其进行了检测，其中国际联检厅平均温度 26.5℃，候机厅平均温度 23.5℃，室温均匀度较好；平均风速 0.14～0.21m/s，较舒适。办票厅整体采光效果非常好，斜屋面的漫反射效果明显，室内照度均在 1000lx 以上；被围合在中央的国际联检厅通过结合通风塔的采光天窗设置，在最远离天窗的不利位置自然采光照度也有 125lx，自然采光改善效果明显；候机厅大部分可实现白天自然采光。

夏季 7、8 月 A 段用电统计总能耗 343.7 万 kWh，单位面积能耗 39.1kWh/m^2，比改造前 2013 年的同期单位面积能耗 52.1kWh/m^2 降低了 25%。

（华东建筑设计研究院有限公司供稿，
瞿燕执笔）

南京禄口机场改造

一、工程概况

南京禄口国际机场 T2 旅客航站楼，面积约为 26 万 m²，年处理旅客 1800 万人次。拟选取其中 2 万 m² 作为项目示范区域。目前，禄口机场 T2 航站楼已完成初步的能源管理和电力监控系统建设（图 1）。

随着机场面积的增大和现代化程度的不断提高，机场供电距离增加，对机场供配电系统可靠性、安全性和连续性的要求越来越高。根据民航局节能减排标准，统计、监测、考核体系建设要求，机场能源管理系统的建设也势在必行。

二、改造前状况

（一）电力监控

T2 航站楼电力监控范围包括 T2 航站楼 1～5 号 10kV 变电所（包含 UPS、EPS 电源室及附属柴油发电监控中心），1～4

号站坪配电室、1～3 号独立的 UPS 电源室、楼层总配电箱、终端用户计量配电箱。末端设备采用天溯微机保护装置以及 NTS230 系列网络电力仪表实现对高低压供配电系统的保护与监控功能，并采用 NTS-900D 电力监控系统实现整个变配电站的综合管理与监控功能。

目前，电力监控系统应用主要体现在对现场设备的集成化管理、数据采集、传输及存储，避免人工产生的偏差，从而达到提高供电可靠性的目的。电力设备需要负责给多处综合载体供电，保障安全可靠运营是最基本的需求。除此以外，T2 航站楼现有电力监控系统还具有以下性能：

（1）可远程获取末端智能设备的实时数据，通过高速以太网与中央服务器通信，完成"遥测、遥信、遥控"功能。

（2）采用分层分布的系统架构，容易满足未来用电负荷增加时的扩充需求。

图 1　南京禄口机场图

（3）可通过监控系统进行用电管理，及时发现、消除隐患，降低故障率，为例行维护、事故追忆等工作提供依据。

（4）可为机场管理航空公司、商店等的用电成本提供数据基础，甚至为后期节能降耗提供有力的支持。

（5）软件平台友好开发，可根据用户需求进行定制化功能开发。

（二）能源管理

T2航站楼电力监控系统采集的基础数据已基本能够满足能源管理中对于电力分类分项计量的需求，在充分利用现有表计和网络资源的前提下，能源管理系统主要对供水、冷热量以及燃气的远程计量进行完善，安装相应硬件设备，搭建系统平台，对各部门、区域能耗进行综合管理、能源计量，生成相应报告报表，建立机场能耗管理体系。目前，能源管理系统具有子系统综合监测、能耗分析、对比、排名、关联性分析、负荷预测、设备管理、节能专家、实时告警等功能，基本满足绿建评星对能耗分类分项计量的要求以及民航局对于能源管理系统的要求。

（三）环境监测

南京禄口机场目前仅空管工程建设的电力综合监控系统中集成了各变配电站内的视频摄像头、温湿度传感器、门禁系统等环境监测设备，实现电力及环境系统的综合监控。T2航站楼等区域没有进行系统的环境监测，仅部分位置零散安装有少许温湿度传感器设备。

（四）综合效果

通过对T2航站楼进行电力监控系统和能源管理系统建设，能够实时监测设备状态，故障实时告警，保障机场用能安全。同时，系统可远程采集末端设备计量数据，自动生成报表等；可避免人工抄表的失误，且节约人力。此外，根据机场统计数据，自系统使用以来，T2航站楼每天总耗电量由12万kWh降至8万kWh，能耗最高时不超过9万kWh。综合节电率达到20%以上。

三、改造内容

（一）能源管理建设

禄口机场现有能源管理系统具备综合监测、能耗分析、对比、用电计量等功能，基本满足机场能耗需求，但现有系统界面按照功能分类，每个科室要查看相关数据需要点击进入每一个功能项内获取。对于设备能效、环境监测等功能也不够完善。考虑对现有软件系统进行升级，将EMS1.2版本升级为EMS1.4版本，EMS1.4版本将按照科室进行展示，将系统分为供电、供水、制冷、制暖等模块，强化相关功能。

（二）安全防灾建设

目前，禄口机场T2航站楼没有建筑安全保障措施，配电安全主要通过电力监控系统及人工巡检进行保障。但现有电力监控系统只对高低压配电情况进行监测，对于其他外界安全因素考虑不够全面，因此需增设以下监控方式，更好地保障机场用能安全，并实现变电站的无人值守。本次无人值守监测范围为航站楼的五个变电站，通过在每个变电站内安装两台红外球形摄像机，一台红外双鉴探测器，水浸、烟感设备若干，实现对变电站的全方位环境监测。

电流越限告警。系统可对高低压配电回路的电压、电流等数据进行实时监测。根据用户反馈，某些回路需要进行限流。通过在后台对限流回路电流阀值进行设定，可实现当电流过大或过小时系统进行实时告警。以防设备故障，保障用能安全。

电能质量监测。目前系统可实时采集相关电能数据，但没有考虑电能质量问题。为进一步保障机场用电安全，考虑在变电站馈线回路安装电能质量监测设备，实现对配电回路的电能质量监测功能。

变压器监控。在适当位置安装变压器温控器及温湿度传感器，温控器通过各个部位的温度传感器采集数据，控制风机的开启，为变压器提供与温度相关的保护，并通过 RS-485 通信接口将变压器运行状态数据上传至电力综合监控系统。其监控范围包括：变压器三相线包温度监控、风机的开启状态及与变压器温度相关的保护动作、告警等。

视频联动。电力监控系统虽可进行电气设备运行状态的实时监测和调控，但运维人员不能直观地看到设备表面的异常现象，如：变压器、开关、刀闸、火情、安全防卫等。为了完全掌握变电所内的运行情况，预期故障发生，达到远方巡视的目的，在航站楼每个变电站安装两台红外球形摄像机，并接入系统平台，实现视频监视功能。

安防监控。在航站楼五个变电所内各安装一台红外双鉴探测器，实时监测变电所内的安防状况。当红外双鉴探测器发生报警，提示有人非法入侵时，后台发出报警，同时联动视频、智能照明设备，便于值班人员远程实时监控变电所安防状况。

消防监控。通过在变电所相应位置安装感温感烟探测器，并接入后台系统，可实时监测变电所消防状况。当感温、感烟探测器发生报警时，后台实时告警，并同时联动视频、智能照明设备，便于值班人员远程实时监控变电所安防状况。

结构安全。通过静力水准仪等设备，对建筑状态进行评估，及时采取相关措施，关注和保障建筑安全。

（三）环境监测建设

环境监测功能基本没有做，需安装相应的温湿度传感器、PM2.5 监测仪、水浸、烟感等末端设备，并通过相应的数据采集器、交换机等进行组网，将数据上传至能源管理系统，以实现对环境的综合监测。

室内环境监测。目前，禄口机场环境监测较为粗放，没有实现对环境的系统监测。但在 BA 系统中，已经实现了对相关环境数据的采集，如温湿度、二氧化碳浓度等。为了更好地利用现有资源，对于室内环境的监测考虑通过与 BA 系统对接实现。对于 BA 系统内尚未采集，但环境监测必备的数据，再考虑增加相应的末端硬件设备，并进行组网将数据上传至能源管理平台。

室外环境监测。因机场区域大，采用天气预报值作为日常运行参考数据准确度不高，考虑在航站楼外适当位置建立小型气象站，测量机场区域的室外温湿度及风量，并将数据上传至后台，作为机场运行参考依据，帮助机场人员合理调节空调系统的开启状态。尤其是在过渡季节，当室外温湿度适宜时，仅需开启新风机组即可保障航站楼内环境舒适。

（四）整体建设

系统对接。禄口机场目前使用施耐德的 BA 系统。由于 BA 系统内已实现冷水机组、水泵等重大用能设备的状态监测和能效分析，且安装有部分环境监测设备，包括温湿度传感器、二氧化碳浓度测试仪等，通过与 BA 系统对接，获取其中数据，可以更好地进行设备能耗和能效分析，更好地保障用能安全。共用末端设备也可以节约部分设备安装成本。

实时告警。无论是能源、安全还是环境监测，都可以根据用户需求，通过配置相应指标，设置对应告警项，实现相应异常情况的实时告警。必要时，系统还可通过短信等方式告知相应运维及管理人员。

硬件设备升级。随着监测点位的增多，系统功能的完善，现有硬件设备也需要升级换代为性能更优的设备，增加相应的专用数据服务器。

四、改造设备配置

见表 1。

改造设备配置 表 1

序号	材料名称	数量	单位
一	购置设备		
1	电能质量分析仪（在线式）	5	台
2	静力水准	1	台
3	PM2.5 空气质量监测仪	10	台
4	PM10 空气质量监测仪	2	台
5	小型气象站	1	套
6	温湿度传感器	50	台
7	二氧化碳浓度传感器	50	台
8	光照度传感器	35	台
9	多功能网络电力仪表	100	台
10	专用数据服务器	2	台
二	设备改造		
1	IP 红外球形摄像机	10	台
2	红外双鉴探测器	5	台
3	水浸探测器	20	台
4	烟感	20	台
5	开关量转 485 模块	5	台
三	软件平台测试		
1	软件功能完善	1	项
2	opc 对接	1	套

续表

序号	材料名称	数量	单位
四	施工调试		
1	屏蔽双绞线	1000	m
2	辅材	1	批

（南京天溯自动化控制系统有限公司供稿，
闫艳、张凤鸣执笔）

大庆萨尔图机场改扩建

一、工程概况

大庆萨尔图机场位于黑龙江省大庆市萨尔图区春雷牧场东北,是黑龙江省第二大的机场,于2009年9月1日建成并正式投入使用。已建航站楼主体为两层,其建筑面积13823m²。

随着近年经济的快速发展,现航站楼难以满足需要。本次完善功能项目为扩建国际航站楼,扩建国际航站楼建筑面积8116m²,设计目标年为2025年:国内旅客年吞吐量为146万人次,国际旅客年吞吐量为8万人次。扩建完成后航站楼总建筑面积21939m²。改造后的航站楼效果图见图1。

扩建航站楼建筑平面延续已建航站楼形式,采用矩形主楼、前列式平行指廊的布置方式,其结构形式与已建航站楼结构形式相同,主体为钢筋混凝土框架结构,建筑屋面为拱形钢结构。扩建后建筑主体长度为204.2m,指廊长度为269.8m,航站楼进深为64.9m。扩建工程与已建航站楼建筑在功能上相近,建成后作为一体空间使用,其整座建筑最高点标高26.800m,平均高度为21.975m。

二、主要改造技术

航站楼建筑空间较大、公共空间相互连通。人员疏散安全、使用便利、建筑美观、结构安全是对项目的基本要求。出于运营功能和连续性的考虑,项目在防火分区面积、人员疏散距离、消防系统设置、

图1 大庆萨尔图机场扩建后航站楼效果图

商业设施防火设计方面存在一些消防安全问题。本着安全适用、技术先进、经济合理的原则，采用以消防性能化设计为基础的消防设计理念和方法，从以下几方面对扩建国际航站楼进行技术改造。

（一）防火分区/分隔改造

已建航站楼远机位及行李提取厅所在防火分区保持不变。将扩建航站楼离到港大厅和候机大厅与已建航站楼相同功能区作为一体空间，为一个扩大的防火分区，并在扩大防火分区内按不大于 $5000m^2$ 划分为 4 个防火控制分区，以控制火灾发生时在公共空间大范围蔓延扩大。

扩建航站楼的行李处理区内可能堆积大量旅客托运行李，火灾荷载较高，故单独划分防火分区，与扩大防火分区之间采取防火墙和甲级防火门进行分隔。由于行李传送需要，其传送带会穿越防火墙，在穿越部位设置防火卷帘，以便发生火灾时及时阻止火势蔓延。

另外，扩大防火分区面积超过了规范要求，在改造时对其中的商业、餐饮店铺以及贵宾/头等舱候机室、办公设备用房等高火灾荷载区域进行了一系列限制，以降低可能的火灾规模。

（二）疏散设计改造

针对扩大防火分区，将连通首层和二层的敞开楼梯作为人员疏散设施，但加强挡烟设计，防止人员在疏散过程中受到火灾烟气的不利影响。对登机桥的设计参数、材料、固定端作了要求，在火灾时登机桥的出口可作为人员疏散安全出口。

扩建航站楼公共区域满足双向疏散条件，首层直线疏散距离控制在 37.5m 以内，局部区域控制在 60m 以内；二层在将登机桥和敞开楼梯作为安全出口的情况下，直线疏散距离控制在 37.5m 以内。

（三）消防水系统改造

已建航站楼设有室内外消火栓系统、自动喷水灭火系统、自动消防水炮灭火系统、卷帘水幕系统，扩建航站楼按新规范设置相应的系统，新老系统形成环状管网连接，增设防火舱防火玻璃水幕系统，与卷帘水幕系统合用，按新规范新建消防水池、水泵房、高位消防水箱，代替原有消防水池、水泵房、增压稳压设备（图2）。

（四）消防电系统

扩建航站楼新建的消防控制室按规范设置相应的系统，增设消防电源监控系统。已建航站楼内消防控制室改为消防设备间，内设火灾报警主机、消防联动控制器、电气火灾监控系统，其中火灾报警主机与新建消防控制室火灾报警主机连接，消防联动控制器与新建消防控制室的消防联动控制器连网，且由新建消防控制室控制。即扩建航站楼消防控制室主管原航站楼和扩建航站楼区域（图3）。

（五）防排烟系统

扩建航站楼增设防排烟系统，与已建航站楼防排烟系统完全独立设置。

项目改造的基本原则为扩建航站楼防火设计执行现行规范要求，加强对扩大防火分区内高火灾荷载的控制。已建航站楼按相同标准对扩大防火分区内的高火灾荷载围护结构进行改造；消防水系统和火灾自动报警系统原则上执行新规范，但考虑航站楼运营连续性和实施难度等因素，对于不影响建筑防火安全的已建区域的消防设备与设施不进行改造（图4）。

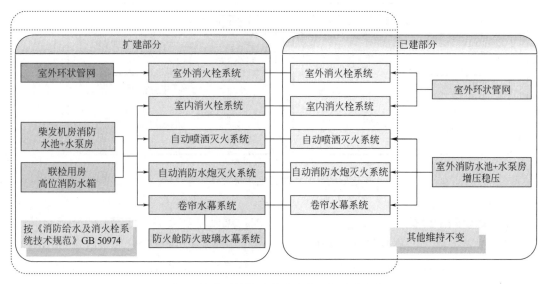

图2　扩建后的航站楼消防水系统设计方案

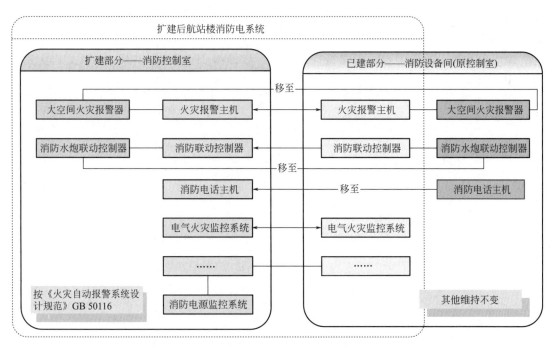

图3　扩建后的航站楼消防电系统设计方案

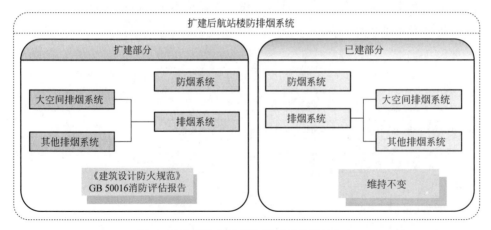

图 4 扩建后的航站楼防排烟系统设计方案

三、综合效益分析

整个改造方案，是在保证工程消防安全的前提下，合理兼顾了改扩建工程不同建设时期的设计标准，以及机场运营连续性的需求。发生火灾时，可将火灾控制在较小的区域内，为内部人员疏散和外部灭火救援创造有利条件。

本工程在防火改造中存在很多设计难题，难以完全依据现行规范的要求对其改造。基于性能要求确定建筑改造的消防安全策略是提升建筑防火安全性能的一种行之有效的方法。

（中国建筑科学研究院有限公司建筑防火研究所、住房和城乡建设部防灾中心供稿，刘文利、刘诗瑶、卫文彬执笔）

苏州地铁车站运行策略改造

一、工程概况

苏州地铁 4 号线南门站于 2017 年建成，总面积 24967m²，位于人民路与竹辉路、新市路交叉路口下，地处南门商业圈中心地带。该站目前设有两个出入口，其结构如图 1 所示。苏州地铁 2 号线平河路站于 2013 年 12 月 28 日投入运营，总面积 11063m²，地处平河路和人民路交叉口，

车站整体南北走向，东临姑苏区政府，南靠平川路，西近锦月新居小区，北近万融国际。该站目前设有 4 个出入口，其结构如图 2 所示。

公共区域空调系统在供冷季的传统运行模式为"小新风模式"，如图 3 所示。具体的空气流程为：一部分回风由排风阀排到室外，另一部分回风与新风机引入的

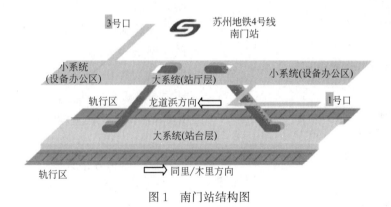

图 1 南门站结构图

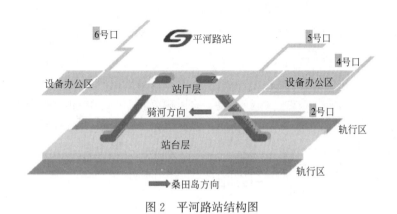

图 2 平河路站结构图

新风混合，混风经过空调箱送入室内。在这样的传统模式中，排风阀与混风阀开启，新风阀关闭，新风机、回风机开启，空调箱开启。

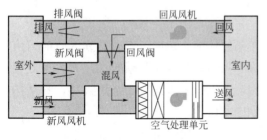

图 3　小新风模式示意图

二、改造技术

（一）公共区域供冷季通风模式优化

经过对地铁站环控系统与环境控制效果的测试，我们发现出入口渗入室内的新风足够满足站内人员需求，传统通风模式下引入过量新风。因此，为减少传统模式下新风机主动引入的新风，我们将地铁站公共区域的空调运行模式优化为"全回风"的空调模式，其空气流动形式如图 4 所示。来自室内的回风经过 AHU 的处理送入室内，新风供给完全依靠车站出入口渗入新风承担。在这样的优化模式下，新风机关闭，新风阀与排风阀关闭，回风阀与回风机开启，空调箱开启。

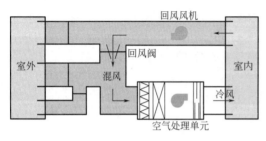

图 4　全回风模式示意图

（二）公共区域供冷季设定温度调整

两个车站的公共区供冷季温度测试结果表明，站台与站厅的控制温度均低于设计值，存在一定的调整空间。其中，站台的平均温度约为 24℃，低于设计值 28℃，站厅的平均温度为 26～28℃，低于设计值 30℃。在今后的运行过程中应该适当提高站厅与站台环境温度的控制目标。当站厅温度低于 27℃，且站台温度低于 26℃时，大系统运行不排不送工况；当站厅温度高于 27.5℃，或站台温度高于 26.5℃时，大系统运行全回风工况。

（三）办公及设备区风机频率调整

两站的办公及设备区环境测试结果表明，当前办公及设备区的部分房间存在过度供冷的现象，交接班室、综控室等房间的实际温度均低于 25℃，低于设计值的 26℃或 27℃，存在一定的节能空间。建议将办公及设备区的空调箱风机调整到低频运行，以缓解当前过度供冷的情况。

三、改造效果分析

"全回风"的运行模式取消了主动新风引入环节，将减少机械新风的引入，减小了新风负荷。另一方面，"全回风"模式中，新风机的关闭将进一步减少该种空调模式下的空调系统能耗。经过对空调系统各设备的能耗测试可知，平河路站全回风模式将节约 10% 的公共区域空调系统日耗电量，该地铁站将节约 22% 的公共区域空调系统日耗电量。

（清华大学供稿，
刘晓华、关博文执笔）

厦门 BRT 枢纽站消防安全综合评估与改造

一、工程概况

厦门快速公交，即厦门市快速公交系统（BRT）。其1号线、2号线和3号线于2008年9月1日开始投入运营，是中国首个采取高架桥模式的快速公交系统。

厦门 BRT 前埔枢纽站及保障性住房建筑工程位于思明区莲前东路以南，前埔南路以东，前埔东路以西及文兴东一、二里以北的合围地块内，总建筑面积为55120m²，建筑高度80m，建筑耐火等级为一级。

厦门 BRT 嘉庚枢纽站及保障性住房建筑工程位于集美区嘉庚体育馆东南侧，距离厦门大桥约2km。BRT 枢纽站设置于乐海路的高架路面上，BRT 枢纽站东侧为新华都购物中心及嘉庚体育馆公交站。总建筑面积76745m²，建筑高度74.15m，建筑耐火等级为一级。

二、工作内容

（一）现场调研与评估

本工程包括前埔枢纽站和嘉庚枢纽站的车库、商场、办公等区域，消防安全综合评估面积为86716m²。消防评估主要内容为针对火灾危险源辨识及风险分析，建筑防火、消防设施合理性，公司消防管理体系、灭火与应急救援预案可靠性等方面的评估工作（图1）。

图1 厦门 BRT 消防安全评估现场活动照片

（二）消防整改措施

枢纽站人员密集，属于火灾高危单位，一旦发生火灾等事故，影响重大。通过应用"既有公共建筑防灾性能与寿命提升关键技术研究与示范"消防安全评估成果，在现场调研其存在的消防安全问题的基础上，提出以"消防安全目标"为导向，基于性能要求进行火灾隐患评估分析，提出可行的消防安全对策、措施及建议，并进行回访工作，以促进 BRT 消防安全工作的提高。

三、评估与改造技术

前埔枢纽站和嘉庚枢纽站作为集地下车库、商场、公交车站等为一体的大型综合体建筑，制定的消防安全评估原则上需根据项目建设期间的法规与工程建设标准来评估项目消防设计、验收等环节的合规性；结合现行法律法规，对项目的消防安全制度等文件、管理体系文件及消防管理落实情况进行综合评价；对建筑消防设施、消防系统配置及运行状况进行现场检测评估，并针对评估结果提出合理对策和建议。

（一）现场调查分析

工程基本情况的调查分析包括建筑概况、消防设计概况、改扩建情况，以及建筑的合规性文件、管理单位的管理体系等。在此基础上进行现场检查，主要对建筑的功能布局、疏散设计、消防设备设施及消防重点部位等进行现场检查，并对建筑内的消防系统进行功能性测试，选择合适的场所进行相应的联动测试。然后对建筑的消防安全评估体系进行架构，确定合理的评估方法，对建筑整体进行安全性评估。针对评估过程中发现的问题提出合理的整改措施及意见，形成最终的评估报告。

（二）火灾安全综合评估

针对 BRT 枢纽站车库、商场、公交车站的功能特点，确立了 7 个单项评估指标，涵盖了枢纽站的火灾危险源、消防安全管理、建筑防火、安全疏散及避难、消防设施及消防系统、灭火与救援以及其他消防措施，如图 2 所示。综合评估，包括评估后的项目整改过程，均从以上 7 个方面开展。

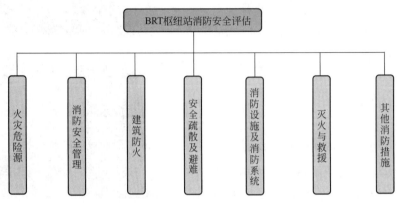

图 2　评估体系单项指标

将前埔枢纽站及嘉庚枢纽站建筑内的火灾风险因素划分为 A、B、C 三个类别，以定性确定火灾发生时对建筑内人员和财产安全的影响程度。A 类因素为重大火灾风险因素，B 类因素又分为 B_1 类和 B_2 类，为较大火灾风险因素，C 类因素为一般火灾风险因素。火灾风险等级按照火灾风险因素类别及数量进行综合判定。

评估结果发现建筑在各方面均存在不同程度的风险，一些风险因素较为普遍。如电气线路散乱，容易引发电气火灾；消防通道、疏散通道违规停放自行车及堆放杂物；楼梯间出入口上锁或封堵（图 3）；防火卷帘下放置障碍物（图 4、图 5）；消防系统损坏等。

根据火灾风险因素，前埔枢纽站项目共具有 A 类火灾风险因素 0 项，B_1 类火灾风险因素 1 项，B_2 类火灾风险因素 1 项，C 类火灾风险因素 36 项，综合消防安全等级为一般。嘉庚枢纽站项目共具有 A 类火灾风险因素 2 项，B_1 类火灾风险因素 2 项，B_2 类火灾风险因素 1 项，C 类火灾风险因素 51 项，综合消防安全等级为差。

图 3　楼梯间内堆放杂物

图 4　防火卷帘下放置障碍物　　　　图 5　防火卷帘迫降需人工协助

（三）改造技术

1.火灾危险源整改

枢纽站自投入运营至今，电气设施设备经过多年的使用，部分供电线路出现老化；部分情况下电气设备存在超负荷运行的情况；此外，临时活动的用电线路在不了解用电负载的情况可能会造成电气线路或设备过载，具有较大的电气火灾隐患。建议 BRT 场站公司加强对电气线路及电气设备的检查力度，对于出现线路私拉乱接的行为应给予相应的处罚。同时，制定相应的规定，规范枢纽站内人员的吸烟行为。

2.消防安全管理改造

消防安全管理工作亟需改造的内容是 BRT 场站公司应对各个单位进行协调，明确各方消防安全责任，并予以落实。建议市政置业、新华都商场及其承租单位通过协商共同委托同一单位对枢纽站的消防设施及系统进行统一管理。

此外，根据单位的运营情况，加强对消防控制室专业技术人才队伍的建设，适当增加人员数量，确保值班人员每班的工作时间不超过 8h。消防控制室内存放的预制七氟丙烷气瓶属于高压气瓶，存在发生爆裂的危险性，对消防控制室值班人员的人身安全具有一定的威胁，应及时将气瓶移放至气瓶间或其他不对人员及财产造成危害的特定场所。

3.建筑防火改造

对于未设置防火门的消防重点部位，立即替换为防火门。防火门出现损坏的情况时应立即更换或维修。加强对防火卷帘的维护和保养，缩短检查周期。

4.安全疏散及避难改造

及时对设置不合理的疏散指示标志进行整改，优化布置，确保疏散标识的箭头指向最近的安全出口，安全出口标志位于人员实际疏散出口的正上方。同时，对于故障的指示标志应立即予以检查维修，对于漏设部位应及时予以增设。在各个疏散楼梯间内设置楼层指示标志，用以告知人员所处的楼层位置。

定期对疏散应急照明的灯具进行检查，及时维修受损的灯具，确保灯具处于完好状态，在火灾发生时能够提供足够的照度供人员安全疏散。

对于与设计图纸不相符的楼梯间，属于建筑施工过程中的遗留问题，按照设计图纸改造实施的难度极大，建议 BRT 场站公司加强对相应部位疏散楼梯的管理，确保在实际使用过程中楼梯的通畅。

5.消防设施与消防系统改造

协调各功能区消防控制室控制主机联动与反馈功能，由首层消防控制室统一管理。对消防控制主机的单点联动控制模式进行优化，提高系统可靠性。当发生火警时，尽快确认火灾。对老化的消防联动控制主机进行升级改造，提升控制主机的控制能力。

对于消防水系统、气体灭火系统、防排烟系统、火灾探测及报警系统、消防标识有故障或不符合规范要求的，及时整改。

6.灭火与救援改造

建议尽量增大消防车道宽度，减少遮挡和违规占用，确保消防车的顺畅通行。

四、改造效果分析

通过对前埔、嘉庚枢纽站建筑消防安全重点部位的检查和其他各功能场所的抽查，并对结果作了综合评估，将课题研究建立的火灾风险评估指标体系运用到了实际工程项目中，实现了成果向实际工程应用的转化，具有良好的推广前景。

同时通过及时发现、整改厦门市 BRT 前埔、嘉庚枢纽站的火灾隐患，提升了建筑防火安全性能，降低了火灾发生时可能造成的人员、财产损失，为建筑内的使用者提供了更加安全的使用环境，具有较高的社会、经济效益。

（中国建筑科学研究院有限公司建筑防火研究所、住房和城乡建设部防灾中心供稿，刘文利、刘诗瑶、卫文彬执笔）

南翔医院合同能源管理节能改造项目

一、工程概况

南翔医院位于上海市嘉定区南翔镇众仁路 495 号，是一所二级甲等综合性医院。总建筑面积约为 3.2 万 m^2，核定床位 325 张。南翔医院总共有 5 栋大楼，按主要功能分区如下：门诊/急诊、住院部、发热门诊、行政楼、体检中心，建筑外观如图 1 所示。

二、改造目标

（一）项目改造背景

1.项目改造前情况

南翔医院主要的能源类型是电力和天然气，主要的用能系统包括：暖通空调系统、照明系统、电梯系统、给水排水系统、变配电、医疗设备和其他用能系统。

1）空调系统

（1）冷源

南翔医院冷源设备配置 3 台麦克维尔螺杆冷水机，放置在住院部地下一层冷冻机房，主要负责全院制冷，如图 2 所示。螺杆冷水机平时一用二备，年运行时间约 4 个月，全天 24h 开启，根据负荷自动加卸载。根据经验设定机组出水温度，夏季通常设置出水温度为 13℃，冷源详细参数见表 1。

图 1　南翔医院大楼外观

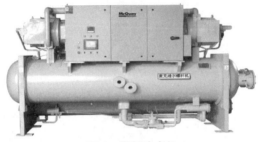

图 2　螺杆冷水机

冷源主要设备参数

表1

| 设备名称 | 品牌 | 型号规格 | 数量 | 制冷量 | 电功率 | 备注 |
			（台）	（kW）	（kW）	
螺杆冷水机	麦克维尔	PFS370.3	3	1304	220	一用二备

（2）热源

南翔医院配置 2 台法罗力天然气热水锅炉用于冬季全院采暖，天然气热水锅炉放置在住院部地下一层锅炉房，锅炉采暖系统采用热水锅炉＋板式换热器的方式给末端供暖，天然气热水锅炉平时一用一备，采暖运行时间约 4 个月，全天 24h 开启，根据经验设置末端采暖温度 45℃，如图 3 所示，热源详细参数见表 2。

图 3　裙楼风冷热泵机组

热源主要设备参数

表2

| 设备名称 | 品牌 | 型号规格 | 数量 | 制热量 | 备注 |
			（台）	（kW）	
天然气热水锅炉	法罗力	PO2104	2	2100	一用一备

（3）输配系统

南翔医院制冷输配系统配置 4 台冷冻水泵，三用一备，工频运行；4 台冷却水泵，三用一备，工频运行；3 台横流式填料冷却塔，工频运行；水泵和冷却塔基本和主机保持一一对应开启，在极热天气情况下会增加水泵和冷却塔的开启台数。冷冻水泵、冷却水泵、冷却塔如图 4 所示。

南翔医院采暖输配系统配置 4 台热水循环泵，三用一备，工频运行；3 台板式换热器。水泵和板式换热器一一对应开启，极寒天气情况下会增加水泵和板式换热器的开启台数，热水循环泵和板式换热器如图 5 所示。输配系统的设备清单见表 3。

2）照明系统

南翔医院主要灯具类型为格栅荧光灯、嵌入式节能筒灯和 T8 支架灯，并有部分荧光灯带、造型灯、白炽灯，消防走道采用吸顶灯（图 6）。

3）给水排水系统

南翔医院生活用水由市政直供，生活热水由医院燃气热水锅炉＋容积式换热器供应，生活热水分三个区供应，分别是地下一层、二～三层、五～六层、食堂及后勤，医院生活热水定时供应，分别是早上 1h、晚上 2h，由物业人员手动开启和关闭，生活热水供应温度为 55℃。生活热水容积式换热器如图 7 所示。

图 4　冷冻水泵、冷却水泵、冷却塔

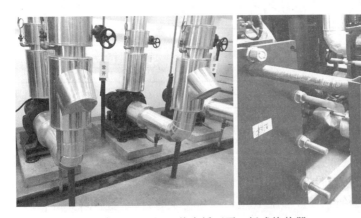

图 5　热水循环泵、板式换热器

输配系统主要设备参数　　　　　　　　　　　　　表 3

设备	品牌	型号规格	数量（台）
冷冻水泵	凯泉	$P=11\text{kW};Q=101\text{m}^3/\text{h};H=21\text{m}$	4
冷却水泵	凯泉	$P=4.5\text{kW};Q=96\text{m}^3/\text{h};H=30\text{m}$	4
热水循环泵	凯泉	$P=11\text{kW};Q=80\text{m}^3/\text{h};H=25\text{m}$	4
冷却塔	—	$P=15\text{kW};Q=350\text{m}^3/\text{h}$	3
板式换热器	—	$Q_\text{e}=1164\text{kW}$	3

图 6　医院现有照明灯具

图 7　容积式换热器

2.项目改造后目标

本项目通过改进主要用能系统的运行方式，同时采用高效热泵、节能灯具、智能群控，达到为南翔医院节能减排的目的，有利于南翔医院开源节流、降低成本、改善环境。

（二）改造技术特点

本项目改造采用高效热泵、节能灯具、智能群控技术、能耗监测技术。高效热泵的技术特点包括：能效系数高，具有先进控制功能，安全可靠。LED 灯具具有节能、环保、寿命长、体积小等特点。机房群控＋全变频技术具有高度智能化和系统集成化的特点。建筑能耗监测可对建筑能耗进行动态监测和分析，同时帮助管理人员提高对目标设备的日常管理，依据平台提供的监测数据作出相应的节能诊断，实现建筑的精细化管理与控制。

三、改造技术

（一）空气源热泵采暖系统

南翔医院空气源热泵采暖系统改造，新增 15 台额定制热量 132kW 的风冷热泵机组承担采暖季节空调采暖，原先的锅炉系统作为极端天气的备用，两个系统互相备用，保证医院采暖的安全，新增的风冷热泵放置在门诊楼的屋顶上，采用 3 组一组 5 台风冷热泵的布置方式，屋顶热水总管通过住院楼 4 层的墙体进入管道井和原先锅炉系统采暖的板换侧出水相连接，采暖循环水泵采用原先的热水循环泵，新增空气源热泵的配电采用配电房的备用回路（图 8、图 9）。

（二）空气源热泵生活热水系统

南翔医院空气源热泵生活热水改造新增 3 台额定制热量 65kW 的单循环热水热泵和 50t 生活热水水箱，原先的锅炉生活热水系统作为备用，满足极端天气情况下的医院用水安全，新增的热水热泵和热水水箱均放置在门诊楼的屋顶，管道通过住院部 4 层管道井进入地下室生活热水房容积式换热器冷水补水口。屋顶新增 1 组变频恒压

图 8　空调热泵机组钢平台搭建现场图

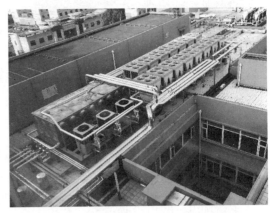

图 9　空调热泵机组安装完成现场照片

泵和 2 台热水循环泵。配电容量和开关来自低压配电房备用回路（图 10、图 11）。

（三）LED 照明系统

南翔医院原有主要灯具类型为格栅荧光灯和嵌入式节能筒灯，以及部分荧光灯带、白炽灯，消防走道采用吸顶灯，控制方式为人工手动控制。本项目拟将所有照明灯具改造为 LED 灯具（图 12～图 14）。

（四）机房群控＋全变频系统

南翔医院虽然冷源部分已经安装了基本的群控设备，但基本处于瘫痪状态。运营人员不能及时了解冷热源系统的设备运行状态，也不能便捷地对设备运行作出调整，例如冷却塔风机的启停必须由操作人员在八楼就地控制，一方面增加人员的劳动强度，另一方面也无法及时加减设备。另外，因为设备故障不能被及时发现，设备的安全运行和末端舒适度也得不到保障。

现场实地调研发现，因水泵选型偏大，空调一次进回水温差较小，流量部分有一定的富余，冷热源一次泵和冷却水泵只能以工频方式运行，冷热源系统仅仅依靠主机自身的负荷调整程序被动适应末端负荷的波动。并且，由于供应侧无法直接探测用户侧的需求情况，它的负荷调节有

图 10   热水热泵机组配电系统现场照片

图 11   热水热泵机组改造完成现场照片

替换方案	LED灯具	传统灯具
1	LED 12W 120cm灯管	T8 39.6W 120cm灯管
2	LED 10W T5一体化灯	T5 30.8W 120cm支架
3	LED 24W 600mm×600mm面板灯	传统59.4W 600mm×600mm格栅灯

图 12   南翔医院照明改造灯具替换方案

明显的滞后和偏差（直到末端明显偏冷了主机才开始卸载，而且即使减载了末端仍然长时间停留在偏冷状态）。

本次改造将新增机房群控系统和机房全变频系统（图15～图17），群控系统软件架构如图18所示。

图13　灯具替换施工现场图

图14　医院灯具改造完成效果图

图15　机房群控改造现场照片

图16　机房群控软件运行界面

图17　水泵变频改造现场照片

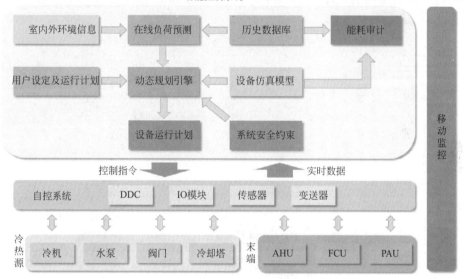

图18　群控系统软件架构图

（五）能耗监测系统

通过现场调研和深化设计，统计出大楼内共计需要计量76条配电支路，针对变压器我们设计安装电子式多功能电能表，其中变压器进线2条，需要选择2台多功能电能表。除变压器外的其他配电支路仅需对各类综合供电支路进行计量，备用（无负载）电路不作计量。需要计量的普通支路总数量为78个，分别选择使用普通三相远传电能表78块。

考虑到对本项目节能改造系统节能效益的测量与验证，根据运营管理需要，新增风冷热泵、水泵等主要耗能设备的电力计量（图19、图20）。

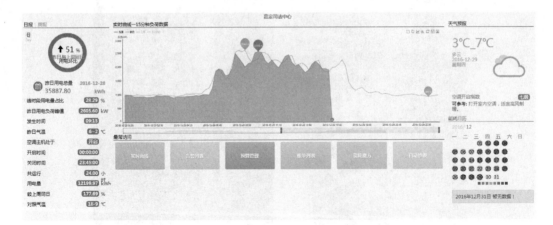

图 19　能源监测管理平台界面

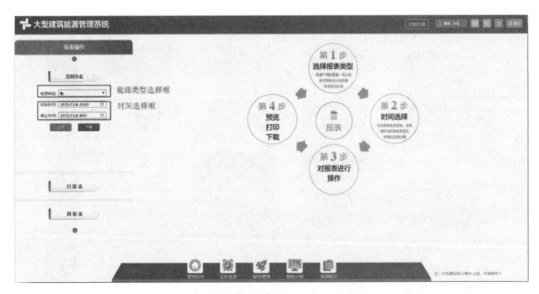

图 20　能源监测管理平台报表打印步骤

（六）项目 BIM 应用

根据南翔医院的特点，结合现有 BIM 技术发现趋势，该项目的 BIM 技术应用点如表 4 所示。

本项目 BIM 应用内容　　　　　　　　表 4

序号	应用点	具体描述
1	现状建模	根据医院的图纸资料和现场勘察,建立项目改造范围内的现状模型,作为改造方案的实施依据

序号	应用点	具体描述
2	BIM 三维可视化施工方案	三维可视化协调就是利用 BIM 模型进行多专业、多参与方沟通与协调。在医院改造的过程中，指导项目的改造过程，同时协调各个改造项之间的联系
3	运维管理	将运营管理信息与 BIM 相结合

（七）节能展示系统

为了充分展示本次节能改造项目的成果，增设节能改造互动展示平台，包括终端展示屏、信息发布网页和节能宣传片三部分，LCD 显示屏安装在南翔医院人流量较大的区域，并开发节能展示网页（图21）。具体展示内容如下：

➢ 动态展示节能改造全过程

➢ 各系统节能改造亮点

➢ 节能改造综合效益

➢ 建筑节能应用技术展示

四、改造效果分析

本项目改造涉及空气源热泵采暖系统、空气源热泵生活热水系统、LED 照明系统、机房群控＋全变频系统、能耗监测系统、BIM 技术应用、节能展示系统，共计七大项。

本项目通过采用高效热泵、节能灯具、智能群控等节能技术，提高医院用能

图 21　医院节能展示系统投入使用现场照片

系统整体能效；通过提升医院用能系统智能化水平，优化医院主要用能系统的运行方式，降低医院运行能耗成本，实现南翔医院节能减排的目的。

同时，通过整体节能改造，提高医院的室内环境舒适度，改善室内环境。并增设节能改造互动展示平台，充分展示本次节能改造项目的成果，为市民提供了解绿色低碳理念的窗口，为创建绿色智慧医院奠定基础，引领全社会节能，树立标杆和典范。

五、改造经济性分析

本项目节能经济效益显著。空气源热泵采暖系统改造的节能效益主要体现在使用空气源热泵代替原先锅炉采暖的热源节约的天然气的节能量；照明灯具进行 LED 替换的节能效益主要体现在灯具功率显著降低使灯具能耗明显降低；机房群控＋全变频系统，实现了主要耗能设备的远程操控和集中控制，大大减少了工作人员的工作量，同时通过时间管理也节约了部分能耗；安装能耗监测系统、加强运行管理、行为节能、管理节能可实现建筑整体能耗降低。

本项目节能改造后年节省费用 108.93 万元，年节能率 22.09％，合同能源管理的合同期为 8 年。

六、推广应用价值

公共机构节能与国家和地方节约能源资源"十三五规划"主要目标的实现密切相关。上海市颁布了《公共机构合同能源管理项目暂行管理办法》，鼓励公共机构建筑优先采用合同能源管理方式，实施节能技改，委托节能服务公司提供节能管理服务。合同能源管理（EMC）是节能服务公司通过与用能单位签订能源管理合同，为企业提供综合性的节能服务，帮助单位节能降耗，并与单位分享节能效益，以此取得节能服务报酬和合理利润的一种商业运作模式。公共机构实施合同能源管理节能改造的同时，可规避自行节能技改必须承担的技术、人才、投资等风险，且节能服务公司在合同期内以技术节能＋管理节能＋节能策略及培训等方式、手段，保证节能效果实现。上海市嘉定区南翔医院合同能源管理节能改造项目作为公共机构合同能源管理项目的典型，荣获了国际级的"节约型公共机构"荣誉称号。

（上海东方延华节能技术服务股份有限公司供稿，于兵、周嘉平、王翔宇、张芸芸、柴维汉、刘海霞、韩智香、汪洪涛、张红刚、周志华执笔）

三峡中心医院机电系统改造

一、工程概况

(一) 地理位置

三峡中心医院机电系统节能改造项目位于重庆市万州区,本次改造主要针对总院及江南分院。总院位于万州区新城路,主要包含:惠恩楼、国医苑(原儿童分院)、外科大楼及肿瘤分院、急救中心及口腔分院;江南分院位于万州江南新区。图 1 为位于总院的惠恩楼。

图 1 三峡中心医院惠恩楼

(二) 建筑类型

三峡中心医院是一所集医疗、教学、科研、预防、保健为一体的大型综合性三级甲等医院。医院占地面积 400 亩,建筑面积 50.07 万 m^2,其中,惠恩楼建造于 2011 年,建筑面积 70031.7m^2,高 89.20m,共 26 层,其中地下 2 层,地上 24 层;国医苑建造于 2003 年,建筑面积 17090.01m^2,建筑高 23.4m,共 8 层,其中地下 2 层,地上 6 层;外科楼及肿瘤分院建造于 2001 年,建筑面积 12102.7m^2,建筑高 31.2m,共 8 层;急救中心及口腔分院建造于 1998 年,建筑面积 19648m^2,建筑高 46.8m,共 12 层;江南分院建造于 2012 年,建筑面积 61846.46m^2,高 65.80m,共 18 层,其中地下 1 层,地上 17 层。能源及资源方面,三峡中心医院能源消耗以电力、天然气、水为主。其中,电力能耗主要用于空调设备、照明设备、动力设备、医疗设备、办公设备等;天然气则主要用于采暖锅炉、热水锅炉、蒸汽锅炉及医院营养餐厅;水主要用于医院生活用水。

二、改造目标

根据 2016 年对重庆市三峡中心医院改造前用能状况的诊断报告,三峡中心医院 2016 年耗电量 2268.48 万 kW·h,其中空调系统能耗、照明插座系统能耗分别占三峡中心医院总能耗的 53.36%、20.13%。空调系统能耗大,运行效率低,惠恩楼及江南分院中央空调系统运行过程中冷冻水及冷却水平均温差低于 3℃,系统运行效率存在着较大的提升空间;三峡医院原综合照明系统主要采用 T8 管灯、T5 管灯及节能灯,照明时间长,灯具功率较大，能耗较高。

为了满足病人、医护人员对健康、舒适、高效环境的需求，以及推进节能减排工作，满足城镇绿色化发展的要求，提高三峡中心医院机电系统运行效率，提高系统舒适度，降低建筑能耗，推动建筑综合能效水平提升，因此，对原有建筑机电系统进行节能改造。改造后的三峡中心医院将达到以下目标：实现建筑用电的分项计量和实时监测，可以清楚地了解单栋建筑内部不同用能设备的能耗情况，从而有针对性地开展建筑节能运行管理或采取改造措施；安装高效节能灯具，减少照明系统装机功率，功率密度降到节能标准要求；有效降低制冷主机、水泵能耗；有效降低锅炉供热燃气用量；减少电梯运行能耗。

三、改造技术

参照国家现行《公共建筑节能设计标准》GB 50189、《公共建筑节能改造技术规程》JGJ 176、《建筑节能工程施工质量验收规范》GB 50411 和重庆市《公共建筑节能（绿色建筑）设计标准》对原建筑进行机电系统节能改造。重点围绕机电系统进行节能改造，包括空调主机系统、空调水泵系统、照明插座系统、生活热水系统、电梯系统。

（一）空调系统改造技术

1.集中空调高低区并联改造技术

原惠恩楼高区门诊部及低区住院部设置 2 套集中式空调系统，门诊部配置 2 台额定制冷量 1392kW 的水冷螺杆式冷水机组为集中空调系统供冷；住院部配置 2 台额定制冷量 2461kW 的水冷离心式冷水机

组为集中空调系统供冷。针对集中空调系统运行过程中存在的问题及现场调研情况，并且结合医院使用特点，对该系统进行节能改造。改造后将惠恩楼高低区集中空调系统通过板式换热器并联，根据高低区负荷需求，在不同负荷时段优化其运行策略，保持系统高效运行状态。将惠恩楼高低区系统并联的同时，增加集中空调节能专家群控系统实现集中控制，节能专家控制系统根据建筑空调负荷变化，自动控制主机开启台数，水泵、风机开启台数及频率等，使系统随时保持高效、合理的运行状态。

2.更换老旧设备

国医苑原建于 2003 年，集中空调主机、水泵、冷却塔等设备老化，运行效率降低，故障率增高。改造后对原有制冷主机、循环水泵、冷却塔、锅炉设备进行更换，提升设备效率，降低系统运行能耗，使集中空调系统更加舒适、高效。

3.变频控制技术

对国医苑更换后的水泵增加变频控制系统，对江南分院、惠恩楼水泵安装变频控制柜，使水系统由定流量系统改造为变流量系统，降低系统运行能耗（图 2）。

4.集中空调节能专家群控系统

改造对江南分院集中空调系统增加集中空调节能专家群控系统，实现对江南分院集中空调系统的智能优化控制。采用变频技术和节能专家控制技术，利用变频器、控制器、传感器等控制设备的有机结合，构成温度闭环和压差闭环等闭环控制回路进行自动控制。自动调节主机开启台数，自动调节水泵的输出流量，自动调节

图 2　板式换热器、变频控制柜、烟气余热回收装置

电机的转速等。不仅能使室内温湿度维持在设定状态，让人感到舒适、满意，同时提高系统的自动化控制水平，使整个集中空调系统工作状态安全稳定，延长设备的使用寿命，更重要的是具备良好的节能效果，确保各个部分的设备运行达到最佳状态，带来更好的经济效益。

（二）照明插座系统改造技术

1.高效 LED 节能灯具

改造前三峡中心医院灯具采用普通荧光灯和节能灯，灯具效率较低，功率较大，能耗高于 LED 灯具。根据医院不同区域的照度要求，在不影响医院原装饰效果的情况下，采用高效 LED 绿色照明灯具对原传统灯具进行替换改造。

2.新型节能开水器

改造前三峡中心医院使用普通电热开水器，热效率低，一般在 $50\% \sim 80\%$ 之间。改造后更换为热效率更高的双聚能步进式开水器，节约能耗的同时，提高开水卫生质量。

（三）生活热水系统改造技术

1.可再生能源应用

改造前三峡中心医院生活热水均采用燃气锅炉制取，能效较低，根据安装改造条件，对惠恩楼及国医苑增加空气源热泵热水机组，分别向惠恩楼及国医苑提供卫生热水。热泵式热水系统是采用空气源热泵热水机组作为主机，辅以蓄热水箱、输配系统等组成的生活热水系统。

空气源热泵热水机组由压缩机、蒸发器、冷凝器、膨胀阀、控制器等部件组成。其工作原理是采用热泵技术，以电能驱动，以环保型制冷剂为媒介，将空气中的热量源源不断地吸收并搬运到水中，从而实现对水的加热。

2.烟气余热回收技术

对惠恩楼蒸汽锅炉采用增加烟气余热回收装置的方式进行节能改造。回收烟气余热，提高锅炉进水温度，从而达到减少燃气耗量的目的。

（四）电梯系统改造技术

对三峡中心医院电梯增加能量回馈装置，能有效地将电容中储存的支流电能转换成交流电能回送到电网，提升系统效率，减少电梯系统用电（图3）。

四、改造效果分析

（一）室内环境舒适度提升

对集中空调系统的改造，增加了节能

图3　电梯能量回馈装置

专家群控系统，通过对主机开启台数、水泵的输出流量的自动调节，使室内温湿度维持在设定状态，室内热湿环境舒适度提升；对照明系统的改造，通过更换原有灯具为高效的LED节能灯具，在降低照明能耗的同时，提高了室内光环境舒适度。

（二）节电

1.空调系统

本项目采用集中空调高低区并联改造技术、变频控制技术、节能专家群控系统、更换老旧设备等技术措施对惠恩楼、国医苑、江南分院集中空调系统进行了节能改造。改造后，国医苑空调系统主机COP由4.31提高到了5.71，改造后惠恩楼、国医苑、江南分院空调系统共计节省电量123.61万kWh，空调系统分项改造节能率为9.72%，空调系统改造总节能率为5.56%。

2.照明插座系统

项目采用了将原有照明灯具更换为高效LED节能灯具、将原有开水器更换为新型节能开水器等改造措施，改造后年节省电量307.97万kWh，照明插座系统改造总节能率为13.84%。

3.电梯系统

本项目对电梯系统安装了能量回馈装置，有效地将电容中储存的支流电能转换成交流电能回送到电网。改造后年节省电量9.15万kWh，电梯系统改造后总节能率为0.41%。

（三）节气

1.空气源热泵热水系统

对惠恩楼及国医苑生活热水系统进行改造以后，相比改造前使用燃气锅炉，年节约天然气量折合为3.84万m^3，生活热水系统分项改造节能率为31.97%，总节能率为0.58%。

2.烟气余热回收系统

对惠恩楼蒸汽锅炉增加烟气余热回收装置后，年节约天然气12.18万m^3，改造节能率为1.82%。

两项节能改造措施共年节约天燃气量16.02万m^3，按照重庆市商业用气价格2.03元/m^3，可节省费用32.53万元。

五、经济性分析

三峡中心医院机电系统节能改造项目改造区域面积17.84万m^2，节能改造后总节能率为22.21%，节能量为494.08万kWh，折算为60.72万kg标准煤。按照重庆市商业用电价格0.82元/kWh，年可节省费用405.15万元。

六、结语

重庆市三峡中心医院节能改造项目是重庆市节能改造示范项目。该项目重点围绕机电系统，对集中空调系统、照明插座系统、生活热水系统、电梯系统进行了节能改造。项目采用一系列新型节能改造技术，例如节能专家群控系统，不仅使得集中空调系统能耗降低，而且同时提高了系统的自动化控制水平。节能改造项目中常用的更换传统照明灯具为高效 LED 节能灯具，以及空气源热泵等可再生能源的应用技术在本项目中也得到了很好的体现，对于既有建筑的节能改造具有极强的推广借鉴与示范价值。

项目现已改造完成并投入使用，其在节电节气的同时，使得室内环境舒适度得以提升，更好地满足了医疗卫生建筑中病人对更加舒适、健康的室内环境的需求。本项目为既有医疗卫生建筑机电系统节能改造提供了良好的示范作用。

（重庆大学供稿，丁勇、吴佐执笔）

佳宇英皇酒店综合改造

一、工程概况

（一）地理位置

重庆市佳宇英皇酒店项目位于重庆市九龙坡区杨家坪直港大道 206 号。酒店交通十分便捷，距成渝高速、环城高速、重庆火车南站不足 5km，项目用地面积 3.3 亩，见图 1。

图 1　重庆市佳宇英皇酒店位置卫星图

（二）建筑类型

本次综合改造对象建筑为酒店主楼。建筑建成于 2005 年，正常使用年限为 50 年，新近装修时间为 2015 年。酒店高 82.9m，总建筑面积 31862.01m²，空调面积 20673.79m²，共计 24 层，地下 4 层，地上 20 层，为钢筋混凝土框架结构。主要分为客房、会议室、大厅、餐厅、办公室等功能区域。

二、改造目标

（一）围护结构

佳宇英皇酒店南侧立面为全年主要受辐射面，通过其外围护结构传热而引起的室内负荷为夏季主要围护结构负荷，且窗墙比较大。原酒店建筑外墙采用 20mm 厚 M5 水泥砂浆＋200mm 厚蒸压加气混凝砌块＋20mm 厚 M5 水泥砂浆，其围护结构热工性能不满足现行节能设计标准要求。因此，在外墙上增加保温装饰复合板，提高外墙的保温隔热性能。建筑外窗采用 6＋9A＋6 的中空玻璃和普通铝合金窗，核准建筑实际外窗传热系数可以明确，建筑各立面外窗结构做法均不满足现阶段节能设计标准要求。因此，更换原有中空玻璃普通铝合金窗为三层双中空玻璃断桥铝合金窗，更换单层玻璃幕墙为 10Low-E＋12A＋10 的玻璃幕墙。

（二）空调系统

佳宇英皇酒店原空调系统常用两台机组额定能效比不满足要求，且机组使用年限较长，机组运行性能变低，实际能效比不能满足标准要求。采暖系统与空调系统共用一套管路，实际换热效率受管路特性影响；因锅炉使用年限过长，实际效率相应下降；烟气直接排放入大气，造成环境污染的同时也浪费了能源。水泵选型对应部分负荷状态下选型偏大，泵组实际运行效率低。冷却塔由于维护保养措施不足导致实际冷却水受实际风机运行状态影响，换热效果不佳。因此，将采用高效节能的风冷热泵机组替换原有空调系统，更换主机循环水泵，并对原有空调风机盘管末端进行更换。

（三）照明系统

酒店原照明系统部分区域照明装机功率密度较高，照明能耗也较高。因此，使用LED一体化节能灯将酒店未更换传统型灯具区域全部替换，将大堂及西餐厅区域照明灯具加装智能控制装置。减小该建筑的照明功率密度，充分利用自然光，在保证人员舒适度的前提下，降低装机功率。

（四）热水系统

酒店原热水系统总体装机功率大、构成复杂，造成维护困难，且由于使用年限过长、缺乏日常维护保养及管道保温材料破损导致相应能效下降。因此，改变现有热水管路，酒店热水统一由同组热水设备制备，采用节能型热水机替换原有热水机组，降低装机功率，节约能耗。

（五）特殊用电系统

酒店原蒸汽锅炉主要用于酒店洗衣房需求，其耗气量大，使用年限长，相对效率较低。因此，选用高效新型蒸汽发生器取代原有蒸汽锅炉。

三、改造技术

改造项目参照重庆市《公共建筑节能（绿色建筑）设计标准》、《公共建筑节能改造技术规范》等规范标准，对原建筑进行改造。改造重点围绕围护结构改造、空调系统改造、照明系统改造、热水系统改造、特殊用电系统改造等几个方面展开。

（一）围护结构

1.外墙的改造

本项目采取直接在原外墙上增加不燃性改性聚苯颗粒保温装饰复合板，见图2。

图2　改造后酒店外墙

保温装饰复合板具有以下优点：多功能一体化，一次施工即可解决保温装饰两项功能要求，综合成本低；减少幕墙与墙体之间的空腔，降低了风压对幕墙的影响，增大了安全系数；无辐射、低造价，绿色环保，可广泛用于各类公共建筑和家庭室内装饰；节省了大量物资、人力和时间，减少了因生产水泥燃煤所造成的空气污染；安全性、高装饰性、超耐候性、高性价比、自洁防腐、饰面持久靓丽；通过智能化制作，装饰面可以制成不同颜色、各种质感和石材纹理效果；是铝塑板、铝单板、石材、氟碳漆等传统墙体装饰材料的更新换代产品。

2.外窗及玻璃幕墙改造

本项目更换原有外窗为节能性更好的5Low-E＋9A＋5＋9A＋5三层双中空玻璃断桥铝合金窗；更换原有单层钢化玻璃幕墙为10Low-E＋12A＋10的玻璃幕墙，见图3。

图3　改造后酒店外窗

三层双中空玻璃窗具有以下优点：可见光透过率高，通透性好，室内自然采光效果好；冬季允许大量的太阳热辐射进入室内，用以增加室内的热能；比普通中空多了1层空气层，保温性能相对提高，大大降低由于供暖或空调所带来的能耗；比普通中空玻璃多了1层空气层，隔声降噪性能大大提高；具有良好的节能效果，可以大大降低建筑运行能耗，减少空调的装机容量，后续投入资金比之透明中空玻璃大大减少，利于环保。

（二）空调系统

1.空调主机改造

本项目改造将酒店空调系统分为酒店主楼空调系统和中餐厅空调系统，主楼和中餐厅空调系统分别选用11台和7台超级模块 PASRW500-S-V 型热泵主机，见图4。

PHNIX 超级模块 V 系列机组是一种制冷和制热兼备的中央空调，采用国际知名品牌压缩机，配合专利技术的高效套管换热器，使机组能效提高10％；配置第二代不锈钢喷淋冷却装置，耗水量大幅降低80％，机组在环境温度超过设定值时，自

动启动喷淋装置，进行喷淋冷却，此时机组的制冷能效比最高可达到3.8，超过国家节能认证1级能效标准，可有效地降低制冷运行的电费支出，即使气温高达50℃，机组也能安全、稳定运行；可根据负荷的变化，多级能量自动调节；机组设置了防冻、高压、低压保护、压缩机超温、过流、电源缺相、错相等多重保护功能，保证机组在恶劣情况下安全、可靠运行；新款智能控制器，配合中文点阵液晶线控器，操作简单易用，选配 PLC 集中控制器，可实现多模块联机集中控制。同时，考虑到中餐厅空调机组安装位置，对该位置的空调主机分别定制安装导流板，提升机组能效比。

图4　改造后酒店中餐厅空调主机

2.空调风系统改造

因酒店原有风机盘管使用年限过长，噪声较大、传热效率低，本项目改造将部分室内风机盘管末端、风口更新，所有新风管道保温换成橡塑保温，需增加的风管采用20mm厚的酚醛复合风管制作。酒店原有新风系统设备继续沿用。

本次选用的风机盘管风量—风压特性

稳定，静压效率高，抗衰减性强，最大限度地降低了管网阻力对机组送风量的影响；采用的逆流盘管，传热效率更高，冷量、热量更为充足；节能的 PSC 电机，自带过载保护、过热保护装置，引出线配用全密闭柔性金属软管加以安全防护；具有3 个 100％全数检测——盘管耐压气密性检测、叶轮静动平衡检测、整机启动和运转检测。

3.空调水系统改造

本项目改造将空调立管更换成新管道，所有阀门、管件更换新的，各层水平管道表面除锈刷漆，水管所有保温采用橡塑保温，室外机房管道需外包 0.3mm 厚的铝皮保护层，冷凝水管更新。

4.空调水泵改造

本项目将原空调系统冷却水泵、冷冻水泵、采暖系统泵组更换为全静音屏蔽式空调循环专用泵。主楼空调系统末端安装电动二通阀，水泵采用变频控制；中餐厅空调系统一般情况使用时都为全开，水泵采用定频控制。

本项目选用的水泵有以下特点：电机与泵一体化设计、取消机械密封，使泵做到了整体完全无泄漏，既避免了水资源的浪费，又使泵房干爽整洁，极大地改善了泵房的工作环境；定子与转子采用优质不锈钢封焊，采用树脂浸渍石墨轴承，具有耐高温、耐摩擦和耐腐蚀的特点，使用寿命长，并且石墨轴承利用所输介质进行自润滑，无需人工加油，降低了维护成本；采用水冷电机后，减小水泵噪声；定、转子采用高品质冷轧硅钢片模压成型，结合优秀的电磁优化静音设计技术，使电机的

噪声更加降低；绕组采用 H 级耐高温绝缘，使电机的允许温升 K 值更高，可以有效防止由于水泵运行过载对电机造成的损坏，极大地延长了电机的使用寿命及确保电泵运行的可靠性；轴套与推力板的摩擦面采用"司太立 Ni60 硬质合金焊接"技术，形成高耐磨的摩擦副，安全耐用；采用独特的悬浮式叶轮技术，使屏蔽电泵石墨轴承寿命在连续运转工况下，长达 4 万 h。

另外，酒店主楼空调系统水泵采用变频控制。通过将 380V 的交流电压整流滤波成为平滑的 510V 直流电压，再通过逆变器件将 510V 的直流电压变成频率与电压均可调的交流电压，电压调节范围在 0～380V 之间；频率可调范围在 0～600Hz 之间。以达到控制水泵电动机无级调速的目的。

（三）照明系统

本项目改造主要将尖泡灯更换为 LED 尖泡灯，T8、T5 日光灯更换为 T8、T5LED 日光灯，筒灯更换为 LED 筒灯，射灯更换为 LED 射灯，LED 灯具有光效高、耗电少、寿命长、易控制、免维护、安全环保等特点；将一、二层大堂、西餐厅加装灯具智能控制装置，通过开启不同的情景模式控制不同灯具开关（类似分组开关），在营造区域氛围的同时节约能耗，如图 5 所示。

（四）热水系统

本项目取消原系统热水分区域供应形式，由酒店屋面热水机房统一提供。原酒店热水机组保留两台备用，其余设备替换为三台直热式热水机，配用两台热水循环

图5　照明灯具智能控制装置

泵，使用情况为一用一备，保留原有2个20t水箱不换。主机与水箱之间的连接管道采用PPR热水管道。

（五）特殊用电系统

本项目改造将原有卧式内燃燃油、燃气蒸汽锅炉更换为蒸汽发生器，并对原有管道重做保温。

本次选用的蒸汽发生器有以下特点：不用独立锅炉房，可放在地下室、楼顶、附房内；免报批年检；不用专业持证司炉工；水容量小于30L，没有爆炸风险；从开机到正常供应蒸汽只需3min，是常规蒸汽锅炉启动速度的10倍，节省了启动能耗；平均排烟温度仅110℃，比常规蒸汽锅炉250℃的排烟温度低了140℃。热量不流失，效率更高；采用变频控制，根据蒸汽使用情况变频调节燃烧与给水，智能控制，节能更优。

四、改造效果分析

（一）围护结构

1. 外墙的改造

原建筑外墙采用20mm厚M5水泥砂浆＋200mm厚蒸压加气混凝土砌块＋

20mm厚M5水泥砂浆，其外墙传热系数为2.10W/(m²·K)。本工程采取直接在原外墙上面覆盖1220mm×2440mm×31mm的VRD保温隔热复合装饰板，利用保温装饰复合板的作用，使其外墙平均传热系数达到1.00W/(m²·K)。改造后整个建筑的外墙平均传热系数相比改造前外墙平均传热系数降低，外墙平均传热系数性能提高了52.4%。且满足现行标准《公共建筑节能（绿色建筑）设计标准》DBJ 50-052中外墙传热系数的要求。

2. 外窗及玻璃幕墙改造

原建筑外窗采用6＋9A＋6的透明玻璃普通铝合金窗，其传热系数为3.6W/(m²·K)。现全部外窗更换为节能性更好的5Low-E＋9A＋5＋9A＋5三层双钢中空断桥铝合金玻璃窗，其传热系数为2.2W/(m²·K)。

改造后外窗的传热系数相比改造前外窗的传热系数降低，外窗的传热系数性能提高了38.9%。

原建筑幕墙采用单层钢化玻璃幕墙，其传热系数为5.5W/(m²·K)。现全部更换为10Low-E＋12A＋10的中空玻璃幕墙，其传热系数为1.8W/(m²·K)。改造后幕墙的传热系数相比改造前的幕墙的传热系数降低，玻璃幕墙的传热系数性能提高了67.2%。

更换后的外窗与玻璃幕墙传热系数均满足现行标准《公共建筑节能（绿色建筑）设计标准》DBJ 50-052中各个朝向传热系数的最高要求值。

（二）空调系统

1. 空调主机改造

酒店原有空调系统冷负荷主要由3台螺杆式冷水机组承担，热负荷主要由2台热水锅炉承担，本次改造主楼空调系统将使用18台风冷热泵主机。经核算，改造前后空调主机节能量为289096.78kW·h，空调主机单项节能率为29.08%。

2.空调风系统改造

本次选用的风机盘管风量—风压特性稳定，静压效率高，抗衰减性强，最大限度地降低了管网阻力对机组送风量的影响；传热效率更高，冷量、热量更为充足；加以安全防护。

3.空调水泵改造

本项目将原空调系统冷却水泵、冷冻水泵、采暖系统泵组更换为全静音屏蔽式空调循环专用泵。经核算，空调水泵节能量为18595.75kW·h，单项节能率为19.25%。

4.冷却塔改造

本项目空调系统改造后取消冷却塔。经核算，取消冷却塔的节能量为33264kW·h。

经核算空调系统总节能量为340956.53kW·h，分项改造总节能率为11.02%。

（三）照明系统

本项目改造将所有原有灯具换成LED灯具，改造后灯具功率降低；将一、二层大堂及西餐厅区域照明灯具加装智能控制装置，改造后灯具开启时间减少。经核算，改造前后照明系统节能量为416749.21kW·h，单项节能率为59.25%，分项改造总节能率为13.47%。

（四）热水系统

本项目将原热水机保留两台备用，其余设备替换为三台直热式热水机，并配用两台热水循环泵。经核算，改造前后热水主机节能量为11497.18kW·h，单项节能率为6.4%；热水循环泵节能量为32335.69kW·h，单项节能率为90.55%，分项改造总节能率为1.42%。

（五）特殊用电系统

本项目改造，将蒸汽锅炉更换为蒸汽发生器。经核算，蒸汽锅炉节能量为10402.92kW·h，单项节能率为5.6%，分项改造总节能率为0.33%。

五、经济性分析

经核查，该项目改造区域面积为31862.01m²，改造节能量为81.19万kW·h；折算为99787.61kg标煤，核定节能率为26.25%。按重庆市电价0.82元/kW·h计算，可省电费66.58万元。

六、结语

重庆市为国家级公共建筑节能改造示范城市，佳宇英皇酒店作为重庆市示范节能改造项目，通过围护结构改造、空调系统改造、照明系统改造、热水系统改造以及特殊用电系统改造，达到26.25%的节能率，对于既有公共建筑改造具有极强的推广借鉴价值。

本项目为重庆市既有公共建筑改造提供了良好的示范作用，其外墙保温设计、外窗及玻璃幕墙改造、照明灯具智能控制等技术，具有良好的节能效果，可作为既有建筑改造中大力推广的技术。

（重庆大学供稿，丁勇、王雨执笔）

双鸭山恒大国际酒店改造

一、工程概况

（一）地理位置

双鸭山恒大国际酒店项目位于黑龙江省双鸭山市新城区内。周边为教育、学校、住区以及政府办公用地。基地东邻世纪大道，北邻民生路，南侧为酒店项目用地，西侧为建成住区。基地面积4.5hm²，地形平坦，视野开阔。在气候分区上，项目处于严寒地区（A区）。年平均气温为3.4℃，最冷月平均气温为-18℃，见图1。

（二）建筑类型

原建筑1992年建成，总建筑面积22129.93m²（地上18984.5m²，地下3145.43m²）。建筑高度65m，属于一类公共建筑。建筑由裙房和塔楼两部分组成，其中裙房3层，层高4.8m，采用框架结构；塔楼18层，层高3.4m，采用框架剪力墙结构，为综合用途的四星级涉外酒店，见图2。

图1 双鸭山恒大国际酒店位置卫星图

图2 改造前建筑外观

图3 改造后建筑外观

二、改造目标

原有外围护结构由于年代久远，当时并未进行节能设计，建筑无法满足节能要求。原建筑外围护结构传热系数大、门窗气密性差、热工性能差，冬季室内热量散失大。建筑耗能高而冬季室内自由温度低，严重影响室内热舒适度。

改造主要是针对外围护结构进行系统性的节能改造设计和性能优化，改造后的建筑层数和建筑结构、体形系数等均未发生变化。改造的重点围绕屋面、外墙和窗户进行，见图 3。通过对围护结构进行优化改造，以降低建筑空调、采暖能耗，提供绿色健康、高效舒适的室内使用环境。

三、改造技术

（一）屋面改造

屋面结合新型保温和防水材料，改造为可上人保温防水屋面。以现浇钢筋混凝土板作为结构层，结构层上用 20mm 厚的水泥砂浆进行找平，找平后涂 1.5mm 厚的高分子防水涂料作为隔汽层，以防止下层蒸汽进入保温层，隔汽层上为保温层，保温层采用 100mm 厚的挤塑聚苯板，保温层上采用轻集料混凝土（炉渣）进行找坡，坡度为 2%，最薄处不小于 20mm，再用 20mm 厚的水泥砂浆找平，找平后开始铺贴防水层，防水层选用双层 3mm SBS 聚合物改性沥青防水卷材，最外层保护层与防水层之间用一层无纺布进行隔离，保护层为 40mm 厚的细石混凝土刚性保护层，分割缝间距 3000mm×3000mm（宽深为 20mm），缝内嵌填聚乙烯泡沫棒，缝面嵌填 9mm 厚的单组分聚氨酯建筑密封

膏，见图 4。

40厚C20，内配筋φ6@200×200细石混凝土刚性保护层，分割缝间距3000×3000(宽深20)，内嵌填聚乙烯泡沫棒，面层嵌填9厚单组分聚氨酯建筑密封膏
隔离层：无纺布一层(200g/m²)
3+3厚双层SBS聚合物改性沥青防水卷材
20厚1:2.5水泥砂浆找平层
CL7.5轻集料混凝土(炉渣)2%找坡，最薄处20厚
100厚XPS挤塑聚苯板
1.5厚高分子防水涂料隔汽层
20厚1:2.5水泥砂浆找平层
现浇钢筋混凝土板，见结施
面层做法详见装修一览表

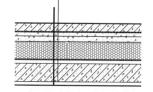

图 4　可上人屋面保温防水构造

（二）外墙改造

1.外墙采用外保温复合墙体

既有建筑外墙为 490mm 厚的实心砖墙，条形窗改造为普通点状外窗时，窗间墙采用 200mm 厚的烧结空心砖砌块填充，保温层采用石墨聚苯板，墙体构造做法如下：①490mm 厚的实心砖墙（部分窗间墙为 200mm 厚的空心砖砌块）。②20mm 厚的水泥砂浆找平。③100mm 厚的石墨聚苯板保温层，胶粘剂粘贴（粘贴面积不得小于保温板面积的 50%，与墙面有效结合），并用塑料锚栓间距 500mm 锚固；外挑构件等冷桥部位、外门窗线脚等外包保温均采用 30mm 厚的石墨聚苯板。④10mm 厚的抗裂砂浆复合热镀锌电焊网。⑤刮弹性耐水腻子，外涂弹性涂料或真石漆，见

图5。

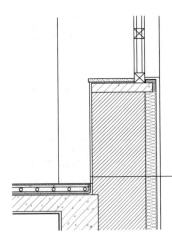

涂料或真石漆外墙(做法见10J121-A1型)

刮弹性耐水腻子

10厚抗裂砂浆复合后热镀锌电焊网(丝径0.9mm,孔径12.7mm×12.7mm)塑料锚栓双向中距500锚固

100厚石墨烯聚苯板，胶粘剂粘贴(粘贴面积不小于保温板面积的50%)并用塑料锚栓间距500锚固

20厚1:3水泥砂浆找平

490厚实心砖墙(部分窗间墙为200厚空心砖砌块)

面层做法详见装修一览表

图5 外墙外保温构造

2.减小窗墙比

改造采取减少窗洞的办法，减少了开间方向的外窗尺寸，用混凝土空心砌块与外保温结合的方式（见前述外墙构造）。改造前塔楼正立面窗墙比为0.61，背立面为0.37，裙房正立面窗墙比为0.60，背立面为0.25。改造后塔楼正立面窗墙比为0.52，背立面为0.30，裙房正立面窗墙比为0.57，背立面为0.13。

（三）外窗改造

外窗是围护结构保温节能最薄弱的部分，因此需要对外窗进行性能提升，改造前裙房外窗为推拉和固定结合开启幕墙，高层主体部分采用推拉式条状窗和幕墙两种窗户形态。裙房和高层主体均采用单框塑钢窗框和中空双玻净白玻璃；改造后裙房改为固定幕墙，减少窗户缝隙造成的能耗损失，高层主体改为普通点状窗，开启方式为内平开和固定结合布置，采用单框断桥铝合金窗框和中空双玻 Low-E 玻璃材料。

四、结语

严寒地区建筑的主要能耗是采暖期能耗。本项目改造针对围护结构的综合性能进行优化，包括屋面保温、外墙保温及减少窗墙面积比、外窗性能提升三个方面，整体上提升了既有建筑围护结构的热工性能。

（哈尔滨工业大学供稿，康健、金虹、黄锰、邵腾执笔）

北京新世界酒店改造

一、工程概况

北京新世界酒店是新世界集团下属新世界房地产公司在崇文门外 1 号地西侧开发的项目。酒店位于崇文门外大街，东临小区内部路，西邻祁年大街，北临东打磨厂街，南临东兴隆街。总用地面积 9803m²，总建筑面积约为 9.15 万 m²，其中地上建筑面积约 6.7 万 m²，地下建筑面积 2.45 万 m²。建筑地上 9/11 层，地下 3 层，地下局部有夹层。

建筑主体沿南北方向分成两个功能分区：南部为办公区，地上 9 层，其建筑面积约为 1.73 万 m²；北部为酒店区，地上 12 层，其建筑面积约为 5.04 万 m²。

酒店区：地上 12 层，建筑面积 50000m²，建筑高度 45m，客房总数 309 间（套）。一～三层为酒店大堂、咖啡厅、宴会厅、会议厅、后勤用房及餐饮、康乐设施等，四层为设备机房、客房，五～十一层为客房，十二层为轻膳酒吧、设备机房等。酒店于 2013 年建成运营，是一家五星级酒店。

办公区：地上 9 层，建筑高度 33.5m。一层为门厅、沿街商业、空调机房，二层为酒店餐饮用房，三层及以上均为办公用房（图1）。

图1 新世界酒店外观图

二、改造前状况

（一）酒店能耗监测现状

1.电量

一级计量：酒店配电室有 4 台变压器（即 1 号变、2 号变、3 号变、4 号变），从已有的酒店变配电系统中抄录一级计量数据。

二级计量：楼层没有配置远传计量电表。

三级计量：印吧、行政酒廊、中餐厅及后厨、宴会厅及后厨、KTV 及后厨、大堂吧、员工厨房、健身中心、室内游泳室、按摩房、商务会议、后勤区域各部门（如：财务部、市场销售部、餐饮部、人事部、客房部、工程部）等区域没有配置远传计量电表。

重点设备计量：针对空调主机、冷冻泵、冷却泵、电梯等设备可以从已有的电力监控系统中抄录数据，关于厨房补风机、空调机组等设备没有配置远传计量电表。

2.自来水用水量

自来水用水包含三部分：生活冷水系统、生活热水系统、其他能源系统的市政补水（如：中水系统补水、热力站补水、空调机房补水等）。生活冷水系统由市政供给酒店；生活热水系统热源由热力公司提供，经过换热后用来洗浴。

一级计量：各路市政冷水总进水管具有监测水表，不带通信功能。

二级计量：各功能区域没有配置远传监测水表。

3.中水用水量

中水系统由中水机房产水后用于卫生间冲厕，水量不够，市政冷水进行补水。

一级计量：中水机房中水产水总量具有监测水表，不带通信功能。

二级计量：各功能区域没有配置监测水表。

4.供热计量

冬季供暖和生活热水热源来自热力公司，通过换热后供给酒店，采暖一次总管和生活热水一次总管已有预付费热量表进行收费计量，可以抄录数据。

5.供冷计量

采用水冷式中央空调，供冷总管没有配置监测仪表。

6.天然气

天然气已有收费仪表，可以抄录数据。

（二）其他自动化监控系统

酒店在地下二层变配电室设有一套电力监控系统，集中监管变配电室与中央空调机房配电房。

另外，在地下 M 层工程部设有一套 BAS 控制系统和客房房控系统，低压配电系统具有一套电力监控系统。

（三）管理方式

日常管理方式以人工抄表，统计电、水、供热能耗的总量为主，没有能源管理系统平台，通过监测、报警、数据分析来辅助管理，精细运营管理程度不高。

三、改造内容

（一）系统平台网络构架

能源管理系统采用分层分布式三层结构：现场设备层、网络通信层、系统管理层。

1.现场设备层

现场设备层进行能耗、能效、环境、运行管理等数据的采集，并且可以对接已有系统（如电力监控系统、BAS 系统等），主要依托远传电表、远传水表、远传冷热量表、环境参数传感器等进行相关数据的采集。底层数据的核心是保障准确、稳定、可靠，并通过接口向上一级系统实时、准确地传输数据。

2.网络通信层

本平台采用自主搭建的酒店的系统网络，采用星形组网方式，现场各分散计量设备通过底层的 RS485 总线、上层的以太网总线方式将能耗数据上传至酒店能源管理中心（设置在地下 M 层工程部办公室）；采用成熟设备管理酒店监控中心和就地监测或控制单元相互之间的数据通信，保证它们的数据有效传送、不丢失，实现现场采集层和系统管理层的数据传输。

3.系统管理层

系统管理层，其核心是软件和应用层面。从底层采集到数据后，进行存储、处理、分析、应用等，并达成指导能耗管理的目标。系统具备能耗分析、能效计算、节能诊断、能耗报表、节能管理等功能模块。系统能实现能耗实时监控、日常能耗管理、分析、重点设备管理等功能，在这些数据集中处理和分析的基础上建立各类指标体系，帮助制定考核、能耗管理制度，减少人工成本。系统还可为酒店领导、主管部门、设备运行管理人员等提供不同的管理窗口。

（二）系统软件功能完善

最低的应用软件安装要求：

操作系统软件：Windows Server 2008 中文标准版

数据库软件：Windows SQL Server 2008 中文标准版

软件功能可根据用户需求进行定制。

EnergyView 酒店能源管理平台，展现方式采用 Web 形式部署，不需要安装任何客户端插件，只要有 Internet 的地方，就可以方便地实现访问和客户端的零维护。为酒店高层领导、各功能区域主管、设备管理人员等提供了不同的管理窗口，

通过一个页面掌握酒店各个用能单位的能源消耗情况，通过对各种能源消耗的精细化管理，实现了对能源消耗的各个环节的实时监控、统计分析、多维对比、重点设备能效监管等功能，通过系统的分析结果进行能源公示、辅助领导决策、帮助制定考核、能耗管理制度，提高了能源管理的数字化和智能化水平。

在能源管理平台中，用户可以定义多种不同的角色，不同角色具有不同的访问权限，而每个用户登录系统只能查看自己权限范围内的内容，保障系统安全。系统功能包括以下几点：

1.酒店用能概况

2.实时监测（能源消耗、空气品质、视频监控）

3.数据多维分析

4.节能专家诊断分析

5.指标管理

6.定额考核

7.报警中心

8.成本管理

9.设备管理

10.报表管理

11.安全管理

12.基本信息管理

13.移动终端服务

（北京合众慧能科技股份有限公司供稿，

袁征、吴志远执笔）

上海 K11 购物艺术中心
（香港新世界大厦裙房装修工程）

一、工程概况

（一）地理位置

上海 K11 购物艺术中心（香港新世界大厦）位于上海市淮海中路 300 号，西邻马当路，东靠黄陂南路，北依金陵路，与中环广场、瑞安广场、香港广场等高楼大厦毗邻而居，地理位置得天独厚，是淮海路商圈的地标建筑（图 1）。

图 1　香港新世界大厦项目实景图

（二）建筑类型

香港新世界大厦（K11）始建于 2001 年，2003 年竣工，是淮海路上的地标式建筑，大厦总面积 130384.17m²，高 58 层，由裙房和塔楼组成，其中裙房（含地下 3 层）为商场、会议、餐饮、娱乐设施及停车场，塔楼为甲级写字楼。

二、改造目标

由于之前商场商业定位不够明确，交通通路及疏散等不够清晰，无法很好地聚集人流，商业氛围较差，且经过十年的使用室内装修显得陈旧、过时。因此，根据一贯倡导的 K11"艺术、人文、自然"理念对商场进行大规模的商业改造，重新进行商业定位包装，以期成为真正服务于各层次顾客的商业地标。

2011～2012 年，香港新世界大厦结合地下室和裙房室内装修开展建筑节能改造工程。改造范围：地下三层至地上五层（包括 6 层裙房屋面），改造面积约 3.75 万 m²。改造后建筑功能：地下三层至地上五层主要为商业和餐饮，六～九层为停车库，十层以上主要为甲级办公楼。

三、改造技术

本次改造结合装修设计对裙房的围护

结构和设备系统进行了全面升级。其节能目标不仅要满足国家及上海市当时的节能设计规范，更以 LEED 设计顾问提供的外围护设计要求为标准进行设计，最终取得了 LEED-CS 金级认证。

（一）围护结构改造措施

节能改造前围护结构未采取节能措施。改造后屋面采用 120mm/45mm 厚的防火酚醛复合夹芯板外保温系统和 165mm 厚的玻璃棉内保温系统；外墙采用 80mm/65mm 厚的岩棉板外墙外保温系统和 70mm 厚的酚醛板外保温系统；主楼玻璃幕墙采用断热铝合金中空玻璃（8Low-E＋12A＋8），屋顶透明部分采用断热铝合金中空玻璃（8Low-E＋12A＋6 透明＋1.52PVB＋6 透明）。

（二）空调采暖系统改造措施

1.空调冷热源

大厦低区（地下三层至地上三十三层）原有 4 台制冷量为 3000kW 的特灵离心式冷水机组，位于十层的冷冻机房，从中划分出 2 台供改造范围内的商场使用，两台机组总制冷量为 6000kW，空调冷冻水系统与原大厦系统分离，确保主机与水系统单独供改造区域使用。冷冻水供回水温度为 7℃/12℃。

空调热源部分，选取大厦原有 3 台热水锅炉中的 1 台，单独出一路热水供回水支路为改造范围内的商场提供空调热水。热水一次侧温度为 90℃/70℃，经过热水板换后提供二次侧供回水温度为 60℃/40℃。

2.水系统

大厦低区 4 台冷水机组原配有 5 台冷却水泵，5 台冷冻水一次泵，4 台冷冻水二次泵。节能改造时，新增 3 台冷冻水循环泵，经集管与制冷机组连接，冷冻水采用开式膨胀水箱补水定压；空调热水一次侧、二次侧分别新增 2 台高效水泵，水泵效率均达到 83％以上，其中空调热水二次泵为变频泵，根据系统末端压差控制，可实现在满足使用要求的情况下，降低二次泵的转速以达到节能目的（图 2）。

图 2　新增冷冻水泵

3.风系统

本项目首层办公大堂采用全空气空调系统，过渡季节加大新风量以实现节能运行。餐饮、商铺、购物廊/中庭及其他走道区域等采用风机盘管加中央处理新风的空调方式。节能改造时，重新规划新风与排风系统，并采用转轮热回收，节约运行能耗。节能改造区域共设有 16 台新排风热回收机组，5 台空调箱，12 台风机盘管。新排风热回收机组的热回收率为 65％。

4.空调自控系统

本项目空调设备自控系统采用直接数字控制系统（DDC 控制系统），并与 BAS

系统相连。制冷机房内设制冷系统群控装置，制冷机组启停、冷冻水泵启停及频率、冷却塔启停、冷却水泵启停由制冷系统群控装置统一控制。

空调箱送风管设送风管压力传感器，空调箱送风机均为变频风机，根据压力传感器调整风机转速，实现变风量功能；空调箱新风管上设定风量阀，冬、夏季为最小新风开度，过渡季节为最大新风开度；在排风系统中设置 CO_2 感应检测装置，根据检测排风系统中 CO_2 的浓度调节新风风阀开度，在满足较好空气质量的情况下通过调节新风量达到节能目的。

（三）照明系统改造措施

本项目改造时，公共场所选用紧凑型荧光灯、LED灯、金属卤化灯等类型的照明灯具。大厅、走廊、电梯厅照明由 BA 系统分时段控制；泛光照明及立面照明由 BA 系统分季分时段自动集中控制。

（四）能源计量系统

本项目设置有线远程计量系统，该系统由数据采集、数据传输、数据管理处理分析统计三部分组成，具体包括远传表、采集器、集中器、交换机、管理计算机和系统软件等部分。数据采集器采集各远传表的信号并转换成相应的能耗数，数据集中器通过 RS485 总线采集各数据采集器内的数据并将采集到的数据上传给管理中心计算机。

（五）绿化设施

本项目在六楼设置了屋面花园，在外墙建成了1100多平方米的垂直绿化，绿化植物长势良好，有效减少热岛效应（图3）。

图3　外墙垂直绿化

（六）中水回用

本项目设置了中水回用系统，位于地下三层中水站内，处理能力为 $1.8m^3/h$，供装修范围内厕所及绿化灌溉用水。

四、改造效果分析

（一）项目空间布局及外观呈现

商场的6个楼层在视觉上透过位于中庭由地面展开的顶棚达到良好的连接及延续，此由玻璃建造的有机形态顶棚总面积达到 $280m^2$，其独特的辐射三角状玻璃拥有极佳的透视性。商场出入口及循环的动线在配置上透过节节围绕中庭的方式，将"想象之旅"和艺术展示、公共区域、高科技纵横错落地交织在一起，并借由生活元素与自然素材增添其人文内涵。

（二）围护结构改造效果分析

采用 PKPM 能效测评分析软件分析建筑围护结构的热工性能和建筑能耗，经计算分析，外墙平均传热系数为 $0.45W/(m^2 \cdot K)$，主力店屋面、自动扶梯屋面传热系数为 $0.64W/(m^2 \cdot K)$，地下室室外顶板传热系数为 $0.72W/(m^2 \cdot K)$，三楼公共开放空间屋面传热系数为 $0.26W/(m^2 \cdot K)$，东、南、西、北向幕墙传热系数为 2.30～2.54W/(m²·K)，综合遮阳系数分别为 0.28～0.34，屋顶透明部分传热系数和遮阳系数分别为 2.30W/(m²·K)、0.34，除了地下室室外顶板传热系数大于《公共建筑节能设计标准》GB 50189 指标限值外，其余参数均能满足标准限值要求。

经权衡计算，该商业建筑改造部分全年单位面积能耗为 120.45kWh/m²，参照建筑全年单位面积能耗为 123.70kWh/m²，节能率为 51.31%，满足《公共建筑节能设计标准》GB 50189 的要求，且同未改造前相比，节能效果较为明显。

（三）空调采暖系统

对改造区域冷水机组制冷性能系数进行检测，检测结果为 5.18（W/W），按照《蒸汽压缩循环冷水（热泵）机组 第1部分：工业或商业用及类似用途的冷水（热泵）机组》GB/T 18430.1 中的规定抽检冷水机组修正后的制冷性能系数为 5.50（W/W），符合《公共建筑节能设计标准》GB 50189 中相应冷水机组制冷性能系数 5.10（W/W）的限值要求。

（四）照明系统

依据照明现场检测结果，各功能区域的照度、照明功率密度满足《建筑照明设计标准》GB 50034 目标值的要求。

五、结语

经过综合改造与功能提升，该大型商业建筑为消费者呈现的，不仅是一座购物中心，更是一座艺术乐园、环保体验中心、主题旅游景点和展示人文历史绝佳的时尚创意新地标。该商业建筑采用的系统化节能改造措施具有很好的推广应用价值，适合那些系统设备较为陈旧，建筑围护结构热工性能较差，能源消耗较大的商业建筑，适宜的改造措施主要有以下几个方面：

（1）与新建建筑相比，既有公共建筑更换冷热源设备的难度和成本相对较高，因此，既有公共建筑冷热源系统节能改造应以挖掘现有设备的节能潜力为主。

（2）照明系统应合理选用高效节能灯具，降低照明能耗，并通过智能照明系统进行控制，对室内照明进行综合统一控制，在满足需求的前提下，达到节能的效果。

（3）运用楼宇自控系统，把所有能耗系统集成在一个平台上面进行控制与管理，优化系统运行，以达到节能的要求。建立分项计量动态监控系统，可以对建筑能耗进行整体监控，有助于建筑节能潜力的进一步挖掘。

（4）优化围护结构，根据上海的气候特征以及公共建筑本身围护结构的特点进行改造，并且合理选用保温和外窗节能技术来达到节能的目的。

（上海房地产科学研究院供稿，赵为民、古小英、杨靖、张蕊、俞泓霞、杨霞、张超、钱昭羽、张吉鑫、华俊杰、满唐骏夫执笔）

永新广场改造

一、工程概况

（一）地理位置

永新广场位于上海市黄浦区南京西路128 号，南临南京西路，北临凤阳路，东面与金门大酒店相邻，西面与上海市体育局相邻。本项目地处人民广场繁华商圈，享受人民广场、南京西路等成熟的商业配套（图 1）。

图 1　永新广场项目实景图

（二）建筑类型

该项目为办公建筑，主楼地上 22 层，地下 2 层（停车库及设备辅助用房），建筑高度 97.9m，裙房 7 层，建筑高度36.4m。项目总建筑面积 29027.38m²。

二、改造目标

屹立在繁华的闹市区，永新广场曾是上海改革开放以来的第一代写字楼。走进新世纪后，永新广场也跟随着时代的脚步与全新的绿色与可持续发展理念接轨，开始了由内而外的一场全新升级。焕发新生的南京西路 128 号永新广场，将成为市中心区域受人瞩目的绿色标杆。

三、改造技术

永新广场的主要改造内容包括外围护结构、空调系统、照明系统、电能监测与控制系统、给水排水系统、电梯改造。

改造后，永新广场获得 LEED 白金级认证，并且是上海第一家获得 LEED 白金级认证的写字楼。

（一）围护结构改造措施

屋面保温采用 100mm 厚的泡沫玻璃板、墙体非透明幕墙采用 50mm 厚的岩棉板、透明幕墙采用 6mm 厚的夹胶 6Low-E＋12A＋6 玻璃、外窗采用断热铝合金窗框 6Low-E＋12A＋6 玻璃。围护结构节能计算已经通过施工审查，改造后节能率达到 50.76%，符合《公共建筑节能设计标准》GB 50189 的要求。

（二）空调采暖系统改造措施

1. 空调冷热源

将原有的 3 台水冷机组更换为 2 台制冷量为 1758kW 的水冷离心式冷水机组（COP 为 5.78），COP 达到《公共建筑节能设计标准》GB 50189—2005 中 5.1 的要求；2 台制冷/热量为 1024.8/864kW 的空气源热泵机组（制冷 COP 为 3.37）替换原 2 台电加热器，COP 达到《公共建筑节能设计标准》GB 50189—2005 中 2.8 的要求（图 2）。

2. 水系统

冷冻水二次泵由原来的定频水泵改为变频水泵。改造后空气调节冷热水系统的输送能效比（ER）符合《公共建筑节能设计标准》GB 50189 的要求。

3. 风系统

改造后七～九层可根据 CO_2 气体的浓度自动控制新风阀。十一～二十层新风由屋顶总新风机供给，且利用屋顶转轮式热交换器回收排风中的能量，节约新风能耗。

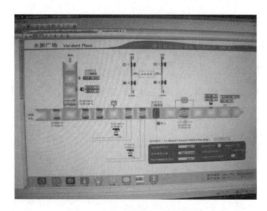

图 2　空调系统自动化控制

（三）照明系统

改造时选用高效 LED 灯具，办公区域照明功率密度为 $6.5W/m^2$，公共区域为 $4.1W/m^2$，车库为 $1.9W/m^2$。照明功率密度符合国家标准《建筑照明设计标准》GB 50034 目标值的要求。

照明系统使用自动控制，租户区域靠窗区域采用日光感应器控制，可根据阳光要求开启；公共区域、室外泛照明由 BAS 系统设定开启时间；一、二十一、二十二楼大堂可根据租户要求设置不同的照明场景。

（四）电能监测与控制系统

在末端设置远程电能计量系统，对空调、照明动力用电分开计量，并对用电量进行分析。在低压配电房设置一套电能管理系统，可检测建筑用电情况，并进行用电量分析（图 3）。

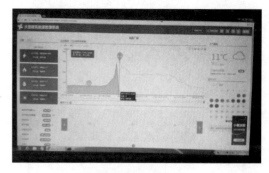

图 3　能耗监测系统

（五）运行维护

（1）节能、节水、节材、绿化等具有完善的操作规程和应急预案，在现场明示，操作人员严格遵守规定，记录完整（图 4）。

（2）定期检查、调试公共设施设备，并根据运行检测数据进行设备系统的运行优化。具有设施设备的检查、调试、运行、标定记录，且记录完整，制订并实施设备能效改进等方案。对空调通风系统进行定期检查和清洗。制订空调通风设备和风管的检查和清洗计划，实施检查和清洗计划，且记录保存完整。非传统水源的水质和用水量记录完整、准确。定期进行水

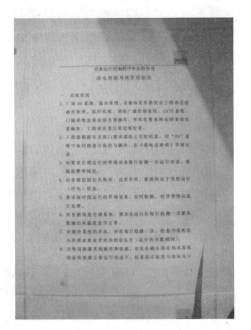

图 4　运行管理制度

质检测，记录完整、准确，用水量记录完整、准确（图 5）。

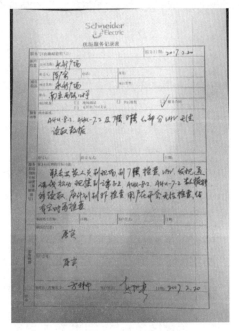

图 5　设施设备运行记录

（六）电梯运行技术

将原 6 台"东芝"旧升降电梯更换成为目前"迅达"全球最高端的 Schindler 7000 型智能节能型电梯。采用电梯群控控制、轿厢无人自动关灯技术、驱动器休眠技术、扶梯变频感应启停等节能措施（图 6）。

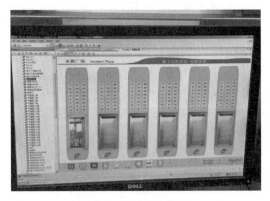

图 6　电梯群控控制

四、改造效果分析

永新广场绿色化改造后，建筑功能有所提升，升级为高端商务办公楼。根据改造后的设备功率、效率以及运营措施，与大厦改造前的运行时间和运行工况相比，节能量为 284.6t 标煤，单位建筑面积节能率为 25.9%。

改造后，永新广场除了获得 LEED 白金级认证，还成功申报了"上海市建筑节能示范项目"和"上海市公共建筑节能改造重点城市示范项目"等奖项，具有较好的示范性和推广价值。

五、结语

绿色低碳、节能减排是 21 世纪人类社会面临的共同课题。绿色建筑科技是写字楼建设的革命性变革，是大势所趋。尽管当下不少专家指出，国内的 LEED 认证项目大多只是为了披一身昂贵靓丽的绿色外衣，但以永新广场为代表的忠实实践者在推动 LEED 科技革命的征程中，付出了务实行动。中国首家非新建写字楼 LEED 白金级预认证的永新广场，注定会成为绿色建筑的杰出代表，引领绿色办公新时代，并必将成为上海繁华市中心最适宜办公入驻的写字楼标杆。

（上海房地产科学研究院供稿，赵为民、古小英、杨霞、杨靖、张超、俞泓霞、张蕊、钱昭羽、张吉鑫、华俊杰、满唐骏夫执笔）

住房城乡建设部三里河路9号院（甲字区）综合整治

一、工程概况

（一）地理位置

住房和城乡建设部三里河路9号院（甲字区）综合整治项目位于北京市海淀区，车公庄西路以南，首都体育馆南路以西。总建筑面积57907.54m²，详见图1。

（二）建筑类型

原有建筑始建于1950年代末，1号、2号、4号、5号、6号、12号、甲5号、甲7号、印刷厂居民楼以及人防指挥部为砖混结构，楼层数为3～6层；甲8号楼为剪力墙结构，地下2层，地上20层。

二、改造目标

住建部三里河路9号院（甲字区），建于1950年代末，建筑多为3～6层砖混结构，建筑高度4.5～19.2m；其中甲8号为高层住宅，剪力墙结构，建筑高度55.75m。本次改造的主要内容包括建筑结构加固改造，建筑节能改造，公共部位修

图1　住房和城乡建设部三里河路9号院（甲字区）综合整治项目位置图

缮改造，设备设施改造，人防改造及总平面的改造。

结构方面，1号、5号、6号居民楼及印刷厂楼为3～4层砖混结构，屋顶为木屋架，经抗震鉴定，房屋楼层综合抗震能力指数小于1.0，需进行结构加固。加固的主要方法为：对墙体进行单面70mm厚或双面各70mm厚的钢筋混凝土板墙加固，并将原有木屋架拆除后重新更换为钢屋架。加固后可满足设防烈度为8度的抗震加固设防目标，后续使用年限为30年，满足建设单位对房屋的使用要求。

对原建筑进行节能改造，增设外墙保温及更换屋面保温和防水；外墙重新粉刷及贴墙面砖；更换外门窗为塑钢中空玻璃平开窗。

对原建筑进行智能化改造，采暖系统采用热计量技术，将大数据温度的变化数据信息实时传输到云数据库中，根据室外温度等信息及时调节室内温度，降低资源消耗。

为了更好地满足小区居民的居住需求，方便居民出行及生活便利，需要对小区公共部位进行修缮改造及设备设施改造等"菜单式"改造。针对小区居民老人居多的现象，作"适老性"改造，增设残疾人坡道。公共区域设施修缮包括更换带可视对讲门禁的单元门，楼道内指示牌及应急指示灯更新，增加各楼内每户的户门标识牌，公共部位粉刷见新，楼梯间地面修补，墙面及顶棚粉刷见新，栏杆扶手粉刷见新，室外台阶修复、栏杆更换为不锈钢栏杆，窗井栏杆重新粉刷。空调室外机拆除后统一规划

安装。设备设施改造为更换住宅楼内给水排水及暖气立管。

三、改造技术

改造项目参照《绿色建筑评价标准》GB/T 50378及相关规范图纸对原建筑进行绿色化改造。改造重点围绕1号、5号、6号、甲5号、印刷厂居民楼抗震节能综合改造；2号、4号、12号、甲7号、甲8号、人防指挥部建筑节能综合改造；给水排水、电气、暖通系统更新改造；消防、安防系统改造；地下空间及人防工程改造；环境整治等几个方面展开。

（一）光伏照明节能技术

照明系统电力主要由屋顶安装的光伏组件提供，多余电力存储在照明智控系统柜内的蓄电池组里。当连续阴雨天光伏组件提供电力不足且蓄电池电力不足时，电力由楼栋内该层原有的照明配电箱提供，以保证照明系统的正常运行。蓄电池组电力蓄满时，可供系统应急照明2.5～3h。照明灯具为10W LED灯，采用红外热释感应开关控制光伏照明节能技术，详细做法见图2～图4。

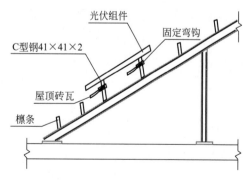

图2　光伏电路板及支架安装设计图

图3　现场光伏板安装

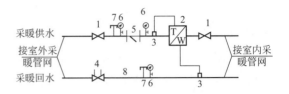

图5　流温法热力入口装置设计图

1—关断阀；2—热量表；3—温度传感器；

4—平衡阀（兼关断阀）；5—Y形过滤器；

6—压力表；7—温度计；8—DN15泄水阀

图4　现场光伏线及灯具安装

图6　现场实际效果图

（二）供热计量改造技术

对热计量系统进行升级改造，统一采用流温法热计量系统（图5）。该系统使用全新的垂直系统无线网络方案，并更新住户的室内调节阀门为自动恒温调节阀，提供更方便的数据中心查询系统（图6）。升级内容包括：

（1）使用恒温调节阀，实现自动温控调节。

（2）增加流量标定管段，住户的流量比例测定更加准确。

（3）增加测温三通，对不能改造的住户进行补点。

（4）室外通信方式无需再布线，采用无线通信方式。降低了施工难度，组网更加灵活，易于依据现场实际情况调整设备网络结构，工程适应性更强大。

（5）无需二次入户编写地址，设备地址编写工作将自动完成。

（6）采用中继接力通信方式，扩大网络覆盖范围，消除通信死角，提高数据上点率。

（7）采用数据中心管理模式，方便住户和供热站通过通信网络接入管理。

（三）断桥铝节能门窗技术

铝合金门窗采用60系列断桥铝合金

型材，传热系数 $K \leqslant 2.8 W/(m^2 \cdot K)$。玻璃采用 6+12A+6 中空玻璃（门扇玻璃、单块面积 $\geqslant 1.5m^2$ 的窗玻璃、距地面 $\leqslant$ 600mm 的窗玻璃，采用钢化中空玻璃）。

建筑门窗性能应满足下列要求：①外门窗气密性等级：一～六层建筑外门窗气密性等级不应低于现行国家标准《建筑外门窗气密、水密、抗风压性能分级及检测方法》GB/T 7106 规定的 4 级，七层及七层以上不应低于 6 级；②外门窗水密性等级为不低于 3 级水平：$250Pa \leqslant \Delta P \leqslant 350Pa$，抗风压等级多层不低于 4 级水平：$2.5kPa \leqslant P3 \leqslant 3.0kPa$，中高层和高层不应低于 5 级水平：$3.0kPa \leqslant P3 \leqslant 3.5kPa$，隔声性能 $\geqslant 30dB$。

本工程隔热门窗采用内平开方式，配两点锁。窗开启扇配隐形纱扇（图 7）。

图 7　断桥铝门窗实际效果图

（四）小区智能门禁系统

本项目门禁系统设计为非可视门禁对讲系统，系统组网类型为模拟总线型，将小区工程中 10 幢住宅楼及一处人防指挥部、46 个单元梯口、480 余户住户联成一个对讲的智能网络，以完成楼宇对讲、紧急求助等物业管理功能。整个系统有五级控制，六层设备：由用户室内分机、层间分配器、单元门口主机、单元隔离器、管理中心机组成。门口机支持密码开门，室内分机（带呼叫键，不含防区功能），各单元入口配备 1 台单元门口主机，不设置小区对讲围墙机，小区对讲管理主机暂按新增处理。系统配备小区管理主机一套、管理电脑一台。每户配备 3 把电子钥匙（ID 型），物业暂不配备。对讲系统管理主机设置于甲区中控室。系统追位管采用 JDG 管明配（图 8）。

图 8　智能门禁系统实际效果图

（五）聚氨酯防水保温一体屋面技术

本工程采用聚氨酯防水保温一体屋面技术，具体施工方法为：

（1）原有木屋架不拆除并安装 100mmC 型钢镀锌支架，规格为 C80×50×20×2，采用双螺钉将其与屋架檩条连接，支架横纵间距为 900mm×700mm。采用规格为-4mm×50mm 的镀锌扁钢将镀锌支架纵向连接；长度为 40mm 的燕尾钉将规格为 40mm×40mm×2mm 的镀锌方钢、镀锌扁钢、C 型钢支架连为一体。

（2）喷涂硬泡聚氨酯，聚氨酯厚度不

小于 80mm。待硬泡聚氨酯成型完成后，喷射 10mm 厚的 DBI 砂浆，表面喷抹平整；喷涂硬泡聚氨酯密度不小于 55kg/m³，燃烧性能 B1 级，成型压缩强度不小于 300kPa，泡沫吸水率不大于 1。

（3）喷涂硬泡聚氨酯时，屋面边缘 500mm 范围设置防火隔离带。屋面边缘 500mm 范围内硬泡聚氨酯厚度为 50mm，

发泡成型后上面铺设 30mm 厚的竖丝岩棉复合板，完成后喷射 10mm 厚的 DBI 砂浆，随坡找平。

（4）DBI 砂浆喷抹找平后，采用配套防水螺钉安装合成树脂瓦。合成树脂瓦安装后，采用耐候密封胶将螺母、钉孔薄弱部位进行防水处理（图 9、图 10）。

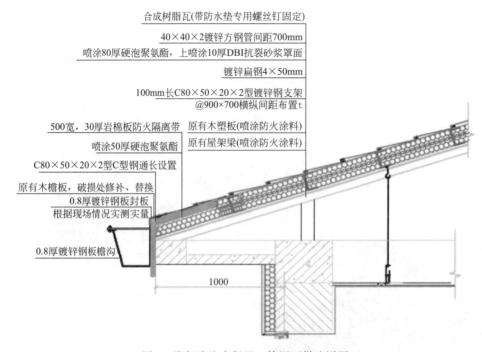

图 9　聚氨酯防水保温一体屋面做法详图

图 10　聚氨酯防水保温一体屋面施工图

四、结语

住房和城乡建设部三里河路9号院（甲字区）综合整治项目，是北京市海淀区内一个非常典型的针对老旧小区的结构及节能措施改造项目，项目所采用的光伏照明节能技术、供热计量改造技术、断桥铝节能门窗技术、小区智能门禁系统以及聚氨酯防水保温一体化屋面施工技术等，提高了结构的安全性，节约了能耗，也提高了原有居民特别是高龄老人生活的舒适度，取得了良好的应用效果，得到了社会各界的好评。

（中国中建设计集团有限公司供稿，
百世健、李婷执笔）

南京市江宁区上堰村既有村镇建筑围护结构综合性能提升改造

一、工程概况

（一）地理位置

该工程位于南京市江宁区淳化街道青山社区上堰村。上堰村总面积 18.18hm²。紧邻黄龙堰水库、青龙山林场，灌溉面积 5000 亩，现为水源地一级保护区。山水相依、临风向阳，如图 1 所示。

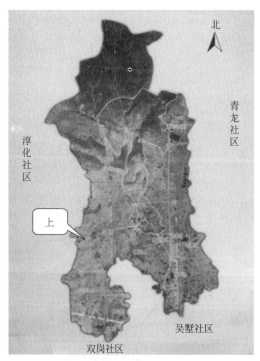

图 1　南京市江宁区淳化街道青山社区上堰村

（二）建筑类型

该工程包括两栋改造的农村民居建筑，建筑朝向均为南北向，建于 2000 年左右，为农民自有居住用房。两栋改造建筑均为两层，其中 1 号民居建筑面积 118.57m²，2 号民居建筑面积 120.79m²，两栋建筑均为砖混结构。原围护结构外墙为 240mm 厚的普通黏土砖，南向立面为涂料饰面、面砖饰面，其余立面为水泥砂浆抹面，屋面为瓦屋面，无保温措施。建筑于 2005 年左右进行局部改造，由原有单层木窗更换为铝合金单层玻璃窗。该建筑用能主要是电能，供暖空调系统采用分体空调，电线、电视线等相关线缆零乱地分布在建筑外立面。照明系统采用普通节能灯，住户只有一个总表计量总耗电量。

二、改造目标

该地区的农村民居建筑均为自建房，对建筑的保温隔热问题不够重视，缺乏相应的节能技术措施，能源浪费严重。建筑单体方面，改造民居已使用了 15 年以上，期间进行过几次装修，存在能耗较大、室内热环境差等诸多问题。

围护结构墙体、门窗均没有保温隔热措施，热工性能差，屋面保温性能虽较好，但也达不到现行居建节能标准，从而室内热舒适性差，供暖空调能耗较高。村内场地方面，村广场被挪用作停车场，车流量较大，存在一定的噪声污染，村内广场地面均未作处理，容易扬尘，影响居民的居住生活。

道路方面，村内道路为普通夯土路或年久失修，下雨天路面积水严重。道路两侧有部分绿化，主要采用的是城市绿化常用苗木，如冬青等；村内绿化风格主要借鉴城市道路隔离带的风格布置，但未进行相应的统筹设计，风格体系不统一，缺少美丽乡村的自然情趣。

通过对围护结构进行综合性能提升改造，以降低建筑空调、采暖能耗；同时对场地环境及里面风格进行改造。通过改造力求为居民创造舒适的生活环境。

三、改造技术

参照《江苏省居住建筑热环境和节能设计标准》DGJ 23J71 等对原建筑进行综合改造。重点是对建筑的围护结构进行改造，其中分别对建筑的外墙、外窗及屋顶进行改造，同时对建筑风格及场地环境进行改造。

（一）外墙节能改造

两栋民居均为砖混结构，原围护结构外墙大部分为普通黏土砖，1 号民居外墙总面积约 203.5m²，2 号民居外墙总面积约 208.54m²。原立面大部分为水泥砂浆抹面，建筑外立面美观度较差，所以决定采用外保温的形式对外墙进行节能改造，同时进行外立面出新。

由于两栋民居外立面主要为水泥砂浆抹面，所以在对外墙进行节能改造时只需要进行简单的处理，就可以进行保温材料

的施工作业。

外墙外保温材料采用石墨聚苯板，石墨聚苯板除了具备普通 EPS 的所有性能外，还具有如下优势：绝热能力更强，它的绝热能力比普通 EPS 至少高出 30%，有助于提高能效并减少二氧化碳的排放；防火性能达到难燃性能 B 级。石墨聚苯板施工如图 2 所示。

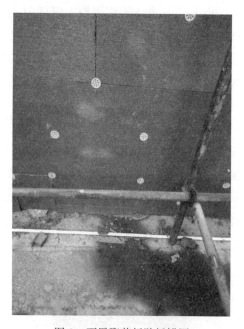

图 2　石墨聚苯板贴板锚固

（二）外窗节能改造

本工程原外窗大部分为铝合金单层玻璃窗，个别外窗为单层玻璃木窗，传热系数较低，气密性较差。改造时更换为 5mm ＋19A 内置百叶＋5mm 的断桥隔热铝合金中空玻璃窗（图 3），传热系数由 6.4W/（m²·K）降低到 2.6W/（m²·K），气密性达到 6 级。

根据既有建筑外窗，本工程主要采用 60 系列铝合金断桥隔热上悬窗、90 系

列铝合金断桥隔热推拉窗两种规格的外窗。

外窗遮阳系统在夏热冬冷地区是很有效的建筑节能措施。夏热冬冷地区夏季通过窗户进入室内的太阳辐射热构成了空调的主要负荷，设置遮阳尤其是活动遮阳是减少太阳辐射热进入室内、实现节能的有效的手段。合理设置遮阳装置能遮挡和反射 70%～85% 的太阳辐射热，降低空调能耗约 30%。在冬季可收起遮阳，让阳光与热辐射透过窗户进入室内，减少室内的供暖负荷并保证采光。内置百叶的遮阳系数可达 0.2 左右，节能效果极佳。

改造后民居采用中置遮阳中空玻璃窗，将百叶窗帘整体安装在中空玻璃内，采用手动来控制百叶窗帘，形成可升降或翻转的遮阳系统，如图 3 所示。该系统的优点有：遮阳效果好，抗风能力强，耐用，维护费用低，不影响建筑立面。

图 3　断桥隔热铝合金中空玻璃窗

（三）屋顶节能改造

两栋民居屋顶均为传统的木屋梁上盖青瓦的屋顶，改造前基本无保温措施，改造前屋顶传热系数约 $3.9W/(m^2 \cdot K)$，热工性能较差。这种传统的屋顶在上面增加保温层的做法不容易实现，改造时考虑增设空气层和吊顶。该两栋民居层高较高，通过吊顶可制造出较厚的空气层。为配合综合改造，经与业主协商，业主愿意增加吊顶，改造后，民居的屋面传热系数大幅降低。

（四）立面风格及场地环境改造

该工程结合美丽乡村改造，融入该村以"水利文化"为主题的切入点，通过生态保护、土地整理、文化挖掘等措施，还原乡土本色，打造包括水利文化科普基地、水上运动基地、山地骑行、特色驿站等具有鲜明自然基质特色的新农村。

根据业主及美丽乡村要求，提出建筑单体立面改造方案（图 4）。对村内广场进行景观绿化设计（图 5），村内道路进行硬化处理，整治村内小水沟，增设景观小品等。

四、改造效果分析

（一）建筑热工指标

两栋民居作为低能耗改造示范工程，起到了良好的示范作用，改造前外墙平均传热系数约为 $2.32W/(m^2 \cdot K)$，屋顶传热系数约为 $3.9W/(m^2 \cdot K)$，外窗传热系数为 $6.4W/(m^2 \cdot K)$，遮阳系数为 0.85，建筑外围护结构的热工性能较差。改造后，2 号民居的屋面传热系数大幅降低，两栋民居外墙的平均传热系数降到 0.67W/

小青瓦屋面
粉刷材料
木质窗棂
绿植装饰
青砖做旧贴面
毛石墙清洗

图 4　建筑单体立面改造方案

文化墙　青砖铺装　特色座凳　　桔槔小品　美丽门户　景观矮墙　原有乔木　　座凳　　健身场地　指示牌

图 5　民居前的邻里广场改造方案

（m²·K），屋顶传热系数约降到 1.0W/（m²·K），外窗传热系数降到 2.6W/（m²·K），并采用中置百叶遮阳，可根据需求打开、关闭遮阳，从而达到夏季隔热、冬季充分利用太阳辐射的作用。

（二）建筑立面及场地环境提升

（1）改造后建筑立面焕然一新，村内建筑风格统一。

（2）村内广场干净、整洁，为村民提供了良好的聚会交流场所。

（3）道路两侧绿化虚实结合，营造了恬静、安然的乡村生活氛围；整治村内臭水沟，因地制宜地增设景观小品，丰富村内景观层次。

五、经济性分析

项目全部建设费用约 11.5 万元，单位建筑面积增量成本为 481.2 元。其中，节能窗改造成本约 2.5 万元，外墙及屋顶保温节能改造成本约 8 万元，立面风格及场地环境改造成本约 1 万元。

改造后两栋民居的供暖及空调耗电量指标均有所降低，改造后民居的外围护结构热工性能大幅改善，改造后建筑的能耗相比改造前降低约 30%，全年可节约电费约 0.1 万元。

六、结语

本改造工程，提高了既有农村民居建筑外墙的保温、隔热性能，降低了门窗的传热系数，满足《江苏省居住建筑热环境和节能设计标准》DGJ32J71 对节能要求的规定。

建设美丽乡村，是促进农村经济社会科学发展、提升农民生活品质、加快城乡一体化进程、建设幸福乡村的重大举措，是推进新农村建设和生态文明建设的主要抓手。

该工程在进行民居综合改造工程中与美丽乡村建设有机结合，以提高民居围护结构热工性能为基础，改善室内热舒适度，在节能降耗的同时，改善了广大人民群众的居住水平，起到了良好的示范作用。

（江苏省建筑科学研究院有限公司供稿，
刘永刚、吴志敏、魏燕丽、
陈智、胡传阳执笔）

七、统计篇

本篇以统计分析的方式，介绍了全国范围的既有建筑和建筑节能总体情况，以及部分省市和典型地区的具体情况，以期读者对我国近年来既有建筑改造和建筑节能工作成果有概括性的了解。

住房城乡建设部办公厅关于2016年建筑节能与绿色建筑工作进展专项检查情况的通报

一、总体情况

2016年，各级住房城乡建设部门围绕国务院确定的建筑节能、绿色建筑工作重点，进一步加强组织领导，落实政策措施，强化技术支撑，严格监督管理，推动各项工作取得积极成效。截至2016年年底，全国城镇新建建筑全面执行节能强制性标准，累计建成节能建筑面积超过150亿 m^2，节能建筑占比47.2%，其中2016年城镇新增节能建筑面积16.9亿 m^2；全国城镇累计建设绿色建筑面积12.5亿 m^2，其中2016年城镇新增绿色建筑面积5亿 m^2，占城镇新建民用建筑比例超过29%；全国城镇累计完成既有居住建筑节能改造面积超过13亿 m^2，其中2016年完成改造面积8789万 m^2；全国城镇太阳能建筑应用集热面积4.76亿 m^2，浅层地热能应用建筑4.78亿 m^2，太阳能光电装机容量29420MW。全国各省（区、市和新疆生产建设兵团）2016年完成公共建筑能源审计2718栋，能耗公示6810栋，对2373栋建筑的能耗情况进行监测，实施公共建筑节能改造面积2760万 m^2。

二、重点工作进展情况

总体上看，各省（区、市和新疆生产建设兵团）建筑节能与绿色建筑各项重点工作正在有序推进，并在"十三五"开局之年取得了阶段性进展，但仍存在工作进展情况不均衡、质量水准有差异等问题。

（一）关于新建建筑节能

关于新建建筑执行节能强制性标准。2016年，全国城镇新建建筑执行节能强制性标准的比例为98.8%，总体情况良好。本次检查共抽查了121个建筑节能项目，对10个违反强制性条文的项目下发了执法建议书。全国各省（区、市和新疆生产建设兵团）2016年共组织建筑节能专项检查190次，对626个项目下发了执法告知书。北京、天津、河北、山东、新疆、上海、重庆执行高于国家标准要求的地方标准，建筑节能标准进一步提高。四川、云南、海南、新疆生产建设兵团新建建筑执行节能强制性标准的力度还需加强。

关于超低能耗建筑推广。北京、河北、山东、新疆、黑龙江、江苏超低能耗建筑推广工作走在前列，北京出台《推动超低能耗建筑发展行动计划（2016—2018

年）》，计划用3年时间建设完成30万 m^2 超低能耗建筑。河北在全国率先公布实施《被动式低能耗居住建筑节能设计标准》，编制完成《被动式低能耗公共建筑设计标准》《被动式低能耗建筑施工及验收规程》等地方标准，已累计建成超低能耗建筑13.8万 m^2。

（二）关于绿色建筑

关于绿色建筑强制推广。全国省会以上城市保障性住房、政府投资公益性建筑以及大型公共建筑开始全面执行绿色建筑标准。北京、天津、上海、重庆、江苏、浙江、山东等地进一步加大推动力度，已在城镇新建建筑中全面执行绿色建筑标准。截至2016年年底，全国累计竣工强制执行绿色建筑标准项目超过2万个，面积超过5亿 m^2。北京、上海、江苏、浙江、广东、河北、吉林、云南、海南、新疆生产建设兵团等地绿色建筑占城镇新建民用建筑的比例超过了全国平均水平。

关于绿色建筑评价标识。截至2016年年底，全国累计有7235个建筑项目获得绿色建筑评价标识，建筑面积超过8亿 m^2；其中，2016年获得绿色建筑评价标识的建筑项目3164个，建筑面积超过3亿 m^2。但目前绿色建筑运行标识项目还相对较少，仅占建筑项目总量的5％左右，地域分布也不均衡，标识项目主要集中在江苏、广东、上海、山东等东部沿海地区，宁夏、海南、青海等中西部地区项目数量较少。除新疆生产建设兵团外，各地均设立了绿色建筑评价机构，上海、天津、江苏、湖南、湖北、四川、新疆等地探索开展了绿色建筑第三方评价。25个省（区、市）已发布地方绿色建筑评价标准（表1）。

城镇新建建筑节能标准执行与绿色建筑占比情况表　　　　表1

序号	省(区、市和新疆生产建设兵团)	竣工验收阶段执行建筑节能设计标准比例	城镇绿色建筑占新建建筑比例
	平均值	98.80％	28.50％
1	北京	100.00％	51.70％
2	天津	100.00％	18.18％
3	河北	100.00％	31.50％
4	山西	100.00％	9.10％
5	内蒙古	98.00％	10.06％
6	辽宁	99.00％	4.36％
7	吉林	99.00％	39.35％
8	黑龙江	100.00％	9.10％
9	山东	99.00％	22.95％
10	河南	99.90％	27.35％
11	陕西	98.44％	6.90％

序号	省(区、市和新疆生产建设兵团)	竣工验收阶段执行建筑节能设计标准比例	城镇绿色建筑占新建建筑比例
12	甘肃	98.85%	13.97%
13	青海	98.00%	10.63%
14	宁夏	100.00%	7.38%
15	新疆	100.00%	14.00%
16	新疆生产建设兵团	92.85%	92.85%
17	上海	100.00%	98.60%
18	江苏	99.00%	30.67%
19	浙江	99.00%	55.00%
20	安徽	100.00%	11.00%
21	福建	100.00%	24.80%
22	江西	98.50%	16.31%
23	湖北	99.10%	20.45%
24	湖南	99.00%	10.57%
25	重庆	100.00%	24.55%
26	四川	97.20%	23.76%
27	贵州	98.20%	27.59%
28	云南	96.00%	32.50%
29	广东	100.00%	38.00%
30	广西	98.00%	15.49%
31	海南	96.00%	32.50%

（三）关于既有居住建筑节能改造

2016年，严寒及寒冷地区各省（区、市和新疆生产建设兵团）共计完成既有居住建筑节能改造面积 7262 万 m^2，北京、天津、内蒙古、山东、新疆改造面积规模较大。天津、吉林已实现具有改造价值非节能居住建筑的应改尽改，北京、河北、内蒙古、辽宁、山东、河南、陕西、宁夏、新疆、新疆生产建设兵团已完成改造面积占具有改造价值非节能居住建筑面积的比例超过 50%。各地积极组织对中央财政支持的既有居住建筑供热计量及节能改造项目进行验收，除北京、山西、辽宁、宁夏外，其余各地均完成改造项目验收，并报我部备案。

2016年，夏热冬冷地区各省（市）共计完成既有居住建筑节能改造面积 1527 万 m^2，上海、江苏、安徽、湖北、湖南改造面积规模较大。安徽推动合肥、池州、铜陵、滁州等市结合旧城改造和老旧小区综合整治开展既有居住建筑改造，完成改造面积 585 万 m^2（表2）。

既有建筑节能改造基本情况表 表2

序号	省(区、市和新疆生产建设兵团)	既有居住建筑节能改造面积(万 m²)		公共建筑节能改造面积(万 m²)	
		2016 年度完成改造面积	2017 年度计划改造面积	2016 年度完成改造面积	2017 年度计划改造面积
	合计	8904	4627	2760.47	2487.54
1	北京	774	—	37.24	200
2	天津	1033	0	55.6	56
3	河北	42	39	14.54	30
4	山西	582	—	—	—
5	内蒙古	1145	2042	0	20
6	辽宁	0	480	0	0
7	吉林	515	0	—	—
8	黑龙江	406	0	10	90
9	山东	867	500	365.4	271
10	河南	3	44	40.93	17.54
11	陕西	61	50	—	—
12	甘肃	59	—	30.37	—
13	青海	128	150	—	120
14	宁夏	502	—	—	—
15	新疆	1115	400	—	—
16	新疆生产建设兵团	145	55	1.71	4.1
17	上海	229	150	249.62	200
18	江苏	230	160	438	400
19	浙江	101	100	121	110
20	安徽	585	262	115.68	102.1
21	福建	1	0	50	200
22	江西	3	—	—	—
23	湖北	155	95	281.47	95
24	湖南	207	70	93.55	—
25	重庆	14	20	164.46	120
26	四川	1	10	12.1	27.8
27	贵州	0	0	6	—
28	云南	—	—	4	10
29	广东	—	—	459	194
30	广西	—	—	209.8	220
31	海南	—	—	—	—

（四）关于公共建筑节能

关于公共建筑节能监管体系建设。北京、天津、重庆、江苏、上海、山东、安徽、深圳能耗动态监测平台建设工作推进较快，已通过我部验收，河北、内蒙古、辽宁、陕西、福建、江西、四川、贵州、云南、海南、新疆、新疆生产建设兵团平台建设进展缓慢。

关于公共建筑节能改造。北京、山东、江苏、广东、广西等地公共建筑节能改造规模较大，累计改造面积超过 1000 万 m²，山东、上海、江苏、湖北、广东、广西 2016 年完成改造面积超过 200 万 m²，河北、内蒙古、辽宁、黑龙江、新疆生产建设兵团、四川、贵州、云南改造面积较少。上海、重庆、深圳、天津等第一批公共建筑节能改造重点城市均完成改造任务并顺利通过我部验收；第二批重点城市中，重庆（追加任务）、济南、青岛、西宁改造任务完成率超过 35%，厦门、哈尔滨、福州、百色改造工作进展较为缓慢，需加大推进力度（表3）。

公共建筑节能改造重点城市进展情况表　　表3

批次	城市名称	任务面积（万 m²）	完工面积（万 m²）	任务完工率	是否通过验收
	合计	3653.85	2298.05	62.89%	—
第一批	天津	400	405	100%	是
	重庆	400	408	100%	是
	深圳	400	419	100%	是
	上海	400	400	100%	是
第二批	重庆（追加）	350	170	48.60%	否
	厦门	300	50	16.70%	否
	济南	230.35	84	36.50%	否
	青岛	320	191.59	59.90%	否
	哈尔滨	200	22.46	11.20%	否
	福州	210	5	2.40%	否
	西宁	200	100	50.00%	否
	百色	243.5	43	17.70%	否

（五）关于可再生能源建筑应用

关于可再生能源在建筑领域的推广。2016 年，全国新增太阳能光热应用面积 2 亿 m² 以上、浅层地能建筑应用面积 3725 万 m²、太阳能光电建筑应用装机容量 1127MW。

关于可再生能源建筑应用相关示范验收。截至 2016 年年底，全国各省（区、市和新疆生产建设兵团）已累计完成可再生能源建筑应用各类示范 143 个，占批准示范数量的 41%。上海、江苏、广西已完成全部各类示范的验收工作，吉林、河南、重庆、甘肃、青海已验收数量超过批准示范数量的 80％以上，江西、内蒙古、湖北、广东、海南、天津等地示范项目验收进度滞后（表4）。

可再生能源建筑应用示范验收情况表 表4

序号	省(区、市和新疆生产建设兵团)	批准示范数量(个)	已验收示范数量(个)	验收比例
	合计	353	143	41％
1	北京	2	1	50％
2	天津	8	0	0％
3	河北	15	5	33％
4	山西	9	1	11％
5	内蒙古	23	0	0％
6	辽宁	14	3	21％
7	吉林	9	8	89％
8	黑龙江	19	—	21％
9	上海	1	1	100％
10	江苏	21	21	100％
11	浙江	7	3	43％
12	安徽	22	2	9％
13	福建	9	6	67％
14	江西	12	—	0％
15	山东	23	13	57％
16	河南	21	19	90％
17	湖北	13	0	0％
18	湖南	24	6	25％
19	广东	3	0	0％
20	广西	17	17	100％
21	海南	4	0	0％
22	重庆	5	4	80％
23	四川	11	1	9％
24	贵州	3	1	33％
25	云南	9	6	67％
26	陕西	14	1	7％
27	甘肃	9	8	89％
28	青海	8	7	88％
29	宁夏	7	1	14％
30	新疆	11	4	36％
31	新疆生产建设兵团	—	—	—

（六）关于建筑节能与绿色建筑保障体系建设

关于法规体系建设。截至 2016 年底，全国有 30 个省（区、市）制定了专门的建筑节能地方法规，河北、山西、山东、陕西、上海、湖北、湖南、重庆、贵州、广东、广西等 11 个省市出台了民用建筑节能条例，江苏、浙江出台了绿色建筑发展条例。天津、吉林、黑龙江、甘肃、安徽、福建、海南等 7 省（区、市）编制的节约能源条例中都包含建筑节能有关内容。

关于经济激励政策。2016 年，地方省级财政落实建筑节能专项预算资金超过 63 亿元，其中，北京、天津、吉林、山东、上海、江苏等地资金投入力度较大。山东、上海、江苏等地省级财政安排支持绿色建筑专项资金超过 1 亿元，除财政奖励外，山西、内蒙古、福建等 23 个省（区、市）还出台了贷款利率优惠、容积率奖励等其他绿色建筑经济激励政策。

关于民用建筑能耗统计。2016 年，上海、天津、山东、河南、陕西、广东、江苏等 7 省（市）民用建筑能耗统计工作进展较好，报送数据质量较高；北京、河北、辽宁、黑龙江、福建、海南、宁夏、江西、贵州等省（区、市）统计工作进展较慢，其中北京、河北、辽宁、黑龙江、福建、海南、宁夏等省（区、市）未报送年度统计数据。

关于目标责任考核。部分省（区、市）实行建筑节能与绿色建筑目标责任制，将重点任务进行量化，并通过逐级签订目标责任状的方式，将目标分解落实到市县及相关部门，并按期进行考核，保障了工作任务的落实。

各级地方住房城乡建设主管部门要高度重视建筑节能与绿色建筑工作，采取有效措施，加强工作力度，确保将国务院《"十三五"节能减排综合工作方案》及我部《建筑节能与绿色建筑发展"十三五"规划》确定的各项任务落到实处。

2016~2017 年部分省市建筑节能与绿色建筑专项检查统计

河北省

在各地开展自查的基础上，省厅分成 4 个检查组，采取查阅资料、实地检查项目、座谈交流等方式，对 11 个设区市及其所属的一个县（市）和定州市、辛集市进行了重点检查。共抽查在建项目 78 项（居住建筑 46 项、公共建筑 32 项），其中，绿色建筑 35 项（居住建筑 16 项、公共建筑 19 项）；抽查项目建筑面积 466.5 万 m^2。各检查组向当地主管部门反馈了意见，对存在问题提出了具体整改要求。

2016 年，各地认真贯彻执行相关法律法规、政策标准，强化组织领导，落实监管责任，创新政策措施，建筑节能与绿色建筑整体水平得到提升，重点工作实现了新的突破。2016 年，全省城镇新增节能建筑 5620.02 万 m^2，城镇节能建筑累计达 5.069 亿 m^2，占全省城镇民用建筑总面积的 43.3%，完成 42% 的年度目标任务；各设区市（含定州、辛集市）均开展了 75% 节能居住建筑试点，承德、廊坊、石家庄、邯郸、沧州、邢台、定州等 7 市和保定市（不含定兴县），已在全市范围全面执行此项标准，在建项目 676 个，建筑面积 2349.92 万 m^2，石家庄、保定、廊坊、邢台 4 市项目数量居全省前列；全省已累计完工被动式低能耗建筑 15 项、建筑面积 13.83 万 m^2，自 2015 年 5 月 1 日我省《被动式低能耗居住建筑节能设计标准》实施后，年内编制完成《被动式低能耗建筑施工及验收规程》《被动式公共建筑节能设计标准》2 项地方标准；全省执行绿色建筑标准项目 986 个、建筑面积 3039.17 万 m^2。其中，政府投资公益性建筑 195 个、面积 150.92 万 m^2；大型公共建筑 68 个、面积 325.89 万 m^2；保障性住房 36 个、面积 110.14 万 m^2；其他建筑项目 687 个、面积 2452.22 万 m^2。2016 年获得绿色建筑评价标识共 108 个，建筑面积为 636.68 万 m^2。其中，获得绿色建筑设计评价标识 107 个，建筑面积为 631.59 万 m^2；运行评价标识 1 个，建筑面积为 5.35 万 m^2。全省绿色建筑占新建建筑比例 31.5%；全省可再生能源建筑应用面积 2549.07 万 m^2，占新增建筑面积比例 45.36%；全省拥有公共建筑能耗监测采集点 148 栋，其中，138 栋稳定上传能耗监测数据。

（摘自河北省住房和城乡建设厅《关于 2016 年度全省建筑节能与绿色建筑专项检查情况的通报》）

湖北省

此次专项检查共抽查项目 113 个，总建筑面积 130.75 万 m²。其中：公共建筑 46 项，居住建筑 67 项；在所抽查的项目中，保障性住房 6 项，可再生能源应用 23 项，绿色建筑 15 项，实施 65％节能标准的项目 85 项，既有建筑节能改造 5 项，并对违法违规项目下发了责令限期整改通知书 2 份，执法建议书 6 份。从现场督查和 1～3 季度的数据统计看，各地目标任务明确，工作措施得力，建筑节能各项工作取得明显成效。全省新增建筑节能能力 83.96 万 t 标准煤，同比增长 4.57％，比计划目标超额完成 20％。发展绿色建筑 2200 万 m²，同比增长 112％，比计划目标超额完成 120％；可再生能源建筑应用 1675.19 万 m²，同比增长 6.24％，比计划目标超额完成 11.68％；实施既有建筑节能改造 436.32 万 m²，同比增长 40.34％，比计划目标超额完成 142.4％。

"禁实"成果进一步巩固，县以上城区新型墙材占比达到 90％，新型墙材应用率达到 95％；完成散装水泥供应量 6995 万 t，预拌混凝土供应量 6692 万 m³，预拌砂浆供应量 130 万 t，分别比计划目标超额完成 6％、8％、44％；已初步建成一批预拌混凝土绿色生产示范站点、建筑产业现代化园区、建筑产业现代化示范项目。

（摘自湖北省住房和城乡建设厅《关于 2016 年度全省建筑节能与绿色建筑专项检查情况的通报》）

湖南省

2017 年上半年，各市州人民政府认真贯彻落实《国务院办公厅关于转发发展改革委住房城乡建设部绿色建筑行动方案的通知》（国办发〔2013〕1 号）、《湖南省人民政府关于印发绿色建筑行动实施方案的通知》（湘政发〔2013〕18 号）文件精神，建筑节能与绿色建筑各项工作有序推进。

推广执行方面：各地的执行率较往年有所提升。截至今年 8 月，据市州上报资料统计，全省各城区新建建筑节能强制性标准执行率设计阶段和施工阶段均达到了 100％。2016 年 10 月～2017 年 9 月，全省新增绿色建筑项目 144 个，建筑面积约 1455.4 万 m²。其中，设计标识 142 个，建筑面积约 1445.26 万 m²，运行标识 2 个，建筑面积约 10.14 万 m²。

绿建标识方面：目前我省取得标识的绿色建筑总量达到 323 个，其中设计标识项目 18 个，运营标识项目 5 个，建筑面积约 3597.85 万 m²。其中，居住建筑项目 125 个，建筑面积约 2087.55 万 m²，公共建筑项目 196 个，建筑面积约 1396.6 万 m²，工业建筑项目 2 个，建筑面积约 113.7 万 m²；一星级项目 250 个，建筑面积约 2803.44 万 m²，二星级项目 54 个，建筑面积约 562.53 万 m²，三星级项目 19 个，建筑面积约 231.88 万 m²。

（摘自湖南省住房和城乡建设厅《关于 2017 年 1-9 月各市州建筑节能与绿色建筑工作检查情况的通报》）

吉林省

本次检查采取听汇报、审文件、查图纸、看现场相结合的方式。重点检查各地贯彻落实《吉林省民用建筑节能与发展新型墙体材料条例》《吉林省绿色建筑行动方案》及相关配套政策情况、责任目标完成情况。包括新建建筑执行建筑节能强制性标准情况、绿色建筑工作推进情况等。共抽查 10 个工程项目，其中住宅工程项目 6 个（含保障房项目），公共建筑项目 4 个。

2016 年度，全省各级住房城乡建设部门能够认真贯彻执行国家和省有关节能减排工作部署，进一步加强组织领导，落实政策措施，加强监督管理，在新建建筑执行节能标准、发展绿色建筑等各项工作上取得了明显进步。（一）把好新建建筑节能关口。各地建筑节能工作进展顺利，基本完成了"十二五"规划目标。全省县级以上城市及县政府所在地镇，新建居住、公共建筑严格执行吉林省建筑节能标准，设计阶段建筑节能设计标准执行率达到 100%，施工阶段达到 99% 以上。（二）加快发展绿色建筑。四平市、通化市、白城市及白山市积极落实国家和省《绿色建筑行动方案》相关精神，并结合地方实际，制定下发当地指导绿色建筑发展实施意见或行动方案，明确了推进绿色建筑发展的目标、任务和保障措施。长春市和吉林市建设主管部门下发了专项通知，将绿色建筑审查纳入基本建设程序。截至 2016 年年底，全省累计完成绿色建筑 2035 万 m²，其中获得星际评价标识项目 100 项，建筑面积 1161 万 m²。

（摘自吉林省住房和城乡建设厅《关于对 2016 年度建筑节能与绿色建筑行动实施情况专项检查情况的通报》）

山东省

根据《关于实行建筑节能与绿色建筑定期调度通报制度的通知》（鲁建节科函〔2017〕12 号）要求，对照 2017 年度绿色建筑与装配式建筑工作考核要点，现将 2016 年 1～6 月份全省建筑节能与绿色建筑工作进展情况通报如下：

（一）绿色建筑。截至 6 月底，全省新增绿色建筑 2769.91 万 m²，绿色建筑设计达标率达到 96%。组织创建第四批 2 个省级绿色生态城区、第二批 16 个示范城镇，示范数量分别累计达到 22 个、32 个，新增绿色建筑评价标识项目 69 个、建筑面积 973.33 万 m²，其中二星级及以上项目 59 个、建筑面积 830.75 万 m²。济南和日照市提前完成年度二星级以上绿色建筑任务，分别完成 365.2 和 141.42 万 m²，占年度任务量的 243.5% 和 235.7%。聊城、临沂和莱芜 3 市暂无二星级绿色建筑标识项目完工。（二）装配式建筑。截至 6 月底，全省新开工装配式建筑面积 888 万 m²，累计施工面积 1789 万 m²，已竣工 57.4 万 m²，实施省级装配式建筑示范城市 5 个、示范工程 48 个、产业基地 30 个，14 市及部分县（市）相应出台大力发展装配式建筑政府文件。东营、泰安、日照、滨州等市装配式建筑项目推进缓慢，新开工面积不到全年任务的 10%；东营、滨州、菏泽尚未以政府名义出台发展装配式建筑的政策文件。（三）建筑节能及改造。截至6月底，全省建成节能建筑3921.4万m²，节能标准设计阶段执行率保持100%、施工阶段执行率达到99.4%。完成既有居住建筑节能改造面积111.69万m²、正在施工项目建筑面积526.63万m²，完成公共建筑节能改造116栋，建筑面积258.25万m²。青岛、烟台、潍坊、日照、莱芜和菏泽等6市提前完成年度公共建筑节能改造任务。（四）可再生能源建筑应用。截至6月底，全省新完工太阳能光热建筑一体化应用项目491个，建筑面积1664.73万m²，完成全省任务量的69.4%。淄博、烟台、日照、临沂和东营等5市提前完成太阳能光热建筑一体化应用年度任务，其中，淄博和烟台市分别完成134.8万和249.19万m²，完成年度任务的168.5%和155.7%。潍坊市、阳信县国家可再生能源建筑应用示范市（县）已进行验收，济南市列入国家首批北方地区冬季清洁取暖试点城市公示名单。（五）被动式超低能耗建筑。组织开展第四批、5个省级示范工程，威海市海源公园一战华工纪念馆和配套管理房项目通过德国能源署和住建部建设科技与产业化中心联合验收，国内首个装配式与被动式融合的示范项目山东建筑大学教学实验楼建成并启用。目前，除莱芜、德州和滨州3市以外，其他地市均有项目正在实施中。

（摘自山东省住房和城乡建设厅
《关于2017年1-6月份全省建筑节能与
绿色建筑工作进展情况的通报》）

山西省

我厅年初下达建筑与科技工作目标任务后，各市都能制定本地的《建筑节能与科技工作要点》，积极开展各项工作。截至10月底，新建建筑节能65%标准执行率100%，施工图设计文件节能设计认定备案率100%，单位工程竣工验收前节能专项验收备案率100%，新建建筑绿色建筑标准执行率35%，政府投资类公益性建筑绿色建筑标准执行率100%，大型公共建筑绿色建筑标准执行率100%，既有居住建筑节能改造实施计划等7项工作均达到目标任务要求。新建建筑中可再生能源应用比例达45%、"绿色建筑行动"新增计划投资等工作达到序时进度。其中，太原、大同、朔州、长治、运城5市新建建筑中可再生能源应用比例达到75%以上；除临汾市外，其余各市"绿色建筑行动"新增计划投资超额完成目标任务。建设科技成果登记总体任务已完成。既有居住建筑节能改造开工、装配式建筑、智慧城市创建等工作推进缓慢。

总结了好的做法及存在的主要问题。好的做法有以下两点：1.加强建筑节能监管。大同市加大服务力度，结合本地实际情况，采取了一些易操作、效果好的节能措施，提高了建筑能效。长治市对新建建筑实行节能规划、认定、验收闭合管理机制。运城市通过节能注册、制定监督计划等加强了对项目的跟踪和全过程监管，实现了闭合管理。2.推动绿色建筑发展。太原、晋中、临汾等市印发了关于推动本地绿色建筑发展的办法。大同市新增高星级绿色建筑面积已超额完成了14万m²的目标任务。

主要问题有以下三点：1.市级建设主管部门对县级主管部门的指导、监督不到位。部分县级建设主管部门贯彻落实中央、省、市建筑节能、绿色建筑等有关政策、要求工作滞后，制度执行、落实不到位，项目监管归档材料不齐全等。2.各市建设、规划等部门不同程度地存在沟通协调不畅的现象，未能形成工作合力。部分市绿色建筑规划条件下达、智慧住建等需部门间、科室间配合的工作推动不力。3.试点工作推进缓慢。国务院办公厅、省人民政府办公厅相继印发《关于大力发展装配式建筑的指导意见》《关于大力发展装配式建筑的实施意见》后，太原、大同2个试点城市，工作推进缓慢，没有采取有力措施推进装配式建筑发展，装配式建筑占新建建筑面积比例均低于5%，距离目标任务相差甚远。

（摘自山西省住房和城乡建设厅《关于2017年建筑节能与科技工作专项检查情况的通报》）

浙江省

从本次检查情况看，各级住房和城乡建设主管部门对建筑节能和勘察设计监督管理工作的重视程度进一步提高，绝大部分勘察设计单位和施工图审查机构能够严格按照国家和省工程建设标准及有关规定开展勘察设计和图审工作，施工单位能比较严格地按照施工图设计文件和《建筑节能工程施工质量验收规范》GB 50411的要求进行施工，监督机构对节能施工的内容、施工质量和专项验收的监督把关较为严格，施工现场各种技术资料基本齐全，绿色建材使用率显著提高，装配式建筑稳步推进。总体上看，我省建筑节能的设计执行率达到100%，建筑节能的施工执行率达到99%。

各地在建筑节能和勘察设计工作中重视抓好落实，积累了一些较好的经验做法，具体如下：（一）加强政策制度建设，确保措施到位。各市注重加强政策制度建设，先后出台了一系列相应的制度和管理办法。杭州市建委通过增设重大变更审查和纠错备案模块、制定专家库管理办法、明确审查费用纳入市与区、县（市）两级财政预算管理和节能评估审查结果作为建设项目向电力部门申请装机容量的依据等举措，不断完善和规范节能评估审查工作。（二）强势推进可再生能源建筑应用。湖州市在可再生能源应用面积、绿色示范工程项目、用能监管示范项目等方面完成的任务均超过省定目标任务的一倍左右；宁波市出台了《宁波市太阳能热水系统与建筑一体化工程建设管理技术细则》《宁波市地源热泵系统建筑应用技术导则》等可再生能源与建筑一体化的管理文件；衢州市制定了《衢州市金屋顶光伏富民工程实施方案》，要求发展新建屋顶光伏工程。（三）加快推进既有建筑节能改造。湖州市完成公共建筑节能改造面积达到省定目标任务的180%；宁波市安排了728万元节能专项经费，用于市行政服务中心太阳能光伏、市住建委大厦立体绿化与雨水收集等项目；舟山市2016年有3个项目被评为既有建筑改造示范项目。（四）加强建筑节能信息化建设。杭州市进一步完善在建项目库、既有建筑库、绿建专家库、中介服务机构库，包含节能评估审查系统、建筑用能监测系统、可再生能源示范工程监测系统和建筑节能示范工程管理系统等功能模块的全市建筑节能信息化系统已初见成效，并实现与省级建筑能耗监测平台的无缝对接；舟山市 2016 年有 5 个项目被列为市级能耗监测示范项目。（五）深化自主检查，加大处罚力度。各市在要求所属县（市、区）进行普遍自查的基础上，对所属县（市、区）进行了抽查。（六）严格执行无障碍设计标准，确保无障碍设计质量。各市能较严格地执行无障碍设计标准，对保障性住房的设计质量严格把关。衢州市结合创建国家卫生城市分批对已建成的人行道进行了无障碍设施改造，加设了人行盲道、残疾人使用坡道和无障碍标志牌。本次检查过程中，抽查的建设工程没有发现违反无障碍的相关强制性条文的现象。（七）宣贯绿色建筑条例，增强全民建筑节能意识。（八）推进装配式建筑，促进建筑产业化发展。绍兴市在我省率先组建了建筑产业促进中心，专门负责建筑产业现代化组织、协调、推进工作。同时出台了《关于推进绿色建筑和建筑产业现代化发展的实施意见》，委托编制了《绍兴市建筑产业现代化发展专项规划（2015—2020 年）》，并启动了《装配式建筑实施指南》编制工作。目前，该市 5 个试点项目被列入《住房和城乡建设部 2016 年科学技术项目计划——装配式建筑科技示范项目》。湖州市政府下发《关于加快推进新型建筑工业化的实施意见》，

出台 16 项具体鼓励、优惠和保障措施。（九）加强课题研究，鼓励勘察设计企业科技攻关和技术创新。

（摘自浙江省住房和城乡建设厅《关于 2016 年全省建筑节能与勘察设计工作检查情况的通报》）

重庆市

2017 年全市建筑节能与绿色建筑工作要深入贯彻创新、协调、绿色、开放、共享五大发展理念，强化建筑能效提升，深入发展绿色建筑，积极推广绿色建材，充分发挥城乡建设领域节能减排在新型城镇化和生态文明建设中的突出作用，着力实践绿色低碳循环发展路径。

（一）推进绿色建筑量质齐升工程

一是强化建筑节能设计审查、信息公示、能效测评与标识等从设计、施工到交付使用全过程的闭合监管制度，定期抽查市区两级开展能效测评与标识工作的质量，推动全市城镇新建建筑节能标准执行率继续保持 100%，并启动进一步提升新建建筑能效水平的相关技术准备工作。二是在严格执行建筑节能强制性标准的基础上，加强对执行绿色建筑强制性标准的宣贯和指导，重点帮助主城区外的各区县建立绿色建筑监管能力，加快编制绿色建筑工程定额，全市城镇新建公共建筑和主城区新建居住建筑全面执行绿色建筑一星级标准，新建城镇建筑执行绿色建筑标准的比例达到 45% 以上。三是根据新修订发布的系列建筑节能与绿色建筑强制性标准，修订发布《建筑效能（绿色建筑）测评与

标识技术导则》，严格落实对强制执行绿色建筑标准项目的标识发放制度。四是完善绿色建筑资金补助办法，发挥好地方财政补助资金等激励政策的引导作用，积极发展高星级绿色建筑和绿色生态住宅小区，并加大对尚未有高星级绿色建筑或绿色生态住宅小区的区县指导、帮带力度，加强对绿色建筑评价标识项目（含绿色生态住宅小区）的动态管理，提高绿色建筑水平。五是加强对两江新区推动悦来生态城建设的指导，并以悦来展示中心为重点，积极探索更低能耗建筑技术路线，着力推进更低能耗及近零能耗建筑示范。六是制订重庆市《建设工程绿色施工评价管理办法》，以"绿色施工示范工程"评价工作为抓手，稳步推行绿色施工评价试点工作，全年新增示范试点项目 10～15 个，以点带面，促进我市绿色施工水平提升。七是推动新建建筑绿色化与大力发展建筑产业化的工作要求相协调、相衔接，统筹考虑绿色建筑（绿色生态住宅小区）与装配式建筑发展工作。

（二）推行可再生能源建筑规模化应用工程

一是加强可再生能源建筑应用项目储备，鼓励地表水源、太阳能丰富（巫溪、巫山、奉节等）的区域集中连片推进可再生能源建筑应用，指导新建大型公共建筑应用可再生能源，引导体量较大、条件成熟的新建项目申报示范，推进具备条件的既有建筑节能改造项目应用可再生能源供暖或制备生活热水，全年推动实施可再生能源建筑应用面积 100 万 m²。二是结合我市可再生能源建筑应用示范项目建设和运营实际，修订《重庆市可再生能源建筑应用示范项目管理办法》，以点带面、突出示范，形成可再生能源建筑规模化应用的长效机制。三是着力推进可再生能源区域集中供冷供热项目建设，继续加强对江北城 CBD、弹子石 CBD 等区域江水资源热泵集中供冷供热在建项目的指导，推动"产学研"联合，提升可再生能源建筑应用技术水平和产品质量水平；积极推动江水资源丰富、条件成熟的区域开展可再生能源区域集中供冷供热建筑应用前期论证，结合地块开发进度，做好分类指导和跟踪服务。四是丰富可再生能源建筑应用技术类型，将空气源热泵供暖和提供生活热水纳入我市可再生能源范畴，研究编制空气源热泵等可再生能源建筑应用技术规程，进一步完善可再生能源建筑应用标准体系。

（三）实施既有建筑能效提升工程

一是以政府机关办公建筑、医院和商场为重点，推动实施 120 万 m² 以上的既有公共建筑节能改造项目，督促指导各区县加强示范项目实施质量管理，打造一批代表性强、影响力大、效益显著的典型项目案例，力争全面完成第二批国家公共建筑节能改造重点城市 350 万 m² 示范任务。二是研究完善公共建筑绿色化改造技术标准体系，推动新风系统、节水器具、节能门窗和可再生能源在公共建筑节能项目中推广应用，引导既有公共建筑由节能改造向绿色化改造方向发展。三是切实规范建设领域节能服务公司市场行为，创新既有公共建筑节能运行管理模式，引导具备条件的公共建筑节能改造示范项目开展能源托管试点示范。四是强化公共建筑节能监管平台运行维护管理,系统组织开展民用建筑能耗统计,以市级机关办公建筑为突破口推进既有公共建筑能耗限额标准制定。

(四)开展建材产业转型升级工程

一是按照我委《城乡智慧建设工作方案》要求,应用现代信息技术,推动建材行业大数据互联融合、开放共享,构建建材智慧应用公共服务系统,实现对绿色建材、部品构件的行业管理、推广应用与信息展示等功能。二是探索建立分类绿色建材性能指标体系,全面推动预拌混凝土绿色建材评价标识,开展预拌砂浆、砌块的绿色建材试评价工作,按照"标准强制"的工作思路,在绿色建筑、绿色生态住宅小区等推广应用中,大力推动绿色建材工程应用。三是完善建筑节能技术备案管理制度,开展节能建材行业发展现状调研,掌握行业企业分布、产品类型、产能产值、经济效益等基本情况,促进行业健康发展。四是结合建筑绿色化、建筑产业化的发展要求,按照因地制宜、统筹兼顾的原则,优化、完善建筑节能与绿色建筑技术路线,大力发展与绿色建筑、装配式建筑相适应的建材产品,培育建筑节能地方产业,促进传统建材产业转型升级,推动建设一批有实力、有影响、有品牌的产业化示范基地,引导行业往产业化、集约化和规模化的方向发展,形成立足重庆、辐射西南、面向全国的建筑节能产业集群。

(五)做好能力建设工程

一是积极推进《重庆市绿色建筑管理办法》的立法工作,通过立法进一步健全绿色建筑从规划设计、施工验收到运营管理等全过程的管理制度,完善绿色建筑政策法规体系。二是以新建建筑相关评价、管理平台建设为重点,完善全市建筑节能与绿色建筑的综合信息平台,通过信息化手段进一步改进建筑节能与绿色建筑管理方式,切实落实建筑节能与绿色建筑基本信息报送制度,督促各区县每季度按时报送建筑节能与绿色建筑工作数据。三是完善建筑节能(绿色建筑)设计自审机构网上申报系统,根据新修订发布的建筑节能与绿色建筑相关标准更新考试题库,研发建筑节能(绿色建筑)设计自审人员网上考试系统,并督促设计单位严格落实建筑节能(绿色建筑)设计质量自审责任制,切实提高建筑节能(绿色建筑)设计质量。四是启动新建轨道交通站场节能审查要点等一批配套能力建设项目,为推动建筑节能与绿色建筑工作提供管理与技术支撑。五是以公共建筑、居住建筑节能(绿色建筑)相关强制性标准为重点,继续加强建筑节能与绿色建筑培训,进一步提高实施建筑节能与绿色建筑的能力和水平。六是组织开展全市建筑节能与绿色建筑专项督查,督促各区县切实履行建筑节能与绿色建筑工作职责,加强对建筑节能与绿色建筑工程质量的监管,对督查发现的典型违法、违规行为加强执法处理,不断提升建筑节能与绿色建筑工作的实施质量。

(摘自重庆市城乡建设委员会《2017年建筑节能与绿色建筑工作要点》)

2016 年上海市国家机关办公建筑和大型公共建筑能耗监测及分析报告

一、全市篇

（一）总体分析

1.综述

截至 2016 年 12 月 31 日，全市累计共有 1501 栋公共建筑完成用能分项计量装置的安装并实现与能耗监测平台的数据联网，覆盖建筑面积 6572.2 万 m^2，其中国家机关办公建筑 182 栋，占监测总量的 12.1%，覆盖建筑面积约 368.5 万 m^2；大型公共建筑 1319 栋，占监测总量的 87.9%，覆盖建筑面积约 6203.7 万 m^2。按建筑功能分类统计情况如表 1 所示。

2016 年接入能耗监测平台公共建筑功能分类表　　　表 1

序号	建筑类型	数量(栋)	数量占比(%)	面积(m^2)
1	国家机关办公建筑	182	12.1	3684983
2	办公建筑	497	33.1	21891554
3	旅游饭店建筑	197	13.1	8412169
4	商场建筑	226	15.1	12803583
5	综合建筑	172	11.5	11080422
6	医疗卫生建筑	105	7.0	3368932
7	教育建筑	50	3.3	1855715
8	文化建筑	24	1.6	848840
9	体育建筑	20	1.3	710058
10	其他建筑	28	1.9	1066100
	总计	1501	100.0	65722356

注：其他建筑包含交通运输类建筑、酒店式公寓等无法归于 1～9 类的建筑。

年度新增接入量方面，2016 年，能耗监测平台新增联网建筑共计 213 栋，建筑面积合计约 852.7 万 m^2，其中国家机关办公建筑 14 栋，覆盖建筑面积约 33.9 万 m^2，大型公共建筑 199 栋，覆盖建筑面积约 818.8 万 m^2。各主要类型建筑增量分布情况如图 1 所示。新增联网建筑中，办公建筑数量最多，达 67 栋，医疗卫生建筑增幅最大，达 61%，其他各类型建筑接入量增幅在 10%～20% 之间不等。

单栋建筑面积分布方面，接入能耗监测平台的公共建筑面积主要分布在 2.0 万～

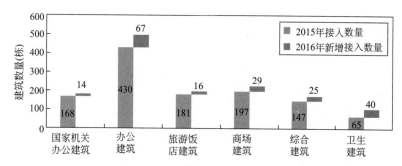

图1　2016年接入能耗监测平台的主要类型建筑新增量情况

4.0 万 m² 之间，为 657 栋，占总量的 44%；建筑面积大于 10.0 万 m² 的超大型公共建筑为 85 栋，占总量的 6%。本市能耗监测平台接入建筑面积分布情况如图 2 所示。

接入能耗监测平台的大型公共建筑总平均面积约为 4.4 万 m²，其中，综合建筑和商场建筑平均面积超过 5.5 万 m²；办公建筑和旅游饭店建筑平均面积约 4.3 万 m²；医疗卫生建筑、教育建筑、文化建筑、体育建筑平均面积在 3.0 万～4.0 万 m² 之间。国家机关办公建筑体量最小，平均面积约为 2.0 万 m²。各类型建筑平均面积情况如图 3 所示。

2. 年度总用电量情况

2016 年，接入能耗监测平台的公共建筑年总用电量约为 69.3 亿 kWh，其中办公建筑、商场建筑、综合建筑与旅游饭店建筑用电总量较大，四类建筑用电量占总量的 85%。各类型建筑年总用电量占比如图 4 所示。

2016 年，接入能耗监测平台的公共建筑逐月用电量如图 5 所示。从图中可以看出建筑逐月用电变化情况与气温变化趋势相符，夏季随着气温不断升高，空调制冷需求逐渐增大，导致用电量也逐渐增加，在温度最高的 7、8 月建筑用电量也达到了夏季的最高；冬季随着气温不断降低，空调采暖需求逐渐增大，导致用电量也逐渐增加，在温度最低的 1 月建筑用电量也达到冬季的最高。

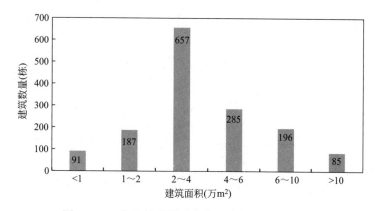

图2　2016年能耗监测平台接入建筑面积分布情况

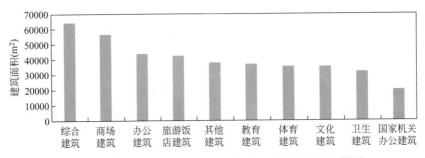

图 3 2016 年接入能耗监测平台的各类型建筑平均面积情况

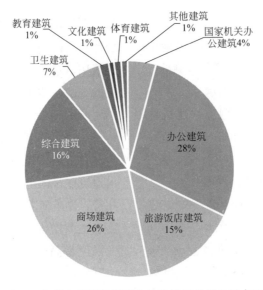

图 4 2016 年接入能耗监测平台的建筑年总用电量占比情况

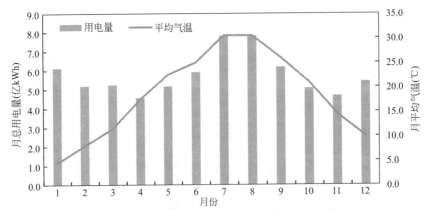

图 5 2016 年接入能耗监测平台的公共建筑逐月用电量

3.历年用电量变化情况

2014～2016 年，接入能耗监测平台的建筑总面积增幅约为 54%，年总用电量增幅约为 57.1%。历年能耗监测平台建筑年总用电量变化情况如图 6 所示。

2014～2016 年，接入能耗监测平台的公共建筑单位面积年平均用电量分别为 104、100、105kWh/m²，历年波动范围约为 5%。其中，2015 年单位面积用电量略低于 2014 年，2016 年单位面积用电量略高于 2015 年。2016 年是本市高温日最多的一年，是 2014 年及 2015 年的近 3 倍，致使公共建筑总用电量有所增加；其次，2016 年是本市 400 万 m² 公共建筑节能改造重点城市示范项目建设完成后的第一年，部分改造项目，尤其是多数旅游饭店改造项目实施了油改电或气改电的技术措施，其能源结构发生变化，用电量占比增大，致使公共建筑年单位面积用电量小幅增加。

（二）专题分析

1.供热季、过渡季、制冷季用电情况

根据上海市气候变化规律及生活用能习惯，本报告设定 1、2、3、12 月份为供热季，4、5、10、11 月份为过渡季，6、7、8、9 月份为制冷季来进行分析。

2016 年接入能耗监测平台建筑供热季用电量为 22.0 亿 kW·h（33.9kW·h/m²），过渡季用电量为 19.5 亿 kW·h（30.0kW·h/m²），制冷季用电量为 27.8 亿 kWh（42.7kW·h/m²）。制冷季用电量最高，约为过渡季的 1.4 倍。2015～2016 年供热季、过渡季与制冷季单位面积平均用电量如图 7 所示。

相较于 2015 年同期情况，2016 年制冷季单耗明显大于 2015 年。主要原因为 2016 年夏季极端天气明显多于 2015 年，2016 年极端高温日多达 30 天，是 2015 年极端高温天数的近 3 倍。

2016 年接入能耗监测平台公共建筑主要用能分项，其在制冷季、供热季、过渡季用电量情况如图 8 所示。照明与插座用电、动力用电、特殊用电分项在供热季、制冷季及过渡季用电量基本不变，全年用电量比较稳定，体现了这些分项用电的非季节性；空调分项用电量变化较大，制冷季耗电量最多，全年用电量受气温影响较大，体现了空调用电的季节性。

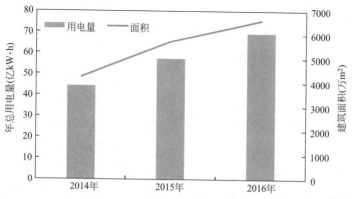

图 6　2014～2016 年接入能耗监测平台的建筑历年用电量变化情况

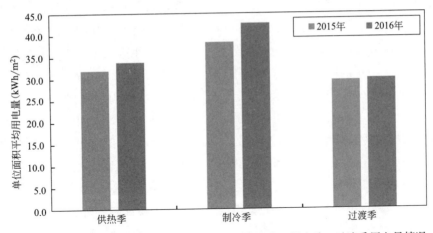

图7　2015～2016年接入能耗监测平台的建筑供热季、制冷季、过渡季用电量情况

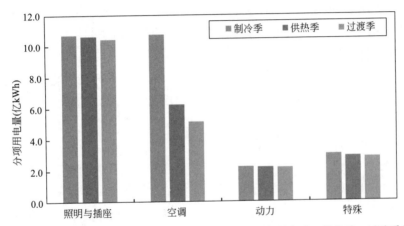

图8　2016年接入能耗监测平台的公共建筑主要用能分项，其在制冷季、供热季、过渡季用电量情况

2.能耗指数

能耗指数是接入能耗监测平台的公共建筑，其能耗全年逐日用能强度走向的评价指标，即公共建筑当日用能单耗值与基准值的比值，以简单易懂的方式表达公共建筑用能强度的变化趋势，观察用电量情况趋势走向。

能耗指数的计算方法如下：

（1）按照全市各类型建筑占比，选取一定量的典型建筑形成固定样本，用于能耗指数的计算；

（2）当日单位面积能耗＝样本建筑总能耗/样本建筑总面积；

（3）以当日为中心对应至基准年（本报告中采用2014年为基准年）内同期的一周，计算基准年同期一周内同类型（工作日或者非工作日）日期的单位面积能耗数的平均值作为当日基准值；

（4）当日能耗指数＝当日单位面积能耗/当日基准值×100。

2016 年，基于能耗监测平台固定样本数据，以 2014 年为基准年，能耗监测平台发布能耗指数，2016 年能耗指数逐日趋势如图 9 所示。2016 年日加权平均能耗指数为 101.9，总体来分析，本市新建和既有公共建筑在节能措施落实层面与预期效果基本相符，除第三季度因 2016 年高温日较多导致用能出现较大波动外，其他周期的能耗指数基本保持在较低水平。同时，从能耗指数其他不同时段的动态演化特征，也可反映出影响指数波动的其他因素，如本市生态园区的落实推进、绿色建筑运营标识增加等产生的正面效应。

二、区域篇

（一）各区概况

1.各区在线监测建筑接入情况

2016 年，接入能耗监测平台的公共建筑在各区的分布情况如表 2 所示，其中，黄浦区累计 244 栋，为各区接入量之最；浦东新区在线监测建筑总面积达 1118.8 万 m²，为各区监测面积之最；黄浦区年度新增接入量 47 栋，为各区新增接入量之最。

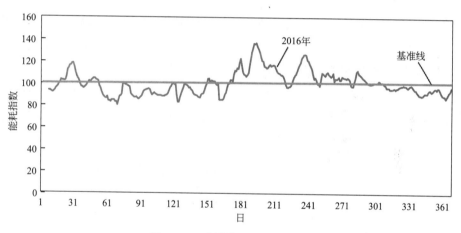

图 9　2016 年能耗指数变化情况

2016 年能耗监测平台各区在线监测建筑接入情况　　表 2

区	累计接入量(栋)	覆盖建筑面积(m²)	新增接入量(栋)
宝山区	38	1380075	0
长宁区	112	5362698	4
崇明区	28	272658	0
奉贤区	13	304629	1
虹口区	89	3850589	12
黄浦区	244	9537610	47

区	累计接入量(栋)	覆盖建筑面积(m²)	新增接入量(栋)
嘉定区	64	3588871	15
金山区	23	569824	12
静安区	180	10417689	35
闵行区	31	1327340	8
浦东新区	213	11188032	29
普陀区	111	5096131	19
青浦区	25	1056020	1
松江区	68	1917888	0
徐汇区	178	6823585	43
杨浦区	84	3028717	7
总计	1501	65722356	213

按照建筑类型划分，各区不同类型公共建筑在线监测数量占比情况如图10所示。

2.部分区级能耗监测平台工作介绍

黄浦区是全市首个实现与市级平台数据对接的区级建筑能耗监测平台，目前接入楼宇数量超过230幢，在全市率先试点开展水、燃气在线监测。同时完成了覆盖300余家区级公共机构的能耗管理体系建设，开发了能耗统计分析、节能目标考核、预警推送等功能，有效提高了公共机构能

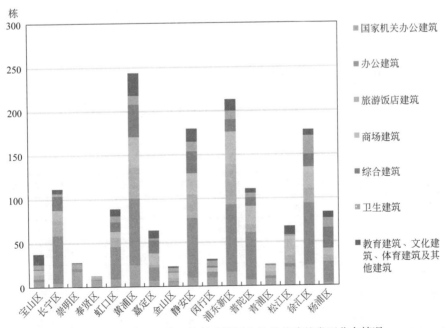

图10　2016年各区接入能耗监测平台的公共建筑类型分布情况

耗上报管理工作的智能化水平。黄浦区于2016年成功申报国家级商业建筑需求侧管理示范项目并获得国家发改委批复同意，该项目以区建筑能耗监测平台为基础，进行需求侧响应调度管理试点，目前已完成多幢楼宇试点，实现多次在线调峰。

普陀区自2015年建筑能耗监测平台升级以来，将楼宇用能分项计量现场运维与平台运维有机结合，初步确立了"两位一体"的运维管理框架体系。普陀区稳步推进既有和新建大型公共建筑项目的用能分项计量装置安装，并根据实际需求开展培训工作，提高楼宇业主节能改造的积极性。同时，针对新建项目用能分项计量装置安装、监测数据接入和验收工作流程，制定安装验收备案办事指南、告知书、验收单等，明确了验收标准。此外，依托平台选取既有大型公共建筑项目，开展能源审计，查找楼宇运行管理的不足之处，从而发掘节能潜力，为之后开展节能改造、合同能源管理提供依据。

浦东新区大力推动用能监测系统建设，通过开展《建筑用能监测系统运营维护现状调研》课题研究，浦东新区对纳入区建筑能耗监测平台的楼宇实施调查，掌握楼宇用能监测系统运行情况，确保建筑用能分项计量系统有效、持续、最大化地发挥作用。同时，浦东新区也积极推进能耗监测平台应用软件的整体升级，不断完善建筑用能监测、能耗统计、能效评估和用能预警等功能。自2015年起每年定期发布年度区建筑能耗监测平台能耗数据统计分析报告，为相关管理部门、用能单位等提供用能管理

决策服务和用能状况查询服务，推进建筑能源利用效率的提高。

虹桥商务区管理委员会自2014年起开始推进"商务区低碳能效监测平台"建设。历时2年，2016年完成平台基础建设，并正式上线运行。该平台具备区域能耗信息统计、形成区域指标体系，实现对标、公示、信息公开等服务内容，并实现与市级平台的联网与能耗数据上传。商务区内新建大型公共建筑项目完成后需开展用能分项计量专项验收，并在项目竣工备案中体现用能分项计量的专项内容。

（二）城区分析

1. 中心城区与非中心城区在线监测建筑数量分布情况

本报告所述中心城区包含长宁区、虹口区、黄浦区、静安区、普陀区、徐汇区及杨浦区。2016年，接入能耗监测平台的公共建筑中，位于中心城区的建筑数量占比为66%，如图11所示。2016年中心城区占比与2015年完全相同，说明中心城区与非中心城区的公共建筑在线监测范围同步扩大。

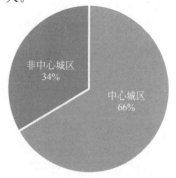

图11　2016年接入能耗监测平台的
公共建筑城区分布情况

从 2016 年中心城区与非中心城区内各类型建筑的分布情况来看，中心城区公共建筑中，办公建筑占比最大，其次是综合建筑、商场建筑、旅游饭店建筑；非中心城区公共建筑中，国家机关办公建筑、办公建筑、旅游饭店建筑和商场建筑占比较大，且四类建筑占比较为接近，如图 12 所示。

2.中心城区与非中心城区建筑用电量情况分析

2016 年，中心城区的公共建筑单位面积年平均用电量比非中心城区高出 12.5%，如图 13 所示。根据上海市统计网公布的本市人口密度态势分布分析，中心城区人口平均密度远高于非中心城区人口平均密度，是用电量高出的主要因素之一。

通过分析公共建筑单位面积年平均用电量的变化可以发现，2016 年中心城区公共建筑单位面积年平均用电量较 2015 年

增长 7%，而非中心城区公共建筑单位面积年平均用电量 2016 年较 2015 年增长 13%，增幅高于中心城区。同样，根据上海市统计网公布的本市人口密度地区变化分析，中心城区与非中心城区人口密度峰谷落差持续缩小，这种人口密度呈现向非中心城区扩散的现状，是非中心城区用电量增幅高于中心城区的重要原因之一。

三、行业篇

（一）分类建筑用电分析

1.年度各类型建筑用电强度

2016 年，接入能耗监测平台的各类公共建筑逐月用电强度如表 3 所示，本报告主要统计国家机关办公建筑、办公建筑、旅游饭店建筑、商场建筑、综合建筑和卫生建筑的用电强度，教育建筑、文化建筑、体育建筑、其他建筑这四类建筑因上传数据样本有限，用电量数据仅供参考。

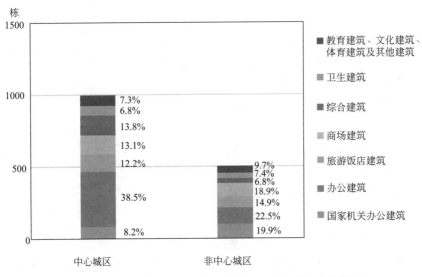

图 12　2016 年中心城区与非中心城区各类型建筑分布情况

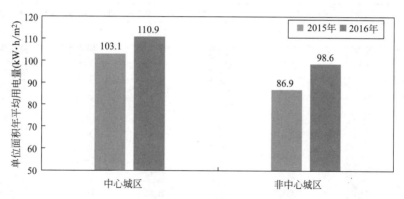

图13 2015~2016年中心城区与非中心城区建筑用电量情况

2016年接入能耗监测平台的各类型建筑逐月用电强度 表3

单位: kWh/m²	国家机关 办公建筑	办公 建筑	旅游饭 店建筑	商场 建筑	综合 建筑	卫生 建筑	教育 建筑	文化 建筑	体育 建筑	其他 建筑
1月	7.5	8.2	11.0	12.3	8.6	12.1	5.0	5.6	9.3	5.5
2月	6.9	7.0	9.6	11.6	8.0	11.8	5.0	5.5	9.1	5.4
3月	6.6	7.2	9.9	11.4	8.1	11.4	5.0	5.6	9.0	5.4
4月	6.2	6.3	9.0	11.0	7.7	11.0	4.9	5.4	9.3	5.3
5月	6.3	7.0	9.6	11.7	8.2	11.6	5.0	5.5	9.4	5.3
6月	7.1	7.7	10.5	12.4	8.7	12.1	5.0	5.5	9.3	5.5
7月	8.6	9.7	12.3	14.4	9.9	13.7	5.0	6.5	10.0	5.6
8月	8.9	10.0	12.3	14.3	9.5	13.4	4.9	6.3	9.9	5.7
9月	7.2	7.9	11.3	12.5	8.4	11.9	5.0	5.7	9.3	5.6
10月	6.2	6.5	10.1	12.0	7.8	11.4	4.9	5.5	9.0	5.4
11月	6.3	6.4	9.3	10.8	7.7	11.4	4.9	5.3	8.9	5.4
12月	7.0	7.5	9.8	11.6	8.1	11.8	5.0	5.7	9.1	5.5
全年	85.0	91.3	124.8	145.9	100.7	143.5	59.6	68.1	111.7	65.6

2016年,能耗监测平台中接入量较大的6类公共建筑中,每类建筑按照7个档位的单位面积用电强度划分,比例分布情况如图14所示。其中,国家机关办公建筑、办公建筑和综合建筑用电强度小于100kW·h/m²的建筑超过60%,因此这三类建筑的平均能耗明显小于其余三类建筑。商场建筑用电强度大于200kWh/m²

的较多,接近30%,一定程度上由建筑功能需求导致,但同时也说明具有较大的节能潜力。

根据上海市主要类型建筑合理用能指南给出的用能合理值核算方法,对2016年接入能耗监测平台的公共建筑用电量情况进行分析与计算,主要类型建筑的建议年用电强度合理值如表4所示。

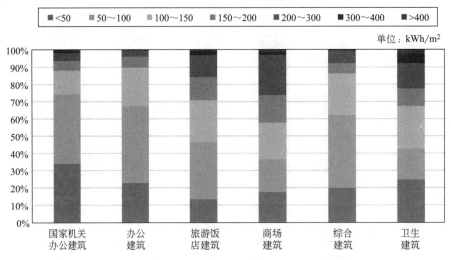

图14　2016年接入能耗监测平台的主要类型建筑用电强度分布情况

2016 年接入能耗监测平台的主要类型建筑建议年用电强度合理值　　　　表4

	国家机关 办公建筑	办公 建筑	旅游饭店 建筑	商场 建筑	综合 建筑	医疗卫生 建筑
年用电强度合理值 $[kW \cdot h/(m^2 \cdot a)]$	109	115	166	209	126	199

2. 主要类型建筑历年用电强度变化情况

从过去3年主要类型建筑用电强度的变化情况来看（图15），总体呈现U字形变化趋势，这一定程度上和气温变化有关，3年中2015年平均气温最低。从图中可见，旅游饭店建筑2014～2015年单位面积年平均用电量呈逐年增长趋势，2015年较2014年增长14%，2016年较2015年增长3%，究其原因，近几年来本市众多旅游饭店建筑进行了节能改造，用油、用气设备被用电设备替代，建筑用能中用电量占比明显提高，故用电量呈现上升趋势；商场建筑2016年受高温天气的影响，单位面积年平均用电量虽然较2015年增长了4%，但与2014年相比，2016年和

2015年单位面积年平均用电量均有明显下降，一定程度上是由于实体商业转型等综合因素造成的。

3. 工作日与非工作日主要类型建筑用电情况分析

在2016年制冷季、过渡季、供暖季中分别选取一个自然月，计算主要类型建筑工作日与非工作日单位面积日平均用电量，并计算两者之间的差异率，如表5所示。国家机关办公建筑与办公建筑总体工作日用电量大于非工作日，且差异较大，尤其在需要开空调的制冷及供暖季，差异更为明显，差异率均大于60%，体现了办公类建筑典型的用电周期性。旅游饭店建筑、商场建筑总体工作日与非工作日用电量差异较小，体现了商业建筑的连续营业

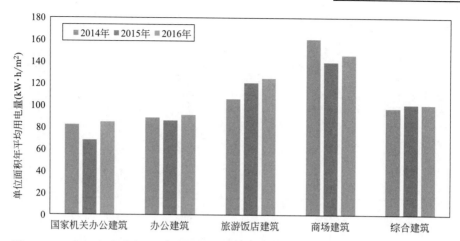

图 15　2014～2016 年能耗监测平台主要类型公共建筑单位面积年平均用电量变化情况

2016 年工作日与非工作日主要类型建筑用电量差异情况　　　表 5

建筑类型	7 月（制冷季）			10 月（过渡季）			12 月（供暖季）		
	工作日（Wh/m²）	非工作日（Wh/m²）	差异（%）	工作日（Wh/m²）	非工作日（Wh/m²）	差异（%）	工作日（Wh/m²）	非工作日（Wh/m²）	差异（%）
机关办公	324	171	89.5	184	135	36.3	230	122	88.5
办公	350	197	77.7	220	161	36.6	264	161	64.0
旅游饭店	406	390	4.1	315	363	−13.2	305	298	2.3
商场	478	477	0.2	338	401	−15.7	384	378	1.6
卫生	432	368	17.4	305	262	16.4	357	308	15.9

注：差异＝（工作日－非工作日）/非工作日

特性，其中在无需使用空调的过渡季节，非工作日用电量略大于工作日，反映出商业建筑非工作日客流增多的特性。卫生建筑总体工作日用电量略多于非工作日，但相比于办公建筑，其差异率明显较小，且在不同季节差异率基本一致，反映了卫生类建筑运营的特殊性，非工作日仍有大部分区域持续运营（如急诊、病房等）。

4. 主要类型建筑分项用电占比情况

从主要类型建筑 2016 年分项用电占比来看，照明与插座用电、空调用电为主要用电分项，各类型建筑这两项之和均超过总用电量的 65%，如图 16 所示。其中，空调用电占比最高的为卫生建筑，这是由于其人员流动性和密度、室内空气质量要求所导致的全年制冷、采暖需求高于其他类型建筑。照明与插座用电占比最高的为商场建筑，这是由于商场营业环境需求，照明功率密度一般高于其他类型建筑。

5. 超大型公共建筑年用电强度分析

建筑面积超过 10 万 m² 的公共建筑定义为超大型公共建筑。2016 年，接入能耗监测平台的超大型公共建筑共 85 栋，占总建筑量的 6%，覆盖建筑面积约 1477 万 m²，其中，主要类型为商场建筑和综合建筑，占总量的 66%，如图 17 所示。

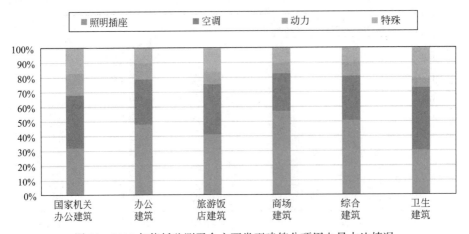

图16 2016年能耗监测平台主要类型建筑分项用电量占比情况

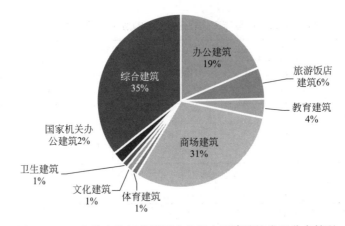

图17 2016年接入能耗监测平台的超大型建筑按类型分布情况

用电量方面，超大型公共建筑单位面积年平均用电量为111.8kW·h/m²，略高于全市平均值，这是由于相较于全市各类型建筑分布情况，超大型建筑中商场建筑的占比是全市的2倍，且商场用电强度高于其余类型建筑的缘故。超大型公共建筑2016年总用电量约16.5亿kW·h，占全市用电总量的25%，说明其数量虽少但由于体量庞大，总用电量不可小觑，节能潜力可观。

（二）典型建筑用能对标

1.典型行业建筑总体对标分析

1）国家机关办公建筑总体对标情况

根据《机关办公建筑合理用能指南》DB31/T550的规定，机关办公建筑根据所处地域、建筑面积、办公形式、空调系统形式等分为九个类型，每个类型对应一个指标。纳入能耗监测平台监测的国家机关办公建筑都大于1万m²，其对应的用能指标如表6所示。2016年纳入能耗监测平台监测的国家机关办公建筑单位面积年耗电量为85.0kW·h/(m²·a)，折算成标准煤为25.5kgce/(m²·a)，该值满足用能指标合理值要求。

机关办公建筑用能指标要求 表 6

类别	建筑面积（m²）	空调形式	评价指标:单位建筑面积年综合能耗指标 [kgce/(m²·a)]	
			先进值	合理值
中心城区独立办公形式机关办公建筑能耗指标				
C	≥10000	分体式、多联分体式空调系统	≤21.0	≤31.0
D		集中式空调系统	≤24.0	≤33.0
非中心城区独立办公形式机关办公建筑能耗指标				
G	≥10000	分体式、多联分体式空调系统	≤20.0	≤29.0
H		集中式空调系统	≤22.0	≤30.0

2）旅游饭店建筑总体对标情况

根据《星级饭店建筑合理用能指南》DB31/T551 的规定，星级饭店建筑根据星级分类，对应相应能耗指标，如表 7 所示。

2016 年纳入能耗监测平台监测的旅游饭店建筑单位面积年耗电量为 124.8kWh/(m²·a)，折算成标准煤为 37.4kgce/(m²·a)。

与其他类型的大型公共建筑相比，星级饭店建筑非电力能耗，如燃油、燃气等占综合能耗的比例较高。根据本市星级饭店能源审计报告提出的饭店综合能耗特点分析结论，电耗占其综合能耗比例约为 70%，其他形式用能占综合能耗的 30%。

根据上述比例，推算星级饭店建筑年综合能耗为 53.4kgce/(m²·a)，因接入能耗监测平台的饭店建筑基本为四星级以上，故该值满足用能指标合理值要求。

星级饭店建筑合理用能指标要求 表 7

星级饭店类型	可比单位建筑综合能耗合理值 [kgce/(m²·a)]	可比单位建筑综合能耗先进值 [kgce/(m²·a)]
五星级饭店	≤77	≤55
四星级饭店	≤64	≤48
一至三星级饭店	≤53	≤41

3）办公建筑总体对标情况

根据《综合建筑合理用能指南》DB31/T555 的规定，综合建筑根据功能分为 5 个区域，每个功能区域有其相应的指标。办公建筑功能区域指标要求如表 8 所示。2016 年纳入能耗监测平台监测的办公建筑单位面积年耗电量为 91.3kW·h/(m²·a)，折算成标准煤为 27.4kgce/(m²·a)，该值满足用能指标合理值要求。

办公建筑功能区域合理用能指标要求 表 8

按空调系统类型分类	单位建筑综合能耗[kgce/(m²·a)]	
	合理值	先进值
集中式空调系统建筑	≤47	≤33
半集中式、分散式空调系统建筑	≤36	≤25

2. 典型案例建筑能耗对标分析

1）国家机关办公建筑

某国家机关办公建筑 A 位于上海市奉贤区，建筑面积 12648m²，采用集中式空调系统且为独立办公形式。2016 年该建筑单位面积年耗电量为 58.1kW·h/(m²·a)，折算成标准煤为 17.4kgce/(m²·a)，经调研，该建筑没有使用其他能源。对照《机关办公建筑合理用能指南》，该建筑单位面积年综合用能量满足用能指标先进值要求，如表 9 所示。

2）旅游饭店建筑

某五星级饭店 B 位于上海市徐汇区，建筑面积 82486m²，其中地下车库面积 7828.5m²。2016 年该建筑单位面积年耗电量为 97.5kW·h/(m²·a)，折算成标准煤为 29.3kgce/(m²·a)。根据调研，该建筑 2016 年天然气使用量为 986222m³，折算成标准煤为 15.5kgce/(m²·a)。因此，该建筑单位面积年综合能耗为 44.8kgce/(m²·a)，根据该饭店具体情况，经各影响因素修正后，该建筑的可比单位综合能耗为 46.8kgce/(m²·a)。对照《星级饭店建筑合理用能指南》，该建筑单位面积年综合用能量满足用能指标先进值要求，如表 10 所示。

国家机关办公建筑 A 能耗对标情况 表 9

年份	单位面积年综合能耗 kgce/(m²·a)	指南合理值 kgce/(m²·a)	指南先进值 kgce/(m²·a)
2016 年	17.4	30.0	22.0

旅游饭店建筑 B 能耗对标情况 表 10

年份	可比单位面积年综合能耗 [kgce/(m²·a)]	指南合理值 [kgce/(m²·a)]	指南先进值 [kgce/(m²·a)]
2016 年	46.8	77.0	55.0

3）商场建筑能耗监测对标分析

某商场 C 位于上海市黄浦区，其经营建筑面积为 42092m²。2016 年该建筑单位面积年耗电量为 285.3kW·h/(m²·a)，折算成标准煤为 85.6kgce/(m²·a)，经调研，该建筑没有使用其他能源消耗，因此其单位面积年综合能耗为 85.59kgce/(m²·a)。对照《大型商业建筑合理用能指南》，该建筑单位面积年综合用能量满足用能指标合理值要求，如表 11 所示。

商场建筑 C 能耗对标情况 表 11

年份	单位面积年综合能耗 [kgce/(m² · a)]	指南合理值 [kgce/(m² · a)]	指南先进值 kgce/(m² · a)
2016 年	85.6	90.0	65.0

4）办公建筑能耗监测对标分析

某办公建筑 D 位于上海市徐汇区，于 2006 年 12 月竣工，建筑面积 31189.85m²，其中地下停车库面积 3641.99m²，因此参与对标计算的建筑面积为 27547.86m²，该建筑采用集中式空调系统。2016 年该建筑单位面积年耗电量为 97.1kW·h/(m² · a)，折算成标准煤为 29.1kgce/(m² · a)。经调研，该建筑其他能源消耗占综合能耗的 6%，因此其单位面积年综合能耗为 31.0kgce/(m² · a)。按照《综合建筑合理用能指南》，该建筑单位面积年综合用能量满足用能指标先进值要求，如表 12 所示。

该建筑在 2014 年完成节能改造。改造前，其单位面积年综合能耗为 48.3kgce/(m² · a)，超过用能指标合理值要求；改造后，2015 年单位面积年综合能耗下降了 34%，并且 2016 年在全市建筑能耗略有上涨的情况下，该建筑 2016 年单位面积综合能耗较 2015 年仍下降了 2%，节能效果明显。

办公建筑 D 能耗对标情况 表 12

年份	单位面积年综合能耗 [kgce/(m² · a)]	指南合理值 [kgce/(m² · a)]	指南先进值 [kgce/(m² · a)]
2016 年	31.0	47.0	33.0

八、附 录

本篇记述了我国不同地区既有建筑改造工作所发生的重要实践，包括政策、行业活动、会议、工作进展等，旨在记述过去，鉴于未来。

附　　录

2017 年 2 月 16 日，山东省住房和城乡建设厅、山东省发展和改革委员会、山东省财政厅发布《关于印发〈山东省老旧住宅小区整治改造导则（试行）〉的通知》（简称导则）。导则提出老旧住宅小区整治改造应遵循以下原则：政府主导、业主参与、社会支持、企业介入；统一规划、同步改造、保证质量、便民利民；因地制宜、阳光透明、完善机制、督导考核。整治改造内容包括：安防设施、环卫消防设施、环境设施、基础设施、便民设施。

2017 年 2 月 23 日，湖南省住房和城乡建设厅、湖南省财政厅、湖南省扶贫开发办公室、湖南省民政厅、湖南省残疾人联合会发布《关于加强建档立卡贫困户等重点对象危房改造工作的通知》。通知提出了五点要求：一、精准核实存量危房。二、精准确定补助对象，充分利用网络、报纸、宣传单等途径加大农村危房改造政策宣传力度，同时做到宣传单入户，宣传画报进村，争取实现农村危房改造政策家喻户晓。三、科学实施危房改造，加快实施农村危房改造，重点支持贫困地区和 4 类重点对象实施改造，鼓励有条件的地区提前完成。四、大力筹措建房资金，充分发挥农户的主观能动性，紧紧抓住国家实施农村危房改造的关键期，加快实施农村

危房改造。五、认真开展监督检查，加强项目进度调度，确保年度任务按时保质完成。

2017 年 4 月 5 日，北京市住房和城乡建设委员会、北京市民政局、北京市财政局、北京市农村工作委员会发布《关于印发〈北京市农村危房改造实施办法〉（试行）的通知》。办法规定，新建翻建改造对象补助面积标准为：低保和低收入家庭、实行分散供养的特困人员家庭的补助面积为 3 间，每间 $15m^2$，共计 $45m^2$；享受定期抚恤补助的优抚对象家庭的补助面积为 3 间，每间 $18m^2$，共计 $54m^2$；超出补助面积部分资金由个人自行承担。

2017 年 4 月 20～21 日，第九届既有建筑改造技术交流研讨会在湖南长沙召开，大会设"既有建筑绿色化宜居改造"、"既有建筑低能耗改造"、"既有建筑综合性能提升"、"建筑室内环境与健康建筑"、"新兴建材与绿色化改造"、"医院建筑节能与空气品质改善"六个分论坛，会议主题包括公共建筑、居住建筑、医院建筑等多个既有建筑类型；涵盖外围护结构、空调系统、电气系统、能耗监测、运行管理、技术规程等多个方面内容。

2017 年 4 月 26 日，河北省住建厅印发《河北省工程质量安全提升行动实施方案》，提出通过开展工程质量安全提升行

动，利用 3 年左右时间，全面落实工程建设各方主体的质量安全责任，建立健全工程质量终身责任制长效机制。方案提出，要对车站、桥梁、场馆等重要区域、重要节点的新建建筑严格把关，改造修缮具备条件的既有建筑、老旧建筑，高品质设计、高标准施工，打造精品建筑。研究装配式建筑、钢结构建筑质量安全监管要点，大力推广建筑业 10 项新技术和城市轨道交通工程关键技术等先进适用技术，适时制定配套地方标准，以技术进步支撑装配式建筑、绿色建造等新型建造方式发展。

2017 年 4 月 26 日，河北省住建厅印发《河北省建筑节能与绿色建筑发展"十三五"规划》，提出到 2020 年，城镇既有建筑中节能建筑占比超过 50%，新建城镇居住建筑全面执行 75% 的节能设计标准，建设被动式低能耗建筑 100 万 m² 以上，城镇新建建筑全面执行绿色建筑标准，绿色建筑占城镇新建建筑比例超过 50%。

2017 年 4 月 27 日，济南市人民政府办公厅发布《关于加快推进既有居住建筑节能改造的实施意见》（简称意见）。意见指出自 2017 年起至 2020 年，在全市继续深入开展既有居住建筑节能改造工作，到 2020 年年底，全市完成既有居住建筑节能改造面积 2000 万 m²。意见提出五项主要任务：（一）认真开展现状摸底调查；（二）科学编制节能改造计划；（三）多渠道筹措改造资金；（四）严格规范建设程序；（五）抓好改造项目验收。

2017 年 6 月 30 日，北京市住房和城乡建设委员会、北京市财政局、北京市发展和改革委员会、北京市规划和国土资源管理委员会发布《关于印发〈北京市公共建筑节能绿色化改造项目及奖励资金管理暂行办法〉的通知》（简称办法）。办法规定申请奖励资金的改造项目应同时具备下列条件：（一）本市行政区域内单体建筑面积 3000m² 及以上的公共建筑。（二）纳入本市公共建筑能耗限额管理。（三）单体面积大于 20000m² 的大型公共建筑需按要求填报能源利用状况报告。（四）实现普通公共建筑节能率不低于 15%，大型公共建筑节能率不低于 20%，或节能率满足折算面积要求。（五）2016 年 1 月 1 日后竣工且 2018 年 12 月 31 日前纳入项目库的项目。

2017 年 9 月 6~8 日，在浙江杭州召开既有建筑检测鉴定与加固改造技术交流会，会议交流了各地在既有建筑改造、检测鉴定、危房动态监测、加固改造设计、加固改造施工技术、重大综合改造项目方面积累的经验、开发的先进技术与方案，探讨了行业发展的趋势和相关热点、难点问题的解决途径等。

2017 年 10 月 18 日，北京市财政局、北京市金融工作局、北京市重大项目建设指挥部办公室、北京市住房和城乡建设委员会发布《关于进一步规范棚户区改造项目融资工作的通知》（简称通知）。通知规定，棚户区改造实施主体依法依规开展市场化融资，推动我市棚户区改造工作顺利开展。市、区财政可以通过资本金注入、以奖代补、贷款贴息等多种方式支持棚户区改造工作，充分发挥财政资金引导放大作用，吸引社会资本参与棚户区改造工作。

2017 年 10 月 24 日，"十三五"国家重点研发计划项目"既有居住建筑宜居改造及功能提升关键技术"（2017YFC0702900）等四个项目启动会暨实施方案论证会在北京召开。会议针对"既有居住建筑宜居改造及功能提升关键技术"项目实施方案进行了论证讨论。"既有居住建筑宜居改造及功能提升关键技术"项目属于"十三五"国家重点研发计划"绿色建筑及建筑工业化"重点专项，项目执行周期总计 3.5 年，预计于 2020 年 12 月底完成。项目以"安全、宜居、适老、低能耗、功能提升"为改造目标，预期将形成既有居住建筑宜居改造与功能提升关键技术突破和产品创新，为既有居住建筑综合性能提升提供科技引领和技术支撑。